CHARCOAL & WOOD- AND BAMBOO- VINEGAR
炭・木竹酢液の用語事典

谷田貝 光克 監修

The Wood Carbonization Research Society

木質炭化学会 編

創森社

発刊にあたって

　木炭が燃料として利用されていた頃のわが国では、その生産量は年間200万トンを超えていた。ところが、昭和30年代の石油等の化石資源へのエネルギー革命により、木炭は燃料としての王座を追われ、生産量は激減し、年間数万トンにまでおちこんだ。それがまた、近年になり、注目されだしている。

　その大きな理由の一つに、バイオマスの炭材としての有効利用がある。石油等化石資源に代わる再生産可能な資源としてのバイオマスの有効利用への関心が高まる中で、木質系資源を原料とした炭化が注目されている。炭化が注目されているもう一つの理由、それは、木炭・竹炭の燃料以外の新しい用途開発である。炭化の際に生じる排煙を凝縮して得られる木酢液・竹酢液の用途も広がりを見せている。

　新たな用途が広がればそれにつれて必然的にそれを取り巻く新たな用語も生じてくる。木炭の歴史は古い。太古の時代に狩猟で得た獲物を木で焼くときにできた消し炭が、炭の始まりといわれている。その後、幾多の変遷を経ながら、また、技術改良を経ながら今日に至っている。木炭が仲立ちをして茶の湯などのわが国独特の文化も生まれている。その木炭の歴史の中で、木炭に関連する多くの言葉が生まれ、あるいは消えていった。先人たちが古い時代に使ってきた言葉を消滅させることなく保存し、炭の歴史・文化を後世に残す意味でも、また、新たな用途開発で生まれてきた言葉を広く世の中に知らせるためにも、氾濫するほどに存在する炭、木酢液・竹酢液などに関わりのある用語を整理しておくことが必要である。

　そのような背景のもとに、本用語事典は、木炭の長い歴史の中で使われてきた言葉、新たな用途開発によって生まれ出た新しい言葉など、炭、木酢液・竹酢液に関連する用語をわかりやすい解説を交えながら編集したものである。伝承的な技術が多く存在する中で、炭やき技術ほど伝承的なものも少ないだろう。その伝承技術も急速に進歩する科学の裏に隠れつつあるのが現状である。炭やきさんたちの使用していた道具が消えていくことも少なくないし、死語になってしまう用語も少なくない。炭やきの言葉ひとつひとつには炭やきさんたちの、そして炭を売る人たちの魂がこもっている。そのような言葉を次世代に引き継ぎ、いつの世までも炭のよさを伝えたい、そんな願

いが本用語事典には込められている。

　2004年2月に創森社から用語事典作成の提案を木質炭化学会が受け、編集委員会が結成され、作業はスタートした。その後3年の歳月を経て完成に至ったわけであるが、その間に、より正確を期すための詳細な調査、資料収集も行われ、充実した用語事典の作成につながった。その歳月が、炭を取り巻く用語の多さと奥深さをも物語っている。

　これほどまでに炭に関する言葉が多いということは、それだけ人の間に炭が根付いてきたということであり、人の生活に密着し、欠かせないものであったということの証拠でもある。本書のように体系立てて用語を洗い出し、解説を加えた炭の事典は今までにみられない。21世紀の大仕事といえるほどのこれだけの事典を発刊することができるのは、いうまでもなく、先人たちの努力のもとに、炭の技術や文化が創り出されてきたからにほかならない。将来、さらに炭化技術や用途開発も格段に進み、今では考えられぬ先端的な特性がわかり、それを説明するための新たな用語が生まれてくるかもしれぬ。とすれば、本書はそれまでの息継ぎかもしれないが、そのような息継ぎであるように願いたいものである。

　本事典では、各章に関連ある用語をまとめ、その章の中で50音順に並べることにした。事典を単に用語の解説に終わらせずに、関連する用語が近くにあることによって目を通しやすくし、読み物としての機能をも携えることを試みた。そうすることによって、さらに、その用語の裏にある文化、技術、歴史など、幅広く炭の知識、情報を汲み取っていただけることを願っている。

　本書の刊行にあたり創森社代表の相場博也氏のご好意に感謝します。また、編集にあたっては担当の三村ますみ氏をはじめとする関係各位の多大なるご協力によるところが大きく、ここに厚く御礼申し上げます。

2007年4月

谷田貝光克

炭・木酢液の用語事典●もくじ

発刊にあたって　　2

炭　　15

1章　炭の種類 —— 16

吾妻炭　17　　安芸炭、備後炭　17　　秋田備長炭［秋備］　17　　足助炭　17
アブラギリ炭　18　　アベマキ炭　18　　天城炭　18　　洗い炭　18
アラ炭、荒炭　18　　荒物　19　　池田炭　19　　イス炭　19　　出雲炭　19
伊予炭　19　　イリ炭、煎炭、炒炭　20　　岩手炭　20　　宇陀炭　21
大原炭　21　　オガ屑炭　21　　オガ炭　21　　小野炭　21　　御花炭　22
温州木炭　22　　カエデ炭　22　　飾り炭　22　　カシ炭　23
鍛冶炭　23　　瓦斯（ガス）炭　23　　堅炭　23　　活性炭　23
活性炭の種類　25　　金屋炭　26　　画用木炭　26　　カラマツ炭　27
観賞炭［観賞用木炭］　27　　乾留炭　28　　菊炭　28　　紀州備長炭　28
機能性木炭　29　　キリ炭、桐炭　29　　切炭　30　　クヌギ炭　30
熊野炭　30　　クリ炭　30　　久留里炭　30　　クロウメモドキ炭　31
黒炭　31　　燻材　31　　燻炭、薫炭　31　　ケナフ炭　32　　ケヤキ炭　32
ゴム炭　32　　コリヤナギ炭　32　　コルク炭　32　　佐倉炭　32
サクラ炭　33　　雑炭　33　　佐野炭　33　　シイ炭　33　　枝条炭　33
自然木炭　34　　シナノキ炭　34　　樹皮炭　34　　丈炭　34
食品添加用活性炭、食品添加用木炭　34　　白炭　35　　針葉樹炭　35
煤ヶ谷炭　35　　炭　35　　墨　36　　炭の主な種類　36　　駿河炭　36
成型木炭　37　　世界の炭　37　　相思樹炭　44　　炭団　44　　筑前炭　44
竹炭　44　　秩父炭　45　　茶の湯炭　45　　津久井炭　48
ツツジ炭　49　　ツバキ炭　49　　土佐炭　49　　トネリコ炭　49
留炭　50　　ナラ炭　50　　南洋備長　50　　ニコ炭、和炭　50
能登炭　50　　バーク炭　51　　パーム炭［油ヤシ殻炭］　51　　ハガもの　51
破砕炭　51　　長谷炭　51　　八王子炭　51　　はね炭　52　　半焼炭　52
半白炭　52　　ハンノキ炭　52　　ヒッコリー炭　52　　人吉炭　52
ヒバ炭　53　　日向炭　53　　備長炭　53　　ブドウ炭　54　　ブナ炭　54
ブリケット　54　　豊後炭　55　　粉炭　55　　棒炭　55
ホオノキ炭　55　　ホコタもの　55　　ポプラ炭　56　　マツ炭　56
マテバシイ炭、長崎炭　56　　豆炭　56　　丸　57　　マングローブ炭　57
木炭　57　　屋久島の木炭　58　　ヤシ殻炭　58　　野州木炭　58
ヤナギ炭　58　　軟炭　59　　洋炭　59　　ユーカリ炭　59　　横山炭　59
流動炭化炭　59　　煉炭　59　　割、割炭　60

4

2章　炭材、資源 — 61

あて材　62　　安全性試験　62　　維管束　62　　板目　62　　一石　62
異方性　62　　ウバメガシ　62　　運材　63　　枝打ち　63
エマルジョン化　63　　エンジュ　63　　オガ屑　63　　オガライト　64
海藻　64　　解体材　64　　皆伐　64　　夏下冬上　65　　カスケード利用　65
活性炭原料　65　　仮道管　65　　カバ、カンバ　65　　紙パルプ系廃棄物　65
環孔材　66　　乾燥　66　　間伐　66　　間伐材　66　　気乾材　67
気候変動枠組条約　67　　吸着材　67　　クリーン開発メカニズム　67
グルコース　68　　結合水　68　　建設リサイクル法　68　　建築廃棄物　68
原木　69　　硬材　69　　工場廃材　69　　更新　70　　構造材　70
合板　70　　広葉樹　70　　コージェネレーション［コージェネ］　70　　木口　71
古紙　71　　サーマルリサイクル　71　　再生可能な資源　71　　材積　71
細胞壁　72　　逆目　72　　削片板　72　　挿し木　73　　サトウキビ　73
里山林　73　　散孔材　73　　枝条　73　　持続可能資源　73　　自由水　74
集成材　74　　主伐　74　　樹皮　74　　循環産業スキーム　74
順目　74　　枝葉材　74　　梢端材　75　　植栽密度　75　　食品系廃棄物　75
食品リサイクル法　75　　徐伐　76　　除伐材　76　　飼料化　76
人工乾燥　76　　人工林　76　　心材　77　　薪炭林　77　　針葉樹　77
水生植物　77　　製材　78　　生長量　78　　生長輪　78　　生物系廃棄物　78
接着剤　78　　セルロース　78　　ゼロエミッション　79　　繊維系廃棄物　79
繊維板　79　　繊維飽和点　79　　雑木　80　　早材　80　　造作材　80
早生樹　80　　草本類　80　　堆肥化　80　　竹　81　　竹の生産林　82
多産業間連係　83　　炭材　83　　炭材伐採・搬出の道具　84　　単糖類　85
チェーンソー　85　　竹材処理機　85　　蓄積　86　　竹炭用原材料の調整　86
地産地消　86　　チッパー　87　　チップハーベスター　87　　抽出成分　87
ツーバイフォー工法　87　　テルペン　87　　テレビン油　87　　天然乾燥　88
天然林　88　　道管、導管　88　　トウモロコシ芯材　88　　生材　88
軟材　88　　難燃剤　88　　年輪　89　　農業系廃棄物　89　　鋸屑　89
パーティクルボード　89　　バイオ煙　89　　バイオマス　89
バイオマス廃棄物　90　　バガス　90　　端材　90　　伐出残材　90
パルプ　90　　春目　90　　晩材　91　　一棚　91　　複層林　91　　節　91
フジ蔓　91　　物流廃材　91　　冬目　91　　壁孔　91　　ヘミセルロース　92
辺材　92　　保育残材　92　　萌芽　92　　放射組織　92
ホロセルロース　92　　柾目　93　　マンノース　93　　ミクロフィブリル　93
実生　92　　麦わら　93　　メタンガス発酵　93　　メタンガス発酵残渣　93
木材加工廃材　93　　木材チップ　94　　木質系廃棄物　94　　木質材料　94
木部　95　　木部繊維　95　　木本植物　95　　木目　95　　木理　95
籾殻　95　　山を買う　95　　有機系廃棄物　96　　容器包装リサイクル法　96
リグニン　96　　リサイクル材　96　　林地廃材　96　　ロジスティックス　97
ロジン　97

3章　炭窯、築窯 ———————————— 98

穴やき 99　アメリカ式鉄板窯 99　池田窯 99　石窯 99　石川窯 99
移動式鉄板窯 99　伊予窯 100　岩手大量窯 100　ヴェガ炭化炉 100
円形移動型炭化炉［円形窯］ 100　オイル缶窯 101　大窯 101
大竹窯 101　オガ屑乾燥炭化炉 101　オガ炭炉 101　小野寺窯 102
改良愛知式窯 102　角型鉄板平炉 102　加減蓋 102　可搬式炭化炉 102　簡易炭化炉 103　乾留炉 104　キルン 104　熊谷方式 104
組立式鉄板窯 104　栗駒窯 105　黒炭窯 105　甲鉄板窯 105
小窯 105　木口置法 105　コネチカットキルン 105
コンクリートブロック窯 106　コンデンサー 106　佐倉窯 106
静岡窯 106　島根八名窯 106　車両炉 106　瞬間加熱炉 107
瞬間炭化法 107　白炭窯 107　スクラッバー 107
スクリュー送り出し法 107　スクリュー式連続炭化炉［スクリュー炉］ 107
ステンレス窯 108　SIFIC型炭化炉 108　炭窯 108　炭の種類 109
炭小屋 109　セーマン炉 109　世羅方式 109　セラマ型炭化炉 109
セントポール炉 109　大正窯 109　堆積製炭法 109　台湾の炭窯 109
縦置きドラム缶窯 110　棚置法 110　築窯 110　築窯製炭法 115
築窯の材料 115　築窯の道具 115　中国の炭窯 115　朝鮮の炭窯 115
点火 116　土窯 116　土佐窯 116　栃沢窯 116　ドラム缶窯 116
トンネル炉 117　内藤式白炭大窯 117　内熱式炭化法 117
楢崎窯 118　ニューハンプシャー窯 118　粘土 118　農林一号窯 118
排煙処理 118　鉢 119　バッチ式 119　ビーハイブ型炭化炉 119
日窯 119　日向窯 119　兵庫窯 119　平炉 119　備長窯 120
ブキットメルタジャム型炭化炉 121　ブチ造り 121　ヘレショフ炉 121
防湿装置 121　防長二号窯 121　三浦式標準窯 121　八名窯 122
揺動式炭化炉 122　溶融塩 122　溶融炉 122　横置きドラム缶窯 123
吉田窯 123　ランビオット型炭化炉 123　リーク炉 124　流動法 124
林試式移動炭化炉 124　ルルギ炉 125　レトルト 125
連続式炭化炉 125　ロータリーキルン炭化法 125

4章　製炭、熱分解 ———————————— 126

アイソレータ 127　圧力損失 127　亜臨界法 127　エブリ、柄振 127
押し出し成型 128　加圧熱分解 128　外熱式炭化炉 128
ガス化発電 128　活性炭の製法 129　官行製炭 129　急速熱分解 129
急炭化 131　口焚き 131　消し粉 131　消し炭 132　消し灰 132
減圧熱分解 132　高圧液化 132　材中温度 134　酸化 134
湿式酸化法［活性炭の再生法］ 134　自燃 135　収炭率 135　出炭 135

瞬間加熱　135　　常圧熱分解　135　　蒸煮　135　　焼成　136
常法熱分解　136　　触媒製炭法　136　　触媒担体　137　　炭掻き　137
炭窯の温度分布　137　　炭窯の煙　138　　炭やき道具　139
製炭方法の合理性　140　　潜熱　140　　タタラ製鉄　140　　炭化　141
炭化温度　141　　炭化収率　141　　炭化水素　141　　炭化操作　142
炭化法　142　　炭酸ガス　145　　着火　145　　超臨界法　145
導波管　146　　長野式製炭法　146　　庭先製炭　146　　熱拡散　146
熱熟成　146　　熱軟化　147　　熱媒体　147　　熱・物質移動モデル　148
熱分解　149　　熱分解ガス化　149　　熱分解生成物　149
熱分解比較モデル　149　　熱容量　150　　熱流動　150　　ネラシ　150
排湿構造　151　　ばい焼き　151　　爆発限界濃度　151　　発火　151
発熱反応、吸熱反応　151　　反応水　152　　伏せやき　152
フリーボード　152　　雰囲気温度　152　　分解速度　152　　分散板　153
ボイ炭やき　153　　マイクロ波熱分解法　153　　マイラー製炭法　154
マルイマ式製炭法　154　　木材乾留　154　　籾殻炭化法　155　　油化　155
窯外消火法　155　　窯内消火法　155　　流動化開始速度　155　　流動層　156
露天やき　156

5章　炭の特性、作用 ─────────── 157

亜硝酸性窒素　158　　圧縮強さ　158　　アルカリ性　158
アンモニア[アンモニウム]性窒素　158　　アンモニア脱臭　158
一酸化炭素　158　　引火点　159　　埋み火　159　　液相吸着　160
エジソン電球　160　　ESCA　160　　エネルギー[木炭の]　160
塩化亜鉛賦活法　161　　塩基性表面官能基　161　　熾火　161
温度計測法　161　　カーボン紙　162　　カーボンナノチューブ　162
カーボンニュートラル　162　　カーボンブラック　163　　界面　163
可逆反応　163　　拡散　163　　ガス賦活法　163　　硬さ[炭の]　164
活性炭吸着　164　　活性炭試験法　165　　活性炭素繊維　165
合併浄化槽　166　　割裂性　166　　カルビン　166
カルボキシル基　166　　環境保全機能　166　　還元　167　　含水率　167
乾燥減量　167　　官能基　167　　γ線照射[炭材の]　168　　気乾　168
気孔　168　　キシレン　168　　揮発分　168　　吸収　169　　吸着　169
吸放湿特性　171　　境界層　171　　境界層内拡散　171　　凝集沈殿　171
強度　172　　強熱残分　172　　境膜　172　　空気イオン　172
空気浄化　173　　空気賦活　173　　空隙率　173　　クラスター　173
燻焼　173　　ケイ素　174　　結晶化度　174　　結晶子　174　　血炭　174
嫌気性微生物　174　　元素分析　175　　研磨炭　175　　高吸着性木炭　175
工業分析　175　　好炭素菌　175　　硬度　176　　コークス　176　　黒鉛　176
黒体　177　　焦げ臭　177　　固定炭素　177　　細菌　177　　細孔　177
再資源炭の肥料成分　178　　再生[炭の]　178　　酸性　179

酸性表面官能基 179	残留塩素 179	湿度 180	重金属[炭の] 180
収縮率 180	収着 180	重粒子線照射 180	硝化 181
昇華 181	消臭 181	蒸発熱 181	触媒機能 182
除湿 182	助燃性 182	じん炎 182	浸炭[鋼の] 182
水銀圧入法 182	水酸基 183	水蒸気賦活 183	水分[木炭の] 183
炭の構造 183	炭の電子顕微鏡写真 184	炭火 184	製炭用熱電高温計 185
生物活性炭 185	生物処理 185	生物木炭 185	精煉度 185
赤外線 186	積層構造 187	絶乾 187	接触電気抵抗 187
せん断強さ 187	疎水性 187	耐火性能 188	体積 188
ダイヤモンド 188	対流熱伝達 189	打音[炭の] 189	焚き火 189
多孔質炭素 190	多孔性[木炭の] 190	立ち消え 190	脱塩素処理 190
脱灰 190	脱色処理 191	脱着 191	脱硫・脱硝 191
炭化物 191	炭質 191	炭素 192	炭素固定 192
炭素材料 192	炭素繊維 192	炭素繊維補強コンクリート複合材 193	
炭素同位体 193	炭素年代測定法 193	炭素の三重点 194	
炭素表面 194	炭素六角網面 194	担体機能 195	窒素吸着量 195
チャー 195	低温発火 195	デシベル 195	展炎 196
電気抵抗 196	電磁波 196	添着 197	伝熱 197	透水性 197
導電性 198	トラッキング現象 198	内部表面積 198	
ナノチューブ 198	ナノ粒子 198	難黒鉛化性炭素 199	
難燃性能 199	濡れ性 199	熱応力 199	熱再生 199	熱収縮 199
熱衝撃 199	熱伝導 200	熱特性 200	熱膨張 200	燃焼 200
バイオソニックス 201	バインダー 201	破過曲線 201	爆跳 202
発炎燃焼 202	発火点 202	発熱量 202	反応性 202	pH 203
非可逆反応 203	光音響効果 203	ピクノメーター法 203	
微結晶炭素 203	比重 204	非晶質炭素 204	
微生物作用[木炭の] 204	引っ張り強さ 204	比熱 204	
比表面積 204	表面官能基 205	表面張力 205	表面燃焼 206
ファン・デル・ワールス吸着 206	賦актив 206	不完全燃焼 206	
輻射熱 206	不対電子 207	フラーレン 207	
フロインドリッヒ式 207	分子ふるい炭素 208	平衡含水率 208	
放射伝熱 208	放射能 208	膨潤 209	保水性 209
マイナスイオン 209	曲げ強さ 209	曲げヤング係数 210	摩擦 210
密度 210	ミネラル[木炭の] 211	無炎燃焼 211	
無機物組成[炭の] 211	無定形炭素 212	メッシュ 212	毛管凝縮 212
木炭ガス 212	木炭硬度計 212	木炭精煉計、精煉計 213	
木炭銑 213	木炭電池 213	木炭と竹炭の比較 214	融点 214
遊離残留塩素 214	輸送孔 214	乱層構造 215	流速計測法 215
粒度 215	粒度分布 215		
リン酸性リン 216			

6章 炭の規格、流通、販売 ——————————— 217

一俵 218　岩手県木炭協会木炭指導規格表 218　ウッドセラミックス 218
馬目小丸 218　馬目上小丸 219　馬目中丸 219　馬目半丸 219
馬目細丸 219　馬目割 219　オガ炭［黒］ 219　オガ炭［白］ 219
乙細丸 219　塊炭［その他］ 219　塊炭［丸］ 220　塊炭［割］ 220
樫 220　樫小丸 220　樫上 220　樫細丸 220　樫割 220
黒炭 220　黒炭くり 220　黒炭粉 220　黒炭まつ 221
粉［木炭の］ 221　小半丸 221　小丸 221　上小丸 221　正味量目 221
白炭 221　白炭くり 221　白炭粉 221　白炭まつ 222　炭切り機 222
炭俵 222　製鉄用木炭 223　その他の木炭 223　炭頭 224
段ボール箱詰め 224　竹炭規格 224　中丸 224　日本農林規格 224
備長小丸 225　備長炭の規格 225　備長半丸 225　備長細丸 225
備長割 225　福瀬商社 225　袋詰め 226　ふち巻き 226　粉炭 226
木炭の規格 226　木炭の規格の推移 226　輸入炭 227　粒炭 227
和歌山県木炭協同組合木炭選別表 228

7章 炭の利用、用途 ——————————— 229

行火 230　インテリア用木炭 230　飲料水用木炭 230　うちわ 230
熾 230　活性炭の用途 231　還元剤 231　凝集剤 231
業務用木炭 231　金属ケイ素用木炭 232　菌体肥料 232
消し壺、火消し壺 232　建材用木炭 232
研磨用木炭［研磨炭、磨炭、木炭研磨剤］ 232　好気性微生物 233
工業用木炭 233　香炉 234　黒色火薬用木炭 234　固形燃料 234
こたつ 235　五徳 235　七輪 235　室内調湿用木炭 235
地場産業 235　住宅環境資材用木炭 236　十能 236
消臭・臭気防止用木炭 236　飼料添加材 236　寝具用木炭 237
新用途木炭 237　新用途木炭の用途別基準 237　水質浄化材 237
炊飯用木炭 238　炭櫃 239　炭工芸品 239　炭コンクリート 239
炭シート 239　炭尺 240　炭せっけん 240　炭点前、炭手前 240
炭斗［炭取り］ 240　炭箱 241　炭風呂 241　炭ボード 241
炭盆栽 241　炭マット 241　炭マルチング 242　炭やき産業 242
生活環境資材用木炭 242　製鉄用木炭 242　石州炭 243
鮮度保持材 243　底取 243　脱硫用活性炭 243　煙草火入れ 243
炭化米 243　炭琴 243　窒素固定菌 244　調湿用木炭 244
調理効果［炭火の］ 244　地力増進法 244　手炙、手焙り 245
電磁波遮蔽用木炭 245　銅精錬用木炭 245　特用林産物 245
土壌改良資材用木炭 245　トレーサビリティ 245　長火鉢 246
二硫化炭素用木炭 246　粘結剤 246　燃料炭 246　農業用木炭 246

野焼き 247　　灰器 247　　灰型 247　　廃棄物処理法 247　　灰匙 247
灰壺 248　　灰ならし 248　　花火用木炭 248　　火桶 248
美術工芸材料用木炭 248　　微生物賦活材 248　　火つけ炭 248
火熨斗 249　　火箸 249　　火鉢 249　　不織布 249　　風呂用木炭 249
墨汁 250　　火瓮 250　　火舎 250　　マイクロガスタービン 250
埋薪 250　　埋炭 250　　眉墨 251　　木炭画 251　　木炭高炉 251
木炭自動車 251　　木炭の新用途 251　　木炭発電 252　　焼き杭 252
焼畑農業 252　　薬事法 252　　薬用活性炭 252　　山焼き 253
融雪用木炭 253　　床下調湿用木炭 253　　溶存酸素 253　　余剰汚泥 253
林野火災[炭やきによる] 253　　レジャー用木炭 254　　割り箸炭 254

木・竹酢液　255

8章　木・竹酢液の採取、精製、成分　256

アセチル基 257　　アセトール 257　　アセトン 257
アセトン製造方法 257　　液化 257　　エステル類 257　　エタノール 257
塩基性成分 258　　オイゲノール 258　　ガスクロマトグラフィー 258
カテコール 258　　可燃性ガス 258　　カルボニル化合物 258
乾留木酢液 258　　蟻酸 259　　グアイアコール 259
クレオソート油 259　　クレゾール類 260　　燻液 260　　燻煙 260
軽質油 260　　ケトン 260　　減圧蒸留 260　　抗菌性 261　　酢酸 261
酢酸鉄 261　　GC-MS 261　　シクロテン 261
ジベンゾアントラセン類 261　　灼熱残渣 261　　松根乾留 261
蒸留 262　　蒸留木酢液 262　　水煙 262　　精製木酢液 263
粗木酢液 263　　炭化副産物 263　　竹酢液 263　　中性油 263
貯留槽 263　　二酸化炭素[CO_2] 263　　二糖類 264　　ニュー木酢液 264
2,4-キシレノール 264　　バニリン 264　　ピリジン 265
ピロガロール 265　　不燃性ガス 265　　フルフラール 265
フルフリルアルコール 265　　芳香族炭化水素 265　　ホルムアルデヒド 265
無水糖 265　　木酢液 266　　木酢液の5分画法 266
木酢液の採取法[回収法] 266　　木酢液の精製法 267
木酢液の溶剤分画 267　　木精 268　　木・竹酢液の成分 268
有機酸含有率 269　　4-エチルグアイアコール 269　　レブリン酸 269
レボグルコサン 270　　レボグルコセノン 270

9章 木・竹酢液の特性、用途、規格 ―― 271

害虫防除作用 272　　忌避作用 272　　消臭作用［木・竹酢液の］ 272
植物生長調節作用 273　　生理活性 273　　土壌消毒 273　　防腐剤 273
木酢液・竹酢液の規格 273　　木酢液の種類 274　　木酢液の性状 274
木酢液の用途 275　　木酢液配合お香 275　　木竹酢液認証制度 276
有機・減農薬栽培 276

その他　277

10章 環境、有害物質 ―― 278

悪臭防止法 279　　アセトアルデヒド 279　　アゾトバクター 279
1,2,5,6-ジベンツアントラセン 279　　煙害 279　　汚泥 279
化学的酸素要求量［COD］ 280　　化学物質過敏症 280　　活性汚泥法 280
カドミウム 280　　環境ホルモン 281　　揮発性有機化合物［VOC］ 281
クレゾール 281　　公害防止 281　　光化学オキシダント 281
再資源化率 281　　3-メチルコラントレン 282　　CCA 282
シックハウス症候群 282　　臭気物質 283　　食品衛生法 283　　塵肺 283
森林エネルギー 283　　水質汚濁防止法 284
生物化学的酸素要求量［BOD］ 284　　ダイオキシン 284
大気汚染防止法 285　　多環芳香族炭化水素 285　　地球温暖化 285
毒性等価量［TEQ］ 285　　トリハロメタン 286　　トリメチルアミン 286
トルエン 286　　内分泌攪乱化学物質 286　　二酸化硫黄 286
二酸化窒素 287　　農薬取締法 287　　ノニルフェノール 287
排煙公害 287　　煤塵 287　　発ガン性物質 287　　PRTR法 288
PCB 288　　ビスフェノールA 288　　ヒ素 288　　フタル酸エステル 289
浮遊粒子状物質［SPM］ 289　　ベンゾフェノール 289　　ベンツピレン 289
メタノール 289　　有害物質［炭の］ 289　　ラドン 290　　硫化水素 290

11章 木タール、木灰 ―― 291

アンヒドロ体 292　　懐炉灰 292　　木灰 292　　クレオソート 292
クレオソール 293　　軽油 293　　コールタール 293　　重油 293
煤 293　　素灰 293　　竹タール 294　　沈底タール、沈降タール 294
動粘度 294　　軟質タール 294　　粘度 294　　灰［灰分］ 295

ピッチ 297　　風炉灰 297　　ヘキソース 297　　ベンゾール 298
ペントース 298　　ペントサン 298　　無水タール 298　　木ガス 298
木材の構成成分 299　　木タール 299　　油状物質 300　　溶解タール 300

12章　文化、歴史 ―― 301

秋田藩営炭 302　　安良須美 302　　淮南子 302　　『延喜式』302
太安万侶 302　　おこし炭 302　　『海南小記』303　　窯つき唄 303
竃風呂 303　　小塚製炭試験地 303　　古墳の木炭 304　　『正倉院文書』304
之呂須美 304　　『炭』305　　須美 305　　炭籠り 305　　炭座 305
墨坂神社 305　　炭背負い 305　　炭焚き 305　　『炭俵』306　　墨流し 306
炭の科学館 306　　炭焼営業規則 306　　炭やき数え唄 306　　炭焼衣 307
炭やきサミット 307　　炭焼司 307　　炭焼長者伝説 307
『炭焼手引草』308　　炭焼き天狗 308　　炭焼党 308　　『炭焼日記』308
炭山師 309　　製炭伝習 309　　製炭報国手帳 309　　大仏鋳造 309
俵焼き 309　　炭化米 310　　長沙馬王堆一号漢墓 310　　『天工開物』310
東京大学千葉演習林 310　　長塚節 311　　『南方録』311　　『和炭納帳』311
『日本書紀』311　　『日本木炭史(日本木炭史経済編)』311　　燃料革命 312
燃料復興運動 312　　売炭翁 312　　白石の火舎 312　　平お香 312
品等焼き 312　　墨書土器 313　　『北海道に於る楢崎式木炭製造講話筆記』313
『枕草子』313　　真名野長者 313　　木炭槨 313　　木炭検査員 314
木炭紙 314　　木炭統制 314　　木炭の政府買い上げ 314　　焼子 314
焼子制度 314　　焼歩 315　　『山元氏記録』315　　四貫五貫騒動 315

13章　人物、組織、施設 ―― 316

板倉塞馬 317　　岩手県木炭移出協同組合 317　　岩手県木炭協会 317
植野蔵次 317　　大山鐘一 317　　小野寺清七 317　　岸本定吉 318
紀州備長炭記念公園 318　　紀州備長炭振興館 318　　国際炭やき協力会 318
佐々木圭助 318　　炭焼小五郎 318　　炭焼三太郎 318　　炭やき塾 319
炭やきの会 319　　全国燃料協会 319　　全国燃料団体連合会 319
全国木炭協会 319　　田中長嶺 319　　常磐半兵衛 320　　楢崎圭三 320
日本炭窯木酢液協会 320　　日本竹炭・竹酢液協会 320
日本竹炭竹酢液生産者協議会 320　　日本特用林産振興会 320
日本木材学会 321　　日本木酢液協会 321　　日本木炭新用途協議会 321
林員吉 321　　樋口清之 321　　備中屋長左衛門 322　　廣瀬與兵衛 322
マラヤワタ木炭会社 322　　三浦伊八郎 322　　木質炭化学会 323
木竹酢液認証協議会 323　　吉田頼秋 323　　吉村豊之進 323
林野庁 323　　若山牧水 323

巻末資料　325

1　木炭の規格　　　326
2　新用途木炭の用途別基準　　　327
3　旧・木炭の日本農林規格　　　329
4　竹炭の規格　　　335
　　（付）竹炭の新しい使い方　　　336
　　　　　新用途竹炭の用途別基準　　　337
5　木酢液・竹酢液の規格　　　338
6　和歌山県木炭協同組合の木炭選別表　　　341
7　岩手県木炭協会の木炭の指導規格表　　　342
8　炭の年表　　　354

索引（五十音順）　　　360

参考・引用文献集覧　　　374
執筆者・編集委員一覧　　　379

〈凡　例〉

◆本書の本文は炭（1～7章）、木・竹酢液（8～9章）、その他（10～13章）で構成し、用語については章ごとに五十音順に配列しています。また、年表や炭の規格については巻末資料として収録しています。

◆用語はゴシック体で表示。必要に応じて[　]内に略称、もしくは別称を記し、（　）内にふりがなをつけ、さらに一部を除き英語読み、および学名をつけています。

◆ローマ字表記については執筆者、監修者の原文尊重を原則としながら、おおむね標準式（ヘボン式が基本）を採用しています。また、13章「人物、組織、施設」の一部の組織のローマ字表記を見合わせています。

◆植物の学術名（ローマ字表記）は属名・種名・命名者の順になっており、属名と種名をイタリック体表記にしています。

◆本文中の一部の重要度の高い用語はゴシック体で表記。また、読みにくい用語についてはふりがな（複数の読み方がある場合、一般的な読み方を優先）をつけています。

◆本文中の年号は西暦を基本にしていますが、必要に応じて和暦、もしくは（　）内に和暦を加えています。

◆炭の種類を収録する章は、1章と7章の2つの章にまたがっており、主として製炭技術、原料樹種・炭材、形状による炭、産地名（近世以降において産地名、集荷地名を付けたものが数多くあるが、ここでは主なものの収録にとどめている）を付けた炭、在来的な利用法などによる炭を1章「炭の種類」に、また、炭の特性や用途などを打ち出した呼称の炭を7章「炭の利用、用途」に収録しています。

◆12章「文化、歴史」の文献は主として歴史上のものを取り上げています。また、13章「人物、組織、施設」の人物は物故者（敬称略）に限定。組織は全国段階、もしくは主要なもの、さらに施設は炭の普及・啓発の場となる拠点3か所を代表例として収録しています。

◆本文中の人物名は敬称を略しています。出典は特別なものを除き記さず、巻末に参考文献として一括して掲げています。

◆写真については執筆者の提供によるものも含まれています。

◆巻末の索引については用語、および本文中のゴシック体の用語を1600ほど五十音順に配列しています。

炭

- 1章　炭の種類
- 2章　炭材、資源
- 3章　炭窯、築窯
- 4章　製炭、熱分解
- 5章　炭の特性、作用
- 6章　炭の規格、流通、販売
- 7章　炭の利用、用途

1章

炭の種類

（すみのしゅるい）Types of charcoals

左・白炭（ウバメガシ）と黒炭（ナラ）の表面

　炭は製炭法、原料、産地、用途、炭化温度によって分類される。製炭法にはわが国古来の白炭窯、黒炭窯などの土窯による築窯製炭や、ロータリーキルンなどの機械炉による製炭、乾留法による製炭などがあり、それぞれに特徴ある木炭が得られる。

　原料による種類では、コナラ、クヌギ、ウバメガシなどの広葉樹炭、スギ、ヒノキ、マツなどの針葉樹炭、竹炭のほかに、籾殻、建築解体材、ダム流木、枯損木、風倒木、間伐材などを炭材とした炭がある。日本農林規格では黒炭、白炭、黒炭クリ、黒炭マツなどの分類をしていたが、規制緩和により現在では日本農林規格は存在しない。

　木炭は地域ごとに炭化法が工夫され、品質が改良されて現在に至っており、佐倉炭、池田炭などのように、その産地の名前で呼ばれるものが少なくない。近年の木炭の新用途開発にともなって土壌改良用木炭、調湿用木炭などのように用途別に分類されることもある。また、炭化温度別に低温炭、中温炭、高温炭に分類されることもある。

あ

吾妻炭（あがつまずみ）
Agatsuma charcoal

　群馬県吾妻郡地方は中世から炭の産地であったといわれている。同郡誌には、原町稲荷城主の大野氏は元公卿であったが、京都へ納める炭の状況を視察に来てそのまま土着した、という伝説が残されている。この地方の旧・倉渕村の白炭窯は、石だけで天井を渦巻状に組んで行くもので、現在も技術が伝承されている。

安芸炭、備後炭（あきずみ、びんごずみ）
Aki charcoal, Bingo charcoal

　安芸国・備後国（現在の広島県）の山間は、中国山脈の鉄山に使用する木炭の生産が盛んで、『和漢三才図会』は安芸国を日本の炭の産地14か所の中に入れている。ただ、雑木をやいたため、質はあまりよくなかったといわれるが、特に記述してあるところからその生産量はかなりのものであったと推察される。

秋田備長炭［秋備］（あきたびんちょうたん［あきびん］）
Akitabincho charcoal [Akibin]

　秋田県で生産されてきたナラの上質白炭。福島出身の木炭技師・吉田頼秋は、1927年より秋田県の要請を受けて技師として就任し、木炭改良技術講習会を重ねた。その結果、秋田の白炭やきは著しく進歩し、県外にも評価を高めた。後に、炭博士と慕われた故・岸

秋田備長炭

本定吉より「秋備」と称された。吉田は在来の白炭窯を研究・改良し、東北6県および北海道・樺太・台湾地方に吉田式白炭窯を普及したことで商工省発明協会奨励賞を受けた。これは日窯より少し大きめの窯で、備長窯より排煙口・煙道口を広くしてあり、煙道精煉を行うのが特徴である。

　吉田は8年間にわたって秋田県内で普及に努めたが、1934年、秋田県山内村の講習会場の地で永眠した。その顕徳碑が秋田県横手市の鶴ヶ丘公園に建立されている。吉田式白炭窯による製炭技術は佐藤克三（秋田県林業試験場）によって受け継がれ、さらに鈴木勝男によって現在も引き継がれている。

足助炭（あすけずみ）
Asuke charcoal

　愛知県足助川の上流一帯は藩政時代、有名な製炭地であった。田中長嶺の『産業絵詞』（1892年［明治25年］）に述べられている足助炭は土窯だが、その消火法で白炭ともなり、黒炭ともなった。この付近には備長炭産地の紀州と同じくらい良質の粘土があったことが

アブラギリ炭(左)とアブラギリ材

うかがえる。また、この付近にはアベマキが多く、工業用木炭としてやかれた。現在も多くの窯で主として黒炭がやかれている。

アブラギリ炭(あぶらぎりずみ)
Aburagiri charcoal, Japanese tung oil tree charcoal

　アブラギリ(*Aleurites cordata*)はタカトウダイ科アブラギリ属の落葉高木で、ニホンアブラギリ(別名ドクエ、ヤマギリなど)、シナアブラギリなどがある。種子から乾燥性の油を採るのでこの名が付された。油は高級塗料、油煙は良質な墨となる。アブラギリ炭(**ドクエ炭、駿河炭、静岡炭**ともいう)は、30〜40年生の老齢木を1〜2年乾燥させ、小型の白炭窯でやく。

　漆器の中とぎ、蒔絵の研ぎ出し、精密機械仕上げ・印刷用亜鉛板などの金属研磨用に重用されている。研磨用炭は、年輪幅が均一で、割れがなく、硬度は1または1以下がよい、とされる。

アベマキ炭(あべまきずみ)
Abemaki charcoal, Chinese cork oak charcoal

　アベマキ(*Quercus variabiris*)はブナ科の落葉高木で、ヤナギ肌でコルク層が厚い。コルククヌギとも呼ばれ、コルクガシの代用ともなる。

　アベマキ炭はクヌギ炭に似て菊割れになりやすい。樹皮が厚く、クヌギ炭より硬く切りにくく、爆跳性があり品質はクヌギ炭よりはるかに劣る。樹皮を剥離すると薄い樹皮が再生するが、これをクヌギ炭に似せてやいた炭もあった。

天城炭(あまぎずみ)
Amagi charcoal

　江戸時代末期、江戸城で使用するために伊豆天城山の御用林で製炭されていた炭。伊豆炭とも呼ばれた。主として用材生産の残材を原料としたため、雑炭や荒炭が多かった。現在ではほとんど生産されていない。

洗い炭(あらいずみ)
Araizumi, Washed charcoal

　茶道に使うため、クヌギ黒炭を二度やきし、その表面についた白い灰を水で洗った炭。室町末期に千利休が行ったとされる。当時は茶の湯炭の製炭技術が確立されておらず、煙ったり爆跳があったため、このような処理が行われたとされる。

アラ炭、荒炭(あらずみ)
Ara charcoal

　奈良、平安時代に暖房、炊事用に使

用された良質の堅炭。アラ炭が窯外消火法による白炭であるとの説もあるが、定かではない。当時の炭はアラ炭とニコ炭(和炭)とに区別され、アラ炭は炭窯で作られ暖房等家庭燃料用、和炭は伏せやきで作られ金属加工用に用いられた。

荒物(あらもの)
Aramono, Coarse charcoal

大径木を炭化した塊状の黒炭。原木の加工・搬出が困難な交通事情の整っていない林地で生産される場合が多く、製炭量の大きな炭窯による大量生産でコストを低く抑えることができる、という利点をもつ。かつては北海道、青森県十和田湖周辺、福島県奥只見で生産され、主に工業用として利用されてきた。一般的な用語として規格外品、あるいは未選別品を指す場合もある。

池田炭(いけだずみ)
Ikeda charcoal

備長炭と並ぶわが国の伝統的木炭の一つ。摂津、現在の大阪府池田市付近で室町時代、茶道用木炭として作られるようになった、クヌギを黒炭窯で炭化した炭で、炭の切り口に菊の花を思わせる放射状の細い割れ目がある。茶の湯炭として現在でもその評価は高い。池田炭は見栄えのよい姿・形、優れた燃焼性を有しているので数寄屋造りなどの日本建築の暖房用としても愛用されている。

池田炭

イス炭(いすずみ)
Isu charcoal, *Distylium* charcoal

イスノキ(*Distylium racemosum*)はマンサク科の常緑高木で非常に硬く、ダイナマイトで割って製炭されることもあった。樹皮を焼いたイス灰は磁器の釉薬として使用される。

イス炭は備長炭並みに硬いが火力は劣る。火つきが悪く、立ち消えすることもある。アルカリ処理すると、備長炭の代用としても使用できる。

出雲炭(いずもずみ)
Izumo charcoal

島根県でやかれる木炭。主に黒炭で、藩政時代より出雲炭の呼び名で知られ『和漢三才図解』にも取り上げられている。当地で古代より行われたタタラ製鉄と関連の深い出雲炭は、質の低い製鉄用木炭のイメージもあるが、松江付近では良質のクヌギ黒炭も製炭されていた。

伊予炭(いよずみ)
Iyo charcoal

伊予炭は江戸時代、大阪にも運ばれそ

1章 炭の種類

の名を知られたが、雑木を多く使うので下品とされた（『和漢三才図会』）。この頃運ばれた炭は白炭で、産地は主に南予地方だった。愛南町では今もウバメガシの白炭が生産され、伊予備長の名がある。

　大洲市付近はクヌギが豊富で、大正に入ってからはお茶炭の生産も盛んになり、1959年には年産1万トンにも達したこともある。今でも**伊予切炭**の名で全国にその名を知られ、生産の機運も再び高まっている。

イリ炭、煎炭、炒炭（いりずみ）
Irizumi, Refined charcoal

　イリ炭は煎炭あるいは炒炭とも書き、イリは「煎る」あるいは「炒る」に由来する。

　アラ炭（荒炭）やニコ炭（和炭）に熱をかけ再度炭化したものか、白炭製炭の終了時にネラシをかけた木炭で、木炭の表面の灰や炭粉を取り除いた高級木炭であったといわれている。イリ炭は火つきは悪いが、火もちはよく、ガスの発生も少ない。平安時代に入り寝殿造りとなり、良質の木炭が要求されるようになり宮廷、貴族の間でイリ炭は好んで使われるようになった。

岩手炭（いわてずみ）
Iwate charcoal

　岩手県で生産される木炭の総称。**岩手木炭**とも呼び、多くはナラの黒炭である。その生産量は現在も都府県別で第1位、2005年度の資料で全国のおよ

岩手炭

そ4分の1の4854トンほどを生産している。

　岩手県では古くから製鉄など金属精錬のために炭がやかれてきたが、明治期になり交通網が整備されるに至り全県に普及した。1906年に楢崎圭三による講習を皮切りに、各地で製炭講習が行われ、一気に増産されて1915年には全国1位となった。一方、1919年には宮古同業者木炭組合による移出木炭の検査が始まり、続いて1921年「岩手木炭規則」を公布して、全国に先駆けた県営の強制検査を行った。こうしてより高品質の炭を大量にやくようになった。

　1927年には岩手県木炭移出同業者組合が設立され、その後1952年に「財団法人岩手木炭協会」となり、検査業務を県から委託された。また、1956年には「岩手窯」が完成した。その一方、昭和30年代以降は燃料革命にともなう減産も著しく、対策として木炭の完全商品化をねらい、5〜8cmほどに切りそろえ、俵ではなくクラフト紙や段ボールで包装した「岩手切炭」の奨励や、後には大窯による庭先製炭の推進が行われた。

宇陀炭（うだずみ）
Uda charcoal

　奈良県北中部、名刺・長谷寺の周辺で近世にやかれていた炭の呼称。この付近には神武天皇東征の折、炭を赤々と燃やし通路を妨害され苦戦を強いられたという墨坂の地名が残っている。

大原炭（おおはらずみ）
Ohara charcoal

　平安時代に京都で製炭されていた炭。トチ炭とも呼ばれたが、クヌギを炭材とし、土窯を用いていたことから、黒炭であったと推定される。

オガ屑炭（おがくずたん）
Sawdust charcoal

　木材の製材時等に発生するオガ屑を使って作る炭。代表的炭やき方法としては、オガ屑をそのまま使って行う平窯法（平炉法）と、オガライトを作った後、炭やき窯で製炭する方法がある。現在はオガライトを作って製炭する方法が主流で、日本国内および東南アジア各国（中国・インドネシア・フィリピン等）で、日本のオガライト製造技術を使って、多くのオガライト炭（オガ炭ともいう）が製造され、主に日本と韓国に輸出されている。

オガ炭（おがたん）
Pressurized saw dust charcoal, Ogatan

　オガライトを炭化したもの。オガライト炭ともいう。消火法の違いから黒やき（炭化の最後に窯を密閉して消火

オガ炭

するやり方）と白やき（炭化の最後に800℃以上の温度で精錬をかけた後、真っ赤になった状態で炭材を台車ごと引き出し、鉄の覆いをかぶせて消火する方法）がある。

　旧来黒炭の代替として暖房用向けに製造されていたが、国内産白炭（備長炭）が供給不足となり、うなぎ、焼鳥店など天然白炭を使用する飲食店へ向けて硬質（白やき）オガ炭が開発された。天然備長炭より火力が強く、高温の燃焼時間が長いため、うなぎ店などでも使用された。今では硬質の白やきオガ炭が一般的となっている。

　全国燃料協会・日本木炭新用途協議会の定めた基準では黒やきは固定炭素70％以上で精錬度2〜8度のもの、白やきは固定炭素85％以上で精錬度が0〜3度のものと規定されている。普通の木炭よりも安価であるため焼肉店などで広く利用されている。

小野炭（おのずみ）
Ono charcoal

　大原炭に並ぶ平安期における京都の代表的な炭。大原炭同様の型の窯でや

かれていたが、こちらは石窯であり、焼炭とも呼ばれ、今日の白炭に相当する炭だった。

御花炭(おはなずみ)
Ohanazumi, Decorative charcoal at tea party

　茶道の茶会で観賞用に飾る炭。枝炭のように小型で竹、マツ、ウメなどの枝を葉がついたまま炭化したものなど。炭材を軽く縄で結び、その上をこもなどで包んで他の炭材とともに炭窯に入れ炭化する。炭化後は一般に石灰の溶液を塗り、白色にする。白塗りなしの黒いままの山色の御花炭もある。

御花炭の詰め合わせ(炭化した竹と松ぼっくり)

温州木炭(おんしゅうもくたん、うんしゅうもくたん)
Onshu [Unshu]-charcoal

　中国の甌江、飛雲江、椒江流域で生産された木炭である。良質の白炭で、サザンカ、ツバキなどの木炭が多い。1945年以前には日本に家庭用として輸入されていた。その後は1970年頃に二硫化炭素製造原料として輸入されていたことがある。

洋炭、作炭に分類される。作炭は木炭雑木を使った軟質炭で、中国国内の使用がほとんどであった。洋炭は白炭と同等な硬質炭で、次の3つがある。
→洋炭

[烏光修子(ウーコンシャオツ)]
　カシ小丸に相当する。
[烏光開青(ウーコンカイチェン)]
　カシ割に相当する。
[猴頭裡(コトリ)]
　ナラ、切り口に猿の額のようなしわがあるもの。

か

カエデ炭(かえでずみ)
Kaede charcoal, Maple charcoal

　カエデ科(*Aceraceae*)は世界に2属、150種があり、北半球に多く分布する。落葉高木で果実が2個の翼をもつ。イタヤカエデは家具、楽器、スキーなどに使われる。カエデ炭(メープル炭ともいう)は硬くて燃焼性がよい。バーボンウィスキーはカエデの消し炭で精製される。

飾り炭(かざりずみ)
Charcoal for decoration

　茶の湯には、正月に切り口が放射状の細い割れ目でできているクヌギ炭、

いわゆる菊割れの美しい炭を奉書紙で包み、三方や炭台にのせ床の間に飾るしきたりがある。このとき飾られる炭、あるいは飾り付けを飾り炭という。**装飾炭**（そうしょくたん charcoal for decoration）ということもある。

また、奉書紙を三方の上に敷き、洗い米を盛った上に胴炭を2本並べ、その上に輪胴を置き、さらにその上にコンブ、ホンダワラ、のしアワビ、伊勢エビ、小ダイ、ダイダイなどを置き、飾り付けたものを**蓬莱飾り**という。

カシ炭（かしずみ）
Oak charcoal

本州以南の日本各地に生育する広葉樹ナラ属のアカガシ、シラカシ、カシ等の樹木から製炭される木炭の俗称。備長炭と称されることもあり、規格は白炭の代表格であり、炭材の形状により、特選、堅1、2級に分類される。

カシ炭とカシ材

鍛冶炭（かじずみ）
Charcoal for smith

製鉄、金属加工に使われる炭で**鍛冶屋炭**、**鍛冶工炭**とも呼ばれることがある。マツ、クリなどが炭材として使われ、軟質で、砕けやすく、炭化の程度はそれほど高くなく良質の炭であることは必ずしも必要とせず、ボイ炭あるいは伏せやき炭程度の品質でよいが、火つきがよく、燃焼温度が高いものが好んで使われてきた。鍛冶炭の起源は古く弥生時代の鋤、鍬などの農耕具、斧、のみなど、鉄製器具の製作に木炭が使われていたと考えられている。

瓦斯（ガス）炭（がすたん）
Gas charcoal

木炭自動車（代用燃料車）のガス発生炉に用いる木炭。瓦斯発生炉専用木炭ともいう。炭化末期にアンモニアガスを吸着させたり、水をかけて強制消火するなどして製造した。炉内で発生させた一酸化炭素ガスを、内燃機の燃焼室で爆発させて燃料とした。

堅炭（かたずみ）
Hard charcoal

白炭の別名。1000～1200℃の高温で精錬する。赤熱の状態で窯から掻き出すため、**赤目炭**とも呼ばれる。灰をかけて消火する。硬く、たたくと金属音がする。炭の表面は灰がつき白っぽい。着火しにくいが火もちはよい。代表的なものにウバメガシを原木とする備長炭がある。

活性炭（かっせいたん）
Activated carbon, Active carbon

ごく小さな細孔からなり大きな比表

面積と高い吸着能をもつ多孔性の炭素物質。ガスの分離プロセス、医薬品の精製、溶剤の回収、触媒の担体、水処理などに用いられる。

木材、ヤシ殻、石炭などを原料として炭化させた後、水蒸気や二酸化炭素などにより高温処理するガス賦活法、あるいは未炭化原料を塩化亜鉛などの水溶液に含浸した後焼成処理する薬品賦活法によって得られる。最近は特殊なアクリル樹脂などを原料とし、焼成処理して活性炭の比表面積よりも大きい1gあたり3000～4000㎡といった高表面積を有する**繊維状活性炭**または活性炭素繊維「Activated carbon fiber」も生産されている。

活性炭の構造は、主にグラファイトの層状構造と非結晶の炭化水素からなり、1gあたり800～1300㎡の比表面積をもつものが多い。また、グラファイトを形成する芳香族炭化水素は無極性であるため、ほとんどの活性炭は疎水性を示す。**活性炭の細孔構造**は、結晶部のグラファイト層とグラファイト層をつなぐ非結晶架橋部の組成による。

図1-1にFranklinが示した炭素構造を示す。(a)はグラファイト層の発達した炭素、(b)はグラファイト層が未発達の炭素を示しており未結晶の架橋部が多く存在する。活性炭の細孔の大きさは、グラファイト面間の空間と架橋部にできる空間に起因するため、異なる細孔分布をもつ。細孔分布は原料の物性や賦活方法、処理条件によって決定される。

被吸着物質を吸着し、飽和（吸着平衡ともいう）に達した活性炭は、その被吸着物質に対する吸着能力が失われる。飽和に達した使用済みの活性炭は、吸着能力を回復させるために再生が必要となる。

活性炭の再生は液相、気相の違い、吸着処理条件の違いや使用する活性炭によってその方法は異なる。主なもの

図1-1　Franklinが示した炭素構造図

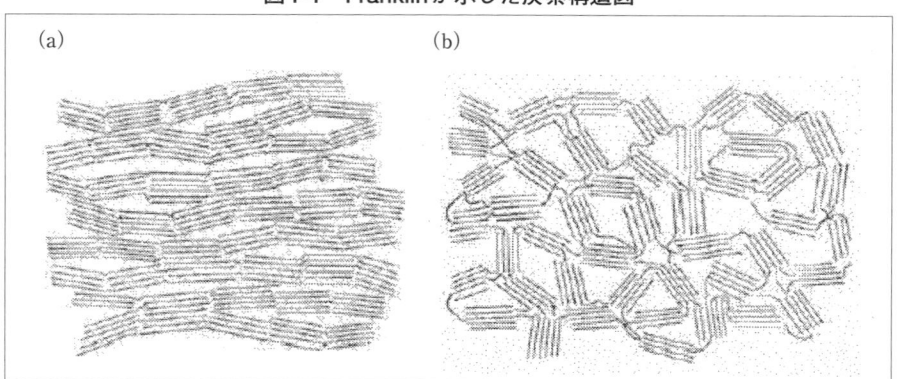

出典：R. E. Franklin, Crystallite growth in graphitizing and non-graphitizing carbons, Proc. Roy. Soc. A209, 196 (1951)

表1-1 活性炭と他の多孔性物質の種類、性状と用途

名称	粒度(mesh)	粒子の密度(kg/m^3)	粒子の空隙率(−)	充填密度(kg/m^3)	内部表面積(m^2/g)	平均細孔径($Å$)	用途
活性炭							ガス賦活炭…溶剤回収、ガス分離、ガス精製、溶液の脱色精製、浄水
成　型	4～10	700～900	0.5 ～0.65	350～550	900～1300	20～ 40	
破　砕	6～32	700～900	0.5 ～0.65	350～550	900～1500	20～ 40	薬品賦活炭…溶液の脱色精製
粉　末	100以下	500～700	0.6 ～0.8	—	700～1800	20～ 60	
繊維状	—	—	—	—	700～2500	200以下	食品の脱色精製、オゾン除去
シリカゲル	4～10	1300～1100	0.4 ～0.45	500～800	300～ 650	20～ 50	ガスの乾燥、炭化水素系の分離、溶剤、冷媒の脱剤
活性アルミナ	2～10	1800～1000	0.45～0.7	600～900	200～ 300	40～100	ガスの脱湿、液体の脱水
活性白土	16～60	950～1150	0.55～0.65	450～550	120	80～180	石油製品、油脂の脱色、ガスの乾燥

(注) $Å$=オングストローム（10^{-10}m）、波長などに用いる長さの単位で、100億分の1m

に熱再生法と薬品再生法がある。気相における溶剤回収、脱臭、空気浄化などに使用したときは、その吸着が物理吸着あるいはそれに近い吸着が主体となっているため、120～150℃の過熱水蒸気により、脱着、乾燥して再使用される。しかし、水処理などの液相に使用したときは、化学吸着あるいはそれに近い状態での吸着が起こっているので、単に加熱水蒸気による再生は困難で、気相吸着時の再生に比べてより過酷な条件での再生となる。一般には400～950℃の温度範囲で再賦活する。言い換えれば活性炭の生成と同じ賦活条件を与えることになる。

活性炭の種類（かつせいたんのしゅるい）
Kinds of activated carbon

活性炭は、原料の物性、賦活方法や処理条件によって大きく特性が変わるが、その形状によっても左右される。活性炭の形状は大別すると粉末状のものと粒状または破砕状のものがある。粉末状のものはその出発原料そのものが粉末状のものであることが多い。粒状のものは、原料そのものは粉末状のものであって、製造工程中にピッチやタールなどの粘結剤を用いて粒状化したものと、ヤシ殻などのように原料がある程度の塊であり、それを必要に応じて適当な大きさに破砕したものがある。

表1-1に活性炭と他の多孔性物質の種類と用途を示す。代表的な活性炭の種類の補足を以下に付記する。活性炭の原料としては、表1-2に示すように種々の物質が挙げられる。このうち、工業的に用いられているものには、鋸屑、木炭、石炭、ヤシ殻およびその炭化物、パルプ廃液などがある。

[**粉末活性炭**（ふんまつかっせいたん）
Powdered activated carbon]

粒径が150μm（マイクロメートル。1μm＝1000分の1mm）未満のものを粉

表1-2　活性炭の原料

植物質	木材（木炭、鋸屑、樹皮、素灰） 果実殻（ヤシ、クルミ） リグニン 廃糖蜜 籾殻 サトウキビの搾りカス（バガス） 豆類（ダイズ、コーヒー、ナッツ、ピスタチオ）
鉱物質	石炭（泥炭、草炭、亜炭、褐炭、瀝青炭、無煙炭、タール、ピッチ、コークス） 石油（タール、ピッチ）
廃棄物	パルプ工場廃液、アルコール工場廃液、廃タイヤ、廃プラスチック、建設廃材、下水汚泥
その他	繊維（セルロース、アクリル、フェノール、ピッチ）

末活性炭、それ以上のものを粒状活性炭という（日本工業規格JISK1474）。

[**粒状活性炭**（りゅうじょうかつせいたん）Granular activated carbon]

　粒状活性炭は破砕炭と成型炭とに分けられる。成型炭には球状、円柱状のものなどがある。

[**繊維状活性炭**（せんいじょうかつせいたん）Fibriform activated carbon]

　一般的に繊維状活性炭は、種々の繊維を炭化、賦活して製造される。原料としてはセルロース系、アクリロニトリル系、フェノール系、ピッチ系、ノボラック系繊維が用いられる。また、繊維状活性炭は、粒状活性炭に比べ細孔径が小さく、孔径のバラツキも小さい。

[**生物活性炭**（せいぶつかつせいたん）Biological activated carbon, BAC]

　粒状活性炭に塩素処理を行わず、溶存酸素や有機物が十分存在しているときに、活性炭の表面に微生物を確認することができる。このような状態の活性炭を生物活性炭という。浄水の高度処理工程で多用されている。活性炭表面で吸脱着している有機物や活性炭の内部で脱着している有機物を酸化・分解して、いわゆる生物活性炭の自己再生作用によって、活性炭の延命化が行われる。生物活性炭処理の長所は、溶存有機物を効果的に除去できる、アンモニア性窒素が除去できる、活性炭の再生間隔が長くなるということである。

　活性炭の代わりに、木炭を吸着材として用いても、長期間使用により生物活性炭と同様な状態を確認することができる。このような状態の木炭を生物木炭という。

[**汚泥活性炭**（おでいかつせいたん）Activated carbon made from sludge]

　下水汚泥を炭化、賦活したもの。鉄、アルミなどの金属を含む。

金屋炭（かなやずみ）
Kanaya charcoal

　熊本県水俣川の水源地帯、久木野付近でやかれる黒炭。芦北炭とも呼ばれる。また、この地域は白炭の塊炭（かいたん）でも有名だった。

画用木炭（がようもくたん）
Drawing charcoal

　絵画のデッサンに用いられる鉛筆ほどの長さと太さをもつ木炭。小枝あるいは材を小割りして、電気炉で約300

〜500℃で炭化する。炭化炉では炭化温度を一定に保つのは難しいが、電気炉で炭化すると均一の温度でやけるので比較的小型の電気炉がよく使われる。炭材には小枝がよく使われるが、輸入品には製材したものもある。原料樹種としてはヤナギ類、クワ、ハンノキ、トチ、カバ、ミズキ、ブドウ、サクラ、ポプラ、キリ、トネリコなどが使われる。

画用木炭いろいろ

カラマツ炭（からまつずみ）
Larch charcoal

　カラマツを炭材にした炭。カラマツは戦後の拡大造林で広範に植えられた樹種。1982年北海道下川町森林組合が、降雪により倒木となったカラマツを木炭にして商品化した。火つきはよいが火もちは悪いという特徴から、バーベキュー用に特化した炭として価値を認められた。また、同森林組合の製品「炭CAN」は、カラマツ炭のほかに着火剤等がワンセットになった缶詰で、災害用の備蓄燃料としても便利である。

観賞炭[観賞用木炭]（かんしょうたん[かんしょうようもくたん]）
Ornamental charcoal

　観賞炭、もしくは観賞用木炭の代表的なものとしては、茶の湯で菊割れのクヌギ炭を用いる飾り炭や、葉のついたマツ、ウメなどの枝を原料とする御花炭があり、これらの起源はいずれも茶の湯が盛んになりだした室町時代にさかのぼる。ツバキ、クヌギ、コナラなどの小枝を原料とする枝炭は火つけ炭として使われるが、現在では茶の湯のときに炭を炉にいけるときの装飾的な役割ももっている。最近では、植物の花や葉のほか、マツかさ、クリのいが、果実など、さまざまな形をした植物の炭化物が作られ、観賞用として用いられている。

　黒炭などの製炭の際に金属製の缶や箱に入れた果実や葉などの原料を炭化炉の窯口近くに置いて、これらの観賞炭は作られる。備長炭などの白炭や竹炭を用いたオブジェも観賞用として目

切り株を炭化したオブジェ

を和ませてくれる。

乾留炭（かんりゅうたん）
Dry-distilled charcoal

　木材の乾留（木材を外熱により蒸し焼きにすること）により製造した木炭をいう。軽くて質が荒い。

　木材を空気（酸素）のない状態、あるいは酸素供給を制限した状態で熱分解させると、残渣物として残る固体生成物を「木炭」と呼ぶが、製炭の種類、熱分解の条件、炭とする木材（樹種）により、その性質は異なる。すなわち、木材や大きな廃材類を原料として乾留炉に投入して、加熱する。乾留炉の形式は、形状により縦型、横型、原料や木炭の出し入れの方法により非連続式（バッチ）、連続式、加熱方法により外熱式、内熱式の区別がある。→乾留炉

菊炭（きくずみ）
Chrysanthemum flower shaped charcoal

　クヌギ炭の切り口は放射状の細い割れ目がある。この割れ方を**菊割れ**といい、菊割れをもつクヌギ炭を菊炭という。菊炭の代表的なものとして**池田炭**、**佐倉炭**、**松阪菊炭**などがある。愛知県三河地方、三重県松阪地方のようにクヌギ炭を菊炭というところもある。菊割れは細かく、数が多く、均一に割れているほど高く評価される。

　菊割れはクヌギの断面に走る放射状の組織によるものだが、穏やかにゆっくりと炭化することで放射状の均一な

菊炭

割れ目となる。

紀州備長炭（きしゅうびんちょうたん）
Kishu binchotan

　紀州＝和歌山県の田辺市周辺などで焼かれている白炭。田辺市の東、秋津川村（現在は田辺市）付近が発祥の地とされている。鋸（のこぎり）で切れないほど硬質で、調理用木炭として世界に誇るべき最高品質の炭である。うなぎ専門店などでは、現在も根強い人気を誇る銘炭である。また、たたくと硬質の澄んだ音がすることから、炭琴の素材にもなる。炭材は主にウバメガシ（馬目樫）。国内では最も比重の高い樹種の一つである。なお、いわゆるカシ（樫）でも焼くが、等級が別になる。

紀州備長炭

備長炭は専用の備長窯を用いて製炭される。備長窯は腰高の白炭窯だが、天井は石ではなく粘土でできている。紀州山地には耐火性の強い粘土が産出するので、こういった窯を築くことができる。

歴史的には紀州藩が重要産物として重視、専売制としたために、焼き方は漸次改良され技術の流出も少なかった。現在でも、和歌山県による紀州備長炭指導製炭士の制度があり、熟達の技を継承する役を担っている。

なお、備長の名の由来は、元禄時代に紀州田辺に住んだ炭問屋、備中屋長左衛門がこの炭を扱っていたことによる。

機能性木炭(きのうせいもくたん)
Functional wood charcoal

一般に軽量、多孔性である木炭はろ過材、吸着材等として多用されているが、脆弱、低耐火性、低導電性等は木炭の欠点であり、用途拡大をはかるにはこれらを改善、克服する必要がある。近年このような観点から炭化技術やその周辺技術の工夫、改良が進み、軽量、多孔性を維持しながら堅牢性、高導電性、特異な吸着能等を備えた木炭が製造され、より多孔性の高表面積木炭も作られている。これらの新機能、高性能木炭は従来の木炭と区別して機能性木炭と呼ばれ、表1-3はその代表例を示している。

キリ炭、桐炭(きりずみ)
Kiri charcoal, Paulownia charcoal

落葉高木キリ(*Paulownia tomentosa* Steud. ゴマノハグサ科)を炭化したもので、軽軟で均質である。

カリウム成分に助燃性があり、黒色

表1-3 代表的な機能性木炭

名 称	製法、条件	特 徴	用 途
ウッドセラミックス[1]	フェノール樹脂を注入後約800℃で焼成	堅牢、軽量、多孔性	軸受け材、断熱材、電磁波遮蔽等
セラミック炭[2]	シリカ主体の粘結剤を配合、約800℃で焼成	堅牢、軽量、多孔性	吸着材
結晶性メソ孔炭素[3]	ニッケル触媒を担持し900℃で炭化	導電性、メソ孔発達	電磁波遮蔽、高性能炭素電極
油吸着木炭[4]	針葉樹を解繊、300-350℃で数分間炭化	撥水性	吸油材
マイクロ波照射木炭[5]	丸太材のマイクロ波照射(木材の内部加熱)	高表面積(600m^2/g以上)	吸着材

出典:1) 岡部敏広監修『木質系多孔質炭素材料ウッドセラミックス』(内田老鶴圃(1996))
2) 松浦弘直「日本木材学会第8期研究分科会報告書」(V-63(2004))
3) K. Suzuki et al., Chemistry Letters, 34, 870(2005)
4) 梅原勝雄(北海道立林産試験場編「林産試だより2月号」p.5(1998))、渋谷良二(同、p.10)
5) 三浦正勝(北海道通産局編「北海道通産情報ビイ・アンビシャス8月号」p.42(2000))

火薬、花火用木炭など火薬用として用いられるほか、画用木炭、化粧用炭（眉墨）として用いられる。また、鋸屑を炭化したものは懐炉灰の混ぜものとしても利用された。

切炭（きりずみ）
Cutted charcoal

全国燃料協会で定めた「木炭の基準」（1999年［平成11年］3月）の中で定義された燃料用木炭の形状による区分の一つで、長さが6cmから8cmの木炭をいう。また、産地銘柄としては岩手切炭、伊予切炭などが知られる。

クヌギ炭（くぬぎずみ）
Oak charcoal

本州以南に生育する広葉樹クヌギ（*Quercus acutissima*）（環孔材）から製造された木炭。黒炭の中で、最高の品質を誇る。生産された地域名から池田炭（大阪府）や佐倉炭（千葉県）とも呼ばれる。滑らかな樹皮から「柳肌」、木口面に放射状に割れが入ることから「菊炭」とも呼ばれる。茶道にも珍重される。

熊野炭（くまのずみ、ゆうやたん）
Kumano charcoal

南紀州・熊野地方で平安時代からやかれていたもので紀州備長炭の源流といわれ、「ゆうやたん」ともいう。

その起源は岸本定吉氏によると800年代にすでに白炭である煎炭（いりずみ）の製炭が始まり、まもなく大阪槙尾山で横山炭・光滝炭（いずれも白炭）が生産されており、その製炭技術が熊野地方に伝播されたと推測される。

1699年（元禄12年）以降、和歌山藩は炭を藩の専売とし主に江戸へ移出し、紀州炭は質・量とも日本一の名声を博したが、中でも熊野炭と田辺炭は名高い（『紀伊続風土記』）といわれた。江戸時代には田辺付近、秋津川一帯でやかれた炭を口（くち）熊野炭と呼び、これがやがて備長炭と呼ばれるようになる。

また、熊野から製炭指導に秋田藩、日向藩、天城御用炭製炭地などに炭やき師が派遣されたり、土佐藩は田辺付近で製炭技術を学ぶなど、紀州炭は日本の炭やき技術の向上に大きく貢献したのである。

クリ炭（くりずみ）
Chestnut charcoal

日本全域で生育する広葉樹（環孔材）であるクリ（*Castanea crenata* Sieb.et Zucc.）（比重0.6程度）から製造された炭。白炭製造されることは少なく、黒炭に分類される。

久留里炭（くるりずみ）
Kururi charcoal

近世、佐倉炭に並び、関東における代表的な茶の湯炭として知られた。上総（かずさ）の久留里方面で産出。『本朝食鑑』や『和漢三才図会』などに、久留里炭は池田一ノ食炭に次いで日本第二の木炭などと記されている。

クロウメモドキ炭(くろうめもどきずみ)
Kurouememodoki charcaol

クロウメモドキ(*Rhamnus japonica* var. *decipiens*)はクロウメモドキ科の落葉低木で硬く、樹皮や果実は漢方では下剤として使われる。

炭は希薄な空気中でも正確な速度で燃焼するので、高射砲弾の導火薬として開発された。炭化条件を厳密に管理することで、ヤマハンノキ炭でも同等の性能のものが得られる。

黒炭(くろずみ、こくたん)
Black charcoal, Soft charcoal

粘土とレンガで作られた黒炭窯で炭化された木炭を一般に黒炭という。黒炭は炭化の最終段階の消火のときに灼熱した木炭を窯内に入れたまま、窯口、排煙口を閉め、窯への空気の流入を完全に止めて消火する窯内消火法によって作られる。

黒炭の特徴としては、①皮がついている、②たたくと鈍くやわらかい音がする、③表面が黒く、崩れやすくもろい、④断面には割れ目が多い、⑤火つきがよいが、火もちは短い、などがある。

黒炭(炭材はタラ)

黒炭窯以外の窯、たとえばドラム缶炭化炉や各種移動式炭化炉などでも窯内消火法によって得られる木炭は、広い意味で一般に黒炭と呼ばれている。

燻材(くんざい)
Smoked wood

燻材は炭化炉温度170〜230℃で炭材の初期熱分解によって得られた材をいう。炭材の重量減は約20%である。炭材や杭材、木彫品などを木酢液や木タールに塗布、浸漬して窯詰めし、燻材化することもよく行われる。燻材化木彫品や柱は磨くことで黒ずんだ艶が現れ、見栄えのよい製品となる。薪を燻材化したものが燻薪で燃料として使用される。燻竹も燻材同様に製造される。

燻薪は、通常の薪に比べ、軽量化、発熱量の増加、貯蔵性の向上の長所がある。燻材、燻竹は、工芸品、支柱、杭、室内装飾用、漁礁用に用いられるが、熱のために強度がやや低下し、材質がもろくなり、加工性が悪くなる欠点もある。

燻炭、薫炭(くんたん)
Smoked charcoal

炭窯等で空気を遮断して炭化させるのではなく、燃焼させながらあまり酸素(空気)を入れず不完全燃焼を起こして作った炭。そのため、一般に低温(400℃程度まで)で作られ、灰を多く含む。一般にイネの籾殻や竹等の農林

業廃棄物を使い、そのため粉状の炭が多い。特に籾殻を原料としたものを、**籾殻燻炭**（rice husk charcoal）という。主に農業用の土壌改良剤や融雪材に使用する。

炭化方法はそのまま伏せやき法で煙突（土管）無蓋で作る方法やドラム缶を使った簡易製炭、横型キルンを使った連続炭化方法等がある。

ケナフ炭(けなふずみ)
Kenaf charcoal

ケナフ（*Hibiscus cannabinus*）はアオイ科の一年草で生長が早く、一年草のジュートに似た良質の繊維に富むので、皮はロープ、製紙原料などに使われる。炭化やガス化によるエネルギー作物としての研究もみられる。

一定の太さに結束し、障壁付きの炭窯がやきやすい。セイタカアワダチソウ炭のように茎本体と髄の二重構造からなる細孔に富んだ炭で、横断面中央に小さな空洞ができることもある。

ケヤキ炭(けやきずみ)
Keyaki charcoal, *Zelkova* charcoal

ケヤキ（*Zelkova serrata*）はニレ科の落葉高木で、木目が美しく、材質は強い。紀州・新宮領では藩用木として管理された。

木口面に放射状の割れが入る菊炭ともなる。製材の残材もやかれるが、これは質を問わない量産向きである。一説には、焼いて藤（色）灰を製するともいう。

ゴム炭(ごむたん)
Rubber tree charcoal

パラゴムノキ（*Hevea brasiliensis* Muell. Arg.）を使ってやいた炭。ゴム園において、ゴムの木からラテックス（生ゴム原料）を採取するため、30年ごとに植え替えをする。その皆伐されたゴムの木を利用する。

コリヤナギ炭(こりやなぎずみ)
Koriyanagi charcoal

コリヤナギ（*Salix koriyanagi*）はヤナギ属の渡来種で水辺を好む。和名は枝で行李を作ったことに由来する。

電気炉でおよそ300℃で炭化されるが、枝条を結束して黒炭窯の上木(あげき)の奥でやかれる例もある。洋画のデッサンに使われるやわらかい炭である。

コルク炭(こるくずみ)
Cork oak charcoal

コルクガシ（*Quercus suber*）はブナ科の常緑高木で、弾力性に富み熱の不良導体であるコルク層があり、切り取ってコルクとする。

鉄製レトルト（缶詰などの食品を加熱殺菌する装置を指すが、一般には乾留装置などを含む総称）で炭化されるが、炭化温度で硬さ、色が異なる。炭を粉砕し松ヤニなどの粘結剤を加え成型、固形眉墨(まゆずみ)としても使われる。

さ

佐倉炭(さくらずみ)

Sakura charcoal

茶の湯炭として下総（現在の千葉県）佐倉地方を発祥の地とするクヌギの黒炭。その製炭法は江戸時代寛政年間に完成したといわれる。現在は茨城県、栃木県でも生産されている。

サクラ炭（さくらずみ）
Cherry tree charcoal

日本全域で生育している広葉樹（散孔材）である**サクラ**（ヤマザクラ：*Prunus donarium* Sieb. var. *spontanea* Makino）から製造された黒炭。炭としての評価は低く、着火しやすいが、油断すると燃え尽きないうちに立ち消えするなど、いわゆる火もちが悪い。最高級黒炭である「佐倉炭」と同じ読み方なので、注意が必要である。

サクラ炭とサクラ材

雑炭（ざつずみ）
Miscellaneous charcoal

木炭の樹種による区分の一つ。クヌギ炭、コナラ炭、マツ炭などのように木炭は主に樹種により区分される。樹種は明らかなほうがよいがあまり細分すると不便なので、クヌギ、カシ、ナラ、マツ、クリ程度に分類し、その他は雑炭と呼ばれる。木炭の分類はほかに用途別、炭化温度別、産地別などがある。

佐野炭（さのずみ）
Sano charcoal

栃木県・佐野は1000年以上の歴史をもつ天明鋳物の産地であるが、鋳物産業は大和国つば市（今の奈良県桜井市金屋。中世に市として栄えた）や武蔵国川口と同じく炭が集まることを条件に成立するもので、炭やきも古い歴史をもっていることがうかがえる。藩政時代も佐野炭は鋳物用木炭として著名であったという。

シイ炭（しいずみ）
Shii charcoal

常緑高木で本州以南に生育する広葉樹（散孔材）であるブナ科の**ツブラジイ**（*Shiia cuspidata* Makino、コジイ）、**マテバシイ**（*Lithocarpus edulis* Nakai）などから製造された木炭の通称。黒炭として製造されることが多い。

枝条炭（しじょうたん）
Charcoal of bamboo branches

モウソウチクやマダケの枝葉を炭化したもので、主に装飾用や工芸用として使われる。高温炭化することで硬く、光沢美を表現させることができる。枝のみや葉をつけた状態で炭化して作品とすることが多いが、繊細なために移送には細心の注意が必要になる。

枝条炭(モウソウチク、静岡市)

自然木炭(しぜんもくたん)
Bogwood charcoal

火山噴火の際の火砕流で樹木が無酸素状態で埋没して炭化したもの。炭化木ともいわれる。富士山麓でも見られる(「富士の神代炭」という)ほか、ほとんどの火山の近辺で昔の地層に埋もれたものが発見される。宮崎県の霧島では300年前の新燃岳の噴火の際に立ったまま炭化した樹木が林立し、観光コースとなっている。

シナノキ炭(しなのきずみ)
Shinanoki charcoal

シナノキ(*Tilia japonica* Simk)はシナノキ科の落葉高木で、木材は器材や経木、マッチの軸に、樹皮の繊維は強く科布、縄にする。科は、アイヌ語で「縛る」を意味する。

金属板研磨、印刷用銅板の研磨や画用木炭として使用される。木炭硬度は1~2度程度で、やわらかく、きめ細かい炭である。

樹皮炭(じゅひたん)
Bark charcoal

木材を製材、チップにするときに出てくる樹皮屑を炭化したもの。鋸屑より炭化しにくく、灰分を多く含み、そのため炭素率が低い。

丈炭(じょうずみ)
Jou charcoal

中国では灰をかぶった木炭を丈炭と称した。日本の炭やき技術は、六世紀に仏教とともに中国から技術移転したとの通説があるが、すでに当時の中国では白炭がやかれていた。表面の灰化したこの丈炭も白炭であったと類推される。

食品添加用活性炭、食品添加用木炭(しょくひんてんかようかっせいたん、しょくひんてんかようもくたん)
Activated charcoal for food additives, Charcoal for food additives

食品の脱色脱臭、コロイド状物質の除去、調味、保存性の改善などに使用される。食品の製造・加工などの過程で添加される。使用すべき炭材、製法、品質、使用した場合の表示義務が法令で定められている。

活性炭の製法は塩化亜鉛法・水蒸気法とし、確認試験として希メチレンブルー試液が無色であること、直火加熱で発炎しないで燃焼することなどとしている。規格容量(純度試験)として、塩化物は0.53%以下とし、ほかに硫酸鉛、亜鉛、鉛、ヒ素の濃度を規定している。

1章 炭の種類

木炭は、竹材または木材を炭化して得られるものとし、イネ科マダケもしくはモウソウチクの茎又はカバノキ科シラカバ、チョウセンマツ、ブナ科ウバメガシ等の幹枝または種子を炭化して得られるもの、としている。→活性炭、賦活、薬用活性炭

白炭(しろずみ、はくたん)
White charcoal, Hard charcoal

石と粘土などで作られた白炭窯で炭化された木炭を一般に白炭という。白炭は炭化の最終段階の消火のときに灼熱した木炭を窯から引き出し、灰や砂からなる消し粉と呼ばれるものを灼熱した木炭の上にかぶせて消化する、窯外消火法によって作られる。

白炭の特徴としては、①皮がついていない、②たたくと硬い金属音がする、③表面が白く、硬いので崩れにくい、④断面には割れ目が少なく、コンパクトである、⑤火つきが悪いが、火もちはよい、などがあり、焼き鳥、うなぎの

備長炭は白炭の代表格

蒲焼きなどの業務用として好んで使われる。和歌山地方でウバメガシを炭材として作られる備長炭は、白炭の代表

針葉樹炭(ヒノキ炭とヒノキ材)

的なものである。

針葉樹炭(しんようじゅたん)
Conifer charcoal

スギ、ヒノキ、マツなどの針葉樹を炭材とした木炭。マツ炭のように火力が強いので古くから鍛冶炭として好んで用いられてきたものもあるが、一般に針葉樹炭はもろく、火つきはよいが、クヌギ、ナラ炭のような広葉樹炭に比べ火もちが短いのであまり用いられていなかった。近年のバイオマス資源の有効利用を目的として針葉樹間伐材、風倒木、松枯損木などからの木炭が生産され、土壌改良材、床下調湿材等の燃料以外の用途に利用されるようになってきた。

煤ヶ谷炭(すすがやずみ)
Susugaya charcoal

天正年間(1573年～1592年)より神奈川県の丹沢山中でやかれていた黒炭。藩政時代、煤ヶ谷(相模)は著名な製炭地であった。

炭(すみ)

Sumi

　狭義には木炭を、一般的には木炭、竹炭、薫炭などの木質系炭素化物、活性炭などを指す。

　石炭（炭石）の別称。黒モノ、という意味で炭素材料一般を指すこともある。

　語源説として、触れると黒くなるところからソミ（染）の転じたもの、ススビの中略、黒いところから墨の意、タビ（手火）に対して定所に焚く火を指すスビ（栖火）の転じたもの、火を水で消すと黒く残るところからケスミズ（消水）の意からきたとされるなど諸説ある。→木炭、竹炭、薫炭、活性炭、炭素材料

墨（すみ）
Sumi, Chinese ink stick

　墨はマツ、植物油などを燃やして煤を作り、にかわで練り固めたもので、書画を書くのに使う文房具の一種である。黒色ばかりでなく赤色、青色、茶色の墨もある。

　製墨用の煤は樹齢の古い脂気の多い松材から採る松煙（松の煤）、キリ油・ナタネ油・ゴマ油・カヤ油など植物油を使う油煙とに大別される。極上のものは蘇合香油が使われたこともあるが、中級品以下ではランプ・ブラック、カーボンブラックが使われる。

　にかわは牛皮や筋、または魚のにかわを使うこともある。これに煤、香料、防腐剤を混ぜ木型に入れ圧搾し、取り出して灰の中で乾燥させる。20～30年から60～70年くらい経たものがよい、とされる。

　正倉院には「開元四年」（716年）銘のある松煙墨が残っている。

炭の主な種類（すみのおもなしゅるい）
Main types of charcoals

　木炭は、炭材の種類（ナラ炭、クヌギ炭など）、製法の違い（白炭、黒炭など）、産地による違い（岩手炭、佐倉炭など）、用途別による違い（土壌改良資材用木炭、調湿用木炭など、巻末資料2の「新用途木炭の用途別基準」参照）によって分類される。表1-4に全国燃料協会によって作成された「木炭の規格」で定義されている木炭の種類を示す。

駿河炭（するがずみ）

表1-4　木炭の種類と定義

種類	定義
黒炭	窯内消火法により炭化したもの
白炭	窯外消火法により炭化したもの
備長炭	白炭のうちウバメガシ（カシ類を含む）を炭化したもの
オガ炭（黒）	鋸屑・樹皮を原料としたオガライトを炭化したもの
オガ炭（白）	鋸屑・樹皮を原料としたオガライトを炭化したもの
その他の木炭	黒炭・白炭・備長炭・オガ炭（白・黒）以外の木炭

Suruga charcoal

　静岡市付近で生産された白炭で、**静岡炭**ともいう。ホオノキやアブラギリを炭材とし、漆器の研磨用などに重用された。ニホンアブラギリを静岡地方ではドクエノキということから、**ドクエ炭**という名もある。

成型木炭（せいけいもくたん）
Briquette charcoal

　粉炭を粘結剤を用いて結合させ、適当な大きさに整えたもの。木炭粉を使った炭団（たどん）、練炭などがこれに相当することが多い。ヤシ殻や木屑など未利用木質物を製炭し、そこで発生する軟質炭の粉炭を使って成型する。タピオカを粘結剤に使ったものが東南アジア各国で多く生産されている。

世界の炭（せかいのすみ）
Charcoal of the world

　世界中、森林のあるところならほぼ全ての地域で木炭は生産されてきた。FAO（国連食糧農業機関）の統計によると2004年の世界の木炭生産量は4366万トン（図1-2）、世界125か国で炭がやかれている。このうち半分はアフリカ大陸で生産されているが、特に炭の生産が盛んな地域ではその実態を正確に把握することは難しく、研究者の間では統計の倍の量（＝1億トン）が生産されているという見方もある。

　国別の生産量をみると、最大の生産国はブラジルで1200万トン（世界の30％）、2位のナイジェリアが342万トン、3位のエチオピア322万トンと続く。アジアの最大生産国はインドで171万トン、次がタイの126万トンで、100万トン以上生産しているアジアの国はこの2か国だけ（世界全体では9か国、うちアフリカが6か国）である。アジア、アフリカの炭の用途が主に家庭燃料用であるのと対照的に、ブラジルは主に産業用、特に豊富な鉄鉱石資源を活用した鉄鋼産業用で木炭を大量に消費している。

　世界で生産される木炭のうち50％以上を占めるのが**アフリカの炭**である。同地での炭やき法はほとんどが炭窯を築かずに炭材の上に枯れ草と土をかぶせてやく堆積製炭法（伏せやき）で（図1-3、図1-4）、この方法は世界中に広くみられるものだが、一般に硬質で火もちのよい炭が得にくく、収炭率も低い。アフリカ諸国をはじめ途上国といわれる国々では往々にして炭窯を築く余裕がなく、そもそも窯を築いて炭をやくことを知らない場合が多い。主用途である調理もさほど長時間安定した熱を要するわけではないため、良質の炭に対する需要も低く、自然と炭やき法も粗放な方式にとどまっている。これまでヨーロッパ各国が簡易窯を使った効率的製炭法の普及を試みているが結果はあがっていない。しかし、現状では森林消失の拡大も危惧され、原料を木以外のものに広げることを含めて状況の改善がのぞまれている。

　アジアの炭やきに目を向けると、生産量では世界の約10％を占めるにすぎ

ないが、その方法は多岐にわたっている。原始的な堆積製炭法は多くの国で行われているが、より質のよい炭がやけるマイラー製炭法も盛んだ。この方法は、まず山型に縦に炭材を組み、その表面に枯れ草をかぶせ土で覆ってやくやり方で、大きいものだと2～3か月かけてゆっくりと炭化を進行させ内部の温度も上がるため良質の木炭が生産できる。

今日、アジアにおける炭窯を利用した製炭は、ビーハイブ型、角型、連続炭化炉、流動炭化炉など世界共通の炭化炉が利用されているが、伝統的な形式の炭やきでは中国形式のものと、アラブ中東系のものに大別される。

中国の炭やきは朝鮮、日本など東アジアの炭やきの源流となるものである。土石による炭窯で排煙口を窯の奥、下部に設ける形式は世界に類を見ず、独特の炭文化をつくりあげている。

中国の炭にも白炭と黒炭があり、前者の主な産地は洛陽付近、山東省、揚子江沿岸、福建省などで、黒炭は主に東北省、海南島あたりでやかれている。早くより文明の開けた黄河、揚子江流域が白炭地帯、文明開化の遅かった地方が黒炭地帯という傾向は日本と同様だがその歴史はさらに古い。日本がまだ縄文時代末期にあった紀元前500年頃に築かれた馬王堆一号漢墓には約5トンの木炭が使われ、発掘品の中には白炭による研ぎ出しが必要な漆器も含まれていた。

近年、中国において木炭（ことに白

ギリシャのマイラー製炭法

イランの二階建て型の炭やき

炭と竹炭）は、わが国への輸出品としての重要性を高めていた。しかし森林開発が進み、洪水、環境悪化など深刻な影響が現れるに至り、今日、中国政府は森林保護政策を推進し、木炭輸出への規制を強めている。

台湾では調理用を主用途に炭をやいていた。**台湾の炭**は主に黒炭で、揮発分が多く、未炭化部分も混じるなど、わが国の基準に照らせば品質のよくないものが多い。しかし、これらは炎を出して燃焼するため、同地の調理法には都合がよい。また、中部地方ではアカシア属の相思樹を炭材とした木炭がやかれ、良炭として知られている。

東南アジアの中でフィリピンの炭の歴史は比較的新しい。ルソン島南部、

図1-2　地域別木炭生産量

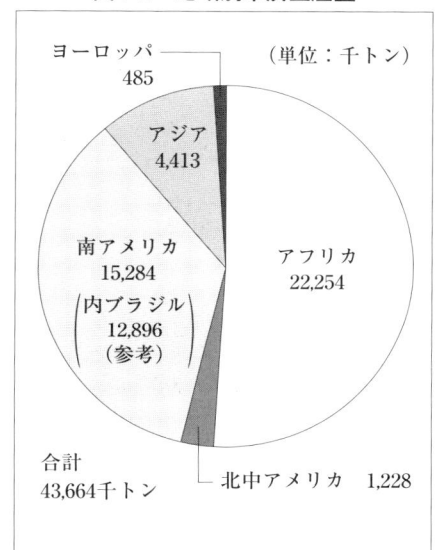

（単位：千トン）
- ヨーロッパ　485
- アジア　4,413
- 南アメリカ　15,284（内ブラジル　12,896（参考））
- アフリカ　22,254
- 北中アメリカ　1,228
- 合計　43,664千トン

出典：FAO year book（2004）より作成

図1-3　アフリカの堆積製炭法の一例—窯の構造と作業工程

〈作業工程〉　　　　　　　　　〈日数等〉
1. 木を伐って長さを揃える……14日×1人
2. 木を積み上げる……………1日×8人
3. 原木のまわりを青草や
　　生葉で覆う………………1日×1人
4. そのまわりを土で覆う……6日×1人
5. 炭化操作……………………約2週間
6. 消化・炭の取り出し………随時

〈図：窯の構造〉
高さ：1.8m
長さ：7m
幅：2m
青草・葉
土（草の付いた表土）
炭材となる木
敷木（底を浮かせる）

パラワン島ではマングローブ、セブ、ミンダナオ島などでは山林の雑木を炭材として生産されている。このうちミンダナオ島を中心にやかれているヤシ殻炭は生産量が多い。近年日本人技術者によるコンクリートブロック窯なども築かれて品質は向上。わが国へ向けて大量に輸出している。

熱帯雨林を擁する**マレーシアの炭**は、主にマングローブおよびゴムを炭材として生産されている。戦後、日本をはじめ各国からの技術協力もあって工業的炭化炉が設置され稼働している。同様に日本と深いつながりをもつのが**インドネシアの炭**。ゴム、ヤシ殻を主な炭材とし、日本企業との合弁会社で工業的に生産されている。これに対して**ミャンマーの炭**は、北部に中国式の炭窯、南部にフランス技術によるビーハイブ型窯が築かれ生産を行っている。

インドでは家畜の糞が家庭燃料の主役となっているが、北部の森林地帯では炭やきも行われている。戦後、工業利用のための分析用としてインドの炭がわが国に送られたことがあるが、当時の岸本定吉氏の分析によると、径20mmほどの小径木の木炭が多く、硬度はあるものの揮発分が多く良好な炭質ではなかったと記録されている。対して品質の高さで知られるのが**スリランカの炭**。炭材はヤシ殻で、政府の指導により戦前から盛んに生産されていた。

今日、石油の大産地となった中東の木炭生産は、日本同様に激減しているものと推測されるが、イランは50年代

世界の炭いろいろ

*( )内は炭材、主な製炭法
（撮影地＝和歌山県田辺市・紀州備長炭発見館）

ブラジル（ユーカリ　築窯）

中国（ウバメガシ　築窯）

アルゼンチン（ケブラチョブランコほか　築窯）

中国（カシ　築窯）

グアテマラ（エンシーノ　穴やき）

タイ（ユーカリほか　消し炭）

ペルー（チワワク、カオバほか　原始的伏せやき）

マレーシア（マングローブ　大型の築窯）

チリ（エスピノ　築窯）

インドネシア（ラバン　伏せやき、築窯）

1章 炭の種類

インド（ジュリフローラほか　伏せやき、築窯）

スペイン（エンシーノ　大型鉄板窯、マイラー製炭）

イラン（オレンジほか　原始的築窯）

マリー（ゲレ、シイ、ウォロ　原始的伏せやき）

ハンガリー（トュールジ　マイラー製炭）

カメルーン（キャッサバ　原始的伏せやき）

フランス（シェーンほか　移動式鉄板窯、大型鉱業製炭）

ザンビア（ボラキスラギア、ボエミーほか　原始的伏せやき）

イギリス（ビーチ　移動式鉄板窯）

ケニア（パイン　原始的伏せやき）

に世界第3位を記録したこともある木炭生産国だった。**イランの炭**は二階建て型の窯でやかれる。上の窓より炭材を投入し、窯内に残されているオキ(燠)により一昼夜かけて乾燥・炭化。仕上げに窯口を開けてネラシをかけ水で消火するという独特な半白炭方式である。

ヨーロッパの木炭は北欧系と南欧系とで炭質が異なる。北欧系では主に針葉樹を炭材に用いる。良質の鉄鋼で有名な**スウェーデンの炭**は、その主用途もやはり製鉄用。工業的に炭化した針葉樹炭を製鉄の還元剤に利用している。南欧の**イタリアの炭**は堆積製炭法の一種であるマイラー方式でやかれるものが多い。技術的にも優れ、イタリアンマイラーと呼ばれるほどこの方式が普及している。同様に**フランスの炭**にもマイラー方式が広く使用されているが、同国ではこの方式を基に現在世界的に普及している鉄製移動鉄板窯が考案された。

ヨーロッパでは工業用木炭製造のために大型の炭化炉が開発されてきた。ただ、工業用木炭の需要は、わが国と同じように縮小傾向にある。そうした中でも森林の豊かな地域では、レーヨン工場で使用する二硫化炭素の原料として木炭を比較的長く利用し続けていた。豊富なブナを炭材とした旧ユーゴスラビアの炭などがその一例である。

北米で木炭の生産量が多いのはアメリカ合衆国の93万トンだ。**アメリカの炭**の用途は工業用もあるが、大半がバーベキューやレストラン用。煙突を複数もつ立方体型やかまぼこ型の耐火セメント窯(missouri kiln, 図1－5)、レンガ製ビーハイブ改良窯など大型で炭化スピードの速い窯を使った経済効率最優先の製炭法が特徴となっている。そのほか製材工場の廃物であるオガ屑や樹皮等を炭化する機械炉(ヘレショフ炉、ランビオット炉等)が多数稼動しており、生産物はブリケット(成型炭)に加工され、バーベキュー用燃料となる。最近アメリカで人気が出ている**メスキート炭**は豆科の硬木メスキートを大型窯で炭にやいたものだが、香りがよく焼物料理の風味がアップするということで、盛んに生産されるようになった。

世界一の生産国である**ブラジルの炭**は、豊富な鉄鉱石資源を活用した鉄鋼産業用として大量に消費される。ほとんどがドーム型のビーハイブ窯でやかれるが、この窯は4～6本の煙突をもつ100m³以上の大型のもの。天井真ん中にあけた穴から点火し空気口は地面の高さに十数個ある。ブラジルの伝統的な形式の窯だが、高炉用木炭の生産

魚や肉をメスキート炭で丹念に焼く(アメリカ・サンフランシスコのレストランで)

図1-4 アフリカの堆積製炭法—マリの炭やき

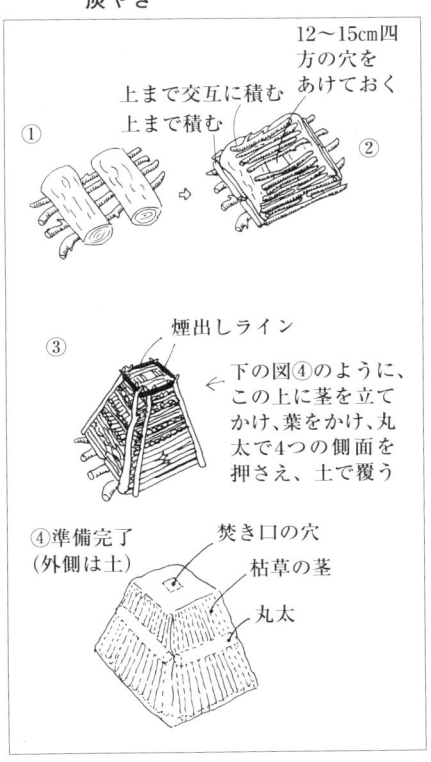

① 上まで積む／上まで交互に積む
② 12〜15cm四方の穴をあけておく
③ 煙出しライン／下の図④のように、この上に茎を立てかけ、葉をかけ、丸太で4つの側面を押さえ、土で覆う
④ 準備完了（外側は土）／焚き口の穴／枯草の茎／丸太

図1-5 Missouri窯

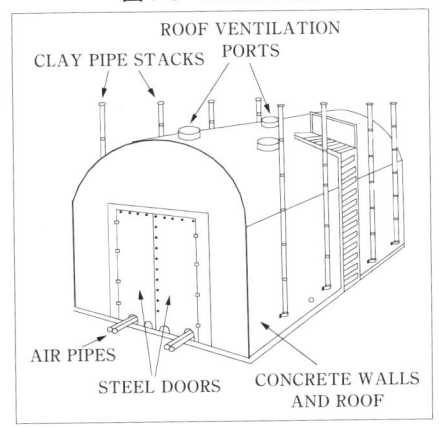

ROOF VENTILATION PORTS
CLAY PIPE STACKS
AIR PIPES
STEEL DOORS
CONCRETE WALLS AND ROOF

出典：アメリカ環境保護局TTN

ブラジルのドーム型ビーハイブ窯の炭やき

が始まるとともに急速に普及した。製炭効率もよく、正しく操作されれば上質の炭がやける。南米にはこの変形で半球状の煙突なしの窯がチリやアルゼンチンにみられるほか、ペルーでは超大型の堆積製炭法もジャングルの中で行われており、南米全体で世界の35％の炭を生産している。

以上、世界の炭やきをざっとみてきた。最後に年間の生産量は5000トンと少ないものの「炭やきは森林を豊かにする」との理念から国内での木炭生産を推進しているイギリスを紹介したい。この国では1994年のブラジル環境サミットでその考え方を提唱した数人の若者が会社をおこし、炭やきの原木伐採のために行う広葉樹の萌芽更新が平地林の生物多様性の維持に役立つことを国民に訴え、国産木炭のマーケットをつくりあげたことで一度はなくなりかけた英国伝統の炭やきが徐々に復活してきた。炭窯は鉄板製の移動式炭化炉で、炭材のあるところへ窯を運んで炭をやく。炭やきが復活したことで平地林に人手が入るようになり、生き物でにぎやかな林も戻ってきた。

1章 炭の種類

これまでとかく悪者呼ばわりされてきた炭やきだが、これからの時代はこのイギリスの例のように、環境を豊かにすることと結びついた炭やきが世界規模で求められるだろう。日本でも炭やきによる里山保全活動が盛んだが、その理念に加え、原料・用途に応じたさまざまな炭やき法と幅広い炭・木酢液利用のノウハウをもつ日本の果たすべき役割はきわめて大きいのである。

相思樹炭(そうしじゅたん)
Acasia charcoal

ソウシジュ(相思樹、*Acacia confusa* Merrill.)は沖縄、小笠原、台湾、フィリピンなどに生育する黄色の花を咲かせる高さ6～9mになるマメ科の常緑高木。硬木。炭にしても優良炭となる樹種で、台湾ではかつて崖下に横穴を掘って窯とし、この木を炭にやいていた。

た

炭団(たどん)
Briquette

木炭の粉末にふのり、あるいはデンプンなどを混ぜ、球状に固めて乾燥させたもの。主に家庭用燃料として利用されてきた。現在の主産地は島根県。

筑前炭(ちくぜんずみ)
Chikuzen charcoal

筑前の国でやかれた黒炭。中世に宗像郡地方の百姓に鍛冶炭を出させた記

炭団(たどん)

録(『宗像郡誌』)が残っているほか、『和漢三才図会』にも「筑前炭」の銘柄があったが、筑豊炭田があったためにそれほど製炭は盛んに行われなかったようである。

竹炭(ちくたん、たけずみ、たけすみ)
Bamboo charcoal

竹稈(ちくかん)を縦に割り、板状にして炭化することが多く、消火方法によって黒炭や白炭のほか、賦活することで活性炭も作ることができる。竹炭はその構造から消臭性や調湿性がよいなどの点から、燃料として利用するよりも他の産業や生活上の用途に利用することが多い。

[**竹炭の性質**(ちくたん、たけずみ、たけすみのせいしつ) Characteristics of bamboo charcoal]

①湿気を吸収し、放出する調湿機能が大きい。②脱臭性が大きい。③土壌の通気性や透水性をよくする。④水中に溶出するミネラルにより血流や皮膚温度の増大効果がある。このほか、高温炭化したものでは遠赤外線効果、マイナスイオン効果等が認められている。

[**竹炭の品質**（ちくたん、たけずみ、たけすみのひんしつ）Quality of bamboo charcoal]

　品質と利用範囲は概して高温炭化した炭ほどよく、400〜600℃で炭化した黒炭ではやわらかく火つきはよいが燃焼時間は短い。また調湿、消臭、土壌改良などに適しているが、1000℃余りで炭化したものにはさらに遠赤外線効果、熱伝導、電磁波防止、マイナスイオンの発生等でも効果がみられる。炭自体も硬く、火つきは悪いが火力は強く、長もちする。過齢で枯死したものや施肥した竹材を高温で炭化しても上質の炭にはならない。

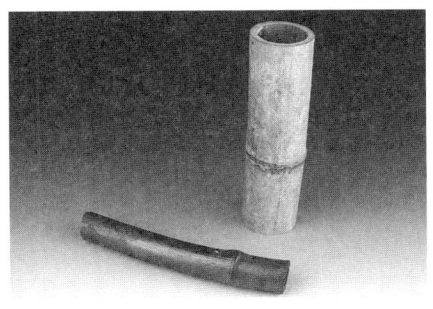

竹炭（炭材はモウソウチク）

秩父炭（ちちぶずみ）
Chichibu charcoal

　埼玉県の秩父方面の産出。中世から主にホオノキなどの白炭が金属加工用として製造され、小田原北条氏へ供出されたという。江戸時代には堅炭として全国にその名を知られた（『和漢三才図会』より）。石窯でやかれた炭が江戸庶民の燃料として活躍し、1965年頃まで続いた。

茶の湯炭（ちゃのゆずみ）
Charcoal for tea-ceremony

　茶道に用いる炭のことで**茶道用木炭**ともいう。流儀に沿って決まった長さに切って茶事用に準備したものを**道具炭**と呼ぶ。流派によって呼び名や大きさが違うが、一般に**胴炭**、**管炭**、**毬打**、**点炭**、**枕炭**、**香合台**などの種類があり、他にわら灰、点火用の**枝炭**がある。

　代表的な道具炭の用途を述べる。

　胴炭＝道具炭の中でもっとも大きく、初炭点前（手前）に用いる。

　管炭＝丸管炭と割管炭があり、丸管炭は長さが胴炭と同じだが、太さは半分ほど。割管炭は丸管炭を縦半分に割ったもの。

　毬打＝子どもの遊具に見立てた名称。丸毬打と割毬打があり、丸毬打は胴炭よりも細く、長さも半分。割毬打は丸毬打を縦半分に割ったもの。

　点炭＝炭点前の最後につぐことから文末の点、もしくは点火の点から付いたとされる名称。火をおこすときの口火になる。

　香合台＝上に香合（香を入れる蓋つきの小型の器）をのせる炭。

　なお、茶の湯炭は炉用（冬用）と風炉用（夏用）に別れ、炭の寸法も違う。

　道具炭は主にクヌギの木を原料とする。枝炭はツツジ、ツバキ、クヌギ、コナラなどの小枝を炭にやいて胡粉を塗って白くしたもので、元は火つけに使われていたが今では炉中の景色を整えるものとして使われている。歴史上有名な枝炭として**天見炭**や**光滝炭**など

1章　炭の種類

がある。これらの茶の湯炭は流派ごとの決まった作法に則って組み、扱われる。

　日本の炭やき技術が世界でも類例を見ないほど進んでいるのは、一つには茶道において良炭が常に求められてきたためである。上質の茶の湯炭の精錬度は8〜8.5とされているが、岸本定吉氏はよい茶の湯炭の条件として次の5つを挙げている。

○しまりがあって樹皮が密着し、目方（めかた）が重く、握ってもたたいてもガラガラ壊れないこと
○炭の切り口が菊の花のように割れていて、割れ目が細かく均一になっていること
○断面が真円に近いこと
○樹皮が薄いこと
○クヌギの芳香を漂わせる炭であること

　日常の料理・暖房等に使う限りでは、ある程度使い勝手がよければいいのであって、見た目が美しいとか香りがよいというところまで求められないが、茶道があったことで日本人は炭に対する厳しい評価眼をもつ幸運に恵まれた。千利休は炭の品質によって沸くお湯の質も違うと言った。このような炭の評価、そして市場が歴史上存在したのは世界でも類を見ない。

　道具炭は茶事の前にそれぞれの大きさに切りそろえた炭を水に入れて炭の粉を洗い落とし、茶席で粉が燃えてパチパチ跳ねないよう、また手が汚れないようにする。洗った炭は4〜5日干

炉用の道具炭（表千家）

してから使うとにおいもなくなり、火勢も強くなる。ちなみに「利休の二度焼き」というのは、やきの甘い炭がパチパチ爆ぜることがあるため、二度焼きしてそれを防いだという茶の湯炭の準備法のことだ。道具炭は窯から出したばかりの炭よりも、1年おいて梅雨の時期を越した炭（旧炭（ひねずみ）と言った）のほうが鋸受けもよく、クヌギ炭特有の香りと和味があるとされた。

　茶の湯炭で全国にその名を知られているのは**池田炭、佐倉炭、伊予切炭**などで、歴史もこの順に古い。クヌギは鎌倉時代、栄西禅師が中国から禅ならびに茶の木とともに移入した樹種で、生長しやすいうえに薪や炭として最高のものになる。

　池田炭は、能勢妙見山の山麓から西南に広がる地域で茶の湯の流行とともに生産されてきたもので、近世の初めより現在の大阪府池田市に集積され、こ

こから宮廷や都に送られたために池田の名が付けられた。この炭は1574年（天正2年）、摂津国能勢郡吉川村の中川勘兵衛清光が創始したといわれる。それ以前に茶の湯の形式を完成させた足利義政に茶の湯炭が献上された記録も残っているが、千利休の活躍した時期がちょうど中川氏創始の頃と考えると、その頃中川氏が茶の湯炭の製法を革新的にまとめ上げたと考えるべきだろう。

池田炭の特色は炭窯と原木である。まず炭窯の特徴は屋根をかけずに窯の天井土を厚くすることと、天井の形が一般の黒炭窯のように平べったくなく白炭窯のように尖っていること（半球形）である。

屋根をかけない理由は、窯土の質がよいために屋根をかけなくても落ちる心配がなかったからともいわれるが、そのために製炭期が終わった4月頃から次の製炭が始まるまでの間に毎年少しずつ盛り土をして窯内に雨水が入るのを防いだ。このために窯の天井は古い窯ほど厚くなっており、中には50〜60cmで表面に雑草が生えている天井もある。

天井の形が尖っているのはもともと白炭窯として伝えられたものが、香りを残すために黒炭方式で消火するようになったことを物語るものだが、これによって立ち木の上に上木（あげき）をたくさん詰められる構造となり、それらの上木が出炭のときには全部灰になっている。しかしその灰は炭化中の立ち木にかぶさって立ち木の上までしっかりしまった状態の炭に仕上げるのに効果があるという。つまりこの構造によって上から下まで茶の湯炭として使えるものができるのである。

原木の樹種はクヌギだが、この地域のクヌギはアベマキ系統の肌理（きめ）の細かいヤナギ肌で、炭にしても繊細なものに仕上がる炭の原木として最上のものだ。

しかし、苗木を植えて15年程度経った原木を、ちょうどよい大きさだからといってそのままやいたものは樹皮が厚すぎるし、炭肌も荒く、火の移り際に爆ぜるものが多いので茶席用には不向きとされる。

まず伐採してその根株から出てきたいくつかの芽が幹になったものを7〜8年経った頃に伐採した、2回目以降の原木であれば肌理が細かく爆ぜにくいという。以後その株からまた出てくる

風炉用の道具炭（裏千家）

1章 炭の種類

芽を伸ばして同じサイクルで伐採するというように、同じ根株を長い間生かして利用してきたのが池田炭の原木調達法であり、初めに述べたいろんな道具炭も1本の7～8年生のクヌギから全て採れるものである。

また、樹皮をぴったりつけ、かつ炭質と歩留まりをよくするために、伐倒後15～30日経って木口が多少茶褐色に変色した頃のちょうどよい乾燥状態のクヌギを60～70cmに切り揃えて炭材とした。だが、現在では山に入る人が減り、クヌギ林の手入れがされなくなったこともあり、池田炭は今、存続の危機にある。

佐倉炭は、1793年（寛政5年）、下総国印幡郡富塚村の川上右仲によって創始されたといわれているが、江戸時代後期にはここが江戸への茶の湯炭供給基地となり、関西の池田炭と並ぶ二大ブランドであった。昭和の中頃まで茨城県鉾田町付近や栃木県益子町などでも佐倉炭のブランドでやいていたが（いわゆるホコタものとかハガもの）今は益子町で数軒残っているほか、岩手県藤沢町でも天井が低くて平べったく細長い佐倉窯が枝炭を含めた茶の湯炭をやいている。池田炭と対照的に天井を低く平べったくしてあるのは温度をあまり上げないでクヌギの香りを残し、火つきをよくするためで、細長いのは天井土が落ちないようにするためである。

大正から昭和にかけてはクヌギの豊富な愛媛から「伊予切炭」の名称で茶の湯炭が生産され、現在も生産が続けられている。現在のクヌギ茶の湯炭の主な生産県は原木の豊富な愛媛、栃木、福島などだが、お茶炭がなかなか手に入らないこともあって、茶道をやる人でも炭点前の作法を知らない人が多い。需要を埋めるためにクヌギのほか、ミズナラの黒炭も窯の真ん中のきれいなものがお茶炭として岩手などで生産されているが、専ら練習用の炭として使われている。

日本文化は炭とともに発展を遂げ、中でも茶の湯炭は備長炭と並ぶ日本文化の最高傑作である。茶の湯炭の製法に秘められた良質炭の製法だけでもしっかりと受け継いでいきたいものである。

津久井炭（つくいずみ）
Tsukui charcoal

神奈川県北部の旧津久井郡付近でやかれてきた炭。同じ地域でも、日窯（石窯）による白炭もあれば、土窯による黒炭もやかれていた。白炭は、一昼夜ないし3日程度で炭化した炭を出してまたすぐに窯詰めするという製炭法で、東京の檜原や奥多摩、山梨県の上野原や小菅とも共通する。藤野町北部では1995年頃までやかれ、火力がやわらかく火もちがよいので暖房用や養蚕の保温用に重用された。

一方、土窯による黒炭は手間がかからないので、戦後の大量製炭期により広範にやかれるようになった。やき方は、清川村煤ヶ谷などと共通する。現

在では白炭はやく人がなく、黒炭がわずかにやかれている。

ツツジ炭(つつじずみ)
Tsutsuji charcoal, Azalea charcoal

ツツジはツツジ属（*Rhododendron*属）の半落葉〜落葉低木で多数の種類がある。

茶の湯で使用される枝炭の一種で、黒色のものと、胡粉を塗り白くした炭とがある。火つけ炭・火おこし炭として使われたが、現在は装飾的添え物として使用される。古くはツツジの根を二度やきし、灰の中で消火、表面を白くした。

ツバキ炭(つばきずみ)
Tsubaki charcoal, *Camellia* charcoal

ツバキ（*Camellia*属）は本州以南に生育する広葉樹である。一般にツバキと呼称されているものは、ヤブツバキ（*Camellia japonica* L.)が多い。そのほか、ナツツバキ（*Stewartia pseudo-camellia* Maxim.）等がある。白炭として製造されることが多い。

道管（導管）の管孔は肉眼で認められないほど非常に微細で、年輪界に接する春材に数多く存在するために、一見、環孔材のようにも見えるが、夏材へと暫次大きさと数が減少しながら、一様に分布しているために、環孔的散孔材と分類されている。

ツバキの気乾比重は0.8程度（炭の比重は1.644、比重瓶法）。

ツバキ炭とツバキ材

土佐炭(とさずみ)
Tosa charcoal

高知県で産する木炭で、高知特有の土佐窯などで生産される。土佐窯は大容量の白炭窯で、この窯でウバメガシやカシ類を炭化したものを**土佐備長炭**という。また、四万十川中流域の山間地の一部ではカシ類を用いた**土佐黒炭**を生産している。

土佐備長炭

トネリコ炭(とねりこずみ)
Toneriko charcoal, Ash tree charcoal

トネリコ（*Fraxinus japonica*）はトネリコ属の落葉小高木で湿地を好む。木質は緻密、樹皮は生薬に、また、にかわの原料にも使われる。

炭は、色や硬さを一定に抑えるために電気炉で一定温度（およそ300℃）でやかれ、画用木炭に使われる。

留炭(とめずみ)
Tomezumi, Charcoal added in a hibachi at tea-ceremony

茶道用語。留め炭、止め炭ともいわれる。茶道ではお客を引き留める意味で風炉に継ぎ足す木炭をいう。

な

ナラ炭(ならずみ)
Nara charcoal, Japanese oak charcoal

ブナ科に属するナラ(*Quercus*属)は、本州以南に生育する広葉樹(環孔材)ミズナラ(*Quercus crispula* Blume)、コナラ(*Quercus serrata* Thunb.)の総称であり、これらの樹木から製造した炭がナラ炭である。硬い炭である。火つきは悪いが、一度火がつくと長時間高温を保つ。白炭、黒炭の両方がある。

ナラ炭とナラ材

南洋備長(なんようびんちょう)
Nanyobincyo, The South Sea bincyo

マングローブ（フタバナヒルギ）等を炭材として、インドネシアなどの東南アジアで製炭、輸入される比較的硬い炭の通称（野沢真次の命名による）。「備長」の名は付くが、現在、市販されているもののほとんどは黒炭。原木が汽水域で生育するため塩分を含有し、鉄瓶に使うと底が錆びる場合もある。

ニコ炭、和炭(にこずみ)
Nikozumi, Soft charcoal

弥生時代に、主に鉄製品を製造するため、ボイ炭やきなどの無蓋製炭法、伏せ焼き等によって製炭された炭の呼び名。

『箋注和妙類聚鈔』には『日本霊異記』を引用する形で「和炭」に「邇古須美」と訓があるとし、安良須美と区別している。焼炭、消し炭、浮炭を指した。軟質で炭化程度も低く、煙ったり立ち消えを起こすような炭。一方、製炭法、着火が容易なため、銅や鉄などの金属加工に利用された。

奈良・東大寺の大仏の鋳造には1万6656石（約800トン）の炭が使用された。これは森林haあたり330石の炭が取れる和炭に換算すると約50haの森林を伐採する必要があったとされる。

能登炭(のとずみ)
Noto charcoal

能登半島でやかれた黒炭で、江戸時代には茶の湯炭として金沢で使われた。この地域はもともと砂鉄や褐鉄鉱も豊

富だったため、中世より鋳物も盛んで炭も盛んにやかれていた。1581年（天正9年）にこの地に入った前田利家は茶の湯を好み、千宗室など有名な茶人を抱えて茶道を奨励し、茶の湯炭も能登地方の百姓に命じてやかれるようになったものである。

は

バーク炭(ばーくたん)
Bark charcoal

樹木の樹皮（bark＝バーク）を炭化した炭。樹木を製材する際には樹皮を剥がすので、製材所等では大量の樹皮屑が発生する。これを炭化したものがバーク炭で、現在では土壌改良資材、調湿用木炭など、主に燃料以外の用途で活用されている。

パーム炭[油ヤシ殻炭](ぱーむたん[あぶらやしがらたん])
Palm charcoal

油ヤシ（パーム）の種殻を炭化した油ヤシ殻炭。主として活性炭原料として使われている。

パームの植林地域がその需要の拡大から非常に大きくなり、その種殻の有効利用は大きな課題となっている。現在、パームの種殻は燃料にするか、道路に砂利石代わりに敷く程度で利用価値が少なく、日本式平炉による炭化もその活用の一方法として行われている。

ハガもの(はがもの)
Haga products

茶の湯炭で著名な佐倉炭のうち、栃木県芳賀郡真岡町（現・真岡市）付近で生産されるもののこと。炭材となるクヌギの違いにより、同じ佐倉炭の茨城県鉾田付近でやかれるホコタものに比べ皮が薄く良質とされる。

破砕炭(はさいたん)
Crushed charcoal

原料炭を破砕しているために粒子の外観が尖った形状をした炭。例としてヤシ殻炭や木炭粒などがある。一方、微粉末の炭をバインダーで造粒して製造した造粒炭の表面は滑らかである。

長谷炭(はせずみ)
Hase charcoal

足利時代より大和（奈良県）一帯に供給されていた黒炭。当時、木炭は武器製造などに不可欠の燃料だったため、戦国時代に大和の西南に勢力を占めた興福寺の被官箸尾氏の反乱は、長谷炭の供給を絶つことで鎮圧された歴史がある。

八王子炭(はちおうじずみ)
Hachiouji charcoal

藩政時代、関東西部一帯は、江戸へ向けた木炭の供給地だった。とりわけ国分寺、八王子付近はクヌギ、ナラの良質木炭の産地で、当時庶民にはなじみ深い製炭地だった。『松屋筆記』『続江戸砂子』には八王子炭の名が記されている。

案下炭

また、八王子の恩方でやかれる炭は古くから**案下炭**(あんげずみ)（白炭）と呼ばれ、戦国時代の『武蔵名勝図会』に初めて登場する。案下とは旧上恩方村、下恩方村、寺方村などの広い地域名を示す。案下炭は、かつて甲州街道や多摩川ルートで江戸に運ばれたという。

はね炭(はねずみ)
Splashing charcoal

炭が急激に加熱されたとき吸着ガスの膨張により跳ねる（飛び散る）炭のことで、**はしり炭**(ずみ)、爆炭ともいう。枝炭の黒炭にははね炭が多い。二度やきすると跳ねなくなる。古く、炭が跳ねるのを止めるために呪文を唱えることを「**炭叱**(すみしかり)」といった。→爆跳

半焼炭(はんしょうたん)
Torrified wood

180〜300度程度の温度で熱分解をして炭化したもので、薪(まき)と炭の中間的なものをいう。故・岸本定吉氏が命名した。ガス化用原料、産業用熱源として、近年、再び注目を浴びている。炭木(すみき)、炭頭(たんとう)、焦木(こげき)などと呼ばれる。

半白炭(はんじろたん)
Hanjirotan, Half white charcoal

白炭と黒炭の中間の特性を持つ木炭で、窯外消火法によって製炭される。統計上では1935年までは九州産の「半白」が見られるが、それ以降は見当たらない。関東では、日窯(ひがま)でやいた炭の一部がこのように称されることもある。

ハンノキ炭(はんのきずみ)
Hannoki charcoal, Alder charcoal

ハンノキ（*Alnus japonica* Steud.）はハンノキ属の落葉高木で、湿地などに自生する。空気中の窒素を固定する根粒菌が宿主する。種子は染料としても使われる。

炭は軽く、やわらかく、火つきがよい。淡色の炭で、画用木炭としても使用される。特にヤマハンノキは剥皮、洗浄してロータリーキルンで炭化され、高射砲弾用の黒色火薬の原料として使用された。→黒色火薬、ロータリーキルン

ヒッコリー炭(ひっこりーたん)
Hickory charcoal

ヒッコリー（*Carya* spp., クルミ科の落葉高木）から作った炭。アメリカで生産され、バーベキュー用として使用されている。良質で比較的価格が高く、日本のクヌギ炭に匹敵する。

人吉炭(ひとよしずみ)
Hitoyoshi charcoal

熊本県の木炭産地は球磨川流域、水

俣川上流域、阿蘇山南部、天草だが、球磨川流域は藩政時代より良質の黒炭産地として定評が高かった。中でも中心は人吉で、同地域では今日でも良質のカシ黒炭を生産している。

ヒバ炭（ひばずみ）
Hiba charcoal, Hiba arborvitae charcoal

　ヒバ（*Thujopsis dolabrata* Sieb.et Zucc.）はヒノキ科の仲間で小枝が扁平に分枝し鱗片状の葉をもつヒノキ、アスナロ、クロベ、サワラなどの総称である。常緑高木で火勢を抑えるために屋敷に植えることもある。

　間伐材や廃木材の再資源化の一つとして、炭化されることがある。400℃で炭化したヒノキ炭は塩基の吸着性能に優れ、900℃で炭化したものは市販の活性炭の7割に近い比表面積を有し気相および液相での吸着性能に優れている、との報告例もみられる。

日向炭（ひゅうがずみ）
Hyuga charcoal

　江戸時代、日向国から大阪などに出荷された白炭。延岡藩、高鍋藩、日向国内の薩摩藩などで生産され、その中心地は五ヶ瀬川北川筋の北川村（現北川町）で、奥行き10〜15尺（1尺＝約30.3cm）、横幅15〜20尺、高さ5尺程度の巾着型の窯を使って、40〜80俵を8日程度の短期間で仕上げるものだった。

　薩摩藩、高鍋藩は藩財政の一助とするため江戸中期より直営製炭を行ったが、延岡藩は地元の豪商・小田家石見屋による請負製炭で、里山化した山林からの10年伐期・小径木利用による小白炭が紀州炭に匹敵するほどの高い評判を得た。

　江戸末期には大阪市場の3分の1を日向炭が占有し、大阪の木炭価格の基準となった。需要の中心は鋳物吹立用だったが、あまりに出荷量が多かったため価格が下落し、風呂屋まで一時日向の白炭を使用するに至ったほどである。

　この頃、薩摩藩士山元藤助が紀州に派遣され、備長窯について研究し記録を残している。この資料『山元氏記録』が唯一、かつての紀州備長炭技術を伝える貴重な資料となっている。なお現在も**日向備長炭**、および**宇納間備長**の名で北郷村宇納生地区、北川町などでカシの良質白炭が生産され、和歌山県に次いで全国第2位の白炭生産量となっている。

日向備長炭

備長炭（びんちょうたん）
Bincho charcoal

1章 炭の種類

本来、ウバメガシを炭材とした白炭で、和歌山県田辺市周辺で生産されている木炭をいうが、農林規格（現在は廃止）ではウバメガシを原木とする馬目備長とウバメガシ以外のカシ類を原木とする樫備長があった。

最近では産地名を付けた中国備長、南洋備長といったものも市場に見られるが、これらはその起源からいえば正式には備長炭ではない。備長炭は江戸時代元禄年間に田辺藩城下町の炭問屋、備中屋長左衛門により考案、完成されたと伝えられている。

白炭の中で最も燃料としての品質の高い木炭で、硬質で割れにくく、備長炭どうしでたたくと金属音がする。硬度は15度以上を示す（黒炭は5〜8度である）。

着火性はあまりよくないが、火もちがよいために、蒲焼き、焼き鳥などの営業用に好んで使われる。

固定炭素は90％以上を示すものが多く、真比重は1.70〜1.90程度で黒炭に比べて重量感がある。電気抵抗が小さく精錬度はおおよそ0である。

紀州備長炭

ブドウ炭（ぶどうずみ）
Budo charcoal, Grape charcoal

ブドウ（*Vitis vinifera* L.）はブドウ科の落葉つる性の植物で、つるを炭化する。デッサンに使う画用木炭の一種で、英仏には電気炉で炭化された製品もある。近年、ブドウの剪定枝を籾殻と併せて低温炭化しブドウ園に施用する例もある。

ブナ炭（ぶなずみ）
Buna charcoal, Beech charcoal

ブナ（*Fagus crenata* Blume.）はブナ科ブナ属の落葉高木で、森林を構成する重要な木であるが、過剰な伐採が森林保護の問題となっている。

福島・会津、奥只見地方では大窯による雑黒炭の荒物（塊状木炭）と、小窯による白炭が生産された。

ブリケット
Briquette

オガ屑等木質系材料そのものだけを、あるいは粉炭に少量のデンプンなどの糊料を入れて押し出し成形器で成形して製造する小さな燃料。ブリケットの形状は成形器によって異なるが、円筒型、ひし形などがある。持ち運び、取り扱いが容易なので野外でのバーベキュー等に好んで用いられる。

石炭（75％）にバイオマス（25％）を混合し糊料を使わずに高圧成形した複合固形燃料バイオブリケットも1985年に開発されたが、現在は生産されていない。

豊後備長炭

粉炭

豊後炭(ぶんごずみ)
Bungo charcoal

　豊後の国は古くから文化の開けたところで、炭の歴史も古代宇佐大神につながるという。また、炭焼小五郎こと真名野長者の伝説の本家で、平安中期から鎌倉初期にかけて栄えた臼杵氏は南海随一の海の豪族でシイタケとコウゾと木炭を特産品としていたという。江戸時代には豊後炭は大阪市場に運ばれ、大分炭と呼ばれた。

　現在も**豊後備長炭**の名で、大きな窯に奥行き方向に寝かせて詰め、20日以上かけて良質のカシ白炭を生産している。このやき方は宮崎県北川町などと同じもので、炭材の水分がゆっくり抜けてきれいな炭がやけるという特徴がある。

粉炭(ふんたん)
Powdered charcoal

　木炭や竹炭を粉状、もしくは微粉状に加工したもの(粒径が5mm未満)。炭シートや炭ボードなどの建材に用いたり、土壌改良資材用として使ったりすることが多い。また、微粉状にしたものは石けんなどの化粧品、コンニャク、そば、飴などの食品に用いることもある。なお、**粒炭**(りゅうたん)は粒径は5mmから30mm未満のものとされている。

棒炭(ほうたん)
Stick charcoal

　棒状の形状をした木炭。全国燃料協会作成の「木炭の規格」では「**塊炭**(かいたん)」に相当する。

ホオノキ炭(ほおのきずみ)
Hoonoki charcoal, Magnolia charcoal

　ホオノキ(*Magnolia obovata*)は、モクレン科モクレン属の落葉高木で、木質はやわらかく、全国の山地に生える。白炭は漆器の下とぎ・中とぎ、金属研磨などの研磨用木炭、印刷用銅板や七宝焼きなどの研磨、**画用木炭**、さらには眉墨などにも使われる。古くは駿河炭が使われたが、現在は奥多摩地方で**磨炭**(みがきずみ)として生産される。

ホコタもの
Hokota products

　関東地方で茶の湯炭として知られる

1章 炭の種類

佐倉炭のうち、茨城県鉾田付近で生産されるもののこと。炭材となるクヌギの違いにより、同じ佐倉炭の栃木県芳賀郡付近でやかれるハガものや、池田炭に比べると皮が厚めである。

ポプラ炭(ぽぷらずみ)
Poplar charcoal

ポプラ(*Populus × Canadensis*)はヤナギ科の落葉高木で、樹枝は直立し、樹形は竹箒を立てたような特異な形となる。

ポプラ炭は電気炉でおよそ300℃で炭化され、洋画のデッサンに使われる。

ま

マツ炭(まつずみ)
Pine charcoal

わが国の代表的なマツにはアカマツ(*Pinus densiflora* Sieb.et Zucc.)、クロマツ(*Pinus thunbergii* Parl.)がある。樹脂道を有する針葉樹で、これらはPinus属(マツ属)である。アカマツ炭は他の炭より多孔質で、燃焼温度が高く、持続性があるので、特に中国地方の「タタラ」と呼ばれる刀鍛冶の世界で多く使用されてきた。炭やき職人の間では、「マツ黒炭」「マツ白炭」と呼ばれている。

エゾマツ(*Picea jezoensis* Carr.)、トドマツ(*Abies sachalinensis* Fr. Schm.)はPicea属(トウヒ属)で、小さい樹脂道が存在する。一方、カラマツ(*Larix Leptolepis* Murray)はLarix属(カラマツ属)で樹脂道が存在する。いずれもこれらは材質がやわらかいために、ほとんど炭としない。

マツ炭とマツ材

マテバシイ炭、長崎炭(まてばしいたん、ながさきすみ)
Matebashii [Nagasaki] charcoal

マテバシイ(*Pasania edalis* Makino 馬刀葉椎・全手葉椎、別名:マテバガシ)の黒炭で、他に比べて硬く、よくしまり、良質の木炭。カシ、ナラ炭に匹敵する。長崎県の特産で、長崎炭ともいう。千葉県などでも産出される。

マテバシイ炭とマテバシイ材

豆炭(まめたん)
Small briquette

石炭の無煙炭や亜炭・コーライトな

どに木炭の粉末を混ぜ、粘着剤で固めて乾燥したもの。一辺4～5cmのマセック型と呼ばれる、手のひらにすっぽり収まる角形のものが一般的。

　起源は平安の頃に中国からもたらされた獣炭で、これは炭粉を虎、青竜、鶴、亀などの動物の形に海藻のツノマタの糊を使って固めたもので、貴族殿堂内の火鉢に用いて縁起と景色を楽しんだ。やがて禅とともに炭団とこたつがもたらされるとこの獣炭は消滅する。

　現在の豆炭の原型は、1920年（大正9年）、大阪の川澄政氏が糖蜜を粘着剤とする豆炭を生産し「三筋印」と売り出したのが始まりといわれている。たとえば50gの豆炭でも市販されている豆炭アンカを使えば約15時間は暖がとれる。

丸(まる)
Maru, Nonsplitted charcoal

　一般に炭材は炭窯の天井高に応じて、一定の長さに切りそろえて炭化する。その際、樹幹や幹をそのまま投入して製炭したものを丸という。

マングローブ炭(まんぐろーぶたん)
Mangrove charcoal

　マングローブを炭化した炭で、炭質は硬く、良質。皮を剥いで炭化しているので皮炭がなく、燃焼性もよい。マングローブ炭は、アジアでは、日本のカシ白炭、中国の温州木炭に次いで優れた炭質で、東南アジアでは第一級の木炭である。

　マングローブは主にタイ、マレーシアに多く、環境保護への関心が高まる中、マングローブ炭の生産は減少傾向にある。

木炭(もくたん)
Wood charcoal, Charcoal

　木材を酸素供給の不十分な状態で蒸し焼きにして得られる炭素を主成分とした固体生成物。精製法には大別して、木材が自分で燃焼していく自燃式炭化法と、外熱で木材を過熱して炭化する乾留法がある。

　自燃式では製法によって黒炭、白炭がある。黒炭は炭化最終段階での消火時に炭化炉の窯口、排煙口をふさぎ、完全に炭化炉を密閉状態で空気を遮断して消火する窯内消火によって得られる。

　白炭は消火時に灼熱した木炭を炭化炉外に掻き出し、灰や砂をかけて消火する窯外消火によって得られる。

窯から出したばかりの黒炭

黒炭は白炭に比べやわらかく崩れやすいが、火つきがよく家庭用燃料として重用されてきた。白炭は硬く崩れにくく、火もちがよいので焼き鳥、うなぎの蒲焼きなどの営業用に好んで使われる。

木炭は多孔性で、細孔が多いため表面積が大きく（1gあたり黒炭300〜400㎡、白炭250-350㎡）、吸着性、透水性に優れているので、調湿材、土壌改良資材等に使用される。

や

屋久島の木炭（やくしまのもくたん）
Charcoal of Yaku island

屋久島では、1970年頃まで大窯で工業用木炭を生産していた。たいへん硬いイスの樹の大木をダイナマイトで割り、一抱えもある大塊の木炭を作っていたという。イス炭は硬さこそ紀州備長炭に匹敵するものの、火つきが悪く立ち消えする性質があり、火力の質もよくないが、アルカリ処理すると備長炭の代用になるともいう。現在は工業用木炭は生産していないが、雑木を使った製炭が行われている。

ヤシ殻炭（やしがらたん）
Coconut shell charcoal

ヤシ殻炭は東南アジア地域などに繁殖するヤシの果実からヤシ油を採取した後のヤシ殻を原料にして、ドラム缶などを利用した簡易な方法で炭化して製造される。

ヤシ殻活性炭（やしがらかっせいたん、coconut shell activated carbon）

は、ヤシ殻炭を水蒸気賦活することによって細孔を発達させ、吸着性を高めたものである。

ヤシ殻炭は土壌改良材やヤシ殻活性炭の原料として大量に輸入されている。ヤシ殻は硬度が高く、炭化や賦活後もその硬さを保っているため、破砕状活性炭の貴重な原料となっている。またヤシ殻活性炭の細孔径は他の原料に比べて小さく、ガス分子など分子サイズの小さな物質の吸着除去に利用される。また浄水器など低濃度物質の除去にも適している。

野州木炭（やしゅうもくたん）
Yashu charcoal

栃木県北部八溝山一帯、那須山麓、大田原、黒田原付近で生産されるクヌギ黒炭。主に東京近辺に出荷される。

ヤナギ炭（やなぎずみ）
Yanagi charcoal, Willow charcoal

ヤナギはヤナギ属（Salix）植物の総称で日本には約90種自生する。多くは

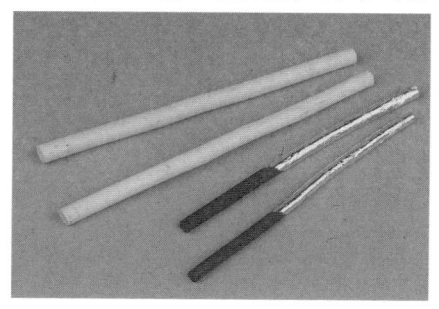

ヤナギとヤナギ炭

温度制御が容易な電気炉を使い、およそ300℃で炭化される。ヤナギ炭は金属板研磨、印刷用銅板研磨などの研磨用木炭、画用木炭などに使われる。炭質はやわらかいが、濃い色合いの画用炭とされる。

軟炭(やわずみ)
Soft charcoal

黒炭の別名、800℃前後でネラし、窯内で消火した炭。白炭に比べやわらかく、たたくとにぶい音がする。樹皮も含む黒色の炭。火つきはよいが、火もちが悪い。品質の差が大きく、樹種や形状で価格は大きく異なる。

洋炭(ヤンタン)
Yantan, Onshu[Unshu] white charcoal

中国の温州から輸入された良質な白炭で、サザンカ、ツバキなどの木炭が多く、炭質は「カシ小丸」に相当した。蒲焼き、焼き鳥などに最適で、国産の白炭に代用できるものはこの銘柄だけであった。→温州木炭

ユーカリ炭(ゆーかりたん)
Yukari charcoal, *Eucalyptus* charcoal

ユーカリは乾燥に強い常緑高木で、オーストラリアには約500種が分布する。オーストラリアではユーカリ炭が多く、SIFIC型などの連続炭化炉で製炭される。

横山炭(よこやまずみ)
Yokoyama charcoal

平安時代より泉州（大阪府）横山、槇尾山の付近でやかれた炭。白炭でサザンカの枝やツツジの根をやいた細い枝炭。同地はわが国でも最も古い木炭産地の一つで、横山炭が宮中で愛用されたことが『貞丈雑記』、『茶窗閑話』などに記されている。

ら

流動炭化炭(りゅうどうたんかたん)
Carbonization by flotation method

流動炭化は製炭法の一種で、「鋸屑」などの木粉を炭材として連続炭化する場合には、ロータリキルンを使用したり、スクリューコンベアを装備した横型炉を使用する方法、熱風を送入し、流動しながら分単位で炭化を完了する方法が用いられる。

流動炭化炭は、一次加工残材や木材加工廃材等を大型炭化炉に上部より投入し、炭化炉内で連続的に炭化し、下部より連続的に出炭する方法で製造される木炭をいう。

煉炭(れんたん)
Briquette

無煙炭・木炭などの粉末を粘結剤で練り固めたもの。円筒形で縦に10本前後の穴がある。燃焼器具は専用の煉炭火鉢や練炭コンロを使う。いったん火をつけると20時間程度燃えるので経済的だが、石炭含有量が多いため屋内使用には向かない。

発祥は明治維新以前に、榎本武揚が

オランダから知識を得て伝えたといわれている。その後1907年（明治40年）門司の臼井亀太郎が、穴が1個ついた「穴明煉炭」を発明。穴をあけることによって、風通しをよくし、火力を強くしたのは画期的なアイデアで、その後煉炭とは「穴のあいた固型燃料」という通念が生まれる。1910年（明治43年）、下関の吉武歌次郎は無煙炭を細粉として練り上げ、手動式の成型機で穴明練炭を作る。そして1918年（大正7年）大阪の山崎照親氏が煉炭製造機を完成し、これが量産する機械の原型となった。

わ

割、割炭（わり、わりずみ）
Wari, Warizumi, Splitted charcoal

　炭材の樹幹や枝を切りそろえたまま炭化したものを丸というのに対し、大径木のため二つ、三つ、または四つ割りにしてから製炭したものを指すことがある。

2章

炭材、資源

(たんざい、しげん) Raw materials for charcoal, Resources

くさびを入れてまっすぐにしたウバメガシ

　製炭用原料としては世界各国、その地域で入手可能なさまざまな資源が用いられている。たとえば、ユーカリ、マングローブ、ゴム、ヤシ殻、オイルパーム果皮、コゴンなどである。

　わが国では古くからコナラ、クヌギ、ウバメガシなどの広葉樹、マツなどの針葉樹材が燃料用木炭の原料として用いられてきた。特殊な材としてはホオノキ、アブラギリ、ツバキなどがあり、そのほかいわゆる雑木林の樹種が炭材として用いられてきており、薪炭林として利用されてきた。

　近年はバイオマス資源の有効利用の観点から、スギ、ヒノキなど針葉樹間伐材、風倒木、竹、オガ屑、樹皮、ダム流木、枯損木、籾殻、建築解体材、畜産廃棄物、生ゴミなど、林業・林産廃棄物のほか、農林廃棄物、食品廃棄物など炭材は多種多様化している。

あ

あて材(あてざい)
Reaction wood
　傾斜した幹あるいは枝を支える部分に生じた木材組織で、通直な幹の組織に比較して狂いやすいなどの特異な材質をもっている。針葉樹材では圧縮あて材、広葉樹材では引っ張りあて材という。圧縮あて材はリグニンに、引っ張りあて材はセルロースに富む。

安全性試験(あんぜんせいしけん)
Safety test
　環境を汚染せずに炭化物を使用する場合の**環境安全性試験**。さまざまな炭材を使って炭化して各種用途に使用するときに、その使用形態に合わせて、それぞれの環境安全性が重要である。たとえば、土壌改良用に炭を農業で使用する場合、炭材によっては重金属等の含有が危惧され、炭からのそれら危険物質の溶出によって土壌環境汚染を引き起こす場合がある。
　炭の環境安全性試験は、主として重金属類（ヒ素・銅・クロム・鉛等）の含有量試験と溶出量試験である。

維管束(いかんそく)
Vascular bundle
　木部と師部（篩部）からなる複合組織で、竹では基本組織の中に不規則に分布している。樹木の場合は幹の先端部の一次組織に認められるが、通常の幹の肥大生長は維管束の間をつないで生じた形成層の細胞分裂によって師部と木部の細胞が形成される。

板目(いため)
Flat grain
　幹の木口面で年輪の接線方向に縦断した面をいう。年輪を構成する早晩材部分が木目状に現れるため、特徴的な杢が得られやすい。

一石(いっこく)
Ikkoku
　炭材の単位。100升、約180ℓ。

異方性(いほうせい)
Anisotropy
　材料の方向によって性質が異なることをいう。木材の場合、繊維方向（幹の軸方向）、放射方向（樹心を通る方向）、接線方向（年輪に接する方向）によって、強さなどの力学的性質、寸法変化などの物理的性質が大きく異なる。木炭の場合も、木材本来の細胞配列を保持しているため異方性材料といえるが、異方性の程度は木材に比べて低い。

ウバメガシ
Quercus phyllyraeoides A. Gray
　ブナ科コナラ属の常緑低木ないし小高木。漢名は馬目樫、姥目樫。地方名にはイマメ、マベシイ、クマノガシ、ウバンバ、バメカシなどがある。房総半島以西の本州、四国、九州、沖縄、中国に分布。主に温暖地の急傾斜の山腹、海辺の崖などに多く自生する。防

潮用、防風用生垣、公園樹、庭園樹としても用いられる。生長は遅く材は硬質で通直性に乏しい。薪炭材となり、特に備長炭用原木として用いられ、ウバメガシを原木とする備長炭は馬目備長(ばべびんちょう)と呼ばれ、うなぎの蒲焼きなどに重用される。

ウバメガシ

運材(うんざい)
Logging

山林の土場に集めた木材を、中継地や加工場などに運搬すること。かっては筏(いかだ)などによる水上運材や木馬、そりによる運材も行われたが、現在は車両運材(しゃりょううんざい)や索道運材(さくどううんざい)が主体である。ヘリコプターによる運材もある。

枝打ち(えだうち)
Lopping

材面に節の出ない無節材の生産を目標に、樹木の幹から人為的に枝を取りさる林業の施業作業の一つ。

エマルジョン化(えまるじょんか)
Emulsification

水と油の混ざった状態で、油の粒子が細かくなることをエマルジョン化(乳濁化)という。濃黒褐色の木酢液はタール粒子が多量にエマルジョン化して含有されており、そのため色の割に酢酸濃度は薄い場合が多い。この場合、静置分離のみでは非常に分離しにくい。

エンジュ
Sophora japonica (Japanese Pagoda Tree)

マメ科の落葉高木で高さ約20mほどになる。材の比重は0.7、庭木、街路樹。工芸品、建築材、器具材に使われ、生長した季節の部位で硬さにムラがあるのが特徴。炭としては雑木扱い。

オガ屑(おがくず)
Sawdust

鋸(のこぎり)で材木を挽くときにできる木粉。漢字では大鋸屑と書く。これは2人で挽く大型の鋸で材木を挽いたことに由来する。鋸屑(のこくず)、ひき屑、オガ粉ともいう。オガ屑は平炉や伏せ焼きによって製造される粉炭の原料となり、精油分を多く含む針葉樹のオガ屑は精油採取原料となる。また、堆肥原料ともなる。

オガ屑

プレーナー屑は平削盤による削り屑で、薄層となるが、オガ屑同様、炭化原料、精油採取原料として利用される。

オガライト
Ogalite

オガ屑を圧縮・成型した人工薪の名称。戦後、大阪の北本軍作氏により発明された。オガライトの製法は、オガ屑の水分を10％ほどに調整し、成型器で1cm²あたり1〜1.5トンの圧力で加圧しながら、表面を約150℃に加熱。オガ屑に含まれるリグニンが粘結剤の役割を果たすため、デンプンなどの添加物を用いずに成型できる。このオガライトを炭化したものがオガ炭（たん）である。

同様のオガクズ成型燃料としてアメリカのプレスツウロッグや欧州のグロメラなどが知られているが、これらはオガライトのように加熱せず、加圧のみで成型した製品である。

か

海藻（かいそう）
Seaweed

肉眼的大きさ以上の海産藻類の総称である。潮間帯から数十mの海底にまで生息する。一般に、緑藻が浅いところに、紅藻が最も深いところまで生息するといわれる。1mを超えるような大型種は褐藻類にみられる。また、熱帯の海では大型の海藻は少なく、寒い地方に大型の海藻が多い。どの種も海底に根のような構造で固着しているが、ある時期がくると根元から離れて海面を漂う種も存在する。そのようなものがかたまって流れているのを流れ藻と呼んでいる。

それぞれの系類の代表的なものとしては、

①褐藻類：コンブ、ワカメ、ヒジキ、モズク
②紅藻類：アサクサノリ、テングサ
③緑藻類：アオサ、アオノリ

が挙げられる。

これらの海藻は、食品、その他の製品として販売されているが、今後、食材等に使用できずに廃棄されてきた海藻類を炭化することによる新たな工業製品の原料としての活用法が期待される。

解体材（かいたいざい）
Waste wood from demolished houses

住宅の取り壊しによって排出される木材。住宅の解体方法には、手作業で行う手ごわしと、機械類を用いて行う機械ごわしとがあり、両者を併用して行われることもある。さらに、瓦や建具などを撤去せずにそのまま機械で壊すミンチ解体が行われることもあるが、この場合は資源の分別が困難である。2000年より施行された建築リサイクル法では、木材の再資源化の向上が目標とされている。

皆伐（かいばつ）
Clear cutting

森林の更新を目的に、森林の全部あ

るいは大部分を一度に伐採する作業。森林を部分的に皆伐する作業は群状皆伐(ぐんじょうかいばつ)や帯状皆伐(おびじょうかいばつ)、皆伐するのではなく長期間にわたり分けて伐採する作業を傘伐(さんばつ)や択伐(たくばつ)などという。

夏下冬上(かかとうじょう)
At the bottom in summer,and at the top in winter

　生木・薪や炭に火をつけるときに、夏は湿気が高く、木や炭の水分も高いので下から火をつけると熱気で炭や薪の水分が飛び、火がつきやすくなり、冬は乾燥しているので上からつけても容易に火がつくという経験に由来する昔からの言い伝え。

カスケード利用(かすけーどりよう)
Cascade type utilization

　いろいろな製品、商品を廃棄物としてすぐに廃棄せず、そのリサイクルの優先順位を考えて、段階的に利用すること。特にバイオマスにおいては、発酵ガス化や堆肥化、その後の炭化といったカスケード利用が考えられる。

活性炭原料(かっせいたんげんりょう)
Raw material of activated carbon

　バイオマス系の活性炭原料には、オガ屑、硬質の木材チップ、木炭、草炭(ピート)などがあるが、現在使われているのはヤシ殻炭、パーム炭等が多い。

仮道管(かどうかん)
Tracheid

木材を構成する細長い紡錘状(ぼうすい)の細胞で、針葉樹材を構成する組織のほとんどを占めている。水分通導と樹体支持の両方の役目を担う。

カバ、カンバ
Birch

　カバノキ科は7属100種がある。炭の原料としては雑木として扱われる。よく知られる樺には、シラカンバ（白樺：*Betula japonica* Sieb）とダケカンバ（岳樺：*Betula ermanii* Cham）がある。

　シラカンバの樹皮は白色、ダケカンバの樹皮は灰褐色で共に薄い紙状になる。山火災後、初期に生える代表的樹種としても知られ、若い山林に多く自生する。ダケカンバは風雪などの気象の厳しい地域では樹体がねじれたり、多くの枝が曲がりくねって自生する。

紙パルプ系廃棄物(かみぱるぷけいはいきぶつ)
Waste from industry of pulp and paper

　製紙過程で発生する廃棄物は木材チップの解繊時に有機薬剤を使用するため、有機性の産業廃棄物が発生し、これらが繊維カスとして汚泥状に発生する。これらが河口、沿岸地域に大量に毒性のヘドロ化した状態で堆積し、1950〜1960年に各地で公害問題を引き起こした。

　その後、1990年代になってからはパルプ廃棄物による公害問題は日本ではほとんど発生しておらず、最近では製

紙パルプ工場から発生する汚泥（スラッジ）は炭化され、農業用の土壌改良資材として利用されはじめている。完全に処理されていなければ、再び1950年代以降に発生した公害問題の再燃になりかねない。

一方、利用された紙廃棄物は古紙として回収され、その回収率は、全原料の58％を占めるまでになっている。古紙の再利用先は、ダンボール、新聞紙、週刊誌、雑誌、印刷用品、トイレットペーパーやティッシュペーパー等である。しかし、古紙回収にかかる経費と販売する価格との差により利益率が決まるのだが、古紙価格が低迷し安定しないのが現状である。

一方、古紙をパルプ状に解繊し、顆粒状の竹炭や木炭に結合資材として混練することにより、炭化物成型ボードを製造し、これの建築資材としての市場投入が始まっている。

環孔材（かんこうざい）
Ring porous wood
　ケヤキ、ナラのような広葉樹材で、生長期の初めに形成された道管の直径が他の部分より大きく、木口面で見た場合道管の管孔（かんこう）が年輪に沿って帯状に並んでいる樹種。際だった木目が現れやすい。

乾燥（かんそう）
Drying
　水分を含んだ木材から水分を除去する操作をいう。木材の利用の面からは、寸法安定化や製品の加工精度を向上させるために必要であり、また、接着性、注入性、耐久性の面からも重要な工程である。自然に乾燥させる天然乾燥法と、人工的な方法で迅速に乾燥させる人工乾燥法がある。

間伐（かんばつ）
Thinning
　樹木が生長して混み合った森林において、樹木間の間隔を適正にして健全な生長を促すため、一部の立木を間引きする育林作業。間伐によって排出される木材を間伐材（かんばつざい）と呼び、育林施業上20年生までに行われることが多いため、小径材と同義に使われることがある。

間伐材（かんばつざい）
Thinning materials
　一斉林型の森林を造成する過程で、林冠がうっ閉（樹木間の枝葉が相互に接触する状態になり、日光が差し込まない状態）してから主伐を始めるまでの間に、林冠のうっ閉を適当に調節して、生産の目標に合致するように立木密度を調整するために抜き伐りした際

間伐材

に発生する木材をいう。

通常の間伐作業を保育間伐といい、発生する木材を利用することを目的とした場合は利用間伐と称する。

しかし、この利用間伐材の販路先がほとんどなく、問題化となっている。そこで、これらの間伐材を山林土場において、炭化する試みが始まっており、エネルギーや土壌改良資材としての利用が試みられている。しかし、市場投入のためには継続的な生産供給と利活用が求められているにもかかわらず、森林からの搬出などとのからみから、一定の供給維持ができないために、産業としての成立が難しい状況にある。

気乾材(きかんざい)
Airdried wood

野外に放置し、自然乾燥した状態の木材。人工乾燥に対する天然乾燥された木材。含水率は11〜17％程度。

気候変動枠組条約(きこうへんどうわくぐみじょうやく)
United Nations Framework Convention on Climate Change / UNFCCC, FCCC

人為的気候変動（地球温暖化）防止の枠組みとなる国連条約。1994年に採択され、94年に発効。1997年12月に京都で開催された気候変動枠組条約第3回締約国会議（COP3、京都会議）で採択された京都議定書において、各国の温室効果ガスの排出量の目標が定められた。大気中の温室効果ガスの濃度を安定化させることが目的。

吸着材(きゅうちゃくざい)
Adsorbent

一般に、細孔構造が発達した比表面積が大きな物質は優れた吸着能力を有するが、これらの物質の総称である。主な吸着材の性質を表2−1に示す。→吸着、活性炭

クリーン開発メカニズム(くりーんかいはつめかにずむ)
CDM=Clean Development Mechanism

表2-1　各種吸着材の種類と性状

名称		粒度 (mesh)	粒子の密度 (kg/m³)	粒子の空隙率 (−)	比面積 (m²/g)	平均細孔径 (Å)
活性炭	成型	4〜10	700〜 900	0.5〜0.65	900〜1300	20〜 40
	破砕	6〜32	700〜 900	0.5〜0.65	900〜1500	20〜 40
	粉末	100以下	500〜 700	0.6〜0.8	700〜1800	20〜 60
	繊維状	—		—	700〜2500	200以下
シリカゲル		4〜10	1100〜1300	0.4〜0.45	300〜 650	20〜 50
活性アルミナ		2〜10	1000〜1800	0.45〜0.70	200〜 300	40〜100
活性白土		16〜60	950〜1150	0.55〜0.65	120	80〜180
ゼオライト		6〜32	1200〜1700	0.25〜0.50	120〜 170	20〜 30

(注)　Å＝オングストローム（10^{-10}m）。波長などに用いる長さの単位で、100億分の1m
出典：立本英機（安部郁夫監修『活性炭の応用技術』テクノシステム）

1997年に、気候変動枠組条約締結国会議（COP3、京都会議）で採択された京都議定書にある「京都メカニズム」の一つ。地球温暖化対策のための二酸化炭素等の地球温暖化ガス排出権取引のための体系で、二酸化炭素等を多く排出している先進国と発展途上国の間で共同で事業実施するもの。

その他の京都メカニズムとして、JI（Joint Implementationの略。先進国どうし共同で事業を実施すること）、国際排出権取引がある。

グルコース
Glucose

化学式：$C_6H_{12}O_6$（図2-1）。ブドウ糖ともいわれ甘味である。木材の主成分はセルロースであり、その加水分解で得られる単糖。また、木タール中にもごく微量含まれている。グルコースを真空下などで熱分解すると、1分子の水がとれて閉環した構造のレボグルコサン（$C_6H_{10}O_5$）になり、回収も可能である。

図2-1　グルコース

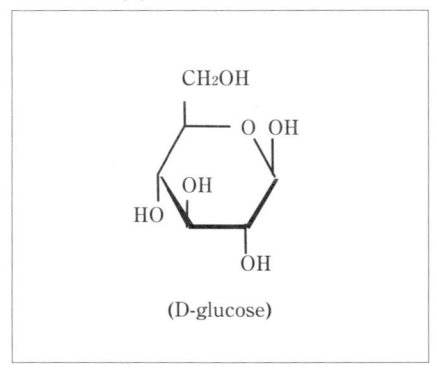

(D-glucose)

結合水（けつごうすい）
Bound water

吸着水ともいわれ、木材の細胞壁の中に存在する水。これに対し、細胞内腔や細胞間隙に存在する水を自由水という。結合水の量によって木材の物性や強度は大きく影響される。木材を乾燥すると、まず自由水が失われ、次いで結合水が出ていく。

建設リサイクル法（けんせつりさいくるほう）

建設工事に係る資材の再資源化等に関する法律（2000年［平成12年］5月31日制定）。建築物を解体する際にコンクリート、アスファルト、木材などの廃棄物を現場で分別し、資材ごとに再利用することを解体業者に義務づけた。

建築廃棄物（けんちくはいきぶつ）
Building waste

住宅建設等により発生する廃棄物の

建築廃棄物を伏せやきの炭材として利用

総称。建築廃棄物には、未使用材を用いての新築の際に発生する残材などの加工端材は、再生資源としての活用に、住宅解体にともない発生する廃材は、分別回収が義務づけられ、リサイクル可能な資材はパーティクルボードなどの繊維板製造の再生資源や燃料資材として使用されている。しかし、運搬等に関するコストが大きく、発生抑制をはかる必要がある。

　これらの建築廃棄物から得た炭化物を住宅の調湿資材として活用する試みもなされている。竹炭を含む木質系炭化物は、水分の吸脱着性能、化学物質吸着等がしだいに科学的に証明されてきたことから、木炭の調湿資材としての利用は少しずつであるが、認知されるようになった。新築住宅の床下部分に敷設するなどの事例も増加している。

　一方、建築廃棄物には、建築資材として活用する段階において防腐処理等化学処理を行っている木材も含まれており、これらの活用には十分に注意すべきである。特に農業用の土壌改良資材としての利用は課題として残るので、注意を喚起すべきである。

原木(げんぼく)
Unprocessed timber, Raw timber

　未加工の木。伐採直後の水分は、樹種によって異なるが、おおむね50～60％である。炭材としては直径7～10cm、長さ70～100cm程度の硬い樹木がよい。径が太い木は、芯部が炭化されないことがあるので、太さ8cm程度に縦割りにして炭化する。

硬材(こうざい)
Hardwood

　硬い材質の木材を指すが、通常は広葉樹材と同義である。

工場廃材(こうじょうはいざい)
Factory scrap wood

　製材工場、住宅資材工場、家具工場などで加工過程において発生する端材の総称。**工場残材**と呼ばれることもある。

　すでに多くの製材、加工工場において木屑火力発電が行われているが、発電効率が非常に低いために普及していない。製材工場から発生する背板や端材、べら板などはチップ化され木質系ボードあるいはパルプ原料に使用されている。オガ屑はキノコ培地、家畜敷料、コンポストの水分調整資材として使用されている。

　また、低質の残材は加工することにより地域において使用可能なエネルギー資源として活用されはじめている。ペレット化等の加工により低質残材の燃料資源化が成功、普及すれば、工場残材バイオマスの全資源化が完成する可能性が大きい。

　製材工場等から発生する廃材を炭化することによる活用も考えられる。この資源は廃材側には何も問題が存在しないので、炭化物として生産された木炭は、エネルギー源、土壌化資料資材、住宅用調湿資材等、多くの方面に活用

可能である。しかし、産業化とするには、一定量の供給が必要である。

更新(こうしん)
Regeneration
森林を伐採した後に、新たに後継林を仕立てること。天然更新と人工更新がある。

[**人工更新**(じんこうこうしん)Artificial regeneration]
森林を伐採した後に新たに後継林を仕立てる際に、植栽や播種、挿し木などの人工的な施業によって行う場合をいう。

[**天然更新**(てんねんこうしん)Natural regeneration]
森林を伐採した後に新たに後継林を仕立てる際に、自然による種子や切り株からの発芽によって行われる場合をいう。

構造材(こうぞうざい)
Structural timber
建築に使用される部材で、構造耐力など強度性能を負担する部材をいう。化粧的な用途である造作材に対応する。

合板(ごうはん)
Plywood
木材を薄く切削した単板(ベニヤ)の繊維方向(木目方向)を一枚ごとに交差させ、奇数枚数を積層して接着した材料。素材に比べて狂いが抑えられているため、住宅の壁や床の面材料として多用されている。用途によって種類の異なる接着剤が使用される。

広葉樹(こうようじゅ)
Hardwood, Broad-leaved tree
被子植物門、双子葉類の木本植物を意味するが、針葉樹より進化した植物群で、種類も針葉樹よりも圧倒的に多い。木材を構成する要素の種類も道管、木繊維、仮道管など針葉樹に比べて多く(写真参照)、道管の配列の仕方によって、環孔材、散孔材、放射孔材などに分かれる。針葉樹材に比べて一般的に材質は硬く、硬材とも称される。ケヤキ、ナラ、カシ、ラワンなどはこれに分類される。

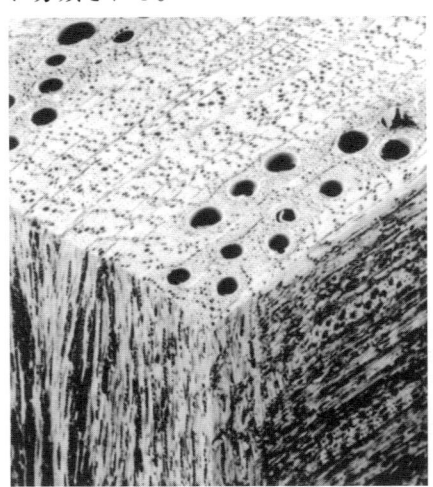

アカガシの3断面のSEM写真

コージェネレーション[コージェネ]
Cogeneration
コージェネレーションは、1つの一次エネルギーから2つ以上のエネルギーを発生させることで、コージェネと

略されることが多い。燃料を用いて発電するとともに、その際に発生する排熱を有効利用する省エネルギーシステム。

木口(こぐち)
Cross section, Transverse section

幹の軸に直角に切断したときの木材の断面。木口面、柾目面、板目面を木材の3断面と称している。

古紙(こし)
Waste paper

使用済みの紙、板紙などの製本あるいは製函中に生じた裁断屑などの総称。損紙とは別扱いされ、品質により上物系統、下物系統に、また元の紙の種類により、産業古紙（新聞、雑誌、印刷紙、包装紙、板紙など）、回収古紙（ダンボール古紙、包装紙、新聞、印刷チラシ、カタログ、パンフレット類、オフィス用紙、色紙類、雑古紙など）に分類される。

バージンパルプよりも古紙が製造コストの面から有利な原料であった時代があり、古紙回収がビジネスとして成立し、現在でも継続しているが、需要と供給のバランスの関係で価格は安定せず、また人件費の高騰などもあり、古紙業者の経営は困難である。

しかし、古紙の回収率は徐々に増加傾向にある。古紙の使用率は紙類の種類により異なる（新聞紙：40～50％、板紙：89.5％、トイレットペーパー：65％）。（全国製紙原料商工組合連合会資料）

最近、古紙の炭化による活用の提案も行われているが、産業として成立するには、量的に無理がある。単繊維化（パルプ化）した古紙を木竹質系材料から得られた炭化物と組み合わせて利用することも試みられている。

さ

サーマルリサイクル
Thermal recycle

廃棄物を燃焼させたときに発生する熱を、エネルギーとして利用すること。バイオマス廃棄物リサイクルにおいて、物質として利用するマテリアルリサイクルに対する言葉。

再生可能な資源(さいせいかのうなしげん)
Renewable natural resources

石炭や石油は使っていけばいつかは枯渇する資源であるが、植物は伐採しても天然下種更新（種子が林地で発芽して稚樹として育ち、林を更新すること）のほか萌芽、接木、挿し木などによって再生させることができる。中でも竹は無性繁殖や有性繁殖によって毎年更新するので伐採しても再造林する必要がなく、持続的で再生可能な最たる資源であるといえる。

材積(ざいせき)
Volume

樹木の幹、素材、製材品などの体積

2章 炭材、資源

で、通常、立方メートル（m³）で表示される。丸太の材積を求める場合は、便宜的に末口直径の二乗に長さを乗じて計算する末口二乗法（すえくちにじょうほう）が用いられる。また、薪炭材など空間を含めた体積は層積（そうせき）と呼ばれる。

細胞壁(さいぼうへき)
Cell wall

細胞の壁をいうが、木材の細胞壁は主にセルロース、ヘミセルロース、リグニンからできているが、セルロースは鉄筋コンクリートの鉄筋、リグニンはセメントに例えられる。

構造的には一次壁と二次壁からなっていて、二次壁はさらにセルロース・ミクロフィブリルの並び方の異なる3層から構成されている。

木炭では細胞の配列と細胞壁は存在するものの、セルロースやリグニンという木材の構成成分は熱によって分解するため、壁内の微細構造は微小空隙のある炭素構造を示す（図2-2）。

逆目(さかめ)
Chipped grain

繊維の傾斜に逆らって木材を切削することによって生じる荒い材面。逆に繊維の傾きと刃物の進行方向が同じである場合を順目（じゅんめ、ならいめ）という。

削片板(さくへんばん)
Particle board

パーティクルボードともいう。木材その他の植物繊維質のパーティクル（削片）に合成樹脂接着剤を使用し、人工的に成板した板状製品。従来この種のボードには種々の名称があり、わが国では削片板、チップボードと称されたときもあったが、パーティクルボード（JIS A5908）に名称統一された。

これらが建築用廃棄物として発生する段階で、再利用化が考えられるが、製造過程において合成樹脂接着剤等が利用されているために、カスケード型利用は困難である。これらが産業廃棄物として発生した場合、多くの場合、破砕、チップ化してエネルギー資源として利用されることが多いが、他の木質系建築廃棄物と混合化されることが

図2-2　針葉樹仮道管壁の模式図

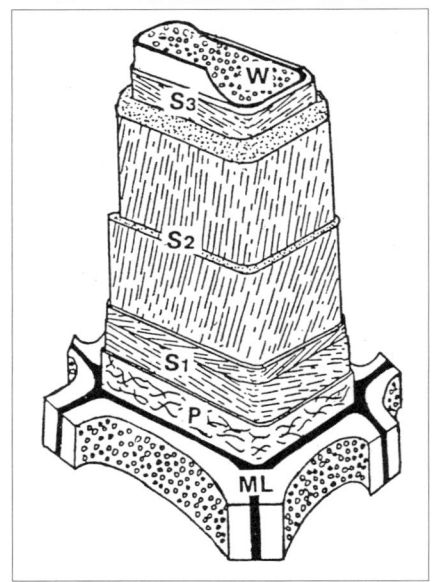

(注) P：一時壁、S₁：二次壁外層、S₂：二次壁中層、S₃：二次壁内層、W：イボ状層、ML：細胞間層

十分に考えられるので、農業系土壌改良資材としての利用は避けるべきである。よって、炭化物としての活用は、床下調湿資材としての利用が望ましいと考える。

挿し木(さしき)
Cutting

植物の茎や葉の一部を切り取って繁殖させる方法。造林に使用する苗を挿し木苗(きなえ)と呼び、種子からの苗である実生苗(みしょうなえ)と区別する。

サトウキビ
Sugar cane

サトウキビの多くは、わが国では沖縄県で成育。サトウキビから糖分を搾取した残渣(ざんさ)は、バガスと呼ばれ、その多くは工場内で糖を煮つめる燃料に使われる。バガスの炭化物は土壌改良や炭素材料に利用。

里山林(さとやまりん)
Foot hill forest, Coppice forest

かつて、農村の背後にある丘陵地の混交林は雑木林と呼ばれ、燃材のほか農林業用資材となるクヌギ、シイ、カシ、竹など多くの有用樹種が育てられて利用されていた。落ち葉や枝は堆肥や燃料となり、林内でシイタケ栽培を行うなど常に所有者が出入りして管理していた。1960年頃以降は経済林とするためにスギやヒノキが植えられて一斉人工林（同一樹種を一斉に植栽した林で、単層林、同齢林ともいう）となったところも多いが、こうした住民と森から生産される林産物の利用が親密な地域の森林を里山といい、そこにある森林地帯を里山林と呼び、丘陵地や山裾にあることが多い。しかし、最近では休閑地や放棄地が増え、以前栽培されていたモウソウチク林が拡大しているところが目立つようになっている。

散孔材(さんこうざい)
Diffuse-porous wood

カバ、カツラ、ブナ、ラワンのように、年輪内において道管直径の変異が乏しく、横断面における道管分布が一様で変化が少ない樹種。材質も環孔材に比べて均一である。

枝条(しじょう)
Shoot

樹木の枝や葉先のこと。

持続可能資源(じぞくかのうしげん)
Sustainable resources

石炭、石油という化石資源は利用することによっていつかは枯渇するのに対し、生物資源のように再生産可能で

里山林を手入れする（神奈川県厚木市）

2章 炭材、資源

持続的に供給されるものを指す。木質資源は樹木の光合成活動によって生産されることから、代表的な持続可能資源である。

自由水(じゆうすい)
Free water

木材に含まれる水のうち、細胞内腔や細胞間隙に存在する水。これに対し、細胞壁の中に存在する水を結合水という。自由水の量が変化しても、木材の物性や強度はそれほど大きくは影響されない。木材を乾燥すると、まず自由水が失われ、ついで結合水が出ていく。

集成材(しゅうせいざい)
Glue laminated wood, Glulam

木材を挽板（ラミナ）にし、繊維方向を互いに平行にして積層し接着した材料。製材に比べて大断面、長尺、湾曲した製品が得られる。構造用集成材と造作用集成材とがある。

集成材

主伐(しゅばつ)
Regeneration cutting

伐採時期に達した林分の樹木を伐採すること。伐採方法には皆伐（かいばつ）、択伐（たくばつ）などがある。

樹皮(じゅひ)
Bark

樹木の形成層の外側にある組織を包括して樹皮と呼ぶ。肥大した樹木では、外側の外樹皮（がいじゅひ）と内側の内樹皮（ないじゅひ）に分かれるが、外樹皮は樹木の肥大生長にともなって剥離していく。

循環産業スキーム(じゅんかんさんぎょうすきーむ)
Recycling industrial scheme

廃棄物リサイクルにおける多産業連係システム。廃棄物の発生する消費現場から再資源化を経て、その地域で再活用し（地廃地活）、再資源化物を使った生産物が、その地域で消費されるまで（地産地消）の多産業間の循環システム。

順目(じゅんめ、ならいめ)
Grain direction

繊維の傾斜と刃物の進行方向を同じにして木材を切削することによって生じる材面。反対に繊維の傾斜に逆らって木材を切削することによって生じる荒い材面を逆目（さかめ）という。

枝葉材(しようざい、えだはざい)
Branches and leaves material

林地における樹木の伐採にともない発生する葉のついた枝の総称。これまで、燃料として使用されてきたが、化

石燃料の出現により、林地に放置されたままの場合が多い。

林地に放置された枝葉材は山林においての集荷はたいへん困難をきわめる。全幹集材による枝葉材の一括処理が可能であれば、林地土場において木炭化が可能である。これらの炭化物は山林に散布することにより、森林に簡単に戻せることにより、雨水浄化の役割も演じることになり、土壌の改善にもつながる。

梢端材(しょうたんざい)
Treetop edge materials

林地における樹木の伐採にともない発生する丸太等の梢、または根元部分の用材として利用できない部分を呼ぶ。従来、林地に放置されている場合が多く、洪水により流失するために、これらが林地崩壊を引き起こし、下流の都市地域に大きな被害を発生させる大きな原因となっている。

全幹集材が多くなっている現在、これらの大部分が土場に放置されている場合が多いため、集荷は比較的簡単に行えるので、川下に下ろし、製炭工場に持ち込み、製炭が可能である。よって、得られた炭化物は堆肥に混合、もしくは単独で土壌改良資材として利用可能である。また、建築資材としての炭化物成型ボードの製造等に供給可能である。一方、木炭製造過程で得られる木酢液は農薬等に、木タールは薬品の原料となる。

植栽密度(しょくさいみつど)
Planting density

一定面積あたりに植栽される苗木の本数。スギの場合、1haあたり1万本以上の密植と2000本程度の疎植がある。

食品系廃棄物(しょくひんけいはいきぶつ)
Food waste

動植物系の食品工場における製造過程において発生した廃棄物の総称。家庭を含む生活(料理)から発生する食品系の廃棄物、いわゆる家庭ゴミも含むことがある。

現在、食品を含む有機系廃棄物を混合し、メタンを発酵させるメタン発酵(乾式)技術が完成している。メタンガスを収得した残渣(汚泥)を炭化することにより、炭化物(約50％の炭素源)を農業系の肥料と同等製品として、また一般的な肥料と混合することにより肥料としての活用技術が完成した。これを施肥することにより、高い糖度等を含有する農作物が得られている。これは有機系廃棄物から、エネルギーの収得と有価物(炭素)としての活用技術が生まれたことになる。

食品リサイクル法(しょくひんりさいくるほう)
Law of Food Recycling

食品循環資源再利用等の促進に関する法律(2000年[平成12年]6月7日制定)。食品生産業、外食産業、食品小売業など、食品関連産業から排出される

生ゴミ、残飯等の食品廃棄物の再資源化を義務づけた。

再資源化（リサイクル）手法としては飼料化、肥料化、ガス化が認められており、炭化は縮減方法として認められている。2006年4月から年間100トン以上の食品廃棄物排出者は20％以上の縮減またはリサイクルが行われない場合、罰則適応の対象となる。

徐伐(じょばつ)
Salvage cutting

育成目的以外の不要な立木を取り除き、健全な林分を育てる作業。

除伐材(じょばつざい)
Cleaning cutting timber

除伐とは、新植した森林がうっ閉した段階で行う手入れで、造林の目的以外の樹種を除去することであるが、目的とする樹種でも生育上除去したほうがよい場合は伐木する。

この作業は樹種、立地、手入れの方法により若干異なるが、樹冠がうっ閉した段階で、すなわち森林の上部が葉ですき間なく覆われた状態で第1回の除伐を行い、2〜3年経過後再び行い、間伐に移行する。その後の生長を考えると、除伐は夏季に行うのが効果的である。

除伐材も間伐材同様、林地に放置されているのが現状である。林地土場で製炭作業を行い、有価物状にすることで、もしくは木炭を原材料として活用するエネルギー、もしくは土壌改良資材等への道を探るのも、除伐材の利用法の一つとして考えられる。

飼料化(しりょうか)
Mash, Forage

家畜の餌（飼料）は主としてトウモロコシ、オオムギ、エンバク等穀物類を使うが、食品廃棄物等の未利用バイオマスを使って動物用の飼料を作ること。食品リサイクル法においてはリサイクル手法として認められている。手法としては発酵処理・液状処理・乾燥処理があるが、その製造に関して品質を一定にするため、分別や水分含有率・塩分等が課題である。

人工乾燥(じんこうかんそう)
Artificial drying

木材を人工的に迅速に乾燥させる方法。用いる方法や装置によって、熱気乾燥、熱板乾燥、真空乾燥、除湿乾燥、高周波乾燥などがある。代表的な熱気乾燥には、ボイラーで発生させた蒸気で乾燥室の空気を加熱する蒸気乾燥や、電気ヒーターを用いて空気を加熱する電気乾燥等がある。また、高周波による加熱と除湿乾燥を組み合わせた方法もある。

人工林(じんこうりん)
Plantation forest, Man-made forest

人の手で植林などを行って育てた森林。わが国における人工林の面積は1000万ha、蓄積量は20億m^3程度と見積もられているが、そのうち、スギ人

工林の蓄積量は13億m³程度といわれている。

スギ人工林

心材(しんざい)
Heartwood

幹の内部の着色した部分。テルペン類やフェノール類などの抽出成分が蓄積し、樹種固有の材色を呈し香りを発するとともに、腐朽菌や昆虫の攻撃に対して抵抗性を増す。また、辺材に比べて乾燥や薬剤注入が困難である。赤身とも呼ぶ。

薪炭林(しんたんりん)
Fuelwood forest

薪や木炭原木用林、すなわち**薪炭材**を生産する林で、雑木林と呼ばれることが多い。コナラ、クヌギ、ウバメガシ、カシなどのナラ属樹種が多く、これらは材が硬く、幼齢期の生長がよく、木炭にしても良質の木炭になるほか、萌芽しやすく、伐採しても再生が容易であり、伐期が短く、また、択伐作業がしやすいなどの利点がある。薪炭林から得られるクヌギ、ナラ類、カシ類などの薪は**堅薪**と呼ばれ、火もちがよいが、その他の広葉樹の薪は**雑薪**と呼ばれ、燃焼性が堅薪より劣る。

針葉樹(しんようじゅ)
Softwood, Coniferous wood

裸子植物に分類される樹木で、黒木などとも呼ばれる。そのほとんどは北半球の暖温帯地域から亜寒帯地域にかけて生育しており、林業的に造林されている重要な樹種の大部分が含まれる。

木材組織はそのほとんどが仮道管から構成されている（写真参照）。広葉樹材に比べて一般的に密度が低く、材質的にやわらかいことから**軟材**、あるいは道管より径の小さな仮道管で構成されていることから**無孔材**と称されることもある。**スギ、ヒノキ、マツ**などはこれに分類される。

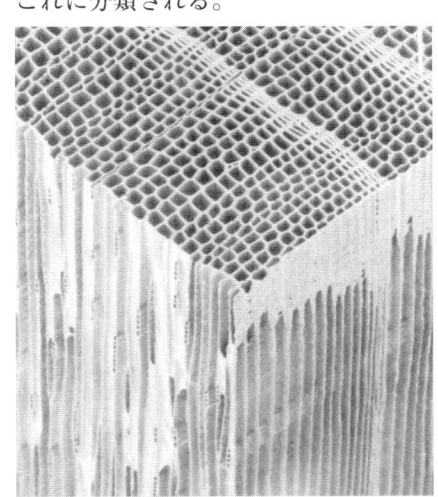

スギの3断面のSEM写真

水生植物(すいせいしょくぶつ)
Aquatic plant

水中に生育する植物の総称。フサモ、ハス、ヒシなど。植物体全体が水中にあるものを沈水植物、葉を水面に浮かべるものを挺水植物と呼ぶ。

これらは将来、泥炭になる可能性があるが、これらは今後炭化物への変換等に関する研究が必要な時期が到来するであろう。

製材(せいざい)
Sawmilling

丸太から鋸などによって柱材などの製材品にすること、あるいは製材した製品。厚さおよび幅が75mm以上の正方形の角材を正角、75mm以下のものを正割といい、製材の際に挽き落とされる丸太外周の半月状の部分を背板と呼ぶ。

生長量(せいちょうりょう)
Increment, grouth increment

一定期間に樹木が生長する量を意味し、体積で表示されることが多い。年間生長量など。

生長輪(せいちょうりん)
Growth ring

1生長期間中に形成された木部組織を横断面で見ると環状に見えるので生長輪と呼ぶ。わが国など温帯地方の樹木は、1年に早材と晩材からなる1生長輪を形成するので年輪という。

生物系廃棄物(せいぶつけいはいきぶつ)
Biological waste

生物系廃棄物は、下水汚泥、家畜糞尿、木屑、家庭および食品の製造過程から発生する食品廃棄物などの総称で、産業廃棄物の約6割を占める。家庭系一般廃棄物と外食産業などから発生する食品廃棄物の再利用率はわずか120分の8であるが、食品の製造過程からのそれは約50％である。これらの大部分はコンポストであるが、コンポスト余りを呈している。最近ではエネルギー化（メタン、BDF化）と有価物化（炭化物）の努力が行われている。

現在では、これらの炭化物を単独、もしくは肥料と混合し、複合化された肥料として施肥を実験的に実施した結果、葉物野菜等の生育、柑橘果実の成分に対する効果、収量に対する効果が証明されつつある。

接着剤(せっちゃくざい)
Adhesive

材料を結合させるために用いる物質。天然系接着剤にはデンプン、にかわ、カゼインなど、合成系接着剤には、ユリア、フェノール、メラミン、エポキシなどの合成樹脂系のものと、合成ゴム系のものなど多くの種類がある。

木質材料は接着剤によって製造されていることから、解体材などの廃棄木材の炭化に際してはその混入に注意する必要がある。

セルロース
Cellulose

木材細胞壁の主成分で、木材中に約40〜50％含まれている。グルコースが

結合した長い鎖状の高分子である。細胞壁の中で規則正しく配列し、束状に集まってミクロフィブリルを作っている。木材中のセルロースの熱分解温度は280〜300℃付近とされている。

ゼロエミッション
Zero emission

ある産業が排出する廃棄物を他の産業の原料として使い、地球上の廃棄物をゼロにする計画のこと。たとえば、竹の稈(かん)を利用する際に枝や葉は必要ないため廃棄するところを枝は穂垣や竹箒に、葉は家畜の餌に利用するといった仕方をいう。

繊維系廃棄物(せんいけいはいきぶつ)
Fibrous waste

衣服、布団など繊維で織られている製品が廃棄されることにより発生する廃棄物の総称。古くは家庭において良質な部分を選択し、つなぎ合わせて製品化されていたが、現在ではほとんど廃棄されている。中でも、化石素材により製造された製品は埋め立て、焼却が大部分で、ダイオキシンの発生等の問題が発生している。現在では再度繊維状態まで戻し、製品化(作業着、ワイシャツ等)されることも多くなっている。

しかし、廃棄されている繊維系廃棄物は、合成繊維等を含む多くの源繊維が混合している等、その処理には多くの課題を含んでおり、単純に炭化することには大きな課題が残る。将来とも、炭素繊維化することの研究が望まれる。

繊維板(せんいばん)
Fiber board

主として木材繊維、まれにその他の植物繊維を主原料として成形される板状製品の総称。原料を蒸し煮または生のまま繊維化し、水(湿式法)または空気(乾式法)を媒体としてファイバーマットを抄造(しょうぞう)(調合された紙料を抄いて紙を製造すること)し、これを乾燥または熱圧して成板する。JISでは、比重0.4以下を軟質繊維板(インシュレーションボード)、比重0.4〜0.8の間の製品を半硬質繊維板(セミハードボード)、比重0.8以上を硬質繊維板(ハードボード)に分類する。

これまで廃棄物として、主に焼却されてきた。今後産業廃棄物としての処理が必要となった現在、これらの廃棄物処理は、木質を主体とする有機系であるがゆえに、炭化するか、もしくは、焼却灰が残渣(ざんさ)として残るが、処理過程の熱を利用するエネルギー化のいずれかが効果的である。

繊維飽和点(せんいほうわてん)
Fiber saturation point, FSP

木材の水分状態において、自由水がまったく存在せず、細胞壁が結合水で完全に飽和した状態をいう。そのときの含水率は、どの樹種であってもほぼ28%とされている。木材の物性は繊維飽和点を境にして大きく変化する。

雑木(ぞうき、ぞうほく、ざつぼく)
Miscellaneous small trees

材木の良材とならない木。炭やきでは、硬い樹木（カシ、クヌギ、ナラなど）に属しない広葉樹。いろいろの種類の混ざった木。炭の原料となる。小径木や端材を粉砕して小粒子にして連続炭化することもある。制御機器を装備した連続装置では、品質の安定した炭が製造できる。炭化物は燃料、活性炭、調湿材、水処理用、土壌改良材、融雪材などに利用。

雑木を結束する（岩手県大迫町）

早材(そうざい)
Earlywood

1生長輪で生長期の初めに形成された材部を指し、細胞の径が大きく細胞壁が薄いことから密度が低い。春材（しゅんざい）、春目（はるめ）ともいう。

造作材(ぞうさくざい)
Furnishing member

建物内部の取り付けや仕上げ、化粧などに用いられる部材で、力学的な負担をしないもの。強度性能を負担する部材を構造材（こうぞうざい）と呼ぶ。

早生樹(そうせいじゅ)
Fast growing tree

樹高や幹の生長が際立って大きな樹木で、ポプラや熱帯地方の造林樹種であるユーカリやアカシアなどを指す。生長がきわめて早く、炭酸ガスの固定能力が高いことから、最近は温暖化防止の観点から注目されている。

草本類(そうほんるい)
Herbs, Herbaceous plant

地上茎が1年で枯れ死し、肥大生長により木部を蓄積しない植物をいう。これに対し、地上に生き続ける多年生の茎（幹）をもつ維管束植物で茎、枝および根が肥大生長により多量の木部を形成し、その細胞の多くを木化して強固になっている植物を木本（もくほん）植物という。

これまで、これらの木本を含む草本類は、その大部分を堆肥化、木灰（きばい）、もしくは焼却灰として田畑に還元してきた。木炭としての活用はほとんど行われていない。

た

堆肥化(たいひか)
Composting

食品廃棄物等の未利用バイオマスを使って植物用の堆肥を作ること。食品リサイクル法においてはリサイクル手法として認められている。

主として家畜糞尿や農業生産廃棄物等を発酵して生産される。生ゴミなど

食品廃棄物を使って製造する場合は、安定的な発酵および一定品質の堆肥を生産するため、分別や水分含有率、塩分等が課題である。

竹(たけ)
Bamboo

竹は被子植物単子葉類のイネ科(タケ亜科)またはタケ科に属す有節植物で、稈には多数の節が規則的に存在し、各節間内には空洞がある。枝は各節から交互に出て側枝の先端に数枚の葉をつける。タケノコが生長を終えると木化する。

早期に竹の皮が稈から離脱するものをタケ、長期間付着しているものをササと言って区分しているが、和名では両者を区分できない。形成層がないために生長は初年度のみである。

炭化素材としてはモウソウチク、マダケ、チシマザサなど。

[**モウソウチク** Mousouchiku, *Phyllostachys pubescens* Mazel ex Houz]

国内最大の竹で長さ20m以上になる。胸高直径10～18cmになり材質部は厚い。先細りが激しく利用できるのは全体の下方3分の2あたりまで。通常、竹炭といえば本種を指すほどである。高温で炭化すれば良質の炭ができる。

[**マダケ** Madake, *Phyllostachys bambusoides* Sieb.et Zucc.]

国内で2番目に大形の竹で20m前後にも伸び、節間長は50cmになることがある。材質部は中程度の厚さであるが硬く、曲げやすく、また通直なため竹細工の素材として利用価値が高いだけでなく、竹炭としては最高のものができる。

マダケ

[**ハチク** Hachiku, *Phyllostachys nigro var henonis* Stupf]

マダケと外観や形状は似ているが表面がやや白く、節部の形態が少し異な

モウソウチク

ハチク

る。縦に裂けやすい特性を利用して茶筅の材料とする。分布量が少なく、木質部が薄いので炭材として用いることは少ない。

[**チシマザサ**（通称ネマガリザサまたはネマガリダケ） Chishimazasa, *Sasa Kurilensis* Makino et Shibata]

　東北地方でも岩手県南部に行くと寒さのためにモウソウチクやマダケの生育が悪くなる。これらに代わって出現するのがチシマザサであり、食用としてタケノコが利用され、また籠などの素材となる。細いが強靭なので炭化して利用することができる。

チシマザサ

[**メダケ**（通称シノダケ）Medake, *Pleioblastus simonii* Nakai]

　河川地や湿気の高い場所でごく普通に見られ、ササ類の中では太く通直で、節間が長いため横笛などに使われるが、竹炭としては必ずしも適していない。

メダケ

竹の生産林(たけのせいさんりん)
Production forest of bamboo

　竹の生産林にはタケノコ（筍）生産林と竹材生産林があり、後者はさらに竹材生産林と竹炭材生産林とすることができる。

[**タケノコ生産林**(たけのこせいさんりん) Production forest of bamboo shoot]

　モウソウチク林の中でタケノコ生産を目的として生産管理している林分で、生産性を高めるために単位面積あたりの仕立て本数を標準で5000本/haとす

タケノコ生産林

る。また、発生本数を多くするために分割施肥、中耕、敷きわらなど作業の多い集約管理を行う。

　春季の地表温度を少しでも早く高めるために稈(かん)の先端部を切除することもある。掘り取りは早朝の日が出る前後に行わなければ「えぐみ」の多い商品になる。

[**竹材生産林**(ちくざいせいさんりん) Production forest of bamboo culm]

　竹材を収穫する目的で経営する林分で、タケノコ生産林と比較するときわめて粗放な取り扱いを行う。たとえば窒素過多は竹材をやわらかくする傾向があるため、加工業者にとってこうした林地で得られる素材は好まれない。このため施肥は土壌劣化を防ぐ程度の最小限にとどめる。単位面積あたりの立竹本数は6000～7000本/haを基準とし、晩秋から2月中に3～5年生の竹を伐採する。自家用タケノコはこの林から収穫することが多い。

[**竹炭材生産林**(ちくたんざいせいさんりん) Production forest for material of bamboo charcoal]

　製炭材は無施肥地で、水はけのよい湿気の少ない土地で生産された4～5年生の稈を利用するのがよい。

　4年生よりも若い稈は含水率が多くなるので利用に適しているとはいえない。また、林地の本数管理は散光が入る6000本/haを標準とすることが望ましい。立ち枯れ材、枯損材は使わない。原料の伐採時期は秋期から厳寒期がよいが、炭化前の含水率は自然乾燥か燻煙乾燥で60～70％に保つようにする。炭化素材としてはモウソウチクのほかにマダケ、チシマザサなども使われる。

[**竹材の伐採時期**(ちくざいのばっさいじき) Bamboo felling time, Cutting season of bamboo]

　竹炭の原材料である竹の伐採時期は秋期から厳寒期がよいが、炭化前の含水率は自然乾燥か燻煙乾燥で60～70％に保つようにする。

多産業間連係(たさんぎょうかんれんけい)
Coordination between industries

　廃棄物リサイクルの循環産業スキームにおける異業種間の連係。廃棄物の発生する消費現場から再資源化を経て再生産し(地廃地活)、再資源化物を使った生産物が消費されるまで(地産地消)の多産業間の循環システムを行うためには、異業種間の重複した連係が必要である。IT等によって、その効率化とともに連鎖型循環システムを支えるためのシステム。

炭材(たんざい)
Wood for charcoal

　木炭原料となる炭材としては、従来、黒炭にはクヌギ、ナラ類、カシ類などの雑木、白炭には主にウバメガシなどのカシ類が使用されてきた。最近わが国では、表2－2に主な**炭材の種類**を示したように、針葉樹間伐材や竹、籾殻、畜産糞にいたるまでバイオマス有効利用の観点から種々のバイオマスが

2章 炭材、資源

炭材(ナラ)

使用されており、食料残飯などの炭化の試みもなされている。海外でも炭材は樹木に限らず、種類が増えつつあるのが現状である。

炭材は製炭に先立って乾燥による水分の調整が必要である（**炭材の乾燥、炭材の調整**）。炭材の含水率が最も大きく影響するのは着火時で、着火に要する時間は炭材の含水率によって大きく変わる。含水率は着火後の炭化時間にも大きな影響を与え、炭材の乾燥が進んでいると**急炭化**の状態となり、良質の木炭を得ることが難しく、含水率が高すぎると炭化に長時間を要し、また、未炭化物が多くなる可能性があるので30％前後がよい。表2－3に薪炭材の含水率を示した。

炭材伐採・搬出の道具（たんざいばっさい・はんしゅつのどうぐ）
Tools for cutting and carrying out charcoal raw materials

［**炭材伐採の道具**（たんざいばっさいのどうぐ）］

かつて、炭材の伐採には鉞・斧（ヨキ・ニョキなどとも言う）や鉈、鋸が用いられてきた。各地の鍛冶屋により、さまざまな形状の鉈や斧、鋸が用途に応じて造られてきた。現在では伐採や玉切りはチェンソー（あるいはチェーンソー）で行うのが一般的である。ただし、現在でも補助的ではあるが斧や鋸、鉈が不可欠である。なお、炭材を割る際には、斧、薪割り（薪割り斧）や木矢・金矢・ふくろ矢、といったくさび、それらを打ち込む、かけややハンマーが利用されてきたが、近年は油圧式のエンジン付きの薪割機も利用されている。

［**炭材搬出の道具**（たんざいはんしゅつのどうぐ）］

窯や林道が伐採地の下にある場合など、道具なしで人力で斜面を落とすことはよくある。木まくりや木なぐりな

表2-2　炭材の種類

国内での主な炭材	クヌギ、コナラ、ミズナラ、カシ、ウバメガシ、スギ、ヒノキ、カラマツ、間伐材、風倒木、マツ枯損木、ダム流木、竹、籾殻、剪定枝、製材端材、チップ、オガ屑、畜産糞　など
海外での主な炭材	ゴムノキ、ユーカリ、メラルーカ、アカシア、ミズナラ、ブナ、ヤシ殻、コゴン（アランアラン）、バガス、マングローブ　など

表2-3　木材の水分と季節

樹　種		トネリコ	カエデ	トチ	モミ
季節	1月末水分(%)	28.8	33.6	40.2	52.7
	4月初水分(%)	38.6	40.3	47.1	61.0

出典：Chalov, N.V., Chem. Abstr.
　　　『木材工業ハンドブック』（日本木材加工技術協会）

どと呼ぶ地域もある。

また、かつてはハシゴ状の木製の橇である木馬を利用して人力で引き出す搬出もよく行われた。木馬はキンマ・キウマあるいはソリなどと呼ばれた。土橇と呼ぶ地域もある。また、積雪地帯では雪上を運材するバチ橇や一本橇、手橇も用いられた。雪上をブルドーザが橇を牽引する場合もある。

木馬で運材する道を木馬道や橇道と呼び、枕木状に木を並べることも多い。これをバンギという。このバンギに油を塗ったり、木馬路に水をまいたりして、滑りをよくした。谷や急傾斜地では桟道状に道をつけた。また、ワイヤーを利用して制動をかけ、人力を補うこともあった。木馬路のヘアピンカーブ部分をネジと呼ぶ地域もある。

窯近くでの短距離の炭材移動には一輪車（ネコ）もよく用いられる。なお、紀州備長炭の産地やその技術が伝播した高知県などでは、「かたげ馬」という肩に炭材を担ぐ道具がある。また、大径木を動かすときには、トビやツル、木廻しなどが用いられる

一般的な車両の入れない作業道では、林内作業車や小型の運搬車による搬出も普通に行われている。また、集材機や自走式搬器を利用しての架線搬出も行われている。

そして、林道網が整備され庭先製炭が一般的となった現在では、貨物自動車による材の運搬が最も一般的である。中でも、四輪駆動の軽トラックは実用的で広く普及している。

なお、かつてはでき上がった炭は俵詰めされ、馬や牛、あるいは馬や牛の引く橇、馬車、あるいは人力の木馬・大八車・リヤカーなどを利用して運んだほか、炭やきさんが背負子（しょいこ・しょいばしご・うま）に結びつけ背中で運ぶことも一般的に行われていた。

単糖類(たんとうるい)
Monosaccharides

木材を構成する主な単糖類は、グルコース、アラビノース、マンノース、ガラクトース、キシロースである。広葉樹はキシロースが多く、針葉樹はマンノースが多い特徴がある。

チェーンソー
Chain saw

歯を鎖状の構造にして、これを動力で回転させて挽く鋸。炭材の伐採、玉切りに欠かせない道具。電気式とエンジン式があるが、混合ガソリンを用いる2サイクルエンジンを搭載したものが主流である。かつてはロータリーエンジンを搭載した機種まであった。1952年頃から輸入が始まり、その後爆発的に普及。国内でも生産されるようになった。1960年代、過度の利用と振動による白蠟病が問題となったが、その後チェンソー自体の振動も押さえられた。

竹材処理機(ちくざいしょりき)
Bamboo treatment machine

2章 炭材・資源

竹を切断するときは、一般に丸鋸が使用される。竹は木材に比べ、形状が中空で丸く、特性が異なるため、炭材として固定しづらく扱いにくい。そこで近年、処理作業の安全面から、竹を機械の中心に固定し、作業者から遠い位置で自動的に切断できる**竹切断機**が製品化されている。このほか、竹の自動処理機には**竹割り機**、**竹破砕機**などがある。

蓄積(ちくせき)
Growing stock, Stand volume

樹木が生長によって森林に蓄えられることをいい、その量を**蓄積量**と呼ぶ。年間蓄積量など。世界の森林の蓄積量は3800億m³、わが国の蓄積量は世界のおおよそ1％程度とされているが、そのうちスギ人工林の蓄積量は13億m³程度と見積もられている。

竹炭用原材料の調整(ちくたんよう、たけずみよう、たけすみようげんざいりょうのちょうせい)
Arrangement with materials of bamboo charcoal

炭材の調整を順序だてて考えると、①原材料の生育条件として施肥を行っていない林地の竹であること。②谷筋などの水分や湿気の多い場所以外で育っていた竹の中から4〜5年生の健全な竹を選ぶこと。③伐採時期は秋や冬などの生長期間以外に実施すること。そして④伐採後すぐに炭化しないで含水率が低下するまで**自然乾燥**するか、

燻煙処理をしたモウソウチク(山梨県身延町)

短期乾燥するなら**燻煙処理**（燻煙熱処理）することで調整する。

[**丸竹**(まるだけ)Round bamboo culm]
　竹林で生育している竹をそのままの形状で素材としているもの。
　モウソウチクやマダケのような太い竹をそのまま炭化することはないが、インテリアにする目的であれば節に穴をあけるか1節だけつけるにとどめる。

[**割竹**(わりだけ)Splitted bamboo culm]
　縦割りした竹で、子舞竹(こまいだけ)（下地竹）などとして利用する。
　最近はこのような割り方をした竹をさらに1〜1.2mに横断してから炭化窯に入れて炭化する。

地産地消(ちさんちしょう)
Local production and local consumption

地域の産物を地域で消費すること。バイオマスリサイクルおよび地域開発においては、非常に重要な動脈系コンセプト。静脈系として、地廃地活（地

チッパー
Chipper

チップ（木片）を製造する機械。長所としては、木片が均一で、切り口がつぶれることだけでなく、ダストの生成が少ないこと、単位時間あたりの処理能力が大きいこと、消費動力が少ないこと、各部の消耗が小さいことなどが挙げられる。

現在、チッパーは、一般にパルプ用チップ製造に使用されているが、連続炭化炉が開発されて以来、これに投入する間伐材、除伐材等のチップ化に使用している。連続炭化炉により製造された木炭は、主に土壌改良剤、住宅床下調湿資材用として供給されている。

チップハーベスター
Chipharvester

森林において、バイオマス資源として、伐採すると同時にチップの形状で収穫する大型機械の呼称。ヨーロッパでは熱エネルギーとして供給する場合に林地において活用し、チップハーベスターを積載したトラックに、製造したチップを即座に積載するトラックを横付けすることにより、少人数で短期間のうちに収穫することができる。

抽出成分（ちゅうしゅつせいぶん）
Extractives

植物、あるいは昆虫などの動物、微生物をアルコール、ヘキサンなどの有機溶剤、あるいは水に浸漬すると抽出される成分。一般に分子量1000程度以下の低分子で、におい、色、耐久性の元となるものも多い。

ツーバイフォー工法（つーばいふぉーこうほう）
2x4 house construction

木材で組まれた枠組に合板などの面材を打ち付けて床や壁を構成し、建築する住宅工法。2×4インチの製材品を主に使用することからこの名称が用いられている。

テルペン
Terpene

木酢液や木タールに微量含有される植物由来の天然有機化合物。天然に広く分布し、数千の化合物が知られている。テルペンは原則的に炭素数が5の倍数（イソプレン単位）でイソプレンが複数、結合して生合成されたものの総称である。

テルペンには抗菌作用、植物の生長阻害、殺虫作用、抗腫瘍作用など生理活性を示すものが多数ある。食品、香料、医薬品、農薬、天然ゴム分野などで使われている。

テレビン油（てれびんゆ）
Turpentine

針葉樹、特にマツの材を水蒸気蒸留すると得られる精油。マツの乾留液に微量含有される松ヤニ（松脂）や松根に含まれる成分。松ヤニの水蒸気蒸留

では約20％得られる。テレビン油の主成分はα-ピネン、β-ピネン、リモネン等のテルペンである。

天然乾燥(てんねんかんそう)
Natural drying

挽板などを桟積みして自然に乾燥させる方法。

天然林(てんねんりん)
Natural forest

過去に人手が入らずに、天然に形成された森林。

天然林(熱帯林)

道管、導管(どうかん)
Vessel

広葉樹材において水分の通導の役割を果たしている管状の組織。道管(導管)の直径は多くの場合0.1mm程度であるが、ミズナラやケヤキのように0.3mm以上に達する場合もある。道管の横断面を管孔(かんこう)と呼ぶ。

トウモロコシ芯材(とうもろこししんざい)
Corn core

農産加工後の廃棄物・資源。トウモロコシの種子を採った食品残渣(ざんさ)。生産地、加工地域などの地域的な廃棄物、資源である。キシロースが多いとされるが広葉樹と大差ない。炭の密度は小さく火もちは期待できない。土壌改良材、融雪剤などになる。

な

生材(なまざい)
Green wood

樹木を伐倒した直後の自由水を豊富に含む木材。生材の状態の含水率を生材含水率と呼び、針葉樹材では心材に比べて辺材で著しく高い。

軟材(なんざい)
Softwood

針葉樹材と同義で、広葉樹材に比べて材質的にやわらかいことから軟材と称される。

難燃剤(なんねんざい)
Fire retardant

材料の着火、火炎伝播、発熱、発煙性などを抑制し、阻止する薬剤。リン酸やホウ酸の化合物は代表的な木材の難燃薬剤であるが、その働きは薬剤の種類によって異なり、熱で溶融して木材成分を被覆したり、熱で分解して温度を低下させて燃焼を抑制するほか、不活性ガスを発生して燃焼を抑える薬剤もある。また、これらの薬剤は、単独で注入処理される以外に、混合して

用いられることも多い。

年輪(ねんりん)
Annual ring

わが国など温帯地方の樹木は1年に早材と晩材からなる1生長輪を形成するが、それを年輪という。年輪の幅を年輪幅、年輪幅の逆数、すなわち単位長さあたりの年輪数を年輪密度と呼ぶ。年輪幅は材の密度や強度に影響する。

農業系廃棄物(のうぎょうけいはいきぶつ)
Agricultural waste

一次産業のうち、農業から発生する利用されない物質の総称。たとえば、従来、稲わら、麦わら、籾殻等は、燃料、堆肥、生活用品等の原料として使用されてきたが、現在では廃棄物とされる場合が多い。しかし、これらをエネルギー、有価物の原料として活用する多くの試みが行われている。

すなわち、堆肥だけでなくメタン発酵（乾式）の原材料として、紙ゴミも併せて投入し、エネルギー源としてのメタンガスを得る。メタンガス発酵残渣を炭化処理することにより炭化物を得る。これらの炭化物は堆肥代替資材、もしくは従来の堆肥と混合することによる複合化された堆肥として、農作物に施肥する。これまでの成果から、今後の有機系廃棄物の処理の主要な手段となるであろう。

鋸屑(のこくず〈おがくず〉)
Sawdust

オガ屑、オガ粉に同じ。鋸屑、大鋸屑と書いて「オガくず」と読ませることもある。→オガ屑

は

パーティクルボード
Particleboard

木材を切削した小片に接着剤を噴霧し、熱圧して成形した板材料。削片板ともいう。→削片板

パーティクルボード

バイオ煙(ばいおえん)
Smoke of biomass

バイオマスを熱分解（燃焼・炭化）するときに発生した有機化合物を多く含む煙。バイオマスの種類、熱分解手法、温度等によって変化する。木質系バイオマス炭化の場合は、木酢液成分や木タール成分を多く含む。

バイオマス
Biomass

生物由来の資源を総称してバイオマスという。現在地球上に存在するバイオマスの量は、1.8兆トンといわれてい

るが、その9割は森林の樹木資源であるとされている。持続可能資源として、人類のこれからの材料やエネルギー資源として注目されている。

バイオマス廃棄物（ばいおますはいきぶつ）
Biomass waste

バイオマス（生物由来の有機化合物）の廃棄物。環境問題から各種リサイクル法のリサイクル化対象物となっている。下水汚泥、動物糞尿、食品残渣（ざんき）、農漁業廃棄物、木質廃材などがある。

バガス
Bagasse, Sugar cane

サトウキビ（イネ科多年草）の茎を搾り、砂糖を抽出した後の残りの繊維質の残渣（カス）をいう。これを発電機のボイラー燃料として発電、蒸気などを得て、工場内のエネルギーまたは熱源として活用する。

また、現在は紙の原料としても利用されるようになり、バガスペーパーとして流通しはじめている。炭化することにより、土壌改良材、家畜舎の敷料などに使用される。

端材（はざい）
Edge material

各種の資材の加工により発生する切り屑をいう。従来は木材加工場などにおいて燃料、削片板の原料などに使用されてきたが、その後、ほとんど焼却処分されていた。近年これを炭化することにより、土壌改良資材、床下調湿

製材端材

資材として利用されるようになった。

伐出残材（ばっしゅつざんざい）
Residual timber of logging

樹木の伐採により林地に放置される根株や根元部分の曲がり材など、林地に放置されている用材として利用不可能な部分の総称。最近はこれらを搬出して炭化することにより、オブジェや木炭の原料として利用する等、活用法が考えられはじめている。

パルプ
Pulp

樹木から油脂やリグニン分を除いたセルロース分をいう。各種の紙に使われ、製紙工場での端切れは再溶解して利用される。古紙同様、炭化で粉炭を作ることができる。土壌改良材、融雪剤、炭素材料原料などになる。

春目（はるめ）
Spring wood (= Earlywood)

1生長輪で生長期の初めに形成された材部を指し、細胞の径が大きく細胞壁が薄いことから密度が低い。早材（そうざい）、

春材（しゅんざい）ともいう。

晩材（ばんざい）
Latewood
　1生長輪で生長期の後半に形成された材部を指し、細胞の径が小さく細胞壁が厚いことから密度が高い。秋材（しゅうざい）、夏材（かざい）、冬目（ふゆめ）ともいう。

一棚（ひとたな）
One lot
　薪炭材の単位の一つ。10石（1.8kℓ）の容積にあたる。これは、長さ2尺（1尺＝約30.3cm）の材を高さ5尺、幅10尺に積んだものをいう。

複層林（ふくそうりん）
Multi-storied forest
　高さの異なった複数の樹冠をもつ森林。二段林（にだんりん）、多段林（ただんりん）などがある。

節（ふし）
Knot
　樹木が肥大生長する過程で枝が幹に巻き込まれた部分。まわりの組織とつながっているものを生節（いきぶし）、枯れ枝を巻き込んで肥大生長した場合のようにまわりの組織とつながっていないものを死節（しにぶし）、特に節穴となっているものを抜け節（ぬけぶし）という。

フジ蔓（ふじつる）
Wisteria vine
　フジ、フジ蔓は、炭やき現場でしばしば結束用に用いられる。炭材を束ねる際に細く裂いたフジ蔓を利用するほか、炭やき小屋の柱の結束や俵詰めにも利用された。一方、フジ蔓を焼いた炭は火もちもよく、灰は白くて品もよい。宮城県七ヶ宿では、旧正月の際、この炭で暖をとる最高の贅沢を楽しんだという。また、福井県池田町などでは焼香用にも用いられた。

物流廃材（ぶつりゅうはいざい）
Distribution scrap wood
　工場から出荷される種々の製品の梱包資材、パレットなど、物流過程に活用されたが、末端段階で資材として不要になり、廃棄の運命にある資材の総称。
　これらの物流資材のうち、木質系の物流資材は、チップ化させることにより連続炭化炉に投入して炭化する。化学処理されていない木質系の物流廃棄物から製造された炭化物は、土壌改良資材、もしくは住宅床下調湿資材、建築用炭化物成型ボードの原材料として供給可能である。

冬目（ふゆめ）
Winter wood（＝Latewood）
　1生長輪で生長期の後半に形成された材部を指し、細胞の径が小さく細胞壁が厚いことから密度が高い。晩材（ばんざい）、秋材（しゅうざい）、夏材（かざい）ともいう。

壁孔（へきこう）
Pit
　木材の細胞壁には二次壁が欠如した

2章　炭材、資源

壁孔と称される小孔が存在し、細胞相互間の連絡通路としての役割を果たしている。この壁孔は木材乾燥における水分移動の通路として、また薬剤注入の経路としても重要である。

ヘミセルロース
Hemicellulose

木材中のセルロース以外の多糖類を総称し、木材中に20〜30％存在している。グルコマンナン、グルクロノキシランなどがある。

辺材（へんざい）
Sapwood

心材を取り囲む白色ないし材色の薄い部分。生材では心材に比べて含水率が高いが、乾燥も容易である。デンプンなどの成分を含むため、変色菌や虫害の被害を受けやすい。白太（しらた）とも呼ぶ。

保育残材（ほいくざんざい）
Tending waste wood

育林過程において行われる通常の間伐は、林木の一部を利用するために行う作業であるが、これに対して幼壮齢林の間伐は保育間伐と呼ばれ、この作業で発生する残材を保育残材と称する。

これらの処理は収支に償わないのが一般的であり、林地に放置する場合が多く、二酸化炭素の発生源であると考えられる。

萌芽（ほうが）
Sprout, Coppice shoot

樹木の切断面など、本来の芽以外の場所から芽が発生すること。この芽を発生させて立木を育てることを萌芽更新（こうしん）という。

放射組織（ほうしゃそしき）
Ray

幹の放射方向に並んだ組織で、放射方向の水分や栄養の移動と貯蔵の役割を担っている。板目面では放射組織の横断面が見られるが、広葉樹材のブナなどでは寸法が大きく肉眼でも認められる。

ホロセルロース
Holocellulose

植物の繊維成分であり、セルロースとヘミセルロースを併せてホロセルロースと呼ぶ。樹木の主成分はセルロースで約45％である。ホロセルロースとしては約70％で、残り約30％がリグニンである。その他、カルシウム、マグネシウム、カリウム、鉄などの無機物が微量含まれる。

ま

柾目（まさめ）
Edge grain, Vertical grain, Quartersawn grain

幹の木口面で樹心を通り、年輪の直角方向に縦断した面をいう。材面には年輪が直線状に現れる。柾目と板目の中間の木目を追柾（おいまさ）といい、4面とも柾目に近い木目が現れたものを四方柾（しほうまさ）と

呼ぶ。

マンノース
Mannose

　木質材の構成糖成分。広葉樹に比べ針葉樹に多く含まれる。加水分解でグルコースなどと一緒に得られる単糖の仲間。

ミクロフィブリル
Microfibril

　セルロースの分子鎖が束状に結晶化したもので、木材の細胞壁の骨格を構成しており、特に二次壁における配向は木材の強度的性質に大きな影響を与える。

実生(みしょう)
Seedling

　植物の種子が地表に落下して発芽した芽生えを呼び、種子の発芽によって育てた苗を実生苗と呼び、挿し木苗と区別する。

麦わら(むぎわら)
Wheat [Barley] straw

　農産廃棄物。炭化物はケイ素分が多く、粉状で密度が小さい。燃料にするには成型が必要であり、灰分が多い。土壌改良材、融雪剤などに利用。

メタンガス発酵(めたんがすはっこう)
Methane fermentation

　バイオマスを使ってメタン（CH_4）を発生させる嫌気発酵。食品リサイクル法においてはリサイクル手法として認められている。

　主として家畜糞尿や農業生産廃棄物（稲わら等）、食品廃棄物等を発酵して生産される。食品廃棄物（生ゴミ）を使って製造する場合は、安定的な発酵を行うために、発酵物の品質の一定化が欠かせない。そこで分別が大きな課題である。

メタンガス発酵残渣(めたんがすはっこうざんさ)
Residual substance of methane fermentation

　植物系の廃棄物を混合し、メタンガスを発酵させることにより、エネルギーを取得した後、分解できない状態で残存する残渣の総称。

　メタンガス発酵技術には、湿式と乾式があるが、前者はおおよそ固形物として残存しない溶液状態であり、排水を化学処理した後放流することが多い。しかし、後者は固形物として残存する。これまで多くが堆肥の原料として利用されてきたが、これを炭化処理することにより、土壌改良資材、堆肥混合による水分調整資材として活用されるようになった。

木材加工廃材(もくざいかこうはいざい)
Wood processing waste

　住宅、家具などの製造過程に発生する廃材の総称。

　一次加工廃材とは、丸太を製品に加工する際に発生する皮つきの丸み部分

や角材を製材する際に発生する端材、背板、鋸屑(のこくず)、合板工場などで発生するむき芯、単板屑、集成材工場から発生するプレーナー屑などを呼ぶ。これらの再利用率はかなり高くなっている。

　一次加工により製品となった角材、板材を利用して、住宅、家具などを建築、製造する際に発生する加工端材、かんな屑などを二次加工廃材と称する。これまで住宅建築において、建築現場で発生していた二次加工廃材は、IT工程が導入されたプレカット工場等において発生することが多くなったが、部材化の段階で人間の思考が挿入されないために、加工廃材の発生割合が高い。

　一次加工廃材は焼却されてきたが、現在ではチップ化、炭化物化され、カスケード型の利用が行われるようになっている。一方、二次加工廃材は、建築現場で発生する廃材の発生場所は特定できないために、また他の資材の廃材と混合されるために分別することが困難であり、焼却、埋め立てに回ることが多い。

木材チップ(もくざいちっぷ)
Chip

　木材の小片で、パルプ、パーティクルボード、ファイバーボードなどの原料となるもの。丸太からだけでなく廃材などから作られる。

木質系廃棄物(もくしつけいはいきぶつ)
Woody material waste

　製材工場から発生する樹皮、オガ屑、丸みを所持する板、木材加工工業から発生する端切れ等の、用途が存在しない廃棄物の総称。現在はこれらを有効活用する研究が盛んに行われ、オガ屑は菌床栽培、堆肥、炭化物等に、樹皮は堆肥原料や、炭化する過程で発生する木酢液を活用した農薬、土壌改良資材に利用するなど有価物として活用されるようになっている。

木質材料(もくしつざいりょう)
Reconstituted wood material

　さまざまな大きさの原料木材を再構成し、接着成形した製品をいう。原料木材の大きさと配列の仕方によって分類されるが、一軸配向のものには集成材やLVL（単板積層材）、二軸配向の

木材チップ

OSB（オリエンテッドストランドボード）

ものには合板やOSB（オリエンテッドストランドボード）、ランダム配向のものにはパーティクルボードやMDF（中比重ファイバーボード）などがあり、また、窯業系木質材料としては木片セメントボードなどがある。

MDF（中比重ファイバーボード）

木部(もくぶ)
Xylem

　樹木の幹の組織で、形成層細胞の分裂により形成層の内側に形成された組織の総称。外側に形成された組織を師部と呼ぶ。

木部繊維(もくぶせんい)
Wood fiber

　木部の繊維の総称であるが、通常は広葉樹材の真正木繊維と繊維状仮道管を指す。樹体を保持する役割を担っている。

木本植物(もくほんしょくぶつ)
Woody plant

　木材を生産する植物と定義され、主要なものは針葉樹と広葉樹であるが、竹類やヤシ類も一般的にはこれに含める。

木目(もくめ、きめ)
The grain of wood

　木の断面の模様をいう。炭には収縮した木目と木肌を見ることができる。樹種や切断面によってさまざまな模様があり、板目、柾目、梨目、年輪、節などが認められる。特に硬い炭の木目は、芸術性があり観賞用にもなる。

木理(もくり)
Grain, Texture

　木材の断面に現れた年輪の状態や細胞の並び方などによって見られる表面の性状。通直木理、交錯木理、斜走木理、旋回木理、波状木理などがある。

籾殻(もみがら)
Rice husk

　稲作の副産物。籾から玄米を抜き出した殻が籾殻であり、現在でも都会から離れた稲作地域では田畑で野積みにされてやかれ、不完全燃焼でできた籾殻炭やその灰は土壌に戻されている。

　籾殻の発熱量は木材の約7割程度の3300kcal/kgであるが、シリカが多くその完全燃焼は難しい。籾殻の灰分は15〜20％、籾殻灰の約90％が酸化ケイ素（SiO_2）である。**籾殻炭は炭化ケイ素の原料や土壌改良用などに利用。**

――― や ―――

山を買う(やまをかう)

2章　炭材、資源

Purchase of forest plot for firewood and charcoal

　炭やきさんが山を買う、と言った場合、山を土地ごと買い取る、といった意味ではなく、炭材の生えている一定の林を、一定の期間伐採する権利を得た、という意味である。山は、山頂を指すのではなく、炭材の生えている場所や窯のある場所など、仕事の現場、といった意味でも用いられる。

有機系廃棄物(ゆうきけいはいきぶつ)
Organic waste

　有機物の廃棄物。化石燃料（石炭・石油・LNG等）およびバイオマスによって生産されたものの廃棄物。マテリアル利用、発酵や熱分解（燃焼・炭化）によって、今後カスケード利用が期待できる。

容器包装リサイクル法(ようきほうそうりさいくるほう)
Law of Containers and Packaging Recycling

　容器包装に係る分別収集及び再商品化の促進等に関する法律（1995年6月16日制定）。容器包装廃棄物を対象に、そのリサイクルを推進するために制定された。石油由来製品を使った容器、アルミ容器、紙容器等の再資源化を目指している。

──── ら ────

リグニン

Lignin

　木材中にセルロースなどと結合して20〜30％存在する主要成分の一つで、フェニルプロパノイドの重合物。樹種により構成単位である置換芳香族物質の種類と組成が異なる。細胞壁中にあり組織の機械的強度を高め、木化の原因となる。針葉樹中のリグニンの炭素含量は約65％である。

　木材を炭化するとき、約200℃から熱分解が起こり、まずヘミセルロースが260℃前後でその基本構造を消失する。ついでセルロースが260〜310℃で熱分解し、最後にリグニンが310〜450℃で熱分解する。

リサイクル材(りさいくるざい)
Recycling woods

　木質系の廃棄物は従来、燃料にするか焼却されてきたが、地球温暖化が明確化されるにつれて、木材の有効活用が求められるようになった。従来も木材はカスケード型の優等生であり、良質の木質廃材はチップ化され、リサイクルの工業原料として繊維版、削片板、木片セメント板などが製造されてきている。これらの製品が「リサイクル材」と称されるゆえんである。

　この段階にあるリサイクル材はカスケード的観点からみれば、接着剤、プラスティック、コンクリート等が混合しており、材料としては最終段階にある。これらを炭化するとしても、活用先は道路基盤材程度の活用であろう。

林地廃材（りんちはいざい）
Slash, Logging residue

搬出されない間伐材や粗朶などの林地残材の総称。建築用材伐採時、用材となるのは約4分の3で、残りの木材量の約4分の1が林地残材となる。日本における植林は、その経済性の低さから間伐された場合もその多くが林地に残され、使用されない場合が多い。東南アジアの森林でラワン材を伐採するときなどは、太くて丸く、枝下の長い良質の用材だけを抜き切りして、残りを残材とする場合が多い。

ロジスティックス
Logistics

英語で兵站の意。原義は軍需品、車両等の前送、補給、修理等を後方において調達、手配すること。現在は経済用語として、必要な原材料の調達から生産、在庫、販売まで、物流を企業が効率的に行う管理システムをいう。

ロジン
Rosin

松ヤニに含まれ樹脂酸のグループに属する。においのない不揮発性で固体のテルペン成分。松ヤニの不揮発性固形成分。主な成分はジテルペンからなる樹脂酸。

3章

炭窯、築窯
(すみがま、ちくよう) Charcoal kiln, Erection of charcoal kiln

地域住民の手で築いた黒炭窯(東京都多摩市)

　炭窯にはわが国に古くから伝わる黒炭窯、白炭窯のほかに、オガ屑、樹皮の炭化に用いる平炉、ロータリーキルン、ランビオット型炭化炉のような大型の機械炉、簡易に炭化が可能な簡易炭化炉、移動可能な移動式炭化炉などがある。近年の炭材の多様化にともなって炭材の形状も多様化してきたために、形状に合わせて効率よく炭化するための炭化炉の種類も増えつつある。

　白炭窯、黒炭窯の築窯には特殊な技術を要し、技術者が減少の傾向にある。また、築窯には適した粘土、石などの材料が容易に手に入ること、水はけなどがよいことなど立地条件を備えている必要がある。

あ

穴やき(あなやき)
Charcoal making by pit kiln

　地面に掘った丸い穴に枯れ草や小枝などを敷き、炭材を入れて炭をやく手法。特別な設備は不要で、ちょっとしたスペースがあれば庭先でも実行できる手軽な炭やき法だが、未炭化の割合も多い。水けの多い場所は避ける。炭材などを入れる前に穴の中で焚き火を行い、炭やきの火種をつくったり、穴の内部を乾燥させたりする。

穴やき。枯れ草を敷き、小枝を積み上げる

アメリカ式鉄板窯(あめりかしきてっぱんがま)
American type iron plate kiln

　マイラー製炭法の一種で、円錐形の移動可能な組み立て式鉄板窯。この方式は素人でも容易に炭がやけ、窯の持ち運びが簡単である。

池田窯(いけだがま)
Ikeda type kiln

　大阪府池田市東北部、能勢町、箕面市、妙見山麓一帯で生産されるクヌギ黒炭をやく独特の窯。窯底は円形で天井が高く、窯の上に屋根は作らない。これはこの地方の粘土が耐火性に優れ、丈夫な天井が得られるためである。

石窯(いしがま)
Stone kiln

　白炭をやくための窯。白炭をやくときの高温に耐えるために、耐火性の高い石や岩、粘土で作られる。現在は主に耐火セメントや耐火レンガが使われる。種類は、備長窯、吉田窯と呼ばれるものと山形地方などの日窯がよく知られている。

石川窯(いしかわがま)
Ishikawa kiln

　1942年、日本軍の要請のもと元福島県富岡営林署長・石川蔵吉氏がインドネシア・バンドン営林局で普及させた日本式炭窯。当時、インドネシアの森林技術者に製炭指導を行い、インドネシア各地に普及した。

移動式鉄板窯(いどうしきてっぱんがま)
Movable iron plate kiln

　円錐形の鉄板でできた炭窯で、移動できるように組み立て式になっている。窯は上下2段に分かれ、下部には直径10cmほどの通風口が等間隔に8か所あり、この孔に煙突を1つおきに4本設置する。残りにはふたが付いており、その開閉で炭化の調節を行う。持ち運びが可能で、約一昼夜で炭化が終了するので、伐採現場での林地廃材の炭化

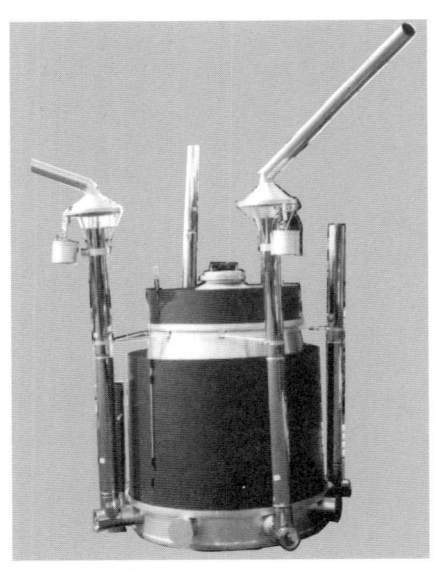

林試式移動炭化炉

岩手大量窯

をはじめ、アメリカ、インドネシアなど、各国で利用されている。わが国では**林試式移動炭化炉**（財団法人林業科学技術振興所）が代表的なものといえる。

伊予窯（いよがま）
Iyo charcoal kiln

　愛媛県大洲市付近で使用されている黒炭窯。茶の湯炭などに使用されるクヌギを炭材とした**伊予切炭**はこの窯で製炭される。

岩手大量窯（いわてたいりょうがま）
Iwate mass production kiln

　いわゆる燃料革命により木炭の家庭用燃料としての需要減少に対応し、1962年から岩手県木炭協会が工業用木炭への需要拡大に向けて大型化の普及をはかった炭窯。出炭量は70～120俵（約1～1.8トン）とされ、現在も岩手県内で主流を占める。大量窯では当時、二硫化炭素、金属ケイ素、活性炭用木炭が盛んに製炭された。構造は岩手県木炭協会が県産木炭の品質の向上、指導の一元化を目的に、県内15の窯の長所を集約して1956年に完成・普及された**岩手一号窯**が基礎となっている。

ヴェガ炭化炉（う゛ぇがたんかろ）
Vega charcoal retort

　5m程度の高さの縦型円筒式半自動式連続鉄製炭化炉。省力型でなるべく労務を少なくし、廃材（鋸屑など）を炭化する半自動化した円筒鉄板窯。したがって連続的に炭化が可能。半連続で8時間あたり1トンの木炭を出炭する。

円形移動型炭化炉[円形窯]（えんけいいどうがたたんかろ[えんけいがま]）
Removable round charcoal kiln

　簡単に設置や撤去ができて、少人数での移動が可能。窯を作る時間が短縮されて、短時間で炭やき作業が始められる。炭やきの場所を選ぶ必要もなく、

炭材のあるところへ移動し、間伐材や廃材などをムダなく利用できる。さらに、操作が簡単で特に熟練度を必要としないなどの利点がある。

炉は上部の円錐形をしたふたの部分と、上部窯と下部窯の3つの部分からなる。使用される金属はステンレス製で、耐火、耐酸に考慮した高性能なもの。代表的なものに林試式移動炭化炉、アメリカ式鉄板窯がある。

オイル缶窯(おいるかんがま)
Charcoal kiln made by oil can

容量20ℓのスチール製オイル缶を用いた炭やき窯。シンプルな構造で30分〜1時間の目安で作ることができる。本体の底の部分に排煙口を設け、トタンなどを用いた煙突を付けた窯を土中に埋めて炭やきを行う。持ち運びが可能で、炭材の種類や乾燥状態にもよるが2〜4時間の短時間で炭がやける利点がある。

オイル缶窯。竹を詰め込む(熊本県上天草市)

大窯(おおがま)
A large scale kiln

一度に数十〜数百俵もの大量の炭をやける大型窯、大量窯のこと。福島県や青森県で荒と呼ばれる黒炭の塊状炭をやくための黒炭窯、高知県の土佐窯(白炭)、鹿児島県の白炭大窯などが知られる。

大竹窯(おおたけがま)
Otake charcoal kiln

大正時代(1912年〜1926年)に大竹亀吉氏が考案した製炭窯。八名窯の流れをくむ黒炭窯で、大正中期〜昭和12年(1937年)、13年(1938年)頃に広く普及し、福島県を中心とした各地で数多く用いられている。

オガ屑乾燥炭化炉(おがくずかんそうたんかろ)
Sawdust drying and carbonizing retort

ロータリーキルンでオガ屑乾燥をさせ、スクリュー型もしくはロータリーキルン炉等で炭化することを併用した方式。オガ屑は一般に水分含有率が高く、炭化効率を高めるためには炭化前工程として乾燥工程があるほうが望ましい。

オガ炭炉(おがたんろ)
Pressurized sawdust charcoal kiln, Oga-tan kiln

オガ屑を加圧押し出し成型して製造したオガライトを炭化する炭化炉。レンガ製ブロック窯で、トロッコにオガ

ライトを積み、炭化炉に出入させるタイプがある。

小野寺窯(おのでらがま)
Onodera charcoal kiln

1921年（大正10年）に岩手県東磐井郡黄海村の県製炭講師であった小野寺清七氏により考案された炭窯。当時、同県で氾濫していた自己流の製炭法を改善し、製炭界を風靡。後の岩手窯の先達となった。

―― か ――

改良愛知式窯(かいりょうあいちしきがま)
Improved charcoal kiln of Aichi type

1957年、愛知県と大山鐘一などの地元製炭者が共同で改良を加えた黒炭窯。障壁には鉄板を利用し、可動式なために通風の加減が容易、排煙口の横幅が大きく炭化・精錬が容易など多くの特徴をもつ。現在も旧・足助町（現・豊田市）をはじめとする、矢作川上流一帯でよく利用されている。

角型鉄板平炉(かくがたてっぱんひらろ)
Square iron plate open kiln

木炭粉を大量生産するために考えられた工業炭化炉の一種。コンクリートの床に、排煙のために穴をあけた鉄板を敷き、炭化させる炉。

加減蓋(かげんふた)
Air adjustment lid

黒炭窯の製炭操作は、通風口と煙突口の大きさを調節しながらゆっくり炭化する。

炭化室の煙は、排煙口から煙道を通るとき煙道構造により煙量が押さえられて、煙突から排煙する。この排煙量を煙突口で調節するためのものが加減蓋。

加減蓋（改良加減蓋）

可搬式炭化炉(かはんしきたんかろ)
Movable charcoal kiln

移動可能な炭化炉。従来の土窯やブロック窯が固定式であるのに対して、分解可能で炭材集積場に移動できる組み立て式のものや、炭化炉下部に移動

円形移動式炭化炉

クルマ付き移動式炭化炉

用車輪を付けたもの、比較的小型で小型自動車で運搬可能なものなどがある。

近年、炭材の種類が多種多様になるにともない、炭材の形状に合わせた炭化炉が開発されるとともに、炭材集積場に容易に移動可能な炭化炉の開発も行われるようになり、炭化炉の種類も多様になってきている。

円形の鉄製輪を3個積み上げ、その上にふたをかぶせたのが円形移動式炭化炉である。煙突の下に容器を置くことによって木酢液の採取も可能である。着火は炭材を積み上げた後、最上部から行い、着火後にふたを閉め、炭化炉最下部に設けられた通風口の開け閉めによって空気流入量を調節する。

写真はクルマ付き移動式炭化炉の例である。炭材を充填後に焚き口より着火し焚き口のふたの開け閉めにより空気流入量の調節を行う。

簡易炭化炉(かんいたんかろ)
Simple charcoal kiln

日本古来の黒炭窯、白炭窯や、ロータリーキルンなどの大型の機械炉に代わる簡易で、初心者でも簡単に取り扱えるような炭化炉。ドラム缶を利用した炭化炉や、土に角型の浅い溝を掘り、炭材を並べ土で覆って炭化する伏せやきなど。

ドラム缶炭化炉の場合にはドラム缶を立ててそのまま炭化する方法と、ドラム缶を横にし、土で覆って炭化する

図3-1 Lambiotte(SIFIC)法乾留装置

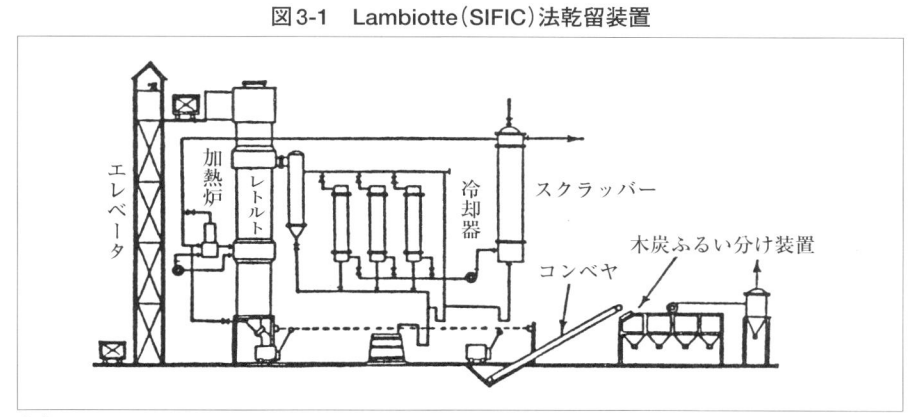

出典：F. Flügge : chemische Technologie des Holzes, Carl Hanser Verlag (1954)

方法がある。

　そのほか、バイオマスの炭化が普及するにつれ、誰でも容易に操作ができる取り扱いが容易な炭化炉が数多く開発され、市販されている。

乾留炉(かんりゅうろ)
Dry distillation kiln

　空気を遮断して固体有機化合物を過熱して、揮発性熱分解物やタール、ピッチなどを得る操作を乾留といい、そのための炉を乾留炉という。石炭から石炭ガス、タール、コークスを生成、木質系材料から木ガス、木酢液、木タール、ピッチ、木炭を得る。Reichert法乾留装置、Lambiotte法乾留装置（図3－1）などがある。

　わが国ではマツの根株を原料として乾留装置で松根油、松根タール、木炭を製造していた。

キルン
Kiln

　陶器、レンガ、炭、バイオマスなどをやく、もしくは乾燥させる窯、炉。

　日本においては、炭化の場合、機械式の金属炉をいう場合がある。

　炭化用キルンとして、横型キルン、縦型キルン、バッチ型キルン、連続式キルン、流動層方式、揺動方式等がある。

熊谷方式(くまがいほうしき)
Kumagai system

　福岡県吉井町の熊谷工場では、従来、炭化するとき発生する煙はそのまま屋外に放出していたが、排煙公害防止のために改良した排煙燃焼式のスクリュー押し出し鋸屑炭化用外熱式炭化炉にした。

組立式鉄板窯(くみたてしきてっぱんがま)
An assembly charcoal kiln with iron ceiling

　一般的な土窯(どがま)の天井部分に鉄板を用いた大型炭化炉から派生したもので、

小型の天井鉄板窯。ここでは窯の周囲を土で覆って固定（東京都八王子市）

天井に鉄板を置き、土や砂をかぶせる

炭窯本体をステンレス、鉄、断熱材などの部材で構成したユニット式の炭窯。**天井鉄板窯**と呼ぶこともある。一般的な土窯に比べて作りやすく、作業性が高い。天井部分を開閉できるので、炭材搬入などに重機を使用できる。各地でさまざまな工夫が加えられて改良されたりしている。

栗駒窯(くりこまがま)
Kurikoma charcoal kiln

宮城県栗駒山麓の炭やき、佐藤茂雄氏考案の炭窯。1949年〜1955年にかけて同県の指導窯として活用された。構造は複雑ながら、炭化の調節が楽で収炭率のよい増産型の窯であった。

黒炭窯(くろずみがま)
Black charcoal kiln, Soft charcoal kiln

主に土で作る日本古来の炭化炉で、黒炭を生産するのに使用する。窯型には楕円形、卵形などがある。三浦伊八郎博士は、日本で使われてきた炭窯約50種の窯型の平均をとり、三浦式標準窯を設計した。黒炭窯は高さが低く、平面的で、窯口が小さいなどの特徴をもっている。窯材料は現場の土石を使うのを常としており、炭窯に適する粘土、石が築窯場所に存在するか否かがよい窯を作る鍵となる。

窯の温度は炭化時にはせいぜい600℃前後であるが、炭化終了時に行われる精錬では700〜800℃にまでなるので、天井に使う粘土は特に火に強いものが使われる。炭化終了時の消火は炭窯の窯口、排煙口を粘土でふさぎ、空気の流入を完全に遮断する窯内消火によって行う。今でも全国、地域ごとに少しずつ形の違った黒炭窯が存在するが、近年は築窯技術者がきわめて少なくなってきた。

甲鉄板窯(こうてっぱんがま)
Charcoal kiln of iron plate type

鉄板で作った炭窯。天井部をボルトナットで接合する。吉村豊之進が考案したことから、**吉村窯**ともいう。築窯が比較的容易・炭化時間が短い・天井が開閉できるので、立て込みや出炭が容易である。

小窯(こがま)
Small charcoal kiln

一度にやける炭が数俵程度の比較的小型の炭窯のこと。東北日本海側や中部山岳地帯の白炭窯によく見られる。大窯に比べ炭化温度が低いが、作業が手軽で、天井に岩石を用いているため降雪にも強い。

木口置法(こぐちおきほう)
Cut end laid method

炭窯の築窯時に天井を作る際の手法の一つ。炭化室の中に立てて詰めた炭材の木口(こぐち)の上に、切子(きりこ)と呼ばれる短く切った小枝を山盛りに置き、その上に粘土を置いて天井を作る方法。

コネチカットキルン
Connecticut kiln

オルソン等考案の角型シンターブロック窯。窯上部が空いた角型窯で耐火コンクリートや耐火レンガで作られている。上部が開いているため窯入れ作業や窯出し作業が容易。

コンクリートブロック窯(こんくりーとぶろっくがま)
Concrete block charcoal kiln

コンクリートブロックを積み立てて作った中型のハウス型炭化窯。フィリピン、ベトナムで多くみられる。天井はベトン等の耐火性粘土で裏塗りしている。

コンデンサー
Condenser

木煙等の冷却濃縮液化装置。木材等のバイオマスを炭化する場合、環境上、煙の処置が問題となり、燃焼か液化を行う。液化は主として、木酢液・木タール採取を目的として行う場合がある。

さ

佐倉窯(さくらがま)
Sakura charcoal kiln

千葉県佐倉市付近が発祥のクヌギ黒炭をやく窯。良質の窯土に乏しい平坦な関東平野に適した、粘土製の炭窯構造であるが、細長く、天井は低く、作業に不便で温度があまり上がらない。しかし、クヌギをやくには適した土窯で、良質のクヌギ黒炭が焼ける。

静岡窯(しずおかがま)
Shizuoka charcoal kiln

静岡県川根町出身の石神悦爾が大正式窯を改良して作った窯で**石神式窯**ともいう。窯は低いが歩留まりはよかったという。

島根八名窯(しまねやながま)
Shimane Yana charcoal kiln

1919年（大正8年）に、愛知県八名郡の平田政衛氏が島根に招かれ八名窯を指導し、普及した日本の代表的な炭窯の一つ。宮下孝美、水津利定技師などにより、改良が加えられた。

島根八名窯（島根県広瀬町）

車両炉(しゃりょうろ)
Cart kiln

炭材を炉に出し入れするために車両型（トロッコ型）の搬送機を使う炭化炉。連続式とバッチ式があるが、炭化

炉に車両を入れるための鉄のレールが施設されている。日本のオガライト炭の工場は、ほとんどが採用している。

瞬間加熱炉(しゅんかんかねつろ)
High rapid heating furnace, Flash heating furnace

炭材を瞬間的に浸漬して加熱する炉。高温の溶融塩や流動した媒体粒子中で任意の設定温度で急速炭化、熱分解することができる。主に、昇温速度や加熱温度の影響を調べる炭化の基礎的研究に使われる。

瞬間炭化法(しゅんかんたんかほう)
Chip blow instant carbonization system

微粉末の木炭を高温の雰囲気下で瞬間に炭化させる方法。炭の収率を少なくしてタールの生成を抑え、木ガスを多く採取し、ガス発電やガス燃料に供する。システムとしては流動炭化法に近い。

白炭窯(しろずみがま)
White charcoal kiln, Hard charcoal kiln

石を積み上げて作られた白炭を生産する炭化炉。窯壁、天井も耐火性の石で築き上げてある。従来は石を耐火性粘土でつないでいたが、現在では耐火セメント、耐火レンガも使われるようになった。白炭窯は黒炭窯と違い、天井が高く、窯口も炭材の詰め込みが容易なように比較的高くできている。

白炭窯の温度は炭化時には600～800℃で、炭化終了時の精錬では1000℃程度になる。その高温に耐えるために築窯には土でなく、石を使う。炭化終了時の消火は窯外消火で、白熱した炭をエブリという掻き出し棒を使って、窯外にゆっくりと引き出し、消し粉と呼ばれる灰と砂の混合物をかけて消す。

スクラッバー
Scrubber

ガス洗浄装置の総称。湿式と乾式がある。バイオマス炭化の場合の煙内の有害成分の除去やタールの採取に使用する。

スクリュー送り出し法(すくりゅーおくりだしほう)
Screw extruding system

横型円筒炉の中にスクリューを装置し、スクリュー回転により鋸屑を送りながら炭化する方法。ロータリーキルン法と似た方法であるが、軸受けおよびスクリューが熱で変形しやすい。

スクリュー式連続炭化炉[スクリュー炉](すくりゅーしきれんぞくたんかろ[すくりゅーろ])
Continuous charcoal kiln of a screw type

オガ粉の炭化法のうち、流動法によるものの一つ。横型円筒炉の中にスクリューがあり、オガ粉を送り出しながら炭化する炭化炉。内熱型と外熱型がある。

表3-1 炭化法・炭化炉の種類

炭化法	炭窯の種類
無蓋製炭法	枝条材の炭化法。平地または小さな穴を掘った場所に枝条を積み重ねて火をつけ、次々に枝条をかぶせて不完全燃焼させ、最後に土をかぶせるか、水で消火する方法。
坑内製炭法	土中に穴を掘り、炭材を充填し、枝条、草、籾殻などで覆い、煙突をつけ、下部から点火して炭化する方法
伏せやき法	平地、あるいは土中に20-30cmの長方形の穴を掘りその上に炭材を積み、上部を草、土などで覆い、点火し炭化する方法。点火する箇所の反対側に煙突を付け通風を促す。欧米のマイラー法は同様な炭化法。
炭窯製炭法	それぞれ粘土、石を基本材料として築窯した黒炭窯、白炭窯で製炭する方法
平炉製炭法	平坦なコンクリートの上にオガ屑、チップ、樹皮などを堆積し、点火して炭化する方法。コンクリート床の下に通風孔を設け、床の端に煙突を設置して通風をうながし排煙する。燃え上がりつつある火に原料をかぶせながら炭化する。
機械炉による方法	ロータリーキルン、ランビオッテ炭化炉、揺動式炭化炉などによる方法
簡易炭化法	移動式炭化炉、組立式炭化炉、ドラム缶炭化炉などによる方法

ステンレス窯(すてんれすがま)
Stainless steel kiln

　炭化窯には構築窯の材料によってドラム缶窯（縦設置型、横設置型）、土窯、ステンレス窯などがある。各々の窯には炭化温度の上限があるが、ステンレス窯は最も高温でムラ（斑）なく炭化することができる。

SIFIC型炭化炉(すふぃっくがたたんかろ)
SIFIC type retort

　ランビオット型縦型連続炭化炉の改良省力型。アメリカで改良した省力型で、なるべく労務を少なくし、自動化した大型のキルン。木酢液採取装置を付随している。

炭窯(すみがま)
Charcoal kiln

　木炭を製造する炉をいう。まれに**炭化窯**ともいう。黒炭窯、白炭窯、備長窯などがある。窯は物を高温に熱したり、あるいは溶かしたりするのに用いる炉を指し、炭窯の場合には前者の意味で使用される。

　炭窯は一般に炭材の充填口と排煙口をもち、それらの開閉の度合いによって炭化中の空気流入量を調節する仕組みになっている。炭材充填口は木炭の取出口を兼ねる。

　類似の言葉に**炭化炉**があり、その仕組みは同様だが、黒炭窯、白炭窯のように古来伝わる炭窯以外のものを炭化炉と呼ぶことが多い。

炭窯の種類(すみがまのしゅるい)
Type of charcoal kiln

炭化には無蓋製炭法、堆積製炭法、炭窯製炭法、平炉製炭法、機械炉製炭法、簡易製炭法、乾留法などがあり、それぞれに特有な装置と炭化法によって炭化が行われる（表3-1）。

炭小屋(すみごや)
Charcoal kiln hut
①炭窯を風雨から護るために窯の上部に屋根をもつ建物。炭やき小屋。
②炭を貯蔵しておくための小屋。忠臣蔵で吉良上野介が最後に隠れていたのが炭小屋だとされる。

セーマン炉(せーまんろ)
Saeman kiln

回転する円筒の中にオガ屑を送り込み、炭化する、外熱式ロータリーキルンの一種。内熱式やスクリュー押し出し式の場合もある。

世羅方式(せらほうしき)
Sera system

スクリュー押し出し型のオガ屑炭化用外熱式炭化炉方法で、広島県世羅町にあった。外熱型炭化炉の加熱を重油バーナーで行い、排煙は冷却して木タール、木酢液を回収していた。

セラマ型炭化炉(せらまがたたんかろ)
Cerama type charcoal kiln

工業用木炭製造用のお椀をかぶせたような形の半球形大型炭化炉。一般には、ビーバイブ型炭化炉という。木炭高炉用やケイ素還元用に使われる炭の製造用。この炭は燃料用の炭としては不適であるが、大量生産には非常によい。

セントポール炉(せんとぽーるろ)
St. Paul kiln

回転する円筒の中にオガ屑を送り込み炭化する、外熱式ロータリーキルンの一種。

た

大正窯(たいしょうがま)
Charcoal kiln of Taisho era type
1912年（明治45年）静岡県が錦井式蒸焼窯の試験を榛原郡木炭同業組合に委託した結果、錦井式および楢崎式を改良して考案された窯。大正元年（1912年）にできたので大正窯、もしくは大正式窯という。楢崎窯に障壁を附したものである。

堆積製炭法(たいせきせいたんほう)
Pile carbonization method
かまどを築かないで、土や砂で覆って炭をやく方法。日本で行われている方法として、長野式伏せやき法がある。欧米その他では、マイラー製炭法がある。伏せやき法は山火事を起こしやすく、またよい炭質の木炭が得られないので、あまり行われない。

台湾の炭窯(たいわんのすみがま)
Charcoal kiln of Taiwan

台湾の炭窯はトンネル型の黒炭窯で、窯腰（かまごし）の高い形状が特徴である。

　東南アジアでの木炭の用途は調理用燃料が主体であり、わが国の基準でいうところの品質のよい木炭よりも、むしろ揮発分が多く未炭化部も混じるような木炭のほうが炎が上がるため好まれる。先に記した台湾における炭窯の特徴は、そうした南方系の中国料理に使用するには都合のよい木炭を生産するには適している。

縦置きドラム缶窯（たておきどらむかんがま）
Vertical drum charcoal kiln

　空きドラム缶を利用して作る炭やき窯のうち、円柱を立てるように設置（縦置き）して製炭するもの。縦置きドラム缶窯にも燃焼室が炭化室の真下にあったり、ドラム缶を部材として輪切りにしてムダなく利用したりするタイプなどがある。いずれも円柱を転ばす形に設置してやく横置きタイプに比べ、窯の設置場所が狭くてすみ、短時間で炭化が終わるという特長をもつ。

棚置法（たなおきほう）
Shelf setting method

　炭窯の築窯時に天井を作る際の一手法。炭化室の中に丸太、板などで支えを作り、天井枠を作ってからその上に粘土をのせてたたき締める方法。佐倉窯、白炭窯で用いられる手法。

築窯（ちくよう）
Erection of charcoal kiln

　築窯資材を山の現場に頼る従来の炭やき法は、現代では少なくなった。なぜならば、耐火性の粘土・窯石がなければ耐火レンガ、耐火セメントを使えばよく、炭やきの環境は変わってきた。

　ここでは黒炭窯の作り方について、新しい耐火セメント窯を例にして述べる。築窯には決まった順序・掟があるので、従来の築窯方法を厳守することが必要である。

縦置きドラム缶窯（岐阜県可児市）

新しい耐火セメント窯

①窯場

窯を築く場所は、炭材を集めやすく、水に便利で、風当たりが少なく、乾燥地の岩石の少ない平坦地を選定する。

②窯土、窯石

窯土は、粘土・細砂・荒砂の重量比が1：3：6の比が標準になる。窯土は、粘土に古い窯の焼け土を50％混ぜて練り土により使用する。

窯石は、耐火性の高い軽い石で、安山岩、砂岩、大谷石などが適当である。耐火性の石が得られない場合は、耐火レンガを使用する。

③胴掘りと整地

窯場が決まったら、常風が吹く方向に対して約15度振った方向を窯中心線にして、窯口とする。窯場は5m×8mの用地を確保するように胴掘りを行って、窯底の部分を整地する。

④窯底の寸法

窯中心線を基準にして、排煙口位置を決め、煙道・炭化室・点火室・炭材出入り口等の窯型を画き、細い杭を打ち込み標識とする。この杭に沿って窯壁基礎工の床掘り（深さ55cm）を行って、割栗石を15cm厚さに敷き、目潰し材を入れて突き固める。基礎型枠と煙道部の箱抜きを設置して、20cm厚さにコンクリートを打設する。

窯底部分の床掘りを行って、間伐材（径9cmの丸太）を窯の長さに切って縦に隙間なく並べ、横にも並べて防湿装置を作る。その上に山土を盛り土して締め固める。

⑤ブロック煙道の製作

煙道は下部を太く、上部を細くした煙道型枠（木製）に荒縄を巻き、ガムテープを巻き、鳥金網を巻いて、耐火セメントを2cm厚さに塗る。養生後に型枠ごと焚き火で焼くと型枠が燃えてブロック煙道が残る。

ブロック煙道（火入れ）

⑥窯壁構築

コンクリート基礎に窯型の墨出しを行い、大谷石（30×30×90cm）をクレーンで吊り、墨出しに沿って大谷石および加工石を縦に並べる。大谷石の縦目地の2分の1は耐火セメント、残りは普通モルタルで詰める。

排煙口は、設計寸法どおり台石の上に掛石を渡して作る。この排煙口に別の場所で製作したブロック煙道を1：0.25の法勾配（斜面）で斜めに取り付ける。

窯底は、山土の上に窯土を盛り土して20cm厚さで平坦に締め固める。排煙口の手前は、半径45cmから6cm下がりの傾斜で仕上げる。

外壁と袖垣は、木柵・間知ブロックで作り、裏込めに山土を入れる。炭化室・点火室の中で焚き火をして、胴焼きをする。

天井構築（鉄筋配筋）

⑦天井構築

　天井構築は、木口置法で行う。炭化室の底全面に敷木を並べ、その上に炭材の元口（丸太材の根元に近いほうの太い端）を上にして奥から密に立て、炭材の間に小径材を打ち込み全体が動かないようにする。また、窯壁内側の炭材に、たる木（40×50×220㎜）を釘で固定して、ベニヤ板・鉄筋配筋の支保工（たる木の固定は、天井構築のアンカー工法）にする。

　炭材の立て込みの上の中央部に太い材を置き、周辺に向かってはしだいに細い材を縦に並び重ねて、おおむねの天井型を作る。さらにこの上に切子を山盛りにして天井型を作る。

　次に、切子盛りの上に段ボールを全面に敷いて、切子が動かないように固定する。天井の中心線にベニヤ板（30×180㎝）を張って、支保工のたる木に釘で止めて、亀の甲羅のようにベニヤ板を横に張り、全ての継ぎ目を布ガムテープで目張りをする。

　鉄筋は支保工のたる木に固定して、40×40㎝メッシュに配筋し、天井型枠と鉄筋の間にスペーサを細かく配置する。この鉄筋配筋にエキスパンドメタルを結束し、耐火セメントを4㎝の厚さにエキスパンドメタルに塗り込んで天井工を仕上げる。

⑧小屋掛け

　天井工が完成したら炭窯と窯前の上に屋根を作る。柱・梁は古電柱を使用し、たる木を渡し野地板とトタンを張って小屋掛けをする。

　以下に、築窯・炭窯に関連する用語について解説する。

[**上木**（あげぎ）]

　立て木と天井の間に横積みする木である。

[**煙道**（えんどう）]

　炭化室より排出する煙を排煙口から窯壁の上部に通じさせる固定された場所。

[**煙道口**（えんどうこう）]

　煙道の上部の開口。

[**掛石**（かけいし）]

　排煙口の台石を30㎝間隔に固定し、台石の上に水平に渡す石。

[**型木**（かたぎ）]

　炭材の立て込み後に、その上の中央に太い材を置き、周辺に向かってしだいに細い材を縦方向に並べ重ねて、おおむねの天井型を作る木材。

[**型枠**（かたわく）]

　設計どおりの煙道を築くためにベニヤ板等で煙道型を作り、この型枠に沿って煙道を築く。また、他の場所でブロック煙道を製作する。

[**蟹目**（かにめ）]

　天井の後方部に2か所ある穴（径6

cm）の栓を抜いて、炭化室の煙を排煙する補助排煙口。
［窯石］（かまいし）
　排煙口および窯口に使用する石で、耐火性の高い軽い石がよく、安山岩、砂岩、大谷石等が適当である。耐火性の石がない場合は耐火レンガ、耐火セメントを使用する。
［窯型］（かまがた）
　窯中心線を基準にして排煙口の位置を決めて、窯の平面図を画き、窯型の線上に細い杭を打ち標識にして、築窯施工する。
［窯壁］（ようへき、かまかべ）
　窯の側壁である。「胴」、「窯腰（かまごし）」といわれている。
［窯口］（かまぐち）
　炭材の詰め込みおよび出炭をする場所で、焚き口と一致する。窯口構造は、上段に燃材投入口（23×23cm）、下段に通風口（23×23cm）を配置する。
［窯底］（ようてい）
　窯の下底である。「敷（しき）」「床」「地盤」といわれている。
［窯土］（かまつち）
　粘質性の土で砂や砂利を含んで、収縮率の少ない耐火性の粘土である。古い炭窯の焼け土は良質の窯土である。
［窯庭］（かまにわ）
　炭窯の前の広場で炭材の詰め込みおよび出炭を行う場所である。「前庭」「踊庭」といわれている。
［切子］（きりこ）
　天井型を整備するもので、直径2〜3cmの生枝を長さ15〜20cmに斜めに切った木片。
［切子盛り］（きりこもり）
　型木の上に切子を並べ重ねて、天井の形が左右対象になるように切子を盛ること。
［口焚き］（くちだき）
　炭材の乾燥と点火を目的に点火室内で焚き火を行うこと。

口焚き。火を入れ、加熱する

［小屋掛け］（こやがけ）
　炭窯と窯前が完成すると、雨と風から炭窯を保護する小屋を建てること。
［敷石］（しきいし）
　排煙口の基礎部に敷く石。
［敷木］（しきぎ）
　炭材の詰め込み作業で窯底に敷く枝条（しじょう）のことで、炭材下部と窯底との間に間隙を作り、窯底温度を上げる工夫である。
［障壁］（しょうへき）
　炭材の前で空気を遮断する壁であり、炭化室と点火室の間に設置した壁である。障壁の下の口を初めから開けている場合は、「障壁通風口」で、精錬時に開ける場合は、「障壁精錬口」となる。
［焚き口］（たきぐち）
　窯口と一致する。

[**炭化室**(たんかしつ)]
　炭材を詰め込む室。
[**通風口**(つうふうこう)]
　炭化又は精錬を行うときに外気を入れる口。
[**天井構築**(てんじょうこうちく)]
　粘土または石と粘土で天井を作ることである。築窯の難しさは天井作りであるため、天井構築が簡単な耐火セメント方法が普及している。
[**点火室**(てんかしつ)]
　炭化室の炭材に点火する目的で燃材を燃焼する室。
[**床掘り**(とこぼり)]
　窯底（地盤線）の下を掘り下げること。

胴焼き

[**胴焼き**(どうやき)]
　窯壁を構築した後天井を作る前に炭化室内・点火室内で焚き火をして窯壁、排煙口、煙道、窯底等を乾燥すること。
[**胴掘り**(どうぼり)]
　窯底（地盤線）より上の地山を窯型寸法に荒掘りすること。
[**排煙口**(はいえんこう)]
　炭化室より煙を排除する口。「くど」「**弘法穴**(こうぼうあな)」「**大師穴**(たいしあな)」「**不動穴**(ふどうあな)」と称す。

排煙口の名称であり、弘法大師が排煙口を教えたことから弘法穴、大師穴といわれている。また、絶対に動かせない重要な所なので不動穴ともいわれている。
[**仏石**(ほとけいし)]

土窯の排煙口（右下）

　白炭窯の煙道基礎部に配置している煙道法(のり)勾配の役石をいう。
[**ロストル**]
　ドラム缶窯の窯底に、空気の通る間隙を確保するための鉄筋製の火格子である。縦3〜4本、横4〜5本の鉄筋を格子状に並べ、交点を針金で結束して組み上げる。

ドラム缶窯の底にある鉄筋製の火格子がロストル。

[**割栗石**(わりぐりいし)]
　窯壁・窯底基礎工に用いる石である。割栗石を15cmの厚さに敷き、目潰し材

を入れて締め固めて基礎工とする。

築窯製炭法(ちくようせいたんほう)
Charcoal making by a constructed kiln

　山に炭窯を築き炭をやく方法で、世界で最も多い製炭法。炭材の種類、築窯材料、木炭の用途、その他、土地の特殊事情によりいろいろな窯型、炭のやき方がある。

築窯の材料(ちくようのざいりょう)
Materials for charcoal kiln making

　土窯の場合、窯土が重要となる。窯土は標準で粘土60％、砂40％が適当とされる。天井の土は耐火性があるものがよく、適当な粘土が得られない場合、セメントを混入する。また、鉄板で天井を作る場合もある。また、最近では煉瓦・耐火煉瓦、耐火ブロック、耐火モルタルも多用される。
　また、土を運ぶもっこや土囊袋(どのう)、並べ終えた炭材にかぶせるこもも必要である。
　石窯の場合、上記土窯の材料に加え、焚き口や窯の前面、さらには上面で使う耐火性の強い石が数多く必要となる。

築窯の道具(ちくようのどうぐ)
Tools for charcoal kiln making

　窯の種類・場所の条件などにより、さまざまな道具が必要になる。しかし、もともと山中で築くものなので、ほんのわずかな道具だけでも、体力と条件が整えば築窯できる。土窯であればスコップ・ツルハシ・鋸(のこぎり)・鉈(なた)・かけや（現場の木で作れる）・土窯を叩き占めるへら（直径5cmほどの木の一部を削る）などがあれば一応築窯できる。機械を利用するなら、天井をたたき締めるのにランマーが便利だ。また、小さなユンボも役に立つ。結束用の番線なども、有益だ。また、屋根を葺く材料として、以前はカヤなどが用いられたが、現在ではトタンなどが最もよく用いられる。

中国の炭窯(ちゅうごくのすみがま)
Charcoal kiln of China

　中国における炭窯は、その資材に土石を用いること、排煙口を炭化室の奥・下部に設けていることが大きな特徴である。ことに排煙口の位置が中東諸国の炭窯と異なっていることは特記すべき点。中国文化圏に属する朝鮮、日本などの炭窯は、基本的にこれと全く同一の構造である。
　さらに中国では白炭と黒炭がやかれており、窯外消火法(ようがい)など特別のネラシ操作を行う炭化法が古代より存在した。炭窯とともにその炭やき技術の発達は世界に類を見ないものといえる。

朝鮮の炭窯(ちょうせんのすみがま)
Charcoal kiln of Korea

　日本と同様に、中国文化の影響を色濃く受けた炭窯。材料に土石を用いて築き、排煙口を炭化室の奥・下部に設けていることなど、その基本構造は中国の炭窯に一致する。

点火(てんか)
Lighting, ignition

製炭を開始するにあたり、炭材を充填した炭化炉に火をつけること。黒炭窯、白炭窯では焚き口に粗朶(そだ)や樹皮などの火のつきやすいものを置いて火をつける。

土窯(どがま)
Clay-made kiln

粘土で築いた黒炭窯を土窯という。ここでは三浦式標準窯の作り方について述べる。炭窯構造は卵形で、奥行き約3m、最大横幅約2.4m、窯腰の高さ約1mである。

窯場を整地して、窯底を55cm床掘りして、下部に丸太等を密に敷き並べ防湿装置を設置する。この上に山土を10cm盛り土し、粘土層を20cm覆い十分にたたき締めて、奥下がりで窯底を作る。

窯底に窯の平面図を画き、窯型の標識杭の内側15cmに径9cmの杭を打って窯腰の垣を作り、外壁との間に粘土を入れて突き固めて窯腰を築く。窯型を整形して、手槌でたたきならして窯腰を仕上げる。

排煙口の中心線を基準に窯腰に煙道の幅を削り煙道形を作る。煙道は下部を広く上部を細くして作り、窯腰ができ上がると炭化室で焚き火して、胴焼きを十分にする。

天井構築は、炭材の立て込みが完了すると、その上に切子盛りを行って天井型を作る。この山形の上にむしろを覆い、粘土に焼き土を50％混ぜた練り土を窯の周囲から置いて、上部を10cm、中間部を16cm、基礎部を22cmの厚さに締め固めをする。→三浦式標準窯

土佐窯(とさがま)
Tosa gama, Tosa type kiln

土佐備長窯とも呼ばれ、高知県東部を中心に、ウバメガシ、カシを炭材として作られる白炭窯。炭は土佐備長と呼ばれる。和歌山の備長窯の1回の製炭量が30～40俵であるのに対し、土佐窯は数十～数百俵と大きいのが特徴。また、備長炭と異なり炭材を横してに詰めて製炭する。

栃沢窯(とちざわがま)
Tochizawa gama, Tochizawa type kiln

1940年から1958年にかけて、福島県双葉郡大熊町野上に設置された製炭研究施設「小塚製炭試験地」の主任、栃澤亀助氏が考案した炭窯。

ドラム缶窯(どらむかんがま)
Drum-made kiln

本格的な炭窯を築かなくても庭先や空き地で、最も手軽に炭やきができるのがドラム缶窯である。

ドラム缶窯には基本となる横置きタイプのほか、縦置き、特別仕様、改良型のタイプがある。また、窯本体となるドラム缶にもサイズや材質（鋼材、ステンレス材）による違いがある。

ここではドラム缶を横にしてやく方法を述べる。

ドラム缶窯の構造図に基づき、ドラ

ドラム缶窯(横置きタイプ)

ドラム缶窯の窯場

ム缶の中心線を測定し、炭材出入り口・窯口・排煙口の位置に各寸法をマーキングする。マーキングが終わると、ドラム缶の中に石油等の内容液の残りがあると危ないので、ドラム缶に水を入れて切断作業の安全を確保してから、電動サンダーで各部分を切断する。

窯場所を整地および床掘りし、常風が吹く方向より約15度振った方向をドラム缶窯の窯口にして、炭材出入り口を上にして水平に据え付け、ドラム缶窯が浮き上がらないように注意して盛り土をする。

排煙口（幅15cm×高さ5cm）に合わせて煙道基礎工を作り、煙道（径10cm、長さ50cm）を1：0.25の法勾配に設置する。

焚き口（幅23×高さ23cm）をブロックで作り、ドラム缶窯の上部まで盛り土して窯場を整備する。

トンネル炉(とんねるろ)
Tunnel type kiln

予熱乾燥、炭化、冷却の各ゾーンをトンネル状の炉内に設置した機械式連続炭化装置。バッチ運転も可能。

本来、トンネル炉はセラミックの焼成や黒鉛材料の製造などに利用されてきた。木炭の製造方法は、木材をトロッコに積載し入口から時間ごとに挿入すると、前方のトロッコは押されて次のゾーンに進み、出口からは木炭の入ったトロッコが押し出されてくる仕組みになっている。木材はトロッコに積載するので、その形状の制限は少ないが、温度制御は比較的難しい。

な

内藤式白炭大窯(ないとうしきしろずみおおがま)
Naito big kiln for white charcoal

第二次世界大戦当時、マレーシア・イポー付近のブブ地区に設置された製鉄用木炭製造のための集合型大窯。鹿児島県で行われていた白炭大窯を基に集合型にしたもので、内径4.5m、壁1.5m、出炭量3トン、周壁・煙道はレンガ、天井は土で築窯。

内熱式炭化法(ないねつしきたんかほう)
Inside heating carbonization system

炭化炉（窯）内部において、直接、熱風や炭材および発熱材自体の自燃により熱を与え、炭化させる方法。外熱式炭化法に対して用いられ、自燃式ともいわれる。伝統的炭窯は全てこの方式である。

楢崎窯（ならさきがま）
Narasaki charcoal kiln

明治時代初期、広島県の楢崎圭三氏により考案された炭窯。わが国製炭技術中興の祖ともいうべき田中長峰氏による菊炭窯の流れをくみ、岩手県の小野寺窯などに影響を与えている。

ニューハンプシャー窯（にゅーはんぷしゃーがま）
New Hampshire charcoal Kiln

米国ニューハンプシャー州森林官 Henry. I. Baldvin によって考案された鉄板製移動窯。小型のマイラー製炭の一種で、移動可能な円錐形組み立て方式（底部径210cm、高さ180cm）。米国東海岸都市のアパート住民の料理用燃料を作るのを目的としていた。

粘土（ねんど）
Clay

水を含むと粘性をもつ土の総称。窯土は赤土（鉄分を含み、赤色ないし黄色の粘土）に砂が混入したものがよい。重量比では粘土・細砂・荒砂の比1：3：6が標準になる。天井構築に使用する窯土は、粘土に焼き土を50％混合して、練り土して使用する。

農林一号窯（のうりんいちごうがま）
Norin ichigo gama, The first type kiln by the ministry of agriculture, forestry and fisheries

福島県双葉郡大熊町小塚に1940年10月に設立された国営の製炭研究施設「小塚製炭試験地」において設計された炭窯（図3-2）。考案者は当時の富岡営林署長である石川蔵吉。窯の形状は円形で、焚き口に独立した燃焼室をもつのが特徴。物資の不足した戦時中、歩留まりがよく良質な木炭がやける窯として期待され、戦時中には同試験地において数百回に及ぶ製炭講習会が行われた。

図3-2　農林一号窯

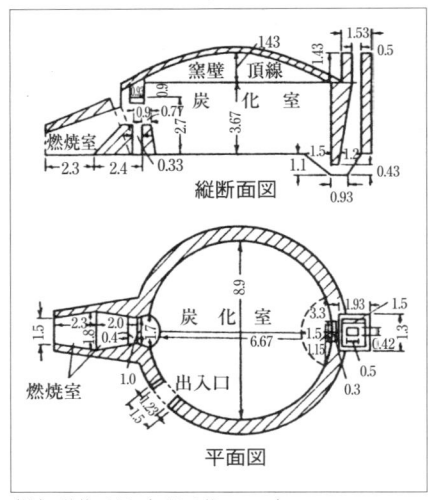

（注）単位は尺（1尺は約30.3cm）
出典：農林省林業試験場編『木材工業ハンドブック』（丸善）

は

排煙処理（はいえんしょり）

Smoke management
　燃焼時、炭化時に出てくる煙を処理すること。有機物（バイオマス等）を熱分解（燃焼、炭化）する場合、環境に悪影響を及ぼす煙が発生する。その排気煙を環境に対して安全に処理をして、外部に放出する工程。

鉢(はち)
Roof of charcoal kiln
　製炭窯の天井のこと。築窯作業で天井づくりのことを鉢上げともいう。窯の天井には耐火性の粘土を用いるが、乾燥中に割れ目が生じやすい。日本の炭窯づくりの難しさは鉢上げにあるといわれている。

バッチ式(ばっちしき)
Batch system
　連続式でない、一つの単位ごとに処理を行う手法。炭窯等の伝統的炭化法は全てこのバッチ式である。→連続式炭化炉

ビーハイブ型炭化炉(びーはいぶがたたんかろ)
Beehive type charcoal kiln
　レンガを積み上げた円形の腰高の炭化炉。丸形レンガ炉で、フランス人指導によるものといわれている。形が蜂の巣に似ていることからこの名が付けられている。主にマレーシア半島のクアラルンプール北方地域でのゴムノキを原料とした製炭用に使用されている。

日窯(ひがま)
Daily charcoal kiln
　小型の白炭窯で、一度にやける炭は2〜3俵と小規模ながら、毎日製炭できるため日窯という。朝、炭窯にネラシをかけて出炭し、すぐに炭材を入れて着火、その後炭材を伐採・調整し、帰りに朝出炭した炭俵を背負って家へ帰り、翌朝また出炭するというサイクルで製炭する。多雪地帯や中山間部地などの農家の副業として行われることが多かった。

日向窯(ひゅうががま)
Hyuga gama, Hyuga type kiln
　大分県臼杵市から宮崎県西臼杵郡一帯で生産される白炭の窯。カシを炭材とした白炭は日向備長と呼ばれる。

兵庫窯(ひょうごがま)
Hyogo charcoal kiln
　1936年に兵庫県で考案された白炭窯。それまで指導奨励されていた三宝式、只式、谷淵式という3つの方式の白炭窯を基礎として改良工夫を加えたもの。

平炉(ひらろ)
Flat kiln
　オガ粉の炭化方法は、平炉法(ひらろほう)と流動法に大きく分けることができる。平炉は平炉法の代表的な炭化炉で、床はコンクリート、周囲の壁はレンガや大谷石で1m程度とし、そこが炉となる。床に煙道となる溝を数本設けておく。溝は1点に収束させそこから煙突を立て

る。炉床に樹皮屑などの燃材を厚さ10cmほどに敷いて点火し、十分に火が回ったらその上に順にオガ粉をかけ、炭化する。

平炉(福井県小浜市)

備長窯(びんちょうがま)
Binchogama kiln

和歌山県田辺市付近で考案され改良が重ねられた備長炭を製造する白炭窯。備長窯は耐火性の岩石を多く使用し、天井に粘土を使用している。炭材を立てかけるために腰高で、側壁は炭材を掻き出しやすいようにほぼ直線となっている。排煙口、煙道口が小さく炭化速度を遅く抑える構造となっている。

備長窯(和歌山県日置川町)

[**横詰備長窯**(よこづめびんちょうがま)
Horizontal binchogama kiln]

白炭の横詰式製炭法は高知県独特のものである。1回の出炭量が60〜80俵と大窯で、炭材の詰め込みが横詰めであるために立て詰めに比べて、きわめて能率的である。

ここでは一般的な横詰備長窯(図3-3)の65俵窯の作り方について述べる。炭窯構造は、奥行き3.75m、最大横幅3.6m、窯腰の高さ1.5mである。

窯口の位置を決め、窯型を画いて窯腰の位置に土台石を据え、練り土と石で窯腰を積み上げ、その裏側に粘土を30cm入れて突き固める。

土佐備長窯(高知県室戸市)

図3-3 横詰備長窯構造図

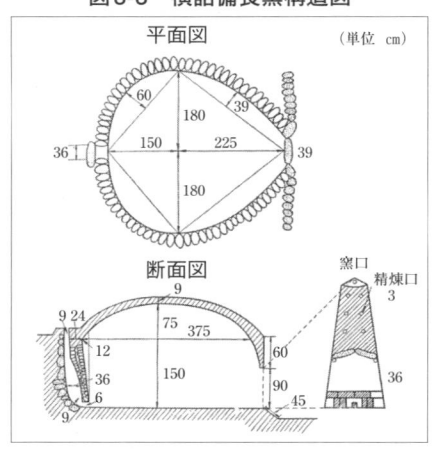

排煙口は両側に台石を置き、その上に掛石をのせる。煙道は、下部を狭く中間は広く、煙道口に行くにしたがって狭くする。自然乾燥後に炭化室内で焚き火をして胴焼きを行う。

　天井構築は、炭材を立て詰めてから丸太と切子で天井型を作る。天井の最高の高さは窯腰の上の高さ（1.5m）から75cmである。天井に使う粘土は、焼け土50％と混ぜた練り土を20cm厚さに盛って打ち固める。天パイ孔は直径30cmとし、天井の基部に35cm間隔をおいて両側に3個ずつあける。初窯の乾燥は、強火にならないように除々に行う。

ブキットメルタジャム型炭化炉（ぶきっとめるたじゃむがたたんかろ）
Bukit Mertajam type charcoal kiln

　木炭粉を大量生産するために考えられた工業炭化炉の一種。角型鉄板平炉。コンクリートの床に、排煙のために穴をあけた鉄板を敷き、炭化させる炉。

ブチ造り（ぶちづくり）
Wrapping with wooden frame and rice straw

　池田炭を長さ60cm、重さ15kgにそろえ、「ブチ（またはフチ）」と称する木枠で押さえ、上下に稲わらを当て、荒縄でしばって俵状にしたもの。木枠はリョウブ、ソヨゴ、ヤナギなど、よくしなう1m程度の細い木を使う。

ヘレショフ炉（へれしょふろ）
Hereshoff furnace

　鋸屑、木片炭化用の連続縦型炭化炉。平べったい円形の炉床が4～12階層あり、上部から各階層へ炭材を順次落として炭化する。また、活性炭製造や水銀等の揮発成分回収にも使用可能。鋸屑の場合、月産700～2800トン処理可能。

防湿装置（ぼうしつそうち）
Dampproof treatment

　窯底が高湿になるのを防ぐための措置。窯底を深さ55cmの床掘りを行って、床を平坦に仕上げる。窯底に末口（丸太材の細いほうの切口）径9cmの丸太（間伐材）を窯の長さに切って縦に隙間なく並べる。この上にも丸太を横に隙間なく並べて、この上に山土を敷いたもの。

防長二号窯（ぼうちょうにごうがま）
Bocho charcoal kiln number two

　1953年、山口県で開発された炭窯。戦後間もなく、防長炭の品質向上を目的として考案された防長式改良窯に、さらに改良を加えたものである。

―― ま ――

三浦式標準窯（みうらしきひょうじゅんがま）
Miura type standard kiln

　旧・東京帝国大学農学部教授で農林学者の三浦伊八郎が大正～昭和初期にかけて設計した黒炭窯（図3-4）。当時はさまざまな炭窯が存在したが、実

際は大同小異で肝心な部分については共通点が少なくなかった。そこで三浦は約50種の炭窯の寸法を測定し、その平均値を求めて設計したのが三浦式標準窯である。1回の出炭量は約40俵（600kg）であった。

図3-4　三浦式標準窯

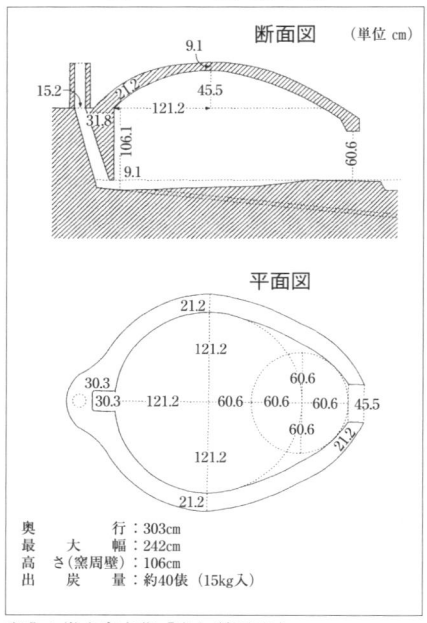

断面図　（単位 cm）

平面図

奥　　　　行：303cm
最　大　幅：242cm
高さ（窯周壁）：106cm
出　炭　量：約40俵（15kg入）

出典：岸本定吉著『炭』（創森社）
原出典：三浦伊八郎著『炭がま百態』

や

八名窯（やながま）
Yana gama, Yana type kiln

明治中期、愛知県八名郡（現・南設楽郡）の織田源松が、田中長嶺の田中窯に改良を加えた黒炭窯。織田は各地から招かれ講習会を開き、大竹亀蔵（大竹窯発案者）、吉田頼秋（吉田窯発

案者）もその受講者であったという。

揺動式炭化炉（ようどうしきたんかろ）
Swing system charcoal kiln

円筒型キルンの一種で回転せず、揺動させて炭化する。回転しないため機械本体に温度等各種センサー設置が可能で、より微妙な製造管理が可能である。

反復揺動式炭化炉（群馬県南牧村）

溶融塩（ようゆうえん）
Molten salt

常温では固体であるが加熱すると融解して一定温度となる塩。炭化温度は使った溶融塩の種類によって決まり、その融点の温度で炭化することができる。

溶融炉（ようゆうろ）
Scorfier

固体が火力で溶けて液状になることを溶融もしくは溶解と呼ぶ。溶融炉、もしくは溶解炉は金属を溶融する炉の総称。溶銑炉、るつぼ炉、反射炉、平炉、転炉、電気炉などがある。溶融炉には直接溶融炉と灰溶融炉があり、さ

まざまな方式の溶融炉がある。

　溶融は廃棄物を分離することにより、有効利用することを主眼に開発された技術で、金属を製造する技術として発展してきた。しかし、有効利用を重点におきつつも、熱エネルギーを得る溶融炉が開発されるようになった。特に、1979年頃より混合された廃棄物処理に活用されはじめ、都市ゴミ灰溶融、都市ゴミ直接溶融、下水汚泥溶融など多くの地域で稼動しているが、問題は山積している。

横置きドラム缶窯(よこおきどらむかんがま)
Horizontal drum charcoal kiln

　空きドラム缶を利用して作る炭やき窯のうち、円柱を転ばす形に設置（横置き）して製炭するタイプのもの。円柱を立てるように設置してやく縦置きタイプに比較すると、窯への加工法が単純で、一度に多くの炭をやけるという特長をもつ。

横置きドラム缶窯

吉田窯(よしだがま)
Yoshida gama, Yoshida type kiln

　明治末〜大正期の製炭技術者、吉田頼秋によって考案された白炭窯。現在の秋田県のナラを原木とする白炭のほとんどは、この窯で製炭されている。大きさは備長窯と同程度だが、炭材はナラが多いので、それに適したように、排煙口、煙道口が備長窯より広くなっている。また、天井は備長窯が粘土なのに対して吉田窯は岩石で作る。吉田窯の製炭上の特徴は、精錬時、窯口はそのままで、煙道口の通気で加減する点にある。

ら

ランビオット型炭化炉(らんびおっとがたたんかろ)
Lambiotte type carbonization retort

　木材を連続して炭化する、ベルギーで開発された縦型連続式大型キルン（自燃式炭化炉）。アメリカで改良され

ランビオット型炭化炉(VCCS)

たSIFIC型がある。

　日本では大阪、堺市に木質系廃材炭化用の大型の縦型連続炭化液化システム（VCCS：Vertical Continuous Carbonization System）が稼動している。この炭化炉は、高さが24m、内径が1.8mあり、自動制御で日産10トン程度の炭が製造可能である。また、同時に木煙液化システムを併設しており、木酢液や木タールの回収が可能である。

リーク炉（りーくろ）
Reeky kiln

　回転する円筒の中に鋸屑を送り込み、炭化する、ロータリーキルンの一種。内部に熱風を送り炭化する。

流動法（りゅうどうほう）
Fluid system

　鋸屑を円筒型の炉内に送り込み、下から熱風を送り、炉内で鋸屑を流動しながら炭化する方法。代表的な**流動式炭化炉**としては、石炭乾留のためのルルギ炉がある。

　炭化した鋸屑は軽くなるので、炉の上部から吹き飛ばし、サイクロンで捕集する。鋸屑の水分含有率を一定にして比重を一定にし、適当な温度と適当な風速によって自動的、連続的に炭化が可能である。炭化固形物は炭化時間が少なく瞬時のため歩留まりが悪い、そのため鋸屑をガス化してそのガスを使う場合は効率がよい。

林試式移動炭化炉（りんししきいどうたんかろ）
Charcoal kiln designed by Forestry and Forest Products Research Institute, Rinshi-type portable charcoal kiln

　独立行政法人森林総合研究所（旧・林野庁林業試験場）で開発された円形移動式炭化炉、台車付き可搬式炭化炉などのうち、特に円形移動式炭化炉を林試式移動炭化炉という。

　この炭化炉はステンレス製の2つあるいは3つの円形炉壁、天井蓋、煙突に解体可能で、解体後は同心円の炉壁を1つにまとめることができ、コンパクトになるので容易に移動可能である。

林試式炭化炉

煙突上部に木酢液採取用容器の取り付けも可能であるが、煙突下部に受け器を置くだけでも木酢液採取は可能である。

炉体上部から着火し、着火後に天井蓋をかぶせ、炭化工程に入る。炭材の詰め込みから出炭まで1～2日ででき、炭やきのための特別な技術を要しないので初心者でも容易に製炭できる。

炭材は薪、あるいは丸太の形をしていることが必要で、樹皮、チップ、オガ屑などの不定形、あるいは形状の小さなものは、詰め込んだときに空気の流れが滞るので炭材として適していない。

燃料としての木炭の品質は黒炭窯など土窯のものより劣るが、野外バーベキュー、土壌改良材などとしては十分に使用に耐える。

ルルギ炉(るるぎろ)
Lurgi kiln

石炭の微粉炭の乾留のために開発された、大規模な流動式炭化炉。温度調整も空気の流入量と鋸屑の水分含有量と挿入量をコントロールすることで簡単に調節が可能である。

レトルト
Retort

蒸留器もしくは乾溜装置の総称。炭化装置の場合、キルンは窯で、それに比してレトルトは一般に乾留装置を指す。

連続式炭化炉(れんぞくしきたんかろ)
Charcoal kiln by continuous operation

バッチ式に比して、連続的に行う方式。一般に炭窯はバッチ式であるが、流動法や**横型連続式炭化炉**（ロータリーキルン等）、**縦型連続式炭化炉**（ランビオット型炭化炉等）による炭化は連続式である。→バッチ式

ロータリーキルン炭化法(ろーたりーきるんたんかほう)
Rotary kiln carbonization method

横型の円筒形の筒状のものを回転させて、その内部の炭材を連続的に炭化させる方法。代表的な機械として**ロータリーキルン炉**がある。また、外燃式と内燃式、加熱式と自燃式がある。類似の方法として遥動式炭化炉がある。

バイオマス炭化において、鋸屑等の細かくされたバイオマスや下水汚泥、畜糞等の柔軟なバイオマスを炭化する

ロータリーキルン炉

場合に多く採用される方法で、炭材の水分含有率を一定にするため、乾燥炉を併設する場合が多い。炭化温度の計測と炭材の供給量を制御することによって、自動化が可能となる。

4章

製炭、熱分解
(せいたん、ねつぶんかい) Charcoal making, Thermal decomposition

炭材を入れ、炭化させる(山梨県身延町)

　製炭の歴史は古く、ヒトが地球上に現れ、狩をし、山菜を得て料理をするときに火を使いだしたことに始まる。燃料としての木が燃えた後に残る消し炭が製炭のはじめといわれている。製炭の技術は歴史とともに進歩し、わが国では江戸時代、世界に例のない木炭の最高傑作ともいえる備長炭を生み出した。製炭はまた、工業の発展とも大きな関係があり、イギリスの製鉄の発展の裏には製鉄用木炭製造によって森林の破壊が起きたともいわれている。

　現在では木炭の燃料以外の新用途開発も進み、木炭を燃やすことなく利用することによって炭素の固定にもなり、製炭は地球温暖化防止に貢献する環境にやさしい利用法と考えられている。

　物質が熱によって分解することを熱分解といい、その代表的なものが炭化や燃焼である。最近ではバイオマスの炭化生産物の有効利用が着目され、多くの炭化炉が開発されている。また、ダイオキシンなど有害物質を高温で熱分解し、無害化することも行われている。

あ

アイソレータ
Isolator

マイクロ波による炭化・熱分解装置の保護機器。マイクロ波法では、負荷によってマイクロ波の一部が吸収されず発振器に逆流する反射電力が生じることがある。アイソレータは、発振を不安定にし、装置に悪影響を及ぼす反射電力を吸収する保護機器である。

充分量の水はマイクロ波を完全に吸収するので、調理を目的とした家庭用電子レンジには装備されていない。

圧力損失（あつりょくそんしつ）
Pressure drop

流体の流れ抵抗を表すものであり、抵抗が大きく流れが悪くなると圧力が上昇（圧力損失が増加）。連続炭化炉、製炭炉、乾留炉などの配管内の圧力変動は木タールの付着や滞りが原因である。圧力損失を常に監視し、適切な対処を行うことによって、長期の連続操業が可能となる。

亜臨界法（ありんかいほう）
Sub critical method

水の臨界点は、374℃、21.8MPa（Mega pascal＝メガパスカル。メガは10の6乗で100万の意。1パスカルは1m²の面積につき1ニュートンの力が作用する圧力または応力と定義され、1MPa=9.87気圧にあたる）、炭酸ガスの臨界点は304℃、7.3MPaである。この臨界点より温度や圧力が若干低い状態を亜臨界状態という。

亜臨界では液相と気相が存在し、反応はそれぞれの相で同時に進行する特徴がある。木材の亜臨界水による熱分解処理では、オリゴ糖など有用な物質が回収できる。→超臨界法

エブリ、柄振（えぶり）
Scraper for white charcoal

白炭製炭において、窯口から炭化中の炭材を引き出す道具。地方によりエボリ、イブリなどとも発音される。木で造られ、水で冷やしながら何本かを交互に使ったが、次第に鉄製のカナエブリとなっていった。紀州備長炭の窯ではステンレス製のエブリも使われている。土佐備長炭では「コザ」、長野北部などでは「サギ」と呼ぶ。単に「出し棒」と呼ぶ地域もある。また、窯のサイズに合わせてさまざまな大きさがある。また、掻き出す鉤（かぎ）の部分にもさまざまなデザインがある。紀州備長炭では「奥出しエブリ」、「中出しエブリ」、「口出しエブリ」などに分かれる。大きな窯では、窯口手前に吊りかんなどを

エブリ各種（和歌山県日置川町）

垂らし、そこにエブリを引っかけて操作する。また、立っている炭を転がすために用いるエブリを長野北部では「かっころばし」と呼ぶ。

また、窯外に出した炭を、素灰をかける位置にまで移動するのは、上面から見るとT字型の、運動場をならすトンボと類似の道具が使われる。これも木製と鉄製がある。「引きエブリ」と呼ぶのもこの一種。長野北部では「庭ざき」と呼ぶ。また、窯口からこぼれた炭を引き出す「寄せエブリ」や一本ずつ運ぶ「トリマタ」というものもある。また、サイズにより「オオエブリ」、「コエブリ」と呼ぶ地域もある。

押し出し成型(おしだしせいけい)
Extrusion

粉末炭にコールタールピッチや樹脂などの各種粘結材（バインダー）を加え混練・加圧し、円形やスリット状やハニカム状の開口部を有するダイスから押し出し、円柱、フィルム、ハニカム状の形状に成型する方法。

か

加圧熱分解(かあつねつぶんかい)
Pressurized pyrolysis

大気圧より高圧にして行う熱分解。加圧熱分解では、発生したタールの滞留時間が長くなり、炭素粒子として炭の細孔内に固定される量が多くなり、密度が大きな炭が得られる。炭材として良材とならぬ針葉樹であっても引き締まった炭にすることが可能。

外熱式炭化炉(がいねつしきたんかろ)
Charcoal retort heated from outside

炭化炉（窯）外部から加熱して、窯内部の炭材等を熱分解して炭化する手法。内熱式炭化法に対して用いられ、他燃式ともいわれる。炭化効率は高いが、エネルギー効率は低い。外熱式と内熱式に分かれている例として、セントポール炉やセーマン炉などがある。

ガス化発電(がすかはつでん)
Biomass gasification power generation

木材チップ等をガス化して一酸化炭素と水素を主体とする可燃ガスへ転換した後ガスタービンやガスエンジンで発電する方式であり、木材の燃焼ガスによる発電（燃焼発電）より発電効率が高いことから実用化が進められている。

生成ガスの組成（発熱量）の点で水蒸気を混入するガス化（水蒸気ガス化）が指向されているが、タール除去等の問題からまだ開発段階にあり、現在は操業が容易な熱分解ガス化が採用されている。

熱分解ガス化の実際操作では、空気や酸素を供給して原料の一部を燃焼しその燃焼熱を熱源として利用する。しかし、この部分燃焼は生成ガスの発熱量低下につながるので、生成ガスと燃焼ガスが混合しない無酸素ガス化法が検討されている。

なお、生成ガスの発電利用では加圧

ガス化が有利であるが、操業費用は高い。→熱分解ガス化

活性炭の製法(かっせいたんのせいほう)
Manufacturing method of activated carbon

活性炭の製造工程は炭化と賦活に大別され、賦活にはガス賦活と薬品賦活がある。工業活性炭の原料には主としてオガ屑、ヤシ殻、石炭、樹脂などが使用されている。活性炭の形状は粉末、破砕状、粒状(球形、ビーズ状、円柱状)、繊維状(布、糸、フェルト)などがある。

粉末活性炭はオガ屑を炭化して得られる素灰を原料にガス賦活するか、オガ屑を塩化亜鉛賦活して製造する。

破砕状活性炭はヤシ殻や石炭を炭化後、適度の大きさに破砕した後、ガス賦活をして製造する。

粒状活性炭は炭素粉末をコールタールピッチなどのバインダー(接合剤)で粒状に成形した後、炭化およびガス賦活によって製造する。→ガス賦活法、塩化亜鉛賦活法

官行製炭(かんこうせいたん)
Charcoal making by Government

昭和初期より行われた営林署による製炭のこと。林野庁による拡大造林事業にともなう国有林の広葉樹林伐採の際には、この手法がとられ、林地に捨てられるその残材を利用し木炭が生産された。しかし昭和30年代初頭からの木材不況とともに官行製炭は中止されている。

急速熱分解(きゅうそくねつぶんかい)
Rapid pyrolysis, Flash pyrolysis

熱分解型の木材(バイオマス)油化法であり、油(タール)の高収率(60～75%、常圧熱分解では20～30%)を特長として今日、油化法の主流となった。

急速熱分解は、①原料への高速熱移動(昇温速度は数千℃以上/分)をはかる、②熱分解温度と発生蒸気温度を制御する、③蒸気の滞留時間を短縮して(1～2秒)系外で急冷却する、ところに技術の工夫があり、最も重要な①を実現するために流動床、移動床、遠心力利用等の反応器が開発された。

キャリヤ(窒素)を使用しない真空移動床はタール収率が35～50%と低いが、③は共通することから便宜上急速熱分解法として取り扱われる。

以下に代表的なプロセスを紹介する。

バブリング流動床反応器(図4-1)は操作が容易、温度制御が良好、ター

図4-1　バブリング流動床反応器

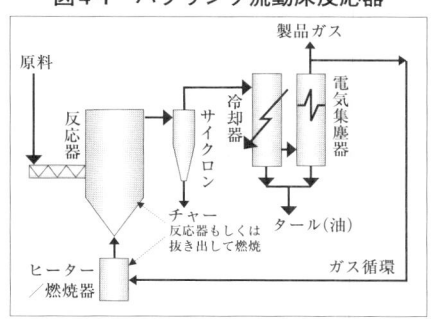

出典：鈴木勉「木材学会誌」48、P.217-224、(2002)

図 4-2　循環流動床-移動床反応器（二塔床式）

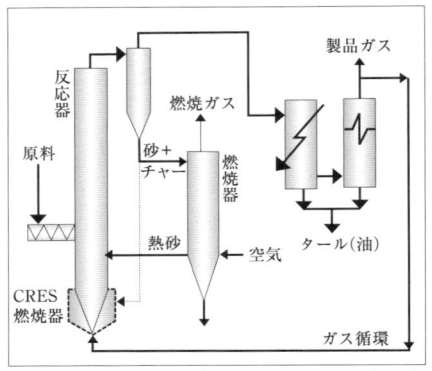

出典：鈴木勉「木材学会誌」48、P.217-224、(2002)

図 4-3　渦巻き摩擦反応器

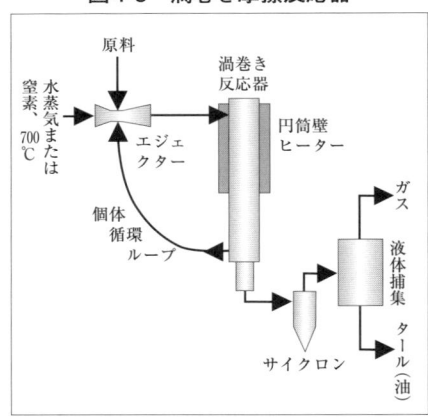

出典：鈴木勉「木材学会誌」48、P.217-224、(2002)

図 4-4　回転逆円錐反応器

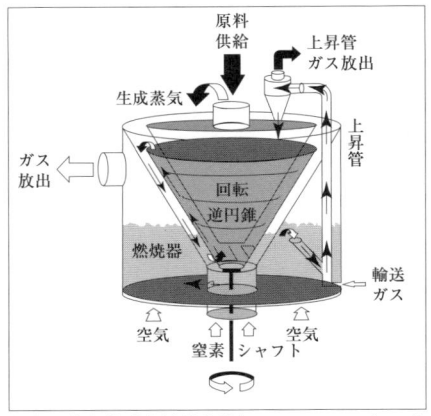

出典：鈴木勉「木材学会誌」48、P.217-224、(2002)

ル収率が高い（70〜75％）等の利点から最も普及しているが、木材微粒化と液体蒸気の分解を促進する未反応炭素（チャー）の分離が操業上の壁である。

循環流動床−移動床型反応器を用いたタール収率は60〜70％である。この方式は熱分解器と流動熱媒体の砂を加熱するチャー燃焼器からなる二塔床型（図4−2）に代表され、運転技術の完成度は高いが、規模が大きいとチャー燃焼の制御と木粉への大量熱伝達が困難といわれる。

遠心力利用の渦巻き摩擦反応器（図4−3）と回転逆円錐反応器（図4−4）は器壁を熱源とする点でユニークである。

前者では高速キャリヤを反応器に送り、生じた旋回流により木材チップを供給する。この旋回流による遠心力でチップは反応器壁（600℃以下）に押し付けられてずり落ち、この間に器壁との接触面が溶融、気化して器外へ運ばれ冷却される。タール収率は60〜65％で原料の粉砕不要は利点であるが、器壁のスケール除去が面倒で反応器の構造が複雑である等が欠点である。なお、最近キャリヤ不要の回転翼摩擦反応器が開発され、この改良型でタール収率は70〜75％に増加した。

表4-1 重油と比較した急速熱分解油の性状

		急速熱分解油*	重油
含水率 (wt%)		15〜25	0.1
微粒炭素 (<1.6mm, wt%)		0.5〜0.8	0.01
元素組成 (dry wt%)	炭素	44.14〜46.37	85.2
	水素	6.60〜7.10	11.1
	酸素	47.0〜48.9	1.0
	窒素	0	0.3
	イオウ	<0.05	2.3
高位発熱量 (MJ/kg)		16.5〜17.5	40
密度 (kg/cm³)		1.23	0.94
粘度 (cP)	20℃	400〜1200	—
	50℃	55〜150	180
pH		2.4	—
灰分 (dry wt%)		0.01〜0.14	—

(注) * Union Fenosa, Meirama工場（スペイン、バブリング流動床法）で生産
出典：飯塚堯介監修『ウッドケミカルスの最新技術』（シーエムシー）

後者では原料木粉が回転する逆円錐管の中心に熱媒体の砂と共に供給され、器壁を伝わりながら上方へ移動する。この過程で木粉は砂と器壁から与えられる大量の熱によって急速に分解し、生成物は体積膨張によって自然に反応器外へ排出され、冷却後60〜70%の収率でタールが回収される。このプロセスは全体操作が複雑で、建設費、操業費も高額である。真空移動床のタールと炭化物の収率は通常の急速熱分解と常法熱分解の中間にあり、運転操作は比較的煩雑である。

なお、表4－1からわかるように、急速熱分解で得られるタールは重油より低品質（高粘度、高酸素含有量、低pH）で、燃料として利用するには改質処理を必要とする。この事情は全操業費の高騰を意味し、急速熱分解の早期実用化は困難視されている。→常法熱分解

急炭化（きゅうたんか）
Rapid carbonization

短時間に炭化温度を上げて短時間で炭化する方法。これに対してゆっくりと炭窯の温度を上げて、長時間かけて炭化する方法を緩炭化（slow carbonization）という。一般に燃料としての良質の木炭を製造するには炭化時間を長く取り、ゆっくりと炭化する緩炭化がよく、木炭、木酢液、木タールの収率も高い。木ガスの収率は逆に急炭化のほうが高く、ガス化を目的とした場合には急炭化が利用される。バイオマス等原料への高速熱移動によってバイオマスの油化をはかる急速熱分解は急炭化の一つ。

口焚き（くちだき）
Burning at the kiln entrance

炭窯の窯口で枯れ木や枝などで焚き火をすること。この際、窯口の前に特別に焚き口を設けて火を焚き、ゆるやかに窯の内部を乾燥させる。口焚きは炭材の熱分解が始まるまでゆっくりと行う。

消し粉（けしこ）
Powder to quench

窯外消火法によって製炭する白炭を消火するためにかぶせる灰。出炭の前日に、その日の天候などに合わせて適

当な湿度に調整する。この灰が表面に付着することから「白炭」の名が付いたとされる。

消し炭(けしずみ)
Cinder
　木材や炭が燃焼途中で消えてできるやわらかい炭。

消し灰(けしばい)
Extinguishable ash
　白炭の製造において、窯から掻き出された赤熱の炭にかける消火用の灰。

減圧熱分解(げんあつねつぶんかい)
Decompression pyrolysis
　大気圧より圧力を低圧あるいは真空に近い条件で行う熱分解。
　長所：反応系内から揮発物の速やか

な抜き出しが可能。炭の細孔には、木タールの滞留で生じた炭素粒子の付着量が少なく、常圧炭に比べ密度が小さい。その炭は、火力が弱く、火もちがよいとは言い難いが、比表面積が大きいので吸着剤や活性炭などの機能性炭化物を作るには都合がよい。

高圧液化(こうあつえきか)
High pressure liquefaction
　木材（バイオマス）を触媒含有媒体に懸濁し、還元ガス雰囲気で高温高圧処理して油（オイル）を得る方法である。直接液(油)化とも呼ばれる。
　媒体には水または有機溶剤、触媒にはアルカリ、ニッケル、還元ガスには一酸化炭素、水素等を用いるが、最近注目されている無触媒、還元ガス非使用の水熱液化（300℃、10MPa（メガ

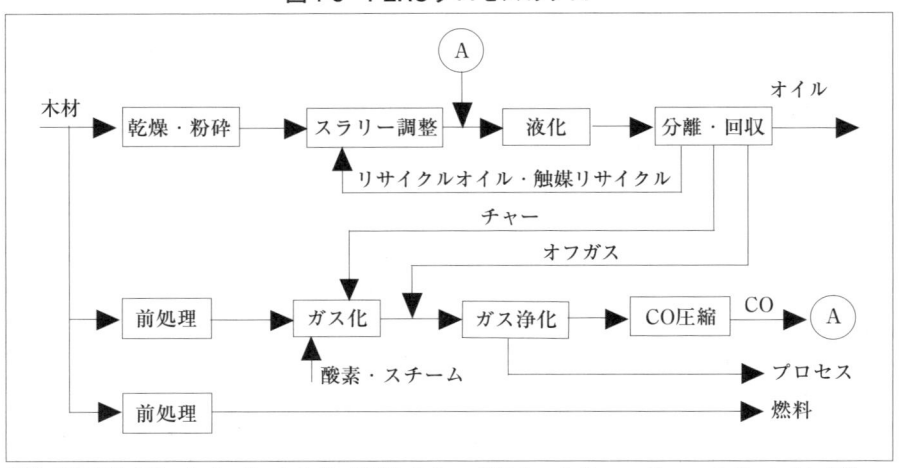

図4-5　PERCプロセスのフロー

(注) PERCは「ピッツバーグエネルギー研究センター（Pittsburgh Energy Research Center)」の略
出典：日本エネルギー学会編『バイオマスハンドブック』（オーム社）

図4-6　LBLプロセスのフロー

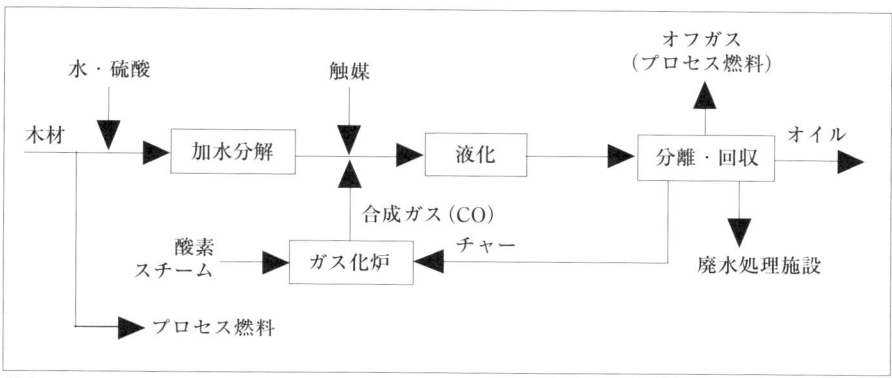

(注) LBLは「ローレンスバークレー研究所（Lawrence Berkeley Laboratory）」の略
出典：日本エネルギー学会編『バイオマスハンドブック』（オーム社）

図4-7　下水汚泥油化プラントのフロー

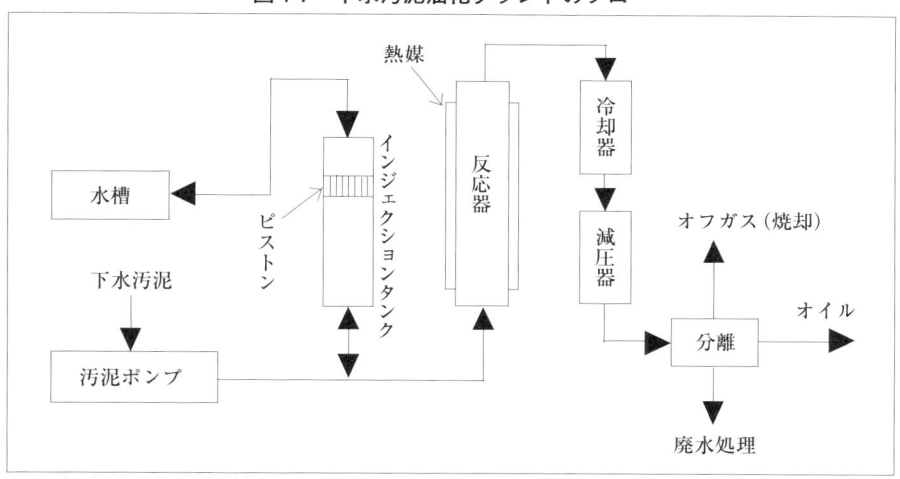

出典：日本エネルギー学会編『バイオマスハンドブック』（オーム社）

パスカル））も原理的にこのオイル製造法に属する。

代表的なプロセスとして1970年代にアメリカで開発されたPERC（Pittsburgh Energy Research Center）法（図4－5）、LBL（Lawrence Berkeley Laboratory）法（図4－6）がある。媒体は前者がリサイクル油、後者が水で、両者共に触媒としてNa$_2$CO$_3$、還元ガスとして一酸化炭素を用い、340〜360℃、2.8MPaで処理する。得られるオイルの収率と発熱量はそれぞれ40〜50%、31〜36MJ/kg（メガジュール／キログラム）、プロセスの熱効率は約63%で実操

図4-8 HTUプロセスのフロー

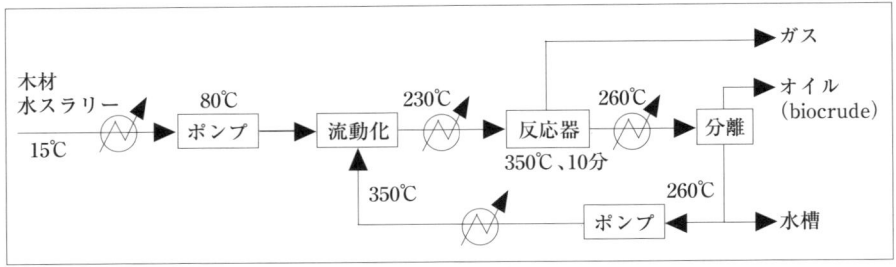

```
木材
水スラリー  →[15℃]→ ⎔ →[80℃] ポンプ → 流動化 →[230℃] ⎔ → 反応器 →[260℃] ⎔ → 分離 → ガス
                                    ↑              350℃、10分            ↓       → オイル(biocrude)
                                    [350℃]←─⎔←──────────── ポンプ ←[260℃]──┘     → 水槽
```

（注）HTUは「水熱改質（Hydro thermal upgrading）」の略
出典：日本エネルギー学会編『バイオマスハンドブック』（オーム社）

業が期待されたが、両者共に連続運転時の配管の閉塞や反応器腐食等のトラブルにより商用化には至らなかった。80年代後期開発の資環研プロセス（図4-7）も媒体を水、触媒をNa_2CO_3とするが、還元ガスを使用しないので安価で工程が簡易である。ただし、原料は高含水率の下水汚泥、有機系廃棄物（アルコール発酵残渣、都市ゴミ）、水性バイオマスであり、木材には適さない。

最近オランダで開発されたHTU（Hydro Thermal Upgrading）プロセス（図4-8）は木材を無触媒の水熱のみで液化するところに特徴があり、オイルの重合反応は反応時間によって制御される。得られるオイルは室温では固体であるが、加熱すると流動性をもつといわれる。

さ

材中温度(ざいちゅうおんど)
Temperature of the inner part of wood
　炭化過程における炭材内の温度、木材の熱圧縮やレーザー加工による木材内部の温度を指す。炭化過程では、水分蒸散過程では外周側ほど、熱分解過程では中心側ほど高い温度となる。

酸化(さんか)
Oxidation
　古くはある物質が酸素と化合することをいったが、一般には水素を奪う反応、電子を奪われることを含めて酸化という。酸化数が増加したときその物質は酸化されたという。酸化の逆が還元である。酸化と還元（両物質間での電子の授受（受授））は同時に行われる。→還元

湿式酸化法[活性炭の再生法](しっしきさんかほう[かっせいたんのさいせいほう])
Wet oxidation process for activated carbon regeneration
　下水処理などに使用した活性炭の再生法の一つである。高分子量、高沸点など多成分物質も含まれる吸着質を高温高圧の液相下で酸化処理、再生させ

る手法である。→活性炭の再生

自燃(じねん)
Autoburning
　原料自体を燃焼させること。炭化処理するとき乾燥や炭化に熱源を必要とするが、原料の一部を燃焼し発生する熱を利用することがある。自燃させると炭化物の収量が減少する欠点があるが、廃棄物処理などではあまり問題とならない。

収炭率(しゅうたんりつ)
Yield of charcoal
　製炭後の木炭の収率。現場では気乾状態の炭材、すなわち水分を含んだ状態での炭材の重量に対する木炭の重量で表すことが多いが［木炭重量÷炭材の重量×100＝収炭率(％)(気乾)］、研究上では炭材から理論上水分を除いた状態での炭材の重量に対する木炭の重量で表すことが多い［木炭重量÷(炭材の重量－水分)×100＝収炭率(％)(絶乾)］。

　収炭率は炭化炉の種類、炭化方法によって違いがあるが、土窯では気乾で10〜20％前後、絶乾で15〜25％前後が普通である。

出炭(しゅったん)
Discharging charcoal
　製炭後、炭化炉から木炭を取り出す作業。消火後に手作業で窯内から取り出す方法、台車にのせられた木炭を台車ごと取り出す方法、白炭窯のように

炭を台車にのせて出す(岩手県葛巻町)

灼熱した木炭を1本ずつ窯から取り出す方法など、製炭法によって違いがある。

瞬間加熱(しゅんかんかねつ)
Flash heating, Instantaneous heating
　瞬時に設定温度で加熱すること。→瞬間加熱炉

常圧熱分解(じょうあつねつぶんかい)
Pyrolysis under atmosphere
　加圧、減圧操作を行わないで大気圧の条件下で行う炭化や熱分解のこと。炭窯による炭化や一般的な木材乾留などが該当する。減圧あるいは加圧に必要な設備は不要であり、また、反応器の機密性や耐圧性を特に考慮しないですむことから装置費は比較的安価であり、大型装置化が可能。

蒸煮(じょうしゃ)
Drying to remove water in wood
　炭化の初期段階、炭材に着火する前に行う工程の一つ。煙突口をふさいで炭材に着火しないようにしつつ、口焚きの熱で炭材および窯内の温度を徐々

表4-2 熱分解法の特性

				常圧熱分解		急速熱分解	
				炭化	乾留	低温	高温
パラメータ		温度	(℃)	300〜500	400〜600	450〜600	700〜900
		圧力	(MPa)	0.1	< 0.1	0.1	0.1
		最大処理量	(乾燥トン/日)	5	1	0.05	0.10
生成物(乾燥原料当たり、乾量基準)	気体	収率	(wt%)	150まで	60まで	30まで	80まで
		高位発熱量	(MJ/Nm³)	3〜6	5〜10	10〜20	15〜20
	液体	収率	(wt%)	25まで	30まで	70まで	20まで
		高位発熱量	(MJ/Nm³)	20	20	24	22
	固体	収率	(wt%)	40まで	30まで	15まで	15まで
		高位発熱量	(MJ/kg)	30	30	30	30

(注) 数値は代表的なもので、プロセス、原料、操作条件によってかなり異なる
出典：A.V. Bridgwater and G. Grassi ed., Biomass Pyrolysis Liquids Upgrading and Utilization, Elsevier Applied Science, London and New York (1991)、p.22

に上げる。ゆっくりと窯内温度を上げることで、辺材部と心材部が均一に乾燥・収縮し、炭材の割れを防ぐことができる。

焼成(しょうせい)
Baking

無機材料や金属材料を加熱処理しさまざまな反応をさせ安定物を得る操作で、熱処理（Heat treatment）と同義である。一般には陶土を高温度でやいて陶磁器を作ること。炭素工業分野では炭素前駆体を加熱処理し、炭化や黒鉛化することを焼成と呼ぶ。フィラーにバインダー（接合剤）を加え炭化することによって炭素成型体を製造することを焼成と呼ぶことがある。

常法熱分解(じょうほうねつぶんかい)
Ordinary pyrolysis

木材（バイオマス）の油化法として急速熱分解が登場したため、これと区別するために従来の常圧低速昇温による熱分解を常圧熱分解と呼んでいる。

なお、炭化（製炭、乾留）は常法熱分解に属する操作であり、製炭、乾留、急速熱分解の代表的操作条件における生成物分布は表4-2のとおりである。

触媒製炭法(しょくばいせいたんほう)
Charcoal making with catalyst

塩化アンモニウム（塩安）などの無機物を炭材に塗布、浸漬、煮沸、あるいは窯底に散布して炭化する製炭法。昭和30年代前半、林野庁林業試験場（後に教育大学教授）岸本定吉らによって考案され、彼によって名付けられた収炭率を上げる製炭法。

触媒としてはセルロースを炭素と水に効率よく分解させるために脱水触媒が使われ、特に肥料としての使用量も多く人体への影響も少ない塩化アンモニウムの使用が、当時考えられた。触媒の量は炭材量（気乾）の0.1〜0.15%

表4-3 各種触媒処理法別の収炭率

処理法	1窯当たり塩安添加量 重量(kg)	1窯当たり塩安添加量 炭材対比率(%)	樹種	1窯当たりの炭材重量(kg) 立て木	1窯当たりの炭材重量(kg) 上げ木	1窯当たりの炭材重量(kg) 計	出炭量(kg)	収炭率(%)	収炭率の増加率(%)	炭化率(%)	炭化率指数(%)	備考
普通製炭	—	—	ナラザツ	2,186	329	2,580	439	17.0				
			ナラ	2,192	444	2,223	446	16.9				
塗 布 法	10.4	0.46	ナラザツ	1,839.5	410.6	2,250.1	476.8	21.2	12.3	25.8	82.2	大志田窯
	12.4	0.54	ナラ	1,915.0	397.9	2,312.9	477.6	20.6		25.8	80.0	
煮 沸 法	12.4	0.51	ナラ	2,023.5	421.9	2,445.4	437.1	17.9	11.2	23.9	74.9	
	11.1	0.45	ナラ	2,050.4	393.9	2,444.3	488.1	20.0		23.6	84.6	
浸 漬 法	11.7	0.52	ナラ	1,938.4	310.1	2,248.5	447.6	19.9	11.9	24.4	81.6	
	9.4	0.42	ナラ	1,891.7	339.6	2,231.3	452.1	20.3		24.4	83.2	
窯底散布法	8.0	0.37	ナラ	1,787.3	366.3	2,153.6	460.9	21.4	12.2	23.5	91.1	
	4.0	0.17	ナラ	2,005.6	418.6	2,423.2	483.5	20.0		22.8	87.7	

出典:農林省林業試験場編『木材工業ハンドブック』(1958,丸善)(一部加工)

程度が適当で、収炭率は10%前後の増加がある。薬品の環境汚染などの配慮から現在では、触媒製炭は行われていない。表4-3に収炭率の例を示す。

触媒担体(しょくばいたんたい)
Catalyst carrier

　化学反応に必要な触媒作用を示す物質を表面に保持するための材料のこと。反応効率を高めるために活性炭やゼオライトなどの多孔体がよく用いられる。活性炭そのものが触媒として作用する場合もある。

炭掻き(すみかき)
Rod for scraping charcoal

　白炭をやく際に用いる用具。長い柄の先に鉤の付いた形状で、主にネラシを行うとき、窯内から木炭を掻き出す作業に用いる。

炭窯の温度分布(すみがまのおんどぶんぷ)
Temperature distribution in a charcoal-making kiln

　黒炭窯内中央の炭材(立て木)と排煙温度の時系列的な温度分布を図4-9に例示する。炭窯は奥行き120cm、幅90cm、高さ90cmの規模である。

　水分蒸散過程では炭材は樹皮側から加熱されるので温度は樹皮側ほど高い。炭材上部の樹皮外表面では100℃を超すがその他は100℃以下で、それぞれほぼフラットに推移する。天井側で着

図 4-9　黒炭窯の時系列的な温度分布（例）

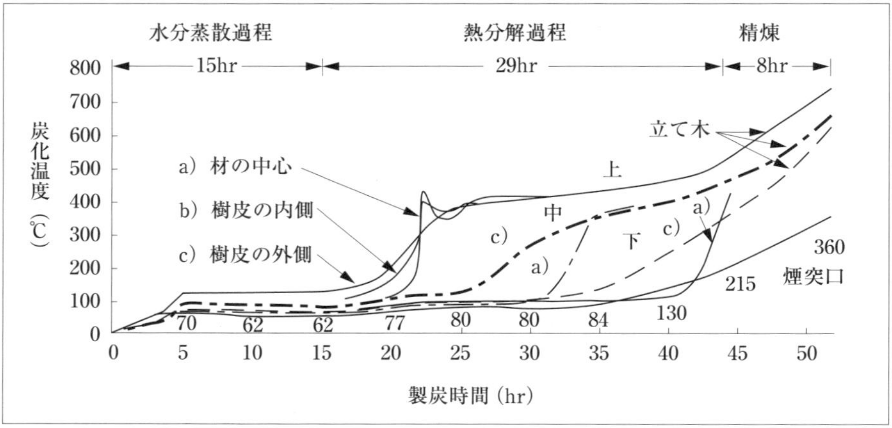

（注）炭化区分を一部加工
出典：農林省林業試験場編『木材工業ハンドブック』（丸善）

火すると炭材温度は上昇しはじめる。

　熱分解過程では炭材上部では樹皮の外側、樹皮の内側、炭材の中心の順に昇温しはじめる。上部以外では水分蒸散が続くが、蒸発熱により100℃で推移する。熱分解が激しくなると炭材の中心側ほど急激に昇温し、温度分布は逆転し中心側ほど高くなる。

　時間経過にともない炭窯の天井側から窯底側（炭材上部→炭材中央→炭材下部）へと熱分解が進行する。熱分解過程でも天井〜窯底の温度差は300℃以上で、温度分布は大きい。排煙の温度は炭材下部の中心側が熱分解を始める頃までは120℃以下で推移するがこれ以降では上昇に転じる。

　一般に、熱分解過程では炭材の温度は樹皮側より中心部が高くなるが、その差は中心に向かうほど、炭材容積重が大きいほど、炭材直径が大きいほど、急速炭化するほど大きくなる。総じて天井側ほど高い。炭材の熱伝導率が小さく熱分解熱の蓄熱効果によるものである。

　精錬時の炭の温度は比較的急激に上昇するが、炭窯の高さ方向の温度分布はそれほど小さくはならない。この温度分布は炭質のバラツキにつながる。精錬後は炭窯を密閉し自然放熱により冷却される。

炭窯の煙（すみがまのけむり）
Smoke of charcoal kiln

　炭化の進み方によって、炭窯の煙は変化する。炭化中に炭窯の中を開けて見ることはできないので、排煙口から出る煙の温度や色、においが、炭化の進行状況を把握するための重要な要素となる。

　この煙を冷却すると液体が得られ、

しばらく静置すると2層に分離し、その上澄み液が「木酢液(もくさくえき)」、沈殿物が「木タール(もく)」、煙を冷却しても液化しない気体が「木ガス(もく)」である。

以下に炭化の工程順の煙の名称および窯内外の状況を示す。

[水煙(みずけむり)]

濃白淡褐色で、排煙口の温度は80〜82℃、窯内の温度（天井下約10cm、以下同）は320〜350℃で着火温度に相当する。排煙口に棒を差し込んで得られる凝集物は水滴。

[きわだ煙(きわだけむり)]

灰白褐色で、排煙口の温度は80〜85℃、窯内の温度は350〜380℃となり、煙がたなびき、刺激臭が強くなる。排煙口の凝集物は褐色の液体。

煙の状態に変化はなくても、さらに炭化が進むと排煙口の温度が90〜100℃、窯内の温度は380〜400℃となり、排煙口の凝集物は茶色いヤニ状となり、粘性を増す。

[**本きわだ**(ほんきわだ)]

白みをおびた褐色となり、排煙口の温度は100〜150℃、窯内の温度は400〜430℃となる。排煙口の凝集物の液体は粘性を増して糸を引くようになる。また、煙道口に近い部分の煙が薄くなる。

煙の状態に変化はないが、煙道口の温度が150〜170℃になると窯内温度は430〜450℃となり、排煙口の凝集物は粒状になり、さらにヤニの糸は太くなる。

[**白煙**(しろけむり)]

淡白色となり、煙道口の温度は180〜230℃、窯内温度は450〜500℃となり、煙の刺激臭は弱くなり、排煙口の凝集物は豆状になる。

[**白青煙**(しろあおけむり)]

白青色をおびはじめ、煙道口の温度は230℃〜250℃、窯内温度は500〜530℃となり、煙に凝集物を含みはじめる。排煙口の凝集物は引き続き豆状になる。

[**青煙**(あおけむり)]

淡青色となり、煙道口の温度は260℃〜300℃、窯内温度は540〜570℃となる。精錬を行う場合は、この煙の状態になったら開始する。

[**あさぎ煙**(あさぎけむり)]

紺青色となり、煙道口の温度は330℃〜350℃、窯内温度は600〜680℃となる。排煙口の凝集物が砕けやすくなる。やがて煙の色は薄紫をおびはじめ、「紫煙(むらさきけむり)」と呼ばれる。

[**煙切れ**(けむりぎれ)]

煙の色は無色となり、煙道口の温度は360〜380℃、窯内温度は700〜800℃となる。煙道口の凝集物は灰化し、灰色を呈す。

炭やき道具(すみやきどうぐ)
Tools for charcoal making

炭やきには多くの道具が必要である。木材の伐採・搬出・運搬・並びに製品の梱包は別項を参考にしていただきたい。また、白炭をやく際のエブリ類も、別項を参考にしていただきたい。また、地方により呼び名がさまざまであり、

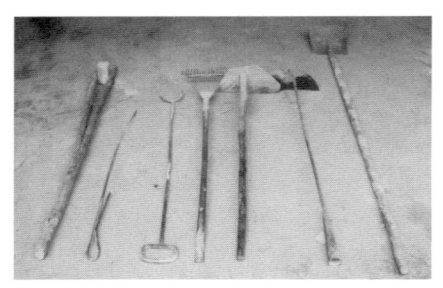

炭やき道具（左から石はさみ、ネラシ棒、窯焚き、サラエ、寄せエブリ、掻き出し、灰かけ。和歌山県日置川町）

ここに紹介する名称は、各地の名称が混在している。

白炭の場合、エブリ類のほか、ネラシのための穴を開ける「ネラシ棒」、窯口を開けるための「石はさみ」や「カマクチトンビ」、素灰(すばい)の中から炭を引き出す「炭掻き」「ゆるけ棒」「ほぎり棒」「サラエ」「庭こざぎ」、灰をかける「灰かけ」や「スコップ」、炭材を窯に立てる「立て又」や「はね又」、そして炭をより分ける「箕(み)」や「ふるい」、「炭切り鉈(なた)」などが必要になる。

黒炭の場合、窯から炭を出す際に「箕」や「一輪車（ねこ）」などが使われる「木箱」に入れた地域もある。炭をより分ける「ふるい」は黒炭にも必要である。

また、白炭・黒炭ともに素灰や窯土を練る際に用いる「鍬(くわ)」「鋤簾(じょれん)」「バケツ」や梱包時に利用する「秤(はかり)」が必要である。

製炭方法の合理性(せいたんほうほうのごうりせい)
Rationality of charcoal carbonization system

炭材としてのバイオマス一般を炭化する場合、その含有水分の蒸発が前提である。そのため、製炭を安定的に行おうとした場合、その炭材に含まれる水分含有率より少なく、かつ一定にし、炭化におけるエネルギー効率を考え、安定した炭化状態をつくる必要がある。また、炭材の種類、炭化物の使用目的等を勘案して、その炭化方法、機械を選択すべきである。

潜熱(せんねつ)
Latent heat

物質が融解または蒸発するとき、すなわち相(そう)変化のために費やされる熱エネルギーである。温度上昇には寄与しないので潜熱と呼ばれる。融解熱、気化熱などの総称である。

た

タタラ製鉄(たたらせいてつ)
Tatara iron manufacturing

砂鉄を木炭を用いて精錬する方法で、日本古来の代表的な製鉄法。島根、鳥取、広島などの中国地方で盛んに行われていた。

粘土製の低い角型の炉の下方から風を送り、木炭を燃焼させ、次いで木炭と砂鉄を交互に層状に投入しながら砂鉄を還元する。日本刀の素材である玉鋼(たまがね)は、この方法で作られてきた。

砂鉄の種類によって、和鋼（タタラ鋼）、和銑(せん)（タタラ銑）ができる。中国

山脈の日本海側に産出する真砂小鉄という砂鉄からは刀剣となる和鋼が作られ、瀬戸内海側から得られる赤目小鉄という砂鉄からは銑鉄となる和銑が作られた。

炭化(たんか)
Carbonization

木材や竹などの植物材料が少ない酸素との接触により蒸し焼き状態での熱分解で炭素含量が高くなることを炭化という。この過程で得られるのが木炭、竹炭などの炭化物である。

炭化と燃焼の違いは、炭化が極端に空気との接触を制限して行うのに対して、燃焼は空気との接触が多い場合をいい、空気の供給が十分であれば、完全燃焼し灰化するが、空気の供給が不十分であれば不完全燃焼となり、炭化物が生じる。ある量以上の炭素含量ならば炭化物であるといったような炭化物を規定する炭素含量は特にない。

炭化は炭化炉の性能により炭化温度がおおよそ限定され、表4-4に示すように低温炭化、中温炭化、高温炭化に分類されるが、その境界は厳密ではない。植物が大気中で化学変化や細菌などの作用により分解して炭素分が大部分を占めるようになることも炭化といい、石炭は化学変化により炭化したものである。

炭化温度(たんかおんど)
Carbonization temperature

炭化操作をするときの熱処理温度。必ずしも炭化反応が完了するときの温度を指していない。たとえば木材のようなセルロースを主成分とする物質では400〜1000℃で炭化されることが多い。

炭化収率(たんかしゅうりつ)
Carbonization yield

原料の乾燥質量（M）と炭化操作後の炭化物の乾燥質量（W）との比（百分率）をいう。炭化収率（Y%）はY=(W/M)×100で表される。炭化収率は原料中の炭素含有率、炭化温度、炭化するときのガス雰囲気などの影響を大きく受ける。収炭率と同義。

炭化水素(たんかすいそ)
Hydrocarbon

炭素と水素とからなる化合物の総称。天然ガス、石油、テルペン、天然ゴムなどがあり、低分子から高分子まで幅広く存在する。

炭化、乾留、熱分解で発生する炭化水素は、炭素数5以下のメタン、エタン、エチレン、プロパン、プロピレン、

表4-4 炭化の炭化温度による区分

炭化の種類	おおよその炭化温度	炭化炉の種類*
低温炭化	400〜500℃での炭化	乾留炉、平炉など
中温炭化	500〜700℃での炭化	黒炭窯など
高温炭化	800〜1000℃での炭化	白炭窯など

(注) *ここに示すのは一例であって、炭化の仕方によって温度は変化する

ブタン、ブチレンなどである。可燃性のガスであり、常温では気体である。高温の炭化や熱分解条件ほど、飽和炭化水素に比べ不飽和の炭化水素の発生量が多くなり、発熱量の高いガスが生成する。

炭化操作(たんかそうさ)
Operation for carbonization

　炭化の初、中、後期に分けて窯内の温度を制御したり、炭材の選択、並べ方、木酢液の採取時期など炭化に必要な操作。炭の収率や品質は、炭化温度、滞留時間に影響される。炭窯では、時間の経過で窯の炊き口の開度を変え空気量を調節する必要がある。炭窯法では熟練した職人の経験・技術が良質の炭を作るうえで欠かせない。乾留や熱分解など機器を用いた炭化操作では、空気量や温度制御が自動化され、良否は別として安定した品質の炭が得られる。

炭化法(たんかほう)
Carbonization process

　最近の炭化法は、以前の**製炭**（charcoal making）、**乾留**（dry distillation, destructive distillation）という区別より炉の形状や構造、操作方法等により類別するほうが実利的である。この背景には技術の進歩と多様化がある。
　すなわち、木材の炭化法は以前は木

表4-5　各種炭化炉

炉の運転方式、形状など			特　徴、備　考
回分式	開放型	簡易式	最も簡単な炭焼き法（無蓋法、坑内法、堆積法）で、築窯をしない。
		平炉式	わが国で開発された堆積（伏し焼き）法の進化型。図4-10参照。
	密閉型	炭窯式	昔ながらの炭焼き窯（図4-11参照）。鋼板型、移動型がある。
		トロリー式	炭材と製品の移動が容易。炉の稼働効率が高く、工場生産に適している。オガライトの炭化等に使用。
		撹拌式	近年普及が目立つが、熱効率はよくない。主に外熱式であるが、内熱併用型もある。高水分の炭材使用可。
連続式	回転型	ロータリー式	外熱式が多いが内熱式もある。内熱式は向流、並流の両方で操作する。熱効率は高い。図4-12参照。
		反復揺動式	炉の胴体が一定の周期、角度で反復揺動する。基本的にはロータリー内熱型であるが、駆動系が複雑で装置は高価。
	縦型	流動床式	オガ屑を使用する内熱炭化で、安定な炭化状態を連続維持。炉頂から噴出した炭はサイクロンで捕集。図4-13参照。
		多段撹拌式	木材乾留用の一段撹拌式SIFIC炉、ランビオット炉の欠点（不均一炭化）を改善。比較的高水分の炭材が処理可能。図4-14参照。
	横型	撹拌式	基本的に内熱式であるが、送風の位置と量を任意に設定でき多様な炭材を処理できる。籾殻の炭化に適用。図4-15参照。
		スクリュー式	回転部分が少ないので気密性が保たれ、均一な炭化が行われる。内熱式と外熱式があり、外熱式は酢液回収。図4-16参照。

出典：茅陽一監修『新エネルギー大辞典』（工業調査会）

図4-10 平炉（回分式、開放型）

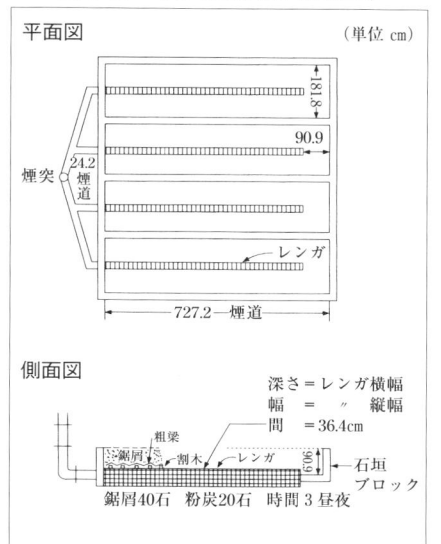

平面図　（単位 cm）

81.8
90.9
24.2—煙道
煙突
レンガ
727.2—煙道

側面図

深さ＝レンガ横幅
幅　＝　〃　縦幅
間　＝36.4cm

鋸屑　割木　レンガ　石垣ブロック
粗梁
鋸屑40石　粉炭20石　時間3昼夜

出典：茅陽一監修『新エネルギー大辞典』（工業調査会）

炭の製造を主目的とする製炭と、副生する液体成分（木酢液、木タール）の利用を主目的とする乾留に大別されたが、最近の大型装置による連続操業では炭の製造と液体成分の回収を同時に行うことが多いこと等からこの区別はほとんど用をなさなくなった。

図4-12 ロータリー型（連続式、回転型）

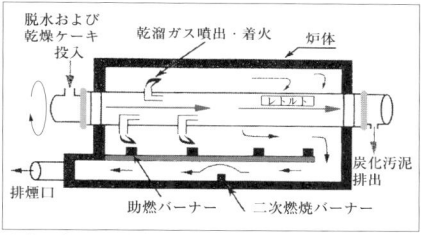

脱水および乾燥ケーキ投入　乾溜ガス噴出・着火　炉体
レトルト
炭化汚泥排出
排煙口　助燃バーナー　二次燃焼バーナー

出典：茅陽一監修『新エネルギー大辞典』（工業調査会）

4章 製炭・熱分解

図4-11 黒炭窯と白炭窯

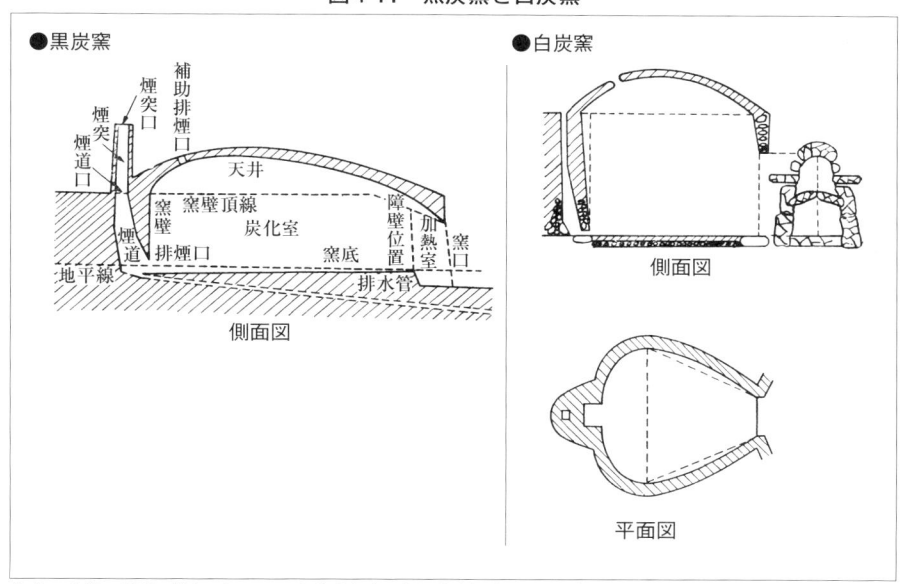

●黒炭窯

補助排煙口
煙突口
煙突
煙道口
天井
窯壁頂線
窯壁　炭化室　障壁位置　加熱室　窯口
煙道　排煙口　窯底
地平線　排水管
側面図

●白炭窯

側面図

平面図

出典：茅陽一監修『新エネルギー大辞典』（工業調査会）（一部加工）

図4-13　流動床炉（連続式、縦型）

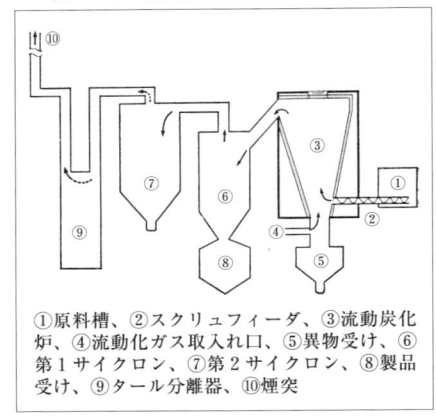

①原料槽、②スクリュフィーダ、③流動炭化炉、④流動化ガス取入れ口、⑤異物受け、⑥第1サイクロン、⑦第2サイクロン、⑧製品受け、⑨タール分離器、⑩煙突

出典：茅陽一監修『新エネルギー大辞典』（工業調査会）

図4-14　多段撹拌炉（連続式、縦型）

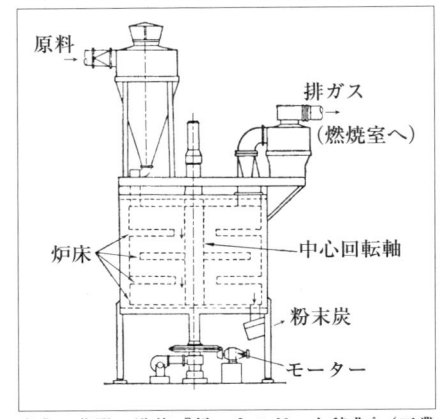

出典：茅陽一監修『新エネルギー大辞典』（工業調査会）

図4-15　撹拌炉（連続式、横型）

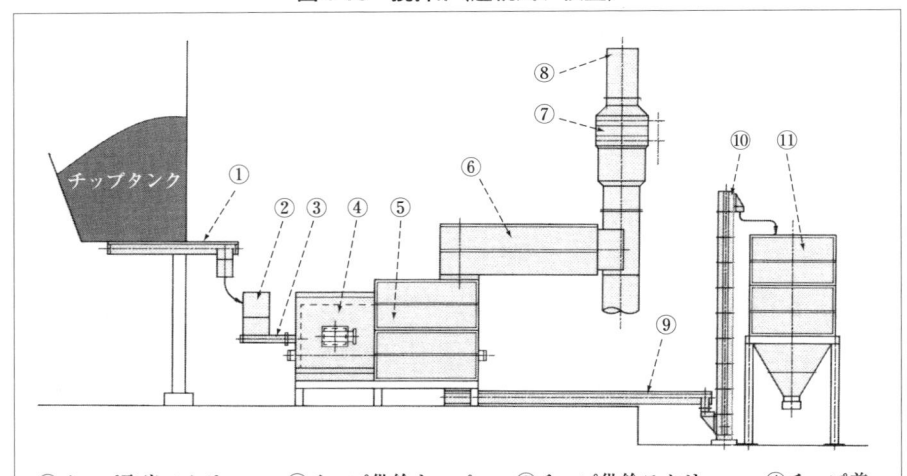

①チップ取出スクリュー、②チップ供給ホッパー、③チップ供給スクリュー、④チップ着火室、⑤チップ炭化室、⑥ガス冷却装置、⑦乾式集塵装置、⑧煙突、⑨木炭チップ消化装置、⑩木炭チップ搬送バケットエレベーター、⑪木炭チップ貯留タンク

出典：茅陽一監修『新エネルギー大辞典』（工業調査会）

　しかし、旧来の炭窯による小規模バッチ式の製炭、いわゆる炭やきも存続しており、多様な炭化炉が数多く開発されているという現状から炭化法を新たに分類、整理する必要が生じている。
　表4－5は運転方式、炉の型式、形

図4-16 スクリュー炉（連続式、横型）

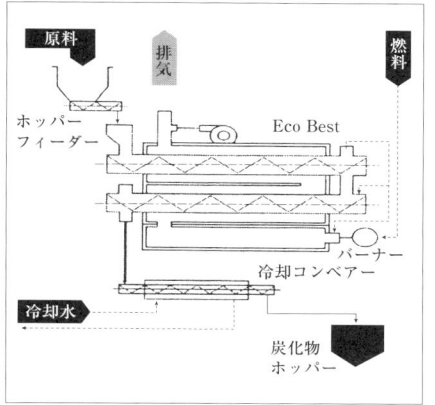

出典：茅陽一監修『新エネルギー大辞典』（工業調査会）

状等によって炭化炉を分類したものであり、図4-10〜図4-16は代表的な炉の構造を示している。

なお、炉の加熱方法は内熱式と外熱式に大別され、炉内で炭材の一部を燃焼して必要な熱を供給する炭窯や発生するタールやガスを燃焼する自燃式が前者、炉の外側をバーナー等で加熱するのが内熱式である。加熱方法は炉の構造や形状等を決定し、炭化速度や収炭率等に影響を与える重要な因子である。

[**製炭**(せいたん)Charcoal making]

炭を作ること。狭義では黒炭窯、白炭窯で炭を作るときのように自然式に炭を作ることを指しており、外部から加熱して炭化する乾留と区別して呼んでいたときもある。広義では製炭は自然式も乾留方式も含めて炭を作る作業をいう。

[**乾留**(かんりゅう)Dry distillation,Destructive distillation]

バイオマスや石炭を外部から加熱して熱分解させ、炭化物および揮発分を得る方法。外部加熱法の一つ。木質系バイオマスの乾留では木炭、木酢液、木タール、木ガスが得られる。

炭酸ガス(たんさんがす)
Carbon dioxide

二酸化炭素の慣用名。化学式はCO_2。木材やバイオマスの炭化・熱分解で発生量が最も多い不燃性のガス。炭素の完全燃焼物でもある。地球の温暖化傾向が空気中の炭酸ガスの高濃度化と一致することから、その原因物質といわれる。木材組成の約50％が炭素、44％が酸素、残りが水素であるから、その乾留では容易に炭酸ガスが生成され、木ガスの6割を占めることもある。

着火(ちゃっか)
Ignition

炭化炉窯口の燃材に点火後、炭化炉内の炭材に火が移った状態。炭材の水分含量によって着火時間は大きく異なる。炭材が乾燥していれば着火時間は短い。

超臨界法(ちょうりんかいほう)
Supercritical method

超臨界状態の水や二酸化炭素などを利用して、分解、抽出、反応等を行う一連の処理法。

水の臨界点は、374℃、21.8MPa（Mega pascal＝メガパスカル。メガは

10の6乗で100万の意。1パスカルは1m²の面積につき1ニュートンの力が作用する圧力または応力と定義され、1MPa=9.87気圧にあたる)、炭酸ガスの臨界点は304℃、7.3MPaであり、使う物質によってその臨界点は異なる。臨界になった点の温度、あるいは圧力がその臨界点より高くなった条件を超臨界という。

超臨界二酸化炭素による熱分解処理では、処理条件別に抽出物を得ることができ、また、抽出物は炭酸ガスと容易に分離されて回収できる利点がある。装置の材質は、高圧、高温耐性が求められるため、高価となる。

導波管(どうはかん)
Wave guide

マイクロ波発振器から反応炉まで導く管。マイクロ波の減衰を防ぎ波長によって縦、横、曲がりの角度などを計算、設計した特殊管。各種の長さのものや曲がりがあり、フランジで接続される。炉から離して設置するので炭化などで生じる高温から装置を保護できる。

な

長野式製炭法(ながのしきせいたんほう)
Nagano charcoal kiln method

伏せやき法のうちの、土や砂で覆って炭をやく堆積製炭法の一種。長野利吉氏によって開発された長さ3.64〜9.1mの小規模製炭方法。

庭先製炭(にわさきせいたん)
Charcoal making in a backyard

原木を求めて炭窯を移動していた従来の製炭法から、居住地に近い道路沿いに炭窯を築窯し、製炭する方法。山からの原木の切り出し・運搬、製炭加工は機械化され、生産性は高い。さらに複数の生産者により産地化が進められ、伐採、運搬、製炭を分業化された形態を**集合製炭(しゅうごうせいたん)**と呼ぶ。

熱拡散(ねつかくさん)
Thermal diffusion

物体内に温度差がある場合、高温側から低温側に熱が流れる現象。その物体の温度変化の速度を示す常数を熱拡散率(ねつかくさんりつ)という。

熱熟成(ねつじゅくせい)
Heat aging

熟成とは、一定の温度などの特定条件で処理することにより、必要とする物理性、化学性の取得、所定反応の進行をはかる操作をいう。

物質を適当な温度に長時間放置して化学変化の発生を促したり、発酵やコロイド粒子の粒径の調整などに行う場合もある。動物体のタンパク質、脂肪、グリコゲンなどが酵素や微生物の作用により腐敗することなく、適度に分解され、特殊な香味を発生することに利用されることもある。

堆肥製造においても分解を促進するために、水分を適当に与え、堆肥を被覆し、熱を発生させ、熱放出を防ぐこ

とによって、微生物の活動を活発に行わせ、熱熟成を行う。一方、木炭製造においては、最終段階で「ネラシ」という操作を行うが、この操作が熱熟成に相当する。

熱軟化(ねつなんか)
Thermal softening

　木材は、300℃以下の低温度域においていくつかの軟化点を有するが、通常の炭化条件下では軟化の程度は非常に小さい。また、300℃程度から架橋反応が始まって分子の移動が制限され、600℃程度までに炭素構造の骨格が形成される。このため、木炭では原料木材の細胞配列などの形態が維持される。

熱媒体(ねつばいたい)
Heating medium

　熱を物質に伝達する物質。炭化や熱分解を行う場合、木材と木材との間に空隙があると熱の伝達が悪いことから、加熱を速やかに行うため使われる。熱媒体には、液状化した溶融塩や流動粒

図4-17　熱分解における熱および物質移動機構

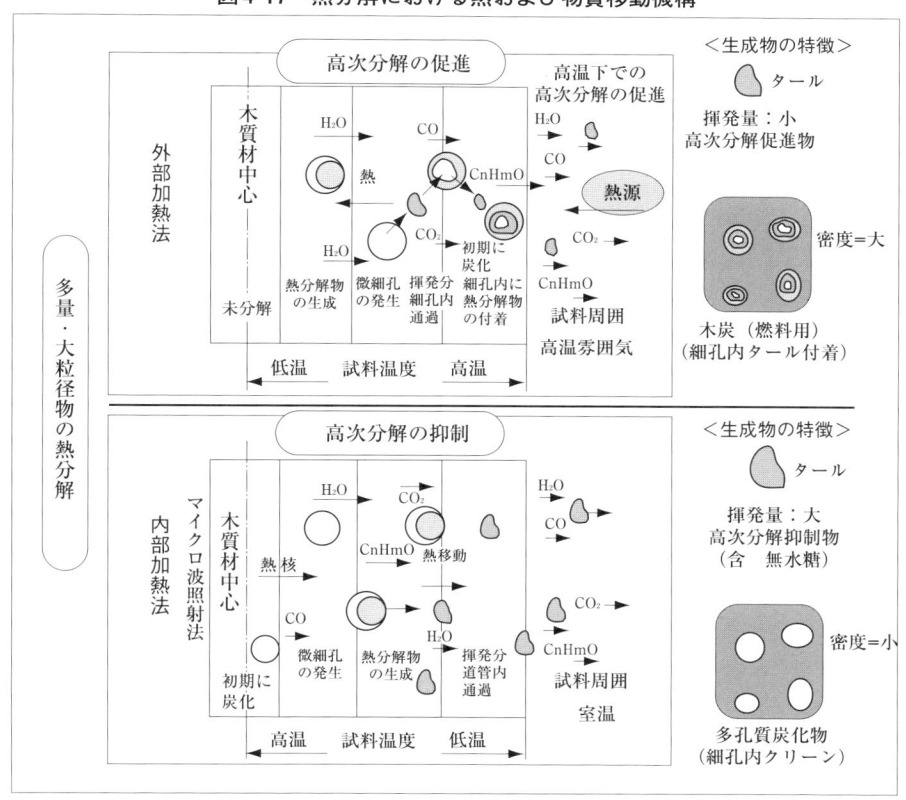

子などがある。お祭りで時折、焼き栗の露店風景が見られるが、加熱された釜内で栗と一緒に撹拌されている小石も熱媒体である。

熱・物質移動モデル(ねつ・ぶっしついどうもでる)
Heat /substance movement model

熱分解比較モデルの項を参照。マイクロ波法と外部加熱法の熱・物質移動モデルを図4－17に示す。

外部加熱法では、熱は表面から高温となり中心方向に移動。初期の表面と内部との温度差は直径が大ほど大きく、細孔は高温の表層から内部に向かって発生する。揮発生成物は常に炭化した高温の細孔の通過を余儀なくされ分解が促進される。

一方、内部加熱法では、最初に内部が高温になるから熱の移動方向が逆に

図4-18　従来法とマイクロ波法とのモデル比較

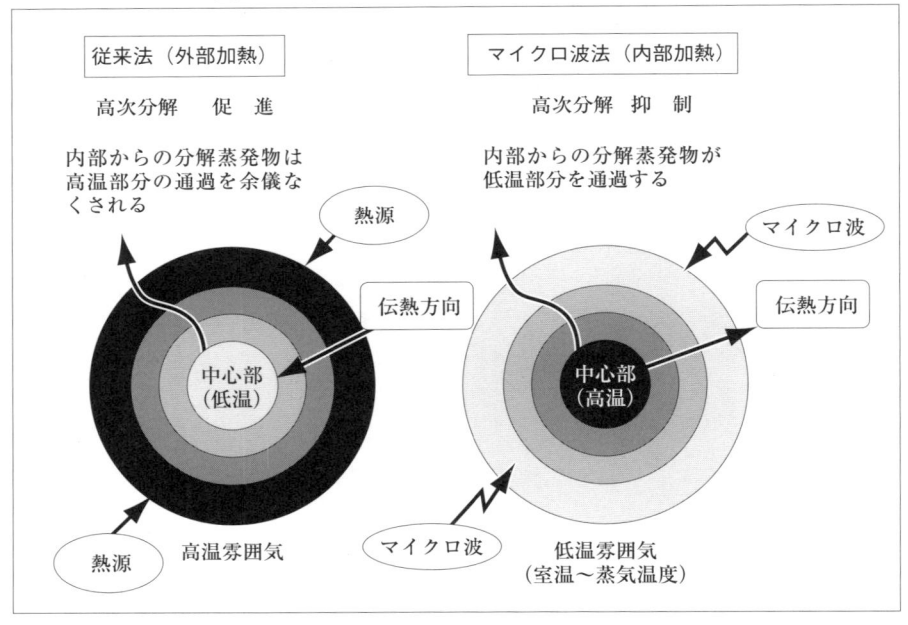

従来法（外部加熱）　高次分解　促　進
内部からの分解蒸発物は高温部分の通過を余儀なくされる
熱源　伝熱方向　中心部（低温）　高温雰囲気

マイクロ波法（内部加熱）　高次分解　抑　制
内部からの分解蒸発物が低温部分を通過する
マイクロ波　伝熱方向　中心部（高温）　低温雰囲気（室温～蒸気温度）

表4-6　ガス化法の分類

因　子	条　件　等
圧　力	常圧（0.1MPa）、加圧（0.5～2.5MPa）
温　度	低温（700℃以下）、高温（700℃以上）、溶融（灰の融点以上）
ガス化剤	水蒸気、二酸化炭素、水素（通常空気、酸素を含めない）
加熱方式	直接（ガス化原料の一部を燃焼して発熱）、間接（原料とガス化剤を外部加熱）
炉の形式	固定床、流動床、噴流床、移動床、二塔循環式、ロータリーキルン等

出典：日本エネルギー学会編『バイオマスハンドブック』（オーム社）

なる。揮発生成物は低温域を移動し、熱に不安定な成分があっても分解が抑制されて吐出する。また、その炭化物の細孔内は、高次分解による付着物が少ない状態である。木の場合、熱や揮発物の移動は抵抗の小さな道管内を通ることから、横軸に比べ縦方向の移動速度が大きい。

熱分解(ねつぶんかい)
Thermal decomposition

　熱作用によって引き起こされる分解をいう。熱分解により、化合物はより簡単な化合物や単体に変化する。

　石油工業ではクラッキングともいい、熱分解は多方面に利用されている。

熱分解ガス化(ねつぶんかいがすか)
Pyrolytic gasification

　木材（バイオマス）のガス化法は、用いる装置（炉）や操作条件等により表4－6のように分類される。

　熱分解ガス化は原理的に水素、水蒸気（H_2O）、二酸化炭素をガス化剤として使用しないガス化を指すが、実用操作では反応温度維持のために空気や酸素を導入する部分酸化型で行われ、ある程度のガス化は燃焼により生じた水蒸気、二酸化炭素との反応によって進行する。

熱分解生成物(ねつぶんかいせいせいぶつ)
Pyrolytic product

　炭化、燃焼などの過程で熱によって分解して生成する化合物。

　炭化水素を主とする植物体の燃焼では十分な酸素下では主に二酸化炭素と水が得られるが、酸素が不十分な場合には植物成分が複雑に熱分解し多種類の成分が生じる。

　木質系材料の炭化では木炭のほか、水素、二酸化炭素、一酸化炭素、メタンなどの木ガス、酢酸、フェノール類、アルコール類などを含む木酢液が得られる。

　絹、羊毛の熱分解では二酸化炭素、一酸化炭素、炭化水素類のほか、アンモニア、窒素、シアン化水素など、ポリ塩化ビニルでは塩化水素、ユリア樹脂ではシアン化水素、メラミン樹脂ではアンモニア、酸化窒素、シアン化水素などのガスが熱分解生成物として放出される。

熱分解比較モデル(ねつぶんかいひかくもでる)
Pyrolysis comparison model

　従来法（外部加熱）とマイクロ波加熱法（内部加熱）との熱分解比較モデルを図4－18に示す。

　従来法は、外側から加熱するので反応は表面から中心方向に進行。木材の熱伝導性はよくないから表面と内部との温度差は形状が大きなものほど大きい。熱で発生した揮発物はより高温の温度域の通過を余儀なくされる。つまり、外部加熱法では表層から内部に向かって、揮発分が抜けたところに細孔が発生する。その高温の細孔内を後から内部で発生した揮発分や木タールが

マイクロ波照射による熱分解初期のようす（カラマツ正円柱体の切断面）

通過することとなる。

　一方、マイクロ波法では、双極子モーメントをもつ木材分子が周波数に応じて激しく振動する。その摩擦熱によって放熱の少ない内部が最初に高温になる。

　したがって、先述の外部加熱法とは温度勾配が逆になり、高温部で発生した揮発物は、発生部位より低温域を通過する。よって、マイクロ波熱分解液中には、熱に不安定な天然植物成分や構成多糖類の一次熱分解物といわれる無水糖類が含まれる。また、炭化物の細孔内はタールの付着機会が少ないことが比較モデルを介してわかる。

熱容量（ねつようりょう）
Heat capacity

　物体の温度を単位温度差だけ上げるのに必要な熱の量。したがって、比熱と質量の積で示される。

熱流動（ねつりゅうどう）
Heat fluid

　一般的には、木材を化学修飾することで改質し、加熱によって軟化・流動性を付与することを指す。代表的な化学修飾法の例として、ベンジル化、オリゴエステル化等が挙げられる。

ネラシ
Refining

　精煉、サヤシともいう。炭化過程の終了期に窯口を大きく開いて、空気を大量に入れる操作。

　大量の空気の導入により窯の中の炭材に火がつき、また、ガスも燃えて窯内温度は急激に上昇する。600℃程度で炭化していた黒炭窯では約800℃程度に、800℃程度で炭化していた白炭窯では1000℃ほどになる。この操作によって未炭化部分は減少し、固定炭素の割合が増加するが、木炭の収率は減少する。燃料として良質の木炭を製造するためのわが国独自の製炭法。炭化中の炭材のガス分が燃焼するため、揮発分が少なく、爆跳のない良質の木炭が得られる。

　逆にネラシの効いていない木炭はやわらかく、揮発分が多く燃えやすく、ガスを発生しやすい。

ネラシをかけている窯内部（高知県室戸市）

は

排湿構造(はいしつこうぞう)
Structure to remove moisture

　炭窯の窯底の構造。炭窯の床部にあたる部分を30～40cm掘り下げ、割栗石、砂利、あるいは丸太、粗朶などを敷き、その上を10cm以上の厚さに粘土で覆い、たたき締める。**防湿構造**ともいい、これにより水の浸入や底部の温度損失を防ぐことができる。

ばい焼き(ばいやき)
Bai-yaki

　土佐備長炭用の白炭大窯を用いた炭やきのこと。大型の**土佐備長窯**は、天井の側面に直径30cmほどのバイと呼ばれる原木投入口が3～4個設けられている。炭材はこのバイより投入されて窯内に横詰めされる。炭やきの際、バイはバイモチと呼ばれる土の蓋で閉じられるが、ネラシを行うときはバイモチの周囲を少しずつ崩して穴を開け、空気の調節口としても利用される。

爆発限界濃度(ばくはつげんかいのうど)
Explosion limit concentration

　可燃性ガスには爆発する濃度範囲がある。低い濃度側を爆発下限界濃度、高い濃度側を爆発上限界濃度という。上限界濃度以上のガスは、燃焼はするが爆発の危険性はなくなる。
　木材の炭化、乾留、熱分解では水素、一酸化炭素、メタン、エタン、エチレンなどの可燃性ガスが発生するので注意を要する。この混合ガスは、単ガス濃度が爆発限界濃度以下であっても複数の可燃性ガスが混在する場合には爆発する危険があるので注意を要する。単ガスの爆発限界濃度は燃焼関係書を参考。

発火(はっか)
Ignition

　火源を与えないで物質を空気中に加熱することにより開始する燃焼で、その温度を**発火点**という。
　木材が高温で加熱されると可燃性ガスを空気中に放出し、表面近くで可燃性混合気体を形成し、さらに燃焼エネルギー条件が満たされて発火に至る。木材の場合、発火点は450～500℃である。

発熱反応、吸熱反応(はつねつはんのう、きゅうねつはんのう)
Exothermic reaction, Endothermic reaction

　木材の炭化過程（主として200～500℃）を示差熱分析すると、いくつかの熱の出入り領域が現れる。熱発生領域は発熱反応、熱吸収領域は吸熱反応の進行を意味し、主要構成成分であるセルロース、ヘミセルロース、リグニンの熱分解は多くの場合発熱として観測されるが、セルロースについては吸熱という報告もある。このような矛盾は熱分解が多くの素反応からなる複雑な過程であり、素反応の優劣が試料の状態や分解条件等によって異なるた

めである。

反応水(はんのうすい)
Produced water by reaction

　化学反応により生じる水。物質中の2分子の水素と1分子の酸素が結合して生成する水、あるいは物質中の水素分子が空気中の酸素などにより酸化されて生じる水。

　木酢液中の反応水量は、木酢液中の総水分量をカールフィッシャー法で求め、その値から炭化する以前の原料木材に含まれる水分量を差し引くことで求めることができる。

　木材に含まれる水量は、吸着水、あるいは自由水とも呼ばれる。その含有水分を求める方法は数種類の方法があるが、工業分析においては105℃±5℃の温度で減量した値としておおまかに求めることができる。

　粗木酢液中の水分量は原木の水分より多くなっている。これは、木材の炭化、乾留、熱分解では反応水が生じて加わっているからである。また、炭窯などでは部分燃焼で生じた水もあることから、木酢液の水分濃度は86～98％となっている。熱分解では乾燥木材の約25％が反応水となる。

伏せやき(ふせやき)
Earth-mound kiln

　土や石の窯を用いず、直接地面で炭をやく手法。浅く掘った地面に置いた炭材に、枯れ葉や枯れ枝をかぶせ、さらに土などで上部を覆って火をつけ炭

伏せやき。燃材を加え、熱を送り込む

化する。自然発生的に生まれた原始的な炭やき法で、世界中で行われている。

フリーボード
Free boad

　流動層内の流動粒子層の上部空間をいう。木材の炭化や熱分解に流動層装置を使う場合、このフリーボード部やそれ以降の配管でタールに起因する多くの障害が発生するので、その対策が重要である。

雰囲気温度(ふんいきおんど)
Ambient temperature of a kiln

　試験片を挿入するチャンバー内の、あるいは炭窯内の流体の温度を指す。蒸煮または水分蒸散過程では炭材より雰囲気温度のほうが高いが、熱分解過程や精煉過程では逆転する。一般に、雰囲気温度と炭材（炭化）温度とは一致しない。

分解速度(ぶんかいそくど)
Decomposition velocity

　炭化や熱分解の速度であるが、重量減少の速度で表されることが多い。緩

慢な加熱と急速に昇温させる加熱とでは、分解速度や炭の性状が異なってくる。密度が大きく火もちのよい炭を製造するには、炭窯法が優れ、吸着剤、活性炭原料を作るには連続炉など加熱速度の大きな装置が適している。

分散板(ぶんさんばん)
Dispersion board, distributor

流動層（炉）の部分名称。流動層は炭化や熱分解装置などに使われ、多数の孔あるいは多数のパイプでできたガスの供給板である。流動層の底部に配置、流動化ガスの吐出圧を高めるため多数の小さな孔を有した板が基本である。層直径の断面積Sと分散板の孔の総面積aとの比（$a = a/S$）を開孔比という。aの値の多くは0.01～0.08である。aが小さいほど、吐出ガスの速度は大きくなり、粒子の流動化が激しくなる。板上の粒子落下と磨耗を防ぐため工夫され多くのタイプがある。

ボイ炭やき(ぼいすみやき)
Boi simple charcoal making method

土や砂で覆わずに炭をやく無蓋製炭法の一種。ボヤ炭やきともいう。地面を平らにし、いくぶんまわりを高くしあるいは穴を掘り、林地廃材などの炭材を積み重ねて火をつける。火の上にさらに炭材を積み重ねてまわりを土で囲い、上部のみ残して煙を出す。しだいに土で周囲を囲み、上部の一端だけ残して排煙口とする。煙がほとんど出切った頃、排煙口の上に土をかけて消火する。

できた炭は「ボイ炭」と呼ばれ、炭質は軟質でもろく、着火性に優れるが火もちが悪く、細かく砕けた炭が多い。

ま

マイクロ波熱分解法(まいくろはねつぶんかいほう)
Microwave pyrolysis

マイクロ波で木材を熱分解する方法で、**マイクロ波法**ともいう。炭窯など従来の加熱方式が木材の外側から行う外部加熱方式であるのに対し、マイクロ波法は木材内部から発熱が起こるため、**内部加熱法（方式）**ともいわれる。

表層より内部が高温となる唯一の熱分解法で、外部加熱による熱分解とは伝熱の方向が逆になる。揮発生成物の高次の分解が抑制され、炭や液状物（木酢液＋木タール）は従来法のものとは性状が異なる。木タールにはレボグ

[基本仕様]
μ波出力：0～3kw

周波数；2450 MHz ±30

産業技術総合研究所のマイクロ波熱分解装置

ルコサンが高濃度で含まれるという特徴がある。

　産業技術総合研究所で開発され、木質系バイオマスの熱分解に応用できる。炭窯では炭化が困難な直径35cm程度の丸太であっても短時間で炭化できる。製作装置の周波数は2450MHz（メガヘルツ。1ヘルツの100万倍）である。マイクロ波法による周波数は限定されるものではないが、周波数が高いほど加熱速度は大きく、浸透深度は浅くなる。

　また、水分が非常に高い（40〜60％）場合には、乾燥にマイクロ波電力が消費されるため、あらかじめ20％以下に自然乾燥したものを供するのが望ましい。マイクロ波は水によく吸収されて減衰し、浸透深度はわずかとなる。乾燥が進むとマイクロ波が浸透し内部から発熱が起こる。これは木質分子（双極子を有する分子）の激しい振動による摩擦熱ともいわれる。木材は200℃以上になると発熱反応による熱が加わり、内部は急激に高温となる。

　木材、種子、植物茎・芯、紙類などの木質系のバイオマス資源は全て急速に炭化、あるいは熱分解することができる。微粉化物より、塊状あるいは丸太など形状の大きな材のほうが省エネルギーで熱分解できる。

マイラー製炭法（まいらーせいたんほう）
Myler type charcoal making method

　堆積製炭法の一種。伏せやき法の改良型で、炭材を積み重ねて製炭する。大型のものは2〜3か月、炭化を続け、1回で1000俵以上の木炭をやく方法。この製炭法は欧州などで行われているが、製炭期間が2〜3か月になるので、長期間降雨が少ないことが必要である。

　マイラー製炭は、丸太を炭材にすることと大量に製炭することから高温になるので、良質の木炭も生産される。シベリア、アフリカなど森林の豊富な交通不便なところでは有力な製炭方法。

マルイマ式製炭法（まるいましきせいたんほう）
Maruima charcoal making

　円錐形穴窯の一種での製炭法。底部に煙道を作る。その大きさは、一例として深さ182cm、直径182cm、円筒部分91cm、半円球の底部直径が91cm。第二次世界大戦当時、林地残材を炭にやくときに行われた。

木材乾留（もくざいかんりゅう）
Dry or destructive distillation of wood

　空気の流通制御、あるいは空気を完全に遮断して行う炭化。炭よりも木酢液、木タールあるいは木ガス生産を主目的とした炭化法。

　木材乾留は化石資源の流通前であった19世紀初期が最盛期。メタノール（木精）、酢酸、テレビン油、アセトンなど化学工業原料の製造が目的であった。炭窯による炭化とは本質的に差はないが、副生産物利用を考慮した実用的規模の大型装置が必要。化石資源の利用に比べ経済性で不利である。

　現在、地球温暖化抑制の対策として、

バイオマスとその廃棄物の有効利用が世界的な課題となっていることから、歴史は古いが新規テーマに組み込まれたり、見直されつつある。

籾殻炭化法(もみがらたんかほう)
Charcoal making for rice-husk

　籾殻を平地に積み上げ火をつけ炭化する方法。1mほどの直径の円錐状に籾殻を積み上げ、火をつけ籾殻が赤くなったらその上に籾殻をかけ、これを繰り返して炭化する。籾殻の山の中心に煙突を立てかけておくと空気の流れがよくなり、火が消えずに炭化が進む。

籾殻炭化法

や

油化(ゆか)
Liquefaction

　木材を燃料油に転換する方法であり、溶剤中で処理する高圧液(油)化法と窒素（不活性ガス）中で加熱する熱分解法の2つに大別され、熱分解法は常法と急速法に分かれる。

　今日の主流は油収率の高い急速熱分解法であり、流動床方式、遠心力利用式、減圧方式等によるプロセスが実用開発を目指している。→高圧液化、急速熱分解

窯外消火法(ようがいしょうかほう)
Extinction outside kiln

　白炭製炭の際に行われる消火法。炭化の終了期にネラシをかけて、その後、窯の外に灼熱した木炭を掻き出し、灰や砂をかぶせて消火する。

窯内消火法(ようないしょうかほう)
Extinction inside kiln

　黒炭製炭の際に行われる消火法。炭化終了時に窯口、煙道口をふさぎ、空気を遮断して消火する。窯の隙間などからの空気の流入を防ぐために、粘土で目止めする。

ら

流動化開始速度(りゅうどうかかいしそくど)
Velocity at minimum fluidization

　流動層方式による炭化炉の粒子や媒体の流動化に必要な最小の理論的ガス速度。圧力損失の実測により求めることができる。粒子の流動化後にガス速度をしだいに小さくすると、層内の圧力損失が急激に低下する速度がある。これは粒子に浮力を与える直前のガス速度であり、流動化開始速度（umf）と定義される。実操業ではumfの数倍の流速で行われる。

4章 製炭、熱分解

流動層(りゅうどうそう)
Fluidized bed

　石炭のガス化、廃棄物の燃焼、炭化、熱分解など多くの分野、多種の原料に適応できる装置。

　原理は、空気や水蒸気で固体の粒子をあたかも水が沸騰しているように激しく撹拌し、その粒子層内で炭化反応などを行う装置。熱媒体となる粒子の動きが激しいことから層内温度のバラツキが小さいという特徴がある。

露天やき(ろてんやき)
Charcoal making at open air

　竹林内に放置されている竹材を処理し、竹林の環境整備を主目的とした炭やき。消防署に事前の届けが必要。炭化場所は竹林内の凹んだところ。枯れ枝などで種火をつくり、火力がついたら枝つきの竹や生竹を投入。炭化時間は条件にもよるが2時間程度（2～3人の作業が効率的）。竹炭は土壌改良などに用いる。

5章
炭の特性、作用
（すみのとくせい、さよう）Characteristic and Function of charcoal

火持ちのよい白炭。断面に光沢がある

　木炭は炭材、炭化炉、製法の違いによってその品質や特性に違いが出てくる。木炭の最も一般的な特性としては、多孔性で細孔が多く、そのために表面積が大きく、吸着能が高い。カルシウム、マグネシウム、ナトリウムなどの微量元素を含みアルカリ性である。高温炭化物は炭素含量が高く、電気抵抗が小さく、電気伝導度が高い。黒色をしているために熱を吸収しやすい。黒炭はやわらかく砕けやすいが、白炭は硬く砕けにくい、などが挙げられる。したがって、木炭は、調湿作用、微生物増殖作用、消臭作用、水質浄化作用、土壌改良作用などの性質を有する。

あ

亜硝酸性窒素 (あしょうさんせいちっそ)
Nitrogen nitrite

　亜硝酸細菌によってアンモニアが酸化されると亜硝酸が生成し、さらに硝酸菌によって硝酸になる。逆に硝酸は微生物によって亜硝酸になり、さらにアンモニアになって、さらにアミノ酸などの有機窒素化合物となる。

　水中などにリンとともに有機性窒素が増えると富栄養化の原因となり、水質汚染のもととなるが、木炭には亜硝酸性窒素、リン酸性リンなどを除去し、水質を浄化する機能がある。

圧縮強さ (あっしゅくつよさ)
Compressive strength

　物体に圧縮荷重を負荷したときの破壊応力を圧縮強さという。繊維方向の圧縮強さを縦圧縮強さ、繊維に垂直方向の圧縮強さを横圧縮強さという。

　炭、鋳鉄、コンクリートなどもろい材料では荷重方向に対して大きな変形をともなうことなくほぼ45°に破断面が生ずる。このときの応力を圧縮強さとする。

　アカマツ材の縦圧縮強さはおよそ45MPa（メガパスカル）、マツ炭の横圧縮強さはおよそ2.6MPa、同じく縦圧縮強さはおよそ17MPa見当である。

アルカリ性 (あるかりせい)
Alkaline

　溶液中の水素イオン指数（pH）が7より大きい場合をアルカリ性といい、赤色リトマス試験紙を青変させる性質がある。塩基性（Basic）ともいう。備長炭がアルカリ性なのはナトリウムやカリウムなどのアルカリ性の金属が含まれていることによる。

アンモニア[アンモニウム]性窒素 (あんもにあ[あんもにうむ]せいちっそ)
Ammonia nitrogen [ammonium] nitrogen

　水中のアンモニアやアンモニウムイオン（NH_4^+）に含まれる窒素。アンモニア態窒素ともいう。有機窒素化合物の分解、工場排水、下水およびし尿の混入によって生ずる場合が多い。炭素系吸着剤への吸着性は一般には低い。

アンモニア脱臭 (あんもにあだっしゅう)
Ammonia deodorization

　アンモニアはトイレや畜舎などから発生する塩基性のガスであり、鼻にツンとくる代表的な悪臭の一つである。脱臭方法には溶解法と吸着法がある。アンモニアには水に溶解しやすい性質があるので、脱臭すべき空気を水や酸性の水溶液中に吹き込むことによって溶解除去することができる。また木炭表面にはカルボキシル基などの酸性表面官能基が存在するので、塩基性のアンモニアを化学吸着することによって脱臭できる。

一酸化炭素 (いっさんかたんそ)
Carbon monoxide

一酸化炭素（CO）は1個の炭素原子（C）と1個の酸素原子（O）が結合した常温・常圧で無色・無臭の空気よりやや軽い有毒な気体。炭素を含む物質が燃焼すると二酸化炭素が発生するが、酸素が不十分な環境で不完全燃焼が起こると一酸化炭素が発生する。一酸化炭素自身も酸素の存在下で燃焼する。また、日光や触媒により塩素と反応してホスゲン（$COCl_2$、毒性が非常に強い）ができるが、水には溶けない。

　大気汚染に係る環境基準については、1時間値の1日平均値が10ppm以下で、かつ8時間平均値が20ppm以下であることとされている。

[**一酸化炭素中毒**(いっさんかたんそちゅうどく) Carbon monoxide poisoning]

　一酸化炭素中毒は、屋内での木炭コンロ、ガス湯沸し器、石油ストーブの不完全燃焼などによって発生する。酸素は、赤血球中にあるヘモグロビンと結合することにより身体中に運び込まれるが、一酸化炭素はヘモグロビンに酸素と同じように結合する。これにより一酸化炭素ヘモグロビンとなり、血液中のヘモグロビンに一酸化炭素が結合するために酸素が不足する状態になり、体内は深刻な酸素不足におちいり、外気に酸素が存在しても窒息状態となり、死に至る。

　初期は「頭痛、吐き気、めまい、倦怠感」などの症状が現れるが、進行にともなって呼吸数や脈拍数が増加し、意識が存在しても、身体が動かなくなり、死に至ることになる。

　一酸化炭素は強い毒性があるため、吸入すると少量でも死に至ることがあり、空気中の濃度が100ppmで頭痛、1000ppmで死亡する可能性がある。

[**一酸化炭素の濃度分布**(いっさんかたんそののうどぶんぷ) density distribution of carbon monoxide]

　広域大気汚染には一酸化炭素、二酸化炭素、二酸化硫黄、酸化窒素類、炭化水素類、煤（エナロソル）などが挙げられているが、一次汚染物質の代表として一酸化炭素が挙げられている。これは燃料の不完全燃焼で発生する有毒な気体であるが、大気中では他成分と化学反応を起こし、オゾンを作るので注目されている。

引火点(いんかてん)
Ignition point

　可燃性物質を空気中で加熱し昇温させ、他の火源を近づけることにより発火する最低温度をいう。**引火温度**ともいう。

　可燃性物質を連続的に燃焼させる温度を燃焼点といい、通常の引火点よりは高い。引火温度は発火温度よりは低い。→発火点、低温発火

埋み火(うずみび)
Burning charcoal covered with ash

　灰にうずめた炭火のことで「いけび」ともいう。灰に含まれるカリウム成分の助燃性、灰の断熱性、通気性などのバランスで炭が徐々に燃焼する。

　炭火に薪(まき)をのせ、灰をかぶせる。薪

は炭化し、燃焼する。この繰り返しで600年以上燃え続ける埋み火（炭火）もある。

液相吸着（えきそうきゅうちゃく）
Liquid phase adsorption

　液体中での吸着現象。例として飲料水に溶けている微量のクロロホルムという発ガン性物質の木炭による吸着除去がある。

　この現象を詳しく説明すると以下のようになる。

　クロロホルムのような疎水性物質は水に溶けにくい物質であり、水から出て行こうとする性質がある。一方、木炭中には孔径が1nm（ナノメートル。1nm = 100万分の1mm）という非常に小さな細孔（ミクロ細孔）が多数存在しており、この細孔は強い吸着力を有している。クロロホルムを含む水が細孔と接すると、クロロホルムは水からはじき出されるようにして細孔内に吸着される。

　一般に水に溶けにくくて不安定な物質ほど、すなわち油のような疎水性の強い物質ほど吸着しやすい。逆にメタノールのような水に溶けやすくて親水性の物質は吸着しにくい。塩化ナトリウムなどの無機塩類は親水性が強く一般に吸着しにくい。

　吸着能力の強い木炭とは、多くのミクロ細孔をもち、比表面積の大きな木炭である。

　液相吸着が起こるのは溶解している物質に対してであり、溶解せずに水に分散や浮遊している物質は吸着できない。たとえば溶解している微量の油は吸着しやすいが、溶けていない分散している油は吸着できない。

エジソン電球（えじそんでんきゅう）
Edison electric light bulb

　アメリカの発明家・企業家のA．T．Edisonが発明した白熱電球の俗称である。京都のマダケの繊維、木綿糸から作った炭素フィラメントが発熱体として使用された。

ESCA（えすか）
Electron spectroscopy for chemical analysis

　電子分光法。物質に一定のエネルギーをもつX線を照射し、放出された光電子の運動エネルギーのスペクトルを測定することで、物質の表面を構成する元素、その元素の化学状態に関する情報を得る分析法。X-ray photo-electronic spectroscopy（X線光電子分光法）と同義。木質炭素化物の表面化学構造の解析に用いられる。

エネルギー［木炭の］（えねるぎー［もくたんの］）
Energy [of charcoal]

　エネルギーは、本来、仕事量を意味するが、木炭のエネルギーといえば発熱量を指す。薪炭材の発熱量はおよそ4500〜4800cal/g程度であるが、木炭の発熱量は6500〜7500cal/gである。木炭はその発熱を利用して暖房、調理

等の熱源として主に用いられる。最近では木炭のガス化によるエネルギー化の研究も行われている。

塩化亜鉛賦活法(えんかあえんふかつほう)
Activation process with zinc chloride

　活性炭を製造するための賦活法の一つで、**薬品賦活法**に分類される。塩化亜鉛をオガ屑と混合し600℃で焼成すると、強い脱水作用、浸食作用を示して炭化と同時に細孔を形成する。ガス賦活法に比べて孔径の大きな活性炭が得られる。

塩基性表面官能基(えんきせいひょうめんかんのうき)
Basic surface functional group

　材料表面に存在する塩基性の官能基。活性炭やカーボンブラックなどの炭素表面にはエーテル結合を有する塩基性の含酸素官能基の存在が考えられている。

　900℃以上の高温で炭化した備長炭などの白炭の表面は塩基性を示すが、この原因は塩基性表面官能基ではなく、主としてナトリウムやカリウムなどのアルカリ金属の存在が考えられている。

熾火(おきび)
Kindling charcoal

　赤熱した炭火、薪などが燃えて生成した炭化物が表面燃焼している状態をいう。オキ(熾)ともいう。

温度計測法(おんどけいそくほう)
Temperature measurement methods

　流体の膨張収縮を利用した気体(液体)温度計、電気抵抗の変化を利用した抵抗温度計、熱起電力の変化(ゼーベック効果)を利用した熱電対、高温物体と標準電球(フィラメント)の輝度を比較測温する光高温計、放射エネルギーを黒体に吸収させ温度または抵抗の変化から測温する(全)放射温度計、粘土などの軟化点を生かしたゼーゲル・コーン、赤外線センサーで物体表面の温度分布を画像化するサーモグラフィーなどがある。

　開発中の例として、カーボンナノチューブの中にガリウム(Ga)を注入した「カーボンナノ温度計」がある。液体Gaの熱膨張を利用したもので、ナノサイズの局所的な温度を広範囲(およそ30～2400℃)にわたって測定可能、とされる。

　温度定点としては水や気体の三重点、金属の凝固点が利用されるが、高温域では金属－炭素共晶点や金属炭化物－炭素共晶点の応用が提案されている。

　排煙温度の計測にはアルコールや水銀の膨張を利用した棒状の温度計、JISC1602タイプK熱電対が利用される。炭化炉内雰囲気・炭材の温度は安価で汎用性に富むタイプK熱電対が、精錬時など1000～1200℃以上の高温ではタイプRまたはSの高温用熱電対、サーモグラフィーなどが使われる。

　熱電対や測温抵抗体の信号は直読される例は少なく、打点式記録計やパソコンに取り込まれる。後者は信号処理

が容易である。熱電対は局所的な温度であるが、サーモグラフィーは画像として温度分布を把握できる利便な温度測定機材である。

か

カーボン紙(かーぼんし)
Carbon paper

複写用のカーボン紙、炭酸紙をいう。カーボンブラックなどの顔料、染料を蠟や油に混ぜ、薄い原紙の片面または両面に塗った複写用紙を指す。複数枚の複写を要する書類の用紙と用紙の間にはさんで、いちばん上の用紙に強い筆圧を与えて書くと下の紙に複写される。

カーボンナノチューブ
Carbon nanotube, CNT

1991年、日本の研究者(飯島澄男)によって、4番目の炭素として発見された物質。カーボンは炭素、ナノ(n)は10億分の1の単位を表し、チューブは管の意。すなわち、10億分の1m(100万分の1mm)という単位で、炭素が作った管を意味する。

カーボンナノチューブは炭素原子が六角形を作り、その網目をもったシートを丸めた形状をしているが、五角形、七角形に置換することも可能な物質。チューブの太さや巻き方により、金属、半導体、あるいは金属と半導体の両者の性質を所持する材料開発を可能にする。

このことにより、用途が広く、電子デバイスとして利用すれば炭素材料だけの極小のトランジスタや集積回路の製造が可能とされている。また、水素を効率よく取り込むことができることから、名刺の半分程度の大きさの小型の固体高分子燃料電池が試作されたり、韓国において薄型壁掛けテレビの開発が行われている。

現在の大きな課題は大量に製造できないことであるが、現在開発されている製造法にはアーク放電法、レーザー蒸発法および化学合成法(米国)がある。

カーボンニュートラル
Carbon neutral

地球温暖化防止、循環型社会の構築に貢献する新たな資源としてバイオマスが注目されている。バイオマスの分類にはさまざまな有機物質が含まれており、燃焼によって化石燃料と同様に二酸化炭素を発生する。しかし、植物の生長過程で光合成により吸収した二酸化炭素は各種の材料として利用する過程で再び発生するが、ライフサイクルでみると大気中の二酸化炭素を増加させることにはならない。

カーボンとは炭素を、ニュートラルは中性であることを意味する、すなわち、利用過程で二酸化炭素を発生するが、植物の生長過程でそれを吸収することから、二酸化炭素の増減に影響を与えない性質のことをカーボンニュートラルと呼ぶ。

生物光合成により生育した有機物であるバイオマスをこれまで木材、食料としての利用だけでなく、エネルギーまたは製品としての利用が推進されてきている。バイオマスは、カーボンニュートラルという観点からも、循環社会を形成できる最高の資材であると考えられている。

カーボンブラック
Carbon black

　天然ガスや芳香族炭化水素などを熱分解したり不完全燃焼させたりして得られる微粒子状炭素。数十の芳香環が縮合したシートが同心円状に重なり約0.4nm（ナノメートル）程度の粒子を形成する。さらに数百の粒子が鎖状構造のストラクチャーを形成する。タイヤなどのゴム製品の補強剤や顔料などに使用される。

界面（かいめん）
Interface

　固体と気体、固体と液体、液体と液体のように2つの相が接する境界面。一方の相が気相の場合（たとえば木炭と空気）は表面ともいう。木炭内の細孔への汚染物質の吸着、木炭表面への微生物の付着、洗浄などさまざまな現象は界面で起こる。

可逆反応（かぎゃくはんのう）
Reversible reaction

　反応物質をA、生成物質をBとする。化学反応「A→B」、化学反応「A←B」が同時に起こる（一方通行ではない）化学反応をいう。両反応速度が等しい状態にあるとき化学平衡という。

拡散（かくさん）
Diffusion

　物質の濃度が場所により異なるとき、物質の移動により濃度が一様になる現象をいう。濃度差が大きいほど速く、その速さを拡散速度という。拡散速度は気体、液体、固体の順に小さくなる。

　吸着質は境膜内を拡散により移動し炭の表面に到達する。吸着質の炭表面への吸着速度に比して拡散速度は遅く、全体の吸着速度は境膜内の拡散速度に支配される。炭素粒子の燃焼では、境膜内の空気と燃焼ガスの相互拡散となるが、酸化反応に比して拡散反応が非常に遅いので、燃焼速度は拡散速度に支配される。→境膜、境界層

ガス賦活法（がすふかつほう）
Activation process with gaseous agent

　ガス状の賦活剤を用いて炭素材料内部に吸着機能のあるミクロ細孔を生成する操作。

　ガス賦活法には賦活ガスの種類によって、水蒸気賦活、二酸化炭素賦活、空気賦活などがある。工業用活性炭の製造には主に水蒸気賦活法が用いられる。

　賦活の原理は、900℃程度の高温で原料である炭素材料と賦活ガスを接触反応させ、固体状炭素をガス化させることによって、その痕にミクロ細孔を

図5-1 ヤシ殻活性炭の製造に使用されるロータリーキルン

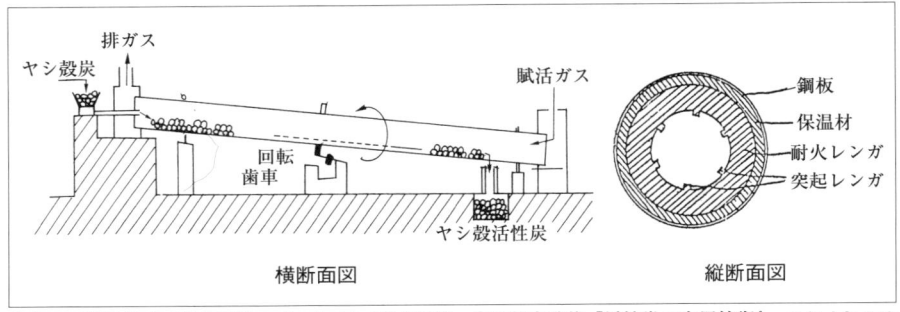

横断面図　　　　縦断面図

出典：石崎信男「工業的製造のプロセス」（立本英機、安部郁夫監修『活性炭の応用技術』、テクノシステム（2000））

生成させることである。

ガス賦活にはロータリーキルン（図5-1）、流動炉、ヘルショッフ型多段炉などが使用される（**ガス賦活炉**）。

硬さ[炭の](かたさ[すみの])
Hardness [of charcoal]

ある物体に他の物体を押しつけたり、衝突させたり、引っ掻いたりしたときの窪みなどのできる抵抗の程度をいう。一般的な工業材料に対する硬さ（試験法）には、ブリネル硬さ、ビッカース硬さ、ロックウエル硬さ、ショア硬さ、引っ掻き硬さ、ヌープ硬さなどがある。

一般に木炭の硬さは、引っ掻き硬さ（三浦式木炭硬度計）で試験される。活性炭の硬さ試験は、活性炭試験法（JIS K1474（1991年））に規定されている。粒状試料を鋼球とともに硬さ試験用皿に入れ、振とうした後ふるい分け、ふるい上に残った試料の質量を求め、元の試料との質量の比から硬さ（％）を求める。

活性炭吸着(かっせいたんきゅうちゃく)
Adsorption by activated carbon, Activated carbon adsorption

活性炭吸着は、液相や気相から溶質や気体分子が吸着媒体外部および内部表面上に濃縮される現象を指す。

また、被吸着物質（吸着質）がまた元の液相や気相への状態へ戻る現象を脱着または脱離という。活性炭が被吸着物質を吸着、あるいは脱着する力は、被吸着物質と活性炭の単位面積あたりの相互エネルギー（吸着ポテンシャル）によって変わる。

活性炭上の吸着は、分子間力に依存する物理吸着と化学反応もしくはそれに類する反応によって結合する化学吸着に大別される。表5-1に**物理吸着と化学吸着**の比較を示す。

活性炭の吸着特性評価は、吸着量と吸着速度によって表される。

吸着量および**脱着量**は、気相の圧力または液相の被吸着物質濃度やその物理的・化学的性質および吸着時の温度などに依存する。温度を一定としたと

表5-1 物理吸着と化学吸着の比較

吸着特性	物理吸着	化学吸着
吸着力	ファン・デル・ワールス力 疎水性相互作用	共有結合 静電引力 イオン交換作用
吸着場所	選択性なし	選択性あり
吸着層の構造	多分子層も可能	単分子層
吸着熱	数kcal/mol以下	10〜100kcal/mol以下
活性化エネルギー	小さい	大きい
吸着速度	速い	遅い
吸着・脱着	可逆	可逆または非可逆
代表的な吸着の型	BET型	ラングミュア型

きの圧力または濃度との吸着量の関係を**吸着等温線**（図5-2）といい、活性炭の吸着量評価の最も代表的な方法として多用される。

一方、吸着速度は被吸着物質の濃度または圧力、活性炭添加濃度、被吸着物質の拡散速度などに依存する。液相中で溶液に流れがある場合、被吸着物質の拡散速度は活性炭細孔内の細孔構造に依存する場合が多い。

吸着速度の評価は、偽一次方程式のように活性炭と周辺の濃度勾配域を単一反応系とみなして評価する場合と、バルク相から細孔内部までの被吸着物質の移動過程を評価する場合がある。

活性炭試験法（かっせいたんしけんほう）
Test method for activated carbon

活性炭の試験項目には吸着性能、純度試験、物性試験、基本試験の4項目がある。

吸着性能は吸着量測定、脱色力測定、吸着等温線測定、破過吸着測定、脱着測定で評価される。

純度試験としては強熱残分や重金属の不純物試験、pHや塩化物など有害物質の溶出に関する溶出試験がある。

物性試験としては乾燥減量、粒度・粒度分布・平均粒径・有効径、ろ過速度、硬度、摩耗値、充填密度、真密度、空隙率に関する試験がある。

基本試験としては比表面積、細孔分布、細孔容積、圧力損失などがある。

JIS K1474、JWWA（日本水道協会規格）K113、日本薬局方（薬用炭）、食品添加物公定書（活性炭）、醸造用活性炭試験法が適用される。

活性炭素繊維（かっせいたんそせんい）

図5-2 石炭系活性炭の窒素吸着等温線（77K）

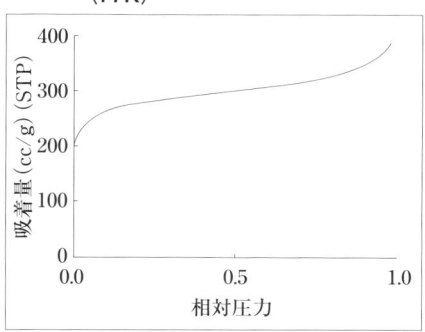

Activated carbon fiber
　繊維の形体をした活性炭であり繊維状活性炭ともいう。国内で開発された材料であり、粉末状、粒状に次ぐ第三の形態をもつ活性炭と称される。
　原料の繊維または樹脂や石炭ピッチを紡糸したものを必要に応じて不融化した後、炭化、賦活を経て製造される。
　炭素表面にミクロ孔が直接開口しているため吸脱着速度が速いという特徴がある。
　織物状、フェルト状、シート状など多様な形態への加工や成形が可能であり、溶剤回収、空調機器のフィルター、浄水器などに応用されている。

合併浄化槽(がっぺいじょうかそう)
Combined household wastewater treatment facility
　し尿と台所・洗濯などの雑排水を含めた家庭排水全てを処理する設備。付着微生物の働きを利用する生物膜法による好気性生物処理が主として用いられている。
　もともと浄化槽は、し尿を処理する設備として発達したものであるが、2000年以降、し尿のみを処理する単独浄化槽は禁止され、合併浄化槽に下水道と同様に環境保全の役割が求められるようになってきている。木炭などを微生物の担持材として用いる試みもある。

割裂性(かつれつせい)
Cleavability
物体が2つに裂かれる現象をいい、木材、特にスギ材などは繊維に沿って割裂しやすい。

カルビン
Carbyne
　カルビンはプラズマ中で炭化水素を分解急冷する、黒鉛にレーザーを照射するなどの方法で合成され、また自然界では隕石孔(いんせき)の石墨中にも見出される炭素同素体の一つである。炭素原子が一次元状に結合した構造をとり、炭素が「$-C\equiv C-C\equiv$」からなるポリイン型と、「$=C=C=$」からなるクムレン型が知られている。

カルボキシル基(かるぼきしるき)
Carboxyl group
　有機酸類が所有する部分構造。COOHで表す。水中で解離し、酸性を示す。木酢液成分では酢酸（CH_3COOH）、プロピオン酸（CH_3CH_2COOH）、ブチル酸（$CH_3CH_2CH_2COOH$）、クロトン酸（$CH_3CH=CHCOOH$）などがカルボキシル基を有する。

環境保全機能(かんきょうほぜんきのう)
Function of environmental preservation
　多孔性で表面積の大きい木炭は吸着能に優れ、アンモニア、硫化水素、トルエン、キシレン、ホルムアルデヒドなどの悪臭を吸着し、大気浄化に役立つ。また、水中ではトリハロメタンなどの有害塩化物や、アンモニア性窒素、亜硝酸性窒素などを除去し、BOD、

COD改善に効果がある。300〜400℃程度の低温で炭化した木炭はよく油を吸着し、水分を吸着しにくいので、油吸着剤として油流出の河川や海洋汚染を浄化する。

（社）全国燃料協会作成の「新用途木炭の用途別基準」（巻末資料2）では、河川、湖沼、池、家庭排水、養殖場、産業排水などの水処理用木炭に適した木炭は600℃以上で炭化した木炭とされている。

還元(かんげん)
Reduction

還元とは酸化の逆反応であり、酸素の含有量が減少する反応、または水素が添加される反応。広義には電子が付加される反応をいう。

木炭の製造は酸素が少ない雰囲気下、すなわち還元雰囲気下で行われるため、得られた木炭には酸素の含有量が少なく還元作用がある。したがって製造直後の木炭は空気中の酸素と反応して発熱しやすいので、発生した熱が放熱しにくい状態で貯蔵していると、蓄熱し温度が上昇し火災の原因になることがある。

木炭は古くから製鉄のときの酸化鉄の還元剤として用いられている。木炭を還元剤として砂鉄から優れた刃物鋼を作るタタラ製鉄は有名である。ブラジルでは現在も製鉄に木炭が使用されている。

その他木炭の新用途として廃オゾンガスの分解や水道水中の残留塩素の分解などが考えられる。

含水率(がんすいりつ)
Moisture content

木材の含有する水分量を表示する値で、乾燥器を用いて100〜105℃で恒量に達するまで木材を乾燥し（全乾状態）、乾燥前後の質量の差から含有水分量を求め、それを乾燥後の木材の質量で除した商の百分率で表す。

全乾状態の重さで水分量を除す方法は、木材の含水率の場合には一般的である。乾燥器を用い、全乾状態を求めて含水率を求める方法を全乾重量法と呼ぶが、簡便に含水率を測定するには電気式の水分計が用いられる。

木炭の場合は乾燥器に入れて100〜105℃で5〜12時間乾燥し、乾燥後デシケータに入れ、1時間冷却後秤量(ひょうりょう)し、求めた含有水分量を乾燥前の重量で除した商の百分率で表す。木炭の場合には乾燥後、湿気を吸いやすいので乾燥後デシケータ内で冷却する操作が重要である。

乾燥減量(かんそうげんりょう)
Weight loss on drying

活性炭試験法JIS K1474に定められた項目で、115℃で乾燥したときの減量の元の質量に対する百分率。減量は主に水分量に相当する。

官能基(かんのうき)
Functional group

有機化合物の分子内に存在し、その

化合物の特徴的な反応に関与する原子や原子団をいう。

一般的に木炭はフェノール性水酸基、カルボキシル基、キノン型カルボキシル基（キノン基）、ラクトン基などの含酸素官能基をもっている。木炭の分子構造は炭素六角網面と呼ばれる多環芳香族の集合構造であるため、これらの官能基は集合構造の側面（エッジ部）に存在し、結晶構造の完全性や化学吸着性に影響を与える。

γ線照射[炭材の]（がんまーせんしょうしゃ[たんざいの]）
γ-Ray irradiation (of raw materials for charcoal)

γ線を照射することで炭材の、結果的には炭化物を改質することを意図した前処理法の一つである。

γ線の照射により励起分子、イオン化分子が生成する。そして、セルロースやリグニン分子にラジカルが生じる。ラジカルは重合、再結合の引き金となることもあるが、一方ではセルロースや割合は非常に低いがリグニン鎖を破壊して木材などの炭材を劣化させる。高線量照射ではセルロースはほぼ分解し、エタノールベンゼン抽出物、水抽出物が大幅に増加する。

気乾（きかん）
Air-dry

通常の大気中に長時間置かれた木材の状態を意味し、その状態の木材を気乾材、その状態の含水率を気乾含水率という。日本における木材の気乾含水率は平均約15％である。

気孔（きこう）
Pore, Stoma

固体中に含まれる空洞をいう。分野によっては、植物の表皮、葉の裏面などにあって二酸化炭素・酸素のガス交換、水分蒸散を行う機構を有する細孔を指す。気孔には開気孔と閉気孔がある。物体内に含まれるこれらの総和を**気孔容積**、体積分率を**気孔率**、気孔の代表寸法の分布を表したものを**気孔径分布**という。

キシレン
Xylene

ジメチルベンゼン（Dimethyl benzene）、キシロール（Xylol）ともいう。オルト（o-）、メタ（m-）、パラ（p-）の3つの異性体がある。木酢液およびタールの代表的なフェノール成分。

揮発分（きはつぶん）
Volatiles

木炭に含まれる炭素以外の可燃物の量。木炭重量から固定炭素、水分、灰分を除いた量を木炭重量で除した数値の100倍、すなわち％で表される。白金るつぼに試料約0.5gをとり、925℃のるつぼ炉の中央にふたをしたまま7分静置し、その後、るつぼを取り出し、1分後デシケータに入れて1時間冷却後、秤量する。

揮発分＝[（加熱減量(g)／気乾試料

(g))×100]−水分(%)
黒炭では約10〜20%、白炭では7〜10%程度が一般的である。

吸収(きゅうしゅう)
Absorption
　流体から固体内部や細胞内部に溶質や分子が取り込まれることで、固体表面に取り込まれる吸着とは異なる。吸収と吸着が同時に行われる場合は収着と呼ばれることもある。

　技術分野によっては、電磁波、音波などが空気・水・壁・炭などの媒体中でエネルギーや粒子の一部あるいは全てが消滅することをいう。

吸着(きゅうちゃく)
Adsorption
　2つの相の界面での分子の濃度が相内部の濃度と変化する現象をいう。界面で濃度が増加する場合を正の吸着、減少する場合を負の吸着という。吸着剤に吸着される物質を**吸着質**(Adsorbate)という。

　一定容積の容器内に一定量の吸着剤とガスを入れ、一定温度で十分な時間放置しておくと、ガス分子は吸着剤に吸着するとともに容器内の圧力は初期圧よりも低下し、ある圧力で一定になる。この状態が**吸着平衡**(Adsorption equilibrium)であり、このときのガス圧力を**平衡圧**、吸着量を**平衡吸着量**と呼ぶ。

　平衡状態では**吸着速度**と脱着(吸着した分子が吸着剤から脱離すること)速度とが同じになる。入れる吸着剤量やガス量を変えると、異なる圧と吸着量で平衡関係が成立する。このようにして求めた、平衡圧と平衡吸着量の関係を表したものが**吸着等温線**(Adsorption isotherm)という。分圧が一定のときの吸着量と温度の関係を表したのが**吸着等圧線**(Adsorption isobar)、吸着量が一定のときの温度と分圧(または濃度)との関係を表したのが**吸着等量線**(Adsorption isoster)と呼ばれる。

　液相吸着での吸着等温線もガス吸着と基本的に同様であるが、吸着等温線の測定方法の詳細を木炭への**メチレンブルー**(MBと略記)**の吸着**を例に説明する。

　まず密栓のできる容器を数本用意し、それぞれに木炭の粉末を量を変えて入れる。

　いまこのときの木炭の質量をM_iとする。次に濃度C_0のMB水溶液を各容器に一定容積V加える。容器に密栓をし、恒温槽中で平衡になるまで(通常24時間)振り混ぜる。平衡に到達したら溶液を取り出し、ろ過により木炭を分離し、ろ液中に残存するMB濃度を分光光度計などで測定する。このときの濃度C_iが**平衡濃度**に相当する。

　木炭単位質量あたりの**平衡吸着量**W_iは次式で計算できる。

　$W_i = V(C_0 − C_i) / M_i$　　　(1)

C_iを横軸にW_iを縦軸にプロットすると図5−3のような吸着等温線が得られる。一般に添加する吸着剤量が増加すると($M_1 < M_2 < M_3 < M_4$)、平衡濃

度C_iは低下し、木炭に吸着した溶質の量$V(C_o-C_i)$は増加するが、木炭単位質量あたりの吸着量W_iは低下する。

吸着等温線を表す式が**吸着等温式**（Adsorption isotherm equation）といい、木炭での吸着ではラングミュア式（(2)式）やフロインドリッヒ式（(3)式）がよく用いられる。

$$W = aW_sC/(1+aC) \quad (2)$$
$$\log W = \log K + (1/N)\log C \quad (3)$$

ここでW_sは**飽和吸着量**、aは**吸着平衡定数**である。K、$1/N$は**吸着定数**である。

木炭へのMBの水溶液からの吸着は**物理吸着**（Physical adsorption）と呼ばれる吸着であり、木炭の細孔壁とMB分子の間にはファンデルワールス力と呼ばれる物理吸着力が働いている。アンモニアガスの木炭表面の酸性官能基への吸着は酸と塩基の中和反応であり、このような化学反応による吸着は**化学吸着**（Chemical adsorption）と呼ばれている。

物理吸着での飽和吸着はミクロ細孔が吸着質分子で一杯になった状態に相当し、ミクロ細孔の容積が$0.1 m\ell/g$のときの飽和吸着量は吸着質の密度が$1g/m\ell$のとき$0.1g/g$になる。

図5-3からわかるように、平衡濃度が高くなるほど吸着量は増加する。**ガス吸着**（Gas phase adsorption）では吸着量に及ぼす圧力の影響は圧力が高くなるほど吸着量は増加する。一般に吸着が起こると**吸着熱**（Heat of adsorption）が発生するため、吸着に及ぼす温度の影響は低温ほど吸着量が増加する。

高濃度ガスを吸着させた活性炭に清浄空気を通過させると、吸着していたガスの一部は脱着するが、一部は長時間通風しても脱着せずに活性炭に保持されたままになっている。この量を**吸着保持量**といい、およそ沸点の高いガスほど大きくなる。

木炭中の細孔は孔径が小さいためにサイズの大きな分子は吸着できない。したがって比表面積の測定に使用される窒素分子は吸着できるが、対象とする分子は吸着できない細孔が存在するという現象が生じ、**有効表面積**は窒素表面積よりも小さくなる。複数の化合物が混在した**混合吸着**では、競争的に吸着が起こることが多く、低濃度では吸着されやすい化合物から吸着が起こり、濃度が高くなったときの全吸着量は単一成分のときと同体積になる。

活性炭の吸着特性を調べる方法に活性炭試験方法 JIS K1474に記載されている**ヨウ素吸着性能**やメチレンブルー吸着性能がある。得られたヨウ素吸着性能の値は比表面積の値とよい相関が

図5-3 吸着等温線のプロット

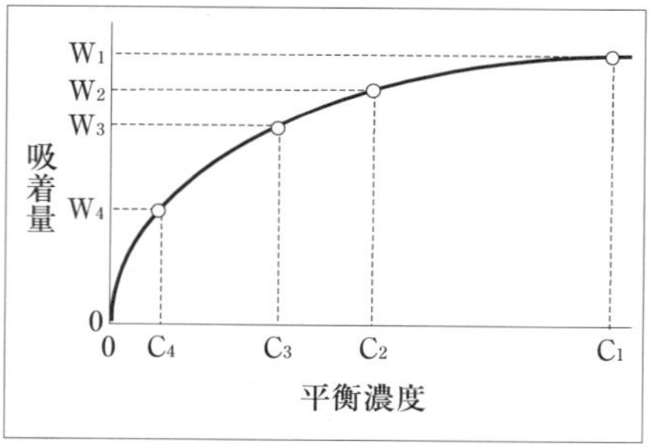

ある。たとえば1000mg/gであれば1000m^2/gとなる。メチレンブルー吸着性能は脱色能力を調べるのに適している（**メチレンブルーの脱色力**）。木炭類の吸着特性を調べるのにこれらの方法を採用してもよい。

吸放湿特性（きゅうほうしつとくせい）
Characteristics of moisture adsorption and discharge

　静的吸放湿特性と動的吸放湿特性に大別される。前者は、吸湿または放湿時の飽和状態における両者の質量の差を炭の質量で除したものである。後者は、湿度の変動幅（振幅）および変動周期に対する吸放湿量の追従性で評価される。助変数として、炭材、炭化温度、粒径、梱包袋の種類などがある。

境界層（きょうかいそう）
Boundary layer

　物体表面に接して水や空気の流れがある場合、表面近傍では粘性の影響を受け、流れに垂直な方向に大きな速度勾配を有するごく薄い流体層が形成される。これを速度境界層または単に境界層という。同様に熱の移動がある場合には温度境界層が、物質の移動がある場合には濃度境界層が形成される。

　流動条件により層流境界層、乱流境界層とに区別される。いずれも粘性が小さいほど境界層は薄く、速度勾配は大きい。境界層はごく薄い層であるが熱流動現象、物質移動現象を大きく支配する。

　境界層は摩擦力の原因であり、境界層の剥離は流動抵抗を増大させ、また熱伝達を左右する。炭や活性炭表面への吸着などの物質移動、すなわち実質的には吸着速度を支配する重要な1因子である。

　吸着質分子を含む流体が乱流である場合には、境界層モデルを単純化した境膜モデルが使われる。

境界層内拡散（きょうかいそうないかくさん）
Diffuision in the boundary layer

　境界層内を吸着質などが拡散により移動する現象を指す。吸着速度を支配する重要な1因子である。

　固体表面近傍に形成される（乱流）境界層内では、流れによる混合効果は期待できないので、吸着質が炭や活性炭表面に到達するには境界層を拡散によって通過しなければならない。吸着質の活性炭表面への吸着速度に対して境界層内の拡散速度は遅い。したがって、活性炭の吸着速度は境界層内の吸着質の拡散速度に支配的される。

凝集沈殿（ぎょうしゅうちんでん）
Coagulation-sedimentation method

　排水中に含まれる細かい懸濁粒子やコロイド状物質を除去するための、代表的な水処理方法の一つ。水中の微粒子は表面が負に荷電しているため、相互に反発力が働き、水中に分散した状態で安定となる。ここに正の荷電をもつ薬品（凝集剤）を添加し荷電中和す

ると、粒子間の反発力が引力を下回るようになり、粒子同士は引き合ってより大きな粒子を形成する。これが凝集と呼ばれる現象である。成長した粒子を除去するために引き続き沈殿操作を行うことが多く、このような処理方法全体を指して凝集沈殿という。

強度(きょうど)
Strength

一般に、工業材料などの強さをいう。強度は引っ張り、圧縮、曲げ、ねじれなどの変形様式に支配される。

炭は多孔質であり構造も不均質であるため金属材料などに比してもろく、強度も小さく、一般に機械加工ができない。一方、白炭の製炭時にみられるように消し粉をかけて急冷されても細孔が熱衝撃・熱応力を吸収するため割れることが少なく耐熱衝撃性は高い。

強熱残分(きょうねつざんぶん)
Ignition residue

活性炭試験法JIS K1474に定められた項目で、大気中で高温熱処理した後の残量の元の質量に対する百分率。主に灰分に相当する。

境膜(きょうまく)
Fluid film

流体中にある固体表面は薄い流体層で覆われているが、この流体層は流体中の現象を大きく支配する。このような流体層を境膜、あるいは流体境膜という。液体と気体の2相界面にも存在する。

吸着質が、たとえば活性炭表面に到達するには境膜を通過しなければならない。境膜内では対流による混合効果は期待できない。したがって、吸着質は境膜内を拡散によって通過しなければならない。

境膜は物質移動や熱移動に対する抵抗が大きい。したがって、吸着速度は境膜内の拡散速度に支配される。境膜の拡散係数を境膜の厚さで除したものを境膜物質移動係数といい、物質の移動速度を求めることができる。

吸着質分子を含む流体が乱流である場合、境界層モデルを単純化した境膜モデルが使われる。

空気イオン(くうきいおん)
Air ion

空気中の原子、分子または微粒子がプラスまたはマイナスに帯電したいわゆる「帯電粒子」の総称である。大気イオンともいう。

液体が急激に微粒化するときに帯電するレナード効果、光電効果、紫外線効果、雷(放電)、放射線・宇宙線による電離などにより生成される。

1個のイオン粒子は数十個〜数百万個の原子で構成され、球形と仮定した場合の半径は$10^{-8} \sim 10^{-4}$cm程度とされている。地表近くでは小イオンの数は600〜700個/cm^{3}で、一般に陽イオンが多いとされる。

代表例として$H_3O^+(H_2O)n$、$O_2^-(H_2O)n$、$CO_4^-(H_2O)n$などある。

古くは医療分野に端を発し、最近は細菌・微生物、植物、ヒトとの生物学的作用、環境分野など幅広い分野で多様な取り組みがみられる。→マイナスイオン

空気浄化（くうきじょうか）
Air purification

室内空気の浄化には吸着剤フィルターに汚染空気を通過させる方法がとられる。吸着剤には活性炭がよく使用されるが、木炭類は活性炭よりも比表面積が小さいために吸着容量は低いが、細孔径が小さいことによる低濃度での高い除去力が期待できる。フィルターには粒状炭を充填したもの、繊維状活性炭で構成されたフェルト状のもの、不織布や紙に粉末炭を混合したものなどがある。使用済みフィルターは再生せずに交換する方式が主流であるが、工場等では加熱により再生する方式も採用される。

空気賦活（くうきふかつ）
Air activation

空気を用いて炭素材料中にミクロ細孔を生成させるガス賦活法の一つ。たとえば木炭に空気を高温で反応させると、まず(1)式の燃焼反応が起こり、発生した二酸化炭素が賦活ガスとなる。

$$C + O_2 \rightarrow CO_2 \quad (1)$$
$$C + CO_2 \rightarrow 2CO \quad (2)$$

(2)は吸熱反応であり炉の温度は低下するが、(1)式は発熱反応であるため炉の温度を維持することができる。土窯で白炭を製造するとき、炭化終了時に精錬のために空気が導入されるが、このとき空気賦活と類似の反応が起こっていると考えられている。また空気賦活は有機性廃棄物の多孔質炭化に適している。

空隙率（くうげきりつ）
Void content

炭のような多孔質材料や粒子充填層には固体が存在しない空隙（空間、細孔）があるが、その容積を**細孔容積**、**空隙容積**という。単位体積または単位重量に対する細孔容積、または単位面積あたりの細孔容積を空隙率という。空洞率ともいう。試験方法はMIL－P－17549Cに規定されている。

クラスター
Cluster

複数個の原子からなるナノ多面体結晶をいう。特に炭素原子が球状に配位した分子をフラーレンという。水分子（H_2O）が集合（ゆるく水素結合）した状態を指すこともある。なお、クラスターイオンビーム法で活性炭素繊維に酸化チタンを蒸着させ、光触媒機能をもつ水浄化材の報告例もみられる。
→フラーレン

燻焼（くんしょう）
Smoldering

可燃性固体を加熱すると熱分解が起こり一部は気体となり、残りは熱分解残渣として炭化層が形成される。気体

の着火温度よりも低い温度で熱分解が起こり、かつ同時に炭化層では表面燃焼が持続されることがある。すなわち、発煙はするが発炎はともなわない燃焼のことを燻焼という。燻り燃焼ともいう。身近な例ではタバコや線香の燃焼がある。籾殻の燻焼の残滓がいわゆる籾殻燻炭である。

ケイ素(けいそ)
Silicon

シリコンとも呼ばれ、元素記号Siで表される原子番号14の元素。原子量は28.0855。地殻中に重量で27.2%存在し、酸素に次いで多い元素。酸化物やケイ酸塩として石英、ゼオライトなどの各種岩石として多く存在する。コンクリート、ガラス、セラミックス、電気絶縁体、ゴム、シリコーンオイルなどはケイ素を成分としており、その用途は広い。竹、籾殻の炭化物はケイ素含量が木炭に比べ高い。

結晶化度(けっしょうかど)
Crystallinity

結晶と非結晶質が混在する試料中の結晶部分の比率。木材の場合はセルロースの結晶化度が対象にされるが、炭素材料の分野では、黒鉛化度として用いられることが一般的である。黒鉛化度は、X線回折、ラマン分光法などの分析手法により炭素六角網面の積層規則性がどの程度かを調べることで得られる。

結晶子(けっしょうし)
Crystal lattice

木炭の微細構造で、多環芳香族の平面状構造である炭素六角網面の積層規則性が発達し、X線および電子線回折により単結晶とみなせる微小な結晶部分のこと。

血炭(けったん)
Charcoal made from blood

家畜、獣などの血液を炭酸ナトリウムでまぶして炭化した炭や活性炭のことをいう。灰分（8％程度）や窒素（3％程度）が多いが、吸着特性に優れ、脱色剤として使用された。

嫌気性微生物(けんきせいびせいぶつ)
Anaerobe

無酸素の状態において生活をする微生物。ほとんど単細胞生物であり、大多数は有機物の嫌気的分解によりエネルギーを得て生活する。なお通性嫌気性細菌と呼ばれる細菌は、酸素が存在してもしなくても生育できる細菌であり注意が必要である。

嫌気性微生物を利用して有機性廃水あるいは廃棄物を処理する方法を**嫌気性処理**（Anaerobic treatment）という。多くの場合、汚泥処理や濃厚廃水の処理に用いられる。処理によって発生するメタンガスは燃料として利用できる。余剰汚泥の生成量が好気性処理に比べてかなり少ない、曝気のエネルギーが不要であるなどの利点がある。ただし、好気性処理と比べて水質がや

や劣り、pH・水温その他維持管理を十分に行う必要がある。

元素分析(げんそぶんせき)
Elemental analysis

有機化合物の元素組成を決めるための分析法。有機化合物は通常、炭素、水素、酸素、窒素、ハロゲン、イオウなどの元素で構成されている。これらの構成元素の組成をパーセントで表す。

参考までに木材の平均的な元素組成は、炭素50%、酸素43%、水素6%、窒素0.3%、その他0.7%となっている。そのほかにはカルシウム、カリウム、ナトリウム、鉄などの金属類が含まれる。

現在では自動化された元素分析装置によって分析するのが一般的である。元素組成を基に有機化合物の分子式を算出することができる。

研磨炭(けんまたん)
Abrasive charcoal

研磨に使用される木炭。漆器は完成までに何回も塗っては乾かすという工程を繰り返すが、このときの塗りムラを研磨用木炭で研磨し表面を平滑にする。

研磨用木炭に使用される原木は樹齢30年程度の年輪が均等なニホンアブラギリが多く、ホウノキやツバキ、エゴノキなども使用される。白炭と同じやき方をする。研磨は年輪が見える木口面で行う。漆器以外に蒔絵の研ぎ出し、金属研磨、印刷用銅板研磨、七宝焼やレンズの研磨にも使用される。

高吸着性木炭(こうきゅうちゃくせいもくたん)
High adsorptive charcoal

木炭の比表面積は炭化条件によって異なるが約50〜400 m^2/gであり、市販活性炭は950〜2500 m^2/gである。木炭の吸着用途には比表面積を550〜800 m^2/gまで高めた高吸着性木炭が適している。

工業分析(こうぎょうぶんせき)
Industrial analysis

石炭、コークス類の工業分析法JIS M8812(1963)をいい、木炭はこれに準じた分析法で水分、灰分、揮発分を分析し、これらの値を基にして固定炭素を算出する。工業分析によって得られた上記4種の値を工業分析値という。木炭の分析にあたっては、気乾試料を用い、この試料を40メッシュ(ふるい1インチあたりの網の目の数)以下に粉砕し、40〜100メッシュのものを用いる。

測定法に関してはそれぞれの項目参照。

好炭素菌(こうたんそきん)
Carbophilic bacterium

藻場にセラミックス、自然石、コンクリート等の基質(土台)に炭素繊維をくくりつけて海中に投入した区と、炭素繊維のない区と比較したところ、後者にはほとんど魚類がいないのに、前者は多くの魚類の住み処となった。このことから、前者に炭素繊維を好む

微生物が付着し、この微生物を餌とする魚類が集まった事例が古くから多くみられる。このことから、炭素繊維を好む微生物を好炭素菌と呼ぶようになった。

この微生物が炭素を好むことを利用して、環境改善に役立てようとする研究が行われている。これらのことから、炭素繊維が水質浄化に大いに有効であることが少しずつ明らかとなっている。この現象を利用して、木炭を河川に投入することによる河川浄化の試みが多くの場所で行われている。しかし、科学的な証明がまだ十分でない。

硬度(こうど)
Hardness

木炭の性質は樹種、材種、製炭法等により異なるが、硬度、燃焼、爆跳が指標とされている。硬度はモース硬度計の一種である三浦式木炭硬度計による値で示される。クヌギなどコナラ属の硬度は高く（約10）、ミズメ、トネリコのそれは約5、その他の樹種は一般的に低い（1～2）。針葉樹の硬度は低い（約1）。

一般に炭化温度の上昇にともない、硬度は高くなる。容積重に比例し、製炭操作にも大きく影響する。たとえば、同一樹種でも白炭の硬度は黒炭のそれより高い。したがって、木炭品質の判定基準となっている。

コークス
Coke

石炭を約1000℃の高温で乾留して得られる金属光沢のある緻密で堅牢な多孔質固体。溶鉱炉用、鋳物用などに使用される。固定炭素は80％前後である。

黒鉛(こくえん)
Graphite

縮合多環六角網平面が平行積層した三次元結晶規則性を示す炭素同素体。石墨ともいう。結晶形には六方晶（図5-4）と三方晶がある。密度は2.25g/cm^3、昇華点3550℃、モース硬度1～2であり、比抵抗は面内方向で約$5 \times 10^{-5}\Omega\text{cm}$、垂直方向では約104倍大きくなる。

天然に鉱物として産出する**天然黒鉛**（Natural graphite）には外観により塊状黒鉛、鱗片状黒鉛、土状黒鉛に分類される。

一方、**人造黒鉛**（Artificial graphite）は粒子状の易黒鉛化性コークスをピッチで練り固めた成型体を焼成して炭素

図5-4　黒鉛の結晶構造

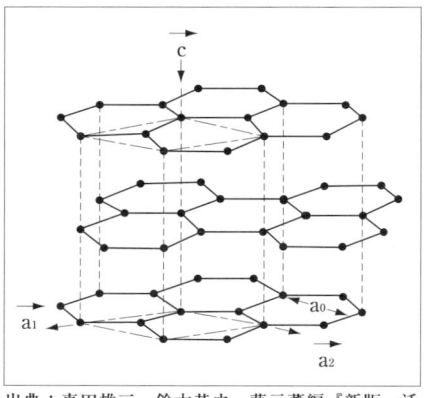

出典：真田雄三、鈴木基之、藤元薫編『新版 活性炭』（講談社サイエンティフィク）

化し、さらに通電発熱などにより3000℃まで昇温し、黒鉛構造を発達させる**黒鉛化**（Graphitization）処理することによって製造する。

電極、電解板、るつぼ、モーターのブラシ、鉛筆の芯などに使用。

黒体(こくたい)
Black body

入射した全ての波長の電磁波を反射することも透過することもなく完全に吸収する仮想の物体を黒体という。炭、煤、白金黒などもおおむね黒体とみなされる。

黒体の吸収率は1、したがって放射率も1である。ちなみに、ガラス片と炭を高温に熱すると炭のほうが著しく輝く。吸収率が高い物体は放射率も高いことがわかる。

黒体が放射する熱放射を**黒体放射**という。黒体放射の総エネルギーは絶対温度の4乗に比例し（ステファン・ボルツマンの法則）、黒体放射のエネルギー密度が最大となる波長は絶対温度に反比例して高温になるほど短波長側にシフトする（ウィーンの変位則）。

黒体放射（熱放射）は空洞放射により実現され、放射温度計の目盛りの基準として使われる。

焦げ臭(こげしゅう)
Burnt odor

炭化終末期（炭材の温度が350℃を超え排煙が白から紺青（紫）色に変わる頃）に残存リグニンの熱分解により発する特有のにおいをいう。食材が火に焼けて200℃以上となり黒色、または半炭化する過程でも発生する。

固定炭素(こていたんそ)
Fixed carbon

木炭中の炭素含有率。高温炭化で得られた木炭ほど一般に固定炭素の量は大きい。白炭では80〜85％、黒炭では65〜80％程度が一般的な値である。

固定炭素は以下の式で算出される。
固定炭素(%) = 100 −［水分(%)＋灰分(%)＋揮発分(%)］

さ

細菌(さいきん)
Bacteria

バクテリアともいう。単純な原核細胞からなる単細胞微生物。大きさが0.2〜10μm（マイクロメートル。1μm＝1000分の1mm）であり、球菌（球形）、桿菌（棒形）、らせん菌（らせん形）などに分類される。鞭毛や繊毛をもつ場合もある。生態系の中で有機物質を分解する役割をもち、他の微生物とともに活性汚泥や付着生物膜などを構成する。

細孔(さいこう)
Pore

活性炭や木炭などの多孔体の表面や内部に存在する微小な穴のこと。細孔の形状は複雑多様であり、円筒型、スリット型、開口部がくびれ内部が大き

図5-5 活性炭や木炭の細孔構造イメージ

なインクボトル型などのモデルが考えられている。細孔構造を議論する際には円筒型細孔モデルの適用例が多い。

細孔はその大きさによって**ミクロ孔**（2nm以下）、**メソ孔**（2〜50nm）、**マクロ孔**（50nm以上）に分類される（nm＝ナノメートル。1 nm＝100万分の1㎜）。0.5nm以下のミクロ孔を特に**ウルトラミクロ孔**と呼ぶ場合もある。

活性炭や木炭には図5−5のように、粒子表面にマクロ孔が存在し、マクロ孔の壁にメソ孔が、メソ孔の壁にミクロ孔が存在している。吸着は主にミクロ孔で起こるため、吸着質分子はマクロ孔→メソ孔→ミクロ孔の順に**細孔内拡散**が必要である。したがって粒子サイズが大きいときは吸着速度が遅く、粉末では速くなる。

ある大きさの細孔がどの程度の**細孔容積**を占めるかを示したものは**細孔径分布**と呼ばれ、窒素吸着法や水銀圧入法で測定され、比表面積や細孔容積とともに**細孔構造**を特徴づける重要な情報となる。複数の活性炭や木炭の細孔の大きさを比較する場合には、**平均細孔径**を算出して相対評価することもある。円筒型細孔モデルを適用した場合、「**平均細孔直径＝4×細孔容積／比表面積**」で表される。

細孔内での吸着力はミクロ孔で強く、細孔径が大きくなると吸着力は急激に弱くなり、マクロ孔ではほとんど吸着は起こらない。したがって、電子顕微鏡でよく観察される木炭表面に存在するミクロンオーダー（$1\mu m$＝1000分の1㎜）の細孔が多数存在していても吸着能力には寄与しない。

再資源炭の肥料成分(さいしげんたんのひりょうせいぶん))
Fertilizer components in charcoal from recycled resources

有機性資源やバイオマス由来の炭化物は「再資源炭」とも呼ばれる。

バガス、汚泥、牛糞、籾殻、間伐材の炭化温度と肥料成分の関係を表5−2に例示する。

汚泥炭、牛糞炭にはリン酸、カリ質肥料が多量に含まれているが、その多くはクエン酸溶液に溶けるいわゆる「ク溶性」である。いずれも炭化温度が高くなるほど含有割合も高くなる傾向にある。ク溶性肥料は流亡や不可給態化することが少なく肥効の持続性が期待される。

再生[炭の](さいせい[すみの])
Recycle [of charcoal]

炭に吸着した被吸着質を離脱させ吸着機能を回復させること（操作）をいう。物理吸着したものは吸着力が弱く

表5-2 再資源炭の肥料成分

炭の種類と炭化温度		リン酸全量 (%)	水溶性リン酸 (%)	カリ全量 (%)	水溶性カリ (%)	ク溶性リン酸 (%)	ク溶性カリ (%)
バガス	400℃	0.2	0.05	0.59	0.02	0.15	0.17
	600℃	0.27	0.05	0.66	0.03	0.09	0.41
	800℃	0.28	0.02	0.56	0.01	0.17	0.41
汚泥	400℃	8.23	0.18	0.81	0.01	3.19	0.24
	600℃	11.95	0.17	1.12	0.01	5.98	0.29
	800℃	12.82	0.06	1.1	0.01	5.15	0.19
牛糞	400℃	2.31	0.14	4.13	0.72	1.94	3.61
	600℃	2.47	0.03	4.73	0.7	2.35	3.67
	800℃	3.15	0	4.36	0.4	3.05	3.35
もみ殻	400℃	0.13	0.08	0.8	0.02	0.06	0.28
	600℃	0.16	0.06	0.85	0.09	0.06	0.64
	800℃	0.11	0.04	0.91	0.14	0.04	0.72
間伐材	400℃	0.04	0.04	0.39	0.01	0.04	0.06
	600℃	0.03	0.02	0.44	0.01	0	0.23
	800℃	0.03	0.01	0.45	0.05	0.03	0.32

出典：凌 祥之（「畜産の研究」第57巻、第1号（2003））から抜粋して引用

熱を加えることで容易に再生できる。
→熱再生

酸性(さんせい)
Acidic

酸の水溶液がもつ性質で、水素イオン指数（pH）は7より小さい。すっぱい味がし、青色リトマス試験紙を赤変する性質がある。

酸性表面官能基(さんせいひょうめんかんのうき)
Acidic surface functional group

材料表面に存在する酸性の官能基。木材を400℃のような低温で炭化した木炭の表面は酸性を示す。

活性炭や木炭やカーボンブラックなどの炭素表面の酸性表面官能基の定量は$NaHCO_3$、Na_2CO_3、$NaOH$のような強度の異なるアルカリの吸着量を測定することによって求める。弱アルカリの$NaHCO_3$が吸着できるのは強酸性基のカルボキシル基であり、順次、ラクトン型カルボキシル基、フェノール性ヒドロキシル基などの弱酸性の表面酸化物の割合が求められる。

残留塩素(ざんりゅうえんそ)
Residual chlorine

水中に塩素剤を注入した後にも残留している酸化力をもつ塩素をいう。水道水の場合、衛生上の観点から、給水栓において0.1 mg/ℓ（遊離残留塩素の場合）または0.4 mg/ℓ（結合残留塩素の場合）以上保持するよう規定されている。活性炭や木炭が残留塩素を分解する働きをもつことが知られている。

湿度(しつど)
Humidity

大気中に含まれる水蒸気の量や割合。次のようなさまざまな表現法があるが一般には**相対湿度**を指す。

①相対湿度：ある温度で大気中に含まれる水蒸気の圧力（水蒸気分圧）と飽和水蒸気圧の比の百分率。

②絶対湿度：大気 $1m^3$ 中に含まれる水蒸気の質量（g/m^3）。

大気中に含むことのできる水蒸気量は気温の低下とともに減少する。したがって、気温が低下すると相対湿度は上昇し、ある温度で相対湿度が100％になり結露が起こる。このときの温度を露点という。

重金属[炭の](じゅうきんぞく[すみの])
Heavy metal [of charcoal]

一般に、重金属は比重4〜5以上の金属元素を指す。重金属には毒性の強いものが多く、常に公害の原因になっている。代表的な重金属には、鉄、鉛、金、プラチナ（白金）、銀、銅、クロム、カドミウム、水銀、亜鉛、ヒ素、マンガン、コバルト、ニッケル、モリブデン、タングステン、錫およびビスマスなどがある。これらの中で、毒性の強い重金属でも、ごく少量なら生体元素になるものも多く、工業上重要な金属も多い。

木炭の中に本来重金属は人体に影響しない程度にわずかに存在するものもあるが、防腐剤を添付した建築廃材を木炭にした場合、防腐剤中のクロム、ヒ素、鉛のうち、ヒ素の一部は蒸発するが、クロムおよび残りのヒ素は炭化されても炭化物の中に残存している。このことから、防腐処理された建築廃材の利用が困難となっている。

木炭の利用は普及しつつあり、建築廃材の発生は増加傾向にあるにもかかわらず、未処理炭材からの炭化物に比べてこれらの炭化物の利用は困難であることから、床下調湿資材として利用されることが多い。

収縮率(しゅうしゅくりつ)
Shrinkage

木材は吸放湿にともなって膨潤、収縮を起こす。収縮の程度を示す収縮率には、生材から全乾までの収縮率（全収縮率）、気乾までの収縮率、含水率1％に対する収縮率などがある。木材の収縮率の異方性は著しい。

収着(しゅうちゃく)
Sorption

吸収と吸着が同時に起こっている現象を収着という。吸収とは気体や液体分子が一団となって固体表面ではなく内部に取り込まれることをいい、吸蔵ともいう。

重粒子線照射(じゅうりゅうしせんしょうしゃ)
Heavy particle irradiation

電子より重いいわゆる重粒子（水素、ヘリウム、炭素、アルゴン、鉄などのイオン）を加速器で加速して標的を照

射するものである。炭素イオンは$^{12}C^{5+}$、$^{12}C^{6+}$などが使われる。ガンの物理療法、植物の突然変異育種（品種改良）などに使われている。

粒子の種類や加速エネルギー、吸収板の使用などにより付与エネルギーや透過深度を調節することができる。X線やγ線は透過深度に比例して減衰するが、重粒子は透過深度の浅い領域ではエネルギー付与の小さいプラトー領域があり最深の透過深度近傍（重粒子の停止直前）で大きなエネルギーを付与（bragg peakを形成）する。すなわち、ある透過深度で集中的に最大照射線量を得ることができる。

たとえば、ガン治療ではプラトー領域にある正常細胞への影響は小さく、ブラック・ピークによりガン細胞だけをねらい打ちすることができる、という特徴がある。

硝化（しょうか）
Nitrification

アンモニア性窒素が亜硝酸性窒素に酸化され、それがさらに硝酸性窒素に酸化されること。

いずれも硝化細菌の働きによるもので、代表種としてそれぞれ、Nitrosomonas, Nitrobacterが知られている。一般的な有機物の生物酸化の場合とは異なり、これらは独立栄養性細菌であるため、より長い反応時間を要する。

昇華（しょうか）
Sublimation

固相から、液相を経由しないで、直接に気相（蒸気）に相変化する現象をいう。飽和蒸気圧に等しくなるまで昇華は進行する。昇華にともなう吸熱あるいは放熱を昇華熱という。身近な例として、ドライアイス、樟脳（防虫剤）、ヨウ素などがある。

大気圧における黒鉛の昇華温度は3650 ± 25K（ケルビン。絶対温度）、昇華熱はおよそ710kJ／molとされている。

消臭（しょうしゅう）
Deodorization

悪臭など不快なにおいを消すこと。化学薬品を散布し、悪臭成分と中和反応や酸化還元反応を利用して無臭成分に変換する方法がとられている。このとき使用される化学薬品を消臭剤という。芳香剤の強い香りによって悪臭をマスキングする消臭方法もある。

脱臭と同義で使われている場合が多いが、脱臭は悪臭成分を吸着などにより除去することをいう。木炭類は吸着作用で悪臭成分を除去するので脱臭剤といえる。

蒸発熱（じょうはつねつ）
Heat of vaporization

液体が温度を変えることなく蒸発（気化）する際に必用な（外部から吸収する）熱量で、1mol（モル）または単位質量に対する熱量をいう。液体の昇温には寄与しないので潜熱ともいう。気体が液化するときに放出する凝固熱

に等しい。気化熱ともいう。

触媒機能(しょくばいきのう)
Catalytic function
　それ自身は変化しないが化学反応に共存して反応速度を増大させる機能。その物質を触媒(Catalyst)という。
　活性炭はさまざまなラジカル型の有機反応に対して触媒機能を有する。したがって木炭類にも触媒機能があることが予想されるが、この機能には炭素の導電性も関与しているため、白炭のほうが適している可能性がある。
　また、木炭類は活性炭と同様に広い表面積を利用して触媒を担持する担体としても使用できる。

除湿(じょしつ)
Dehumidification
　室内の湿気を除去し湿度を低下させること。
　木炭類にはミクロ細孔が多く存在するため、水蒸気を吸着除去できる。1kgの木炭中のミクロ細孔の容積は100〜120mℓあるので、乾燥した木炭は相対湿度90％で100〜120gの水蒸気を吸着できる。湿度を55％に下げると吸着していた水蒸気のうち、20〜30gが脱着する。湿度が90％に上がるとまた20〜30g吸着する。すなわち木炭類の調湿能力は木炭重量の約2〜3％である。

助燃性(じょねんせい)
Auxiliary combustiblity
　触媒作用の一種で、燃焼を助勢する性質、作用をいう。
　白炭の灰には助燃性があり、希塩酸で洗い脱灰すると着火温度が50〜80℃以上高くなる、とする報告例もある。→脱灰

じん炎(じんえん)
Glowing
　木材の燃焼現象のうちで、発炎燃焼の終了後、すなわちタール類の生成や可燃性ガスの放出の後、熱分解炭素残渣の酸化によって引き起こされる燃焼の現象。発光はあるが一般的な炎の形成と煙の発生はない。

浸炭[鋼の](しんたん[はがねの])
Cementation [of steel]
　鋼の炭素含有量を増加させる表面硬化法の一つで、木炭などを使う固体浸炭、ほかに液体浸炭、ガス浸炭がある。表面は硬く耐摩耗性が増すが、内部は炭素含有量は変わらないので全体として靭性のある鋼材となる。

水銀圧入法(すいぎんあつにゅうほう)
Mercury porosimetry
　多孔質材料のマクロ孔からメソ孔領域の細孔容積や細孔径分布を求める測定法の一つで、試料に水銀を入れて加圧すると、高圧になるほど孔径の小さな細孔まで水銀を圧入させることができる関係を利用している。本法による測定装置を**水銀ポロシメータ**(mercury porosimeter)という。
　最近の装置では400MPa（メガパス

カル）程度まで加圧することができ、最小半径1.8nm（ナノメートル）程度までの細孔の測定が可能である。

木炭では樹種により分布が大きく異なり、一般に針葉樹では細孔容積が大きく広葉樹では小さい。

水酸基(すいさんき)
Hydroxyl unit, Hydroxyl group

-OHで示される官能基でヒドロキシル基ともいわれる。アルコール性水酸基、フェノール性水酸基、遊離水酸基がある。

木材の場合は代表的な官能基の一つであり、水分吸着をはじめ化学反応が起こるサイトである。木炭においても、化学吸着性能や酸性度といった有用度の高い特性に直結することから、重要度が非常に高い。

水蒸気賦活(すいじょうきふかつ)
Steam activation

高温の水蒸気を用いて炭素材料中にミクロ細孔を生成すること。活性炭の工業生産に用いられている代表的なガス賦活法である。

ヤシ殻炭のような原料用炭素をロータリーキルンに投入し、高温で水蒸気と反応させると(1)式のような反応が起こり、固体状炭素がガス化した痕にミクロ細孔が生成する。

$$C + H_2O \rightarrow CO + H_2 \quad (1)$$

(1)式の反応は750℃以上で起こる吸熱反応であり、温度が高くなるほど反応速度は速くなる。また原料炭の粒子サイズが小さくなるほど、賦活ガスとの接触効率が高まるため、短時間で賦活できる。

水分[木炭の](すいぶん[もくたんの])
Water content [of charcoal]

木炭中に含まれる水分。木炭の水分は外気中の湿度によって変化するが、その水分の定量は工業分析法に準じて以下のように行う。

水分の定量：秤量ビンに試料0.5～1.0gをとり、定温乾燥器中105℃で5～12時間乾燥。その後、デシケータに入れ1時間放冷後に秤量する。

水分(%) =
[乾燥減量(g)／気乾試料(g)] × 100

炭の構造(すみのこうぞう)
Structure of charcoal

組織的構造：有機物は、固体ばかりでなく液体でも気体でも、その相状態のいかんによらず炭化できる。固相炭化経由の炭化物には炭材のマクロ的な組織がほぼ相似な形で引き継がれる。

機能発現的な構造：炭は、有機物(炭材)を熱分解して得られた炭化物(微結晶炭素)であること、炭材に由来する細孔構造を有すること、少量のミネラルを含むという3つの特徴を有する。

炭の多様な機能は、これら3要素の1つまたは複数の組み合わせにより発現される。たとえば、微結晶炭素は化学吸着・導電性などの、細孔は物理吸着・微生物の住み処などの、ミネラルは助燃性・放射線源などとしての機能

を発現する。

結晶子の配向：Franklinは、微結晶炭素が乱層構造をとる結晶子が比較的に二次元的に配向していれば易黒鉛化性炭素、三次元的であれば難黒鉛化性炭素に区分されることを示した。木炭、カーボンブラックなどは難黒鉛化性炭素である。木炭など固相炭化経由で作られる炭素は高温処理しても一般には黒鉛に変換しにくい。結晶子によって作られる孔隙が細孔となる。

表面化学構造：微結晶炭素の端面や基底面欠損部の炭素原子は結晶内の炭素原子と異なり非常に反応性に富んだ不飽和の結合手を有し、いわゆる官能基を生成する。官能基は炭化温度が高くなるほどその種類と数は減少する。化学吸着を支配する。

炭の電子顕微鏡写真(すみのでんしけんびきょうしゃしん)
Electron micrograph of charcoal

①**走査電子顕微鏡**（そうさでんしけんびきょう　SEM=Scanning electron microscope）は、炭表面の立体的観察に適する。

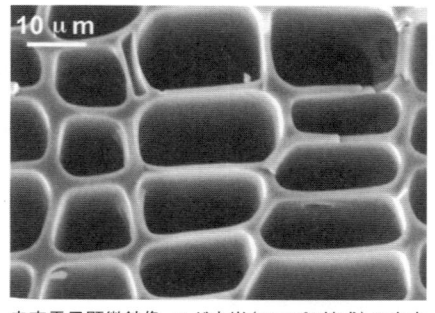

電子線を試料に照射して、試料のごく表面から発生してくる二次電子を検出し、拡大像にする。ほぼ1000−0.1μm（マイクロメートル）オーダーの観察に有効である（1μm=1000分の1 mm）。

②**透過電子顕微鏡**（とうかでんしけんびきょう　TEM=Transmission electron microscope）は、数十nm（ナノメートル。1nm=1000分の1μm）程度のごく薄い試料に電子線を照射し、透過した電子線から拡大像を得る。炭素六角網平面の積層など、原子レベル（0.1 nmオーダー）の周期構造の観察も可能である。

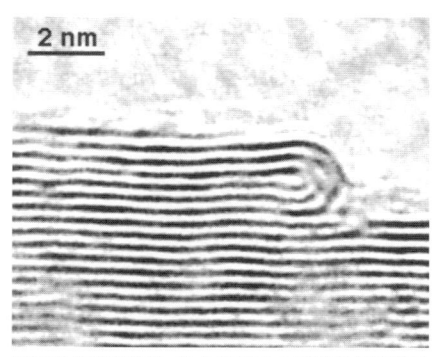

走査電子顕微鏡像。スギ木炭（2000℃焼成）の走査電子顕微鏡像。木材の細胞構造がほとんどそのまま保たれている

透過電子顕微鏡像。熱分解炭素の透過電子顕微鏡像。電子線に平行な炭素六角網平面が堆積しているようすがみられる

炭火(すみび)
Charcoal fire

木炭、竹炭、煉炭、籾殻燻炭などでおこした火のことで、炭素が表面燃焼している状態を指す。炎や煙が出ない。

放熱は放射伝熱による。不完全燃焼はもとより完全燃焼でも二酸化炭素を還元するので一酸化炭素が生じ、中毒を起こすことがある。

備長炭の燃焼

製炭用熱電高温計(せいたんようねつでんこうおんけい)
Thermocouple thermometer for charcoal making

炭化炉内の温度や排煙口の温度を熱電対で測定する温度計。熱電対にはクロメル・アルメルを用い、最高1200℃まで測定可能な機器が市販されている。

生物活性炭(せいぶつかっせいたん)
Biological activated carbon

狭義には、上水道の分野で、粒状活性炭吸着塔において活性炭表面に微生物が増殖し、活性炭吸着の寿命の延長やアンモニア性窒素の硝化のような微生物の働きを期待するものを指す。広義には、水処理一般において表面に微生物の増殖がみられる活性炭、またはそのような活性炭を用いた水処理方法を指し、吸着と微生物の働きを組み合わせた処理性能が期待される。

吸脱着のほか、さまざまな微生物による有機物の取り込みなど反応は複雑であり、十分な機構の解明はなされていない。

生物処理(せいぶつしょり)
Biological treatment

水を処理するために微生物の働きを利用する方法の総称。水中の汚濁成分である溶解性有機物が、微生物に摂取され分解されるなどして濃度が低下することを利用して行う処理である。微生物の種類によって好気性処理と嫌気性処理に大別される。

代表的なプロセスとして、浮遊するフロック状の微生物を利用する活性汚泥法や、担体に付着形成される微生物を用いる生物膜法などがある。生物木炭は生物膜法の一つである。

生物木炭(せいぶつもくたん)
Biological treatment charcoal

生物活性炭から派生した用語で、広義の生物活性炭において活性炭の代替として木炭を用いた場合、またはそれによる水処理方法を指す。

精煉度(せいれんど)
Seirendo, Degree of carbonization

木炭の炭化度を表す指標であり、0～9の10段階に分類されている。

測定は木炭精煉計を用いて、木炭表面2点間の距離が1cmのときの電気抵抗R（Ω）を測定する。Rと精煉度（S）の関係は$R = 10S$で表される。たとえ

ばRが500ΩであればR = 102.69となるのでSは2.69となるが、通常精錬度は整数で表されるので3となる。精錬度と炭化温度の関係は表5-3のとおりである。

表5-3 木炭の炭化温度と精錬度の関係

精錬度	炭化温度
0〜1	900℃以上
1〜2	800℃以上 900℃未満
2〜5	700℃以上 800℃未満
5〜7	600℃以上 700℃未満
7〜8	500℃以上 600℃未満
8〜9	400℃以上 500℃未満

出典：(社)全国燃料協会発行の「木炭等の規格集」(1994.6)（一部修正）

赤外線(せきがいせん)
Infrared rays
　波長780nm（ナノメートル）〜1mm

の電磁波の総称で、可視光線スペクトルの赤色部外側から通信用マイクロ波に至る波長域の電磁波である。赤外線のもつエネルギーは微弱で、光化学反応や電離作用がなく、一般には安全である。

　赤外線の周波数は、原子や分子に振動や回転運動を与える周波数とほぼ同じ範囲にある。したがって、物質ごとに特定の波長のところで強い吸収（**赤外吸収スペクトル**）が起こり、また効率よく熱を伝える。

　赤外線には熱作用のほかに、写真作用、蛍光作用、光電作用などがある。天文、分析、医療、食品、繊維・衣料、工業など広い分野で応用されている。たとえば、赤外吸収スペクトルは、炭素分野では有機物の分析、官能基の分

図5-6　木炭温度と遠赤外線放射エネルギーとの関係

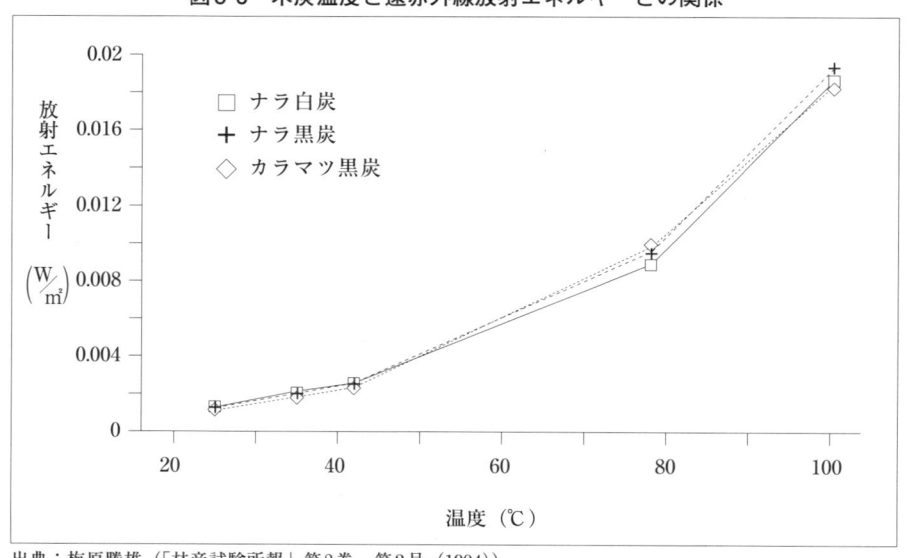

出典：梅原勝雄（「林産試験所報」第8巻、第2号 (1994)）

析、ピッチなどの構造解析に応用される。

　赤外線は波長によりその性質が大きく変わるので、技術分野により区分摘用は異なる。一般に、3μm（マイクロメートル）以下を**近赤外線**、3μm以上を**遠赤外線**としている。また、赤外線レーザー、発光ダイオードは波長が一定である。

　炭の**遠赤外線放射エネルギー**を図5－6に示す。遠赤外線には温熱作用、殺菌作用、植物育成促進効果、ガン抑制効果、空気イオンとの相乗効果など多様な作用があることが確認されつつある。

積層構造(せきそうこうぞう)
Stacking structure

　主要な炭素材料である黒鉛の最も安定した構造は六方晶系で、炭素六角網面Aの上に網目の［2／3、1／2］だけ平行移動した網面Bが重なる。網面ABABABの繰り返しからなる構造である。炭素六角網面がある規則性をもって層状に積み重なっているので、これを積層構造という。黒鉛構造は炭素六角網面の積層規則性によって決まり、前記六方晶系のほかに菱面体晶系などがある。

絶乾(ぜっかん)
Oven-dry, Oven-dried condition

　乾燥器を用いて100～105℃で恒量に達するまで木材を乾燥し、木材からほとんどの水分を除いた状態。全乾ともいう。

接触電気抵抗(せっしょくでんきていこう)
Contact electric resistance

　一般には、機械的な接触面に生じる電気抵抗をいう。炭の表面の接触電気抵抗は、試験片の大きさや電極間の距離の影響は小さく、また押しつけ圧力が大きくなると抵抗値も一定値に収束する傾向を示す。

　炭化温度に対して接触電気抵抗と比抵抗は相似形となる。したがって、比抵抗を測らなくとも接触電気抵抗から炭化度を知ることができる。この原理を応用したのが精錬計である。

せん断強さ(せんだんつよさ)
Shearing strength

　物体がせん断力を受けて破壊するときの応力。一般に繊維方向に平行に力が作用するが、この場合の強さを縦せん断強さと呼ぶ。スギ無欠点材の縦せん断強さは80kgf/cm²程度である。

疎水性(そすいせい)
Hydrophobicity

　ある物質が水との相互作用が弱く、親和力が弱い性質をいう。炭化温度が低いほど水は炭の細孔に侵入しにくいが、このような性質を疎水性という。活性炭表面は疎水性であるが、わずかに親水性もあるので水処理用吸着材として優れている。→濡れ性

------ た ------

耐火性能(たいかせいのう)
Fire-resistant performance

耐火性能とは、通常の火災が終了するまでの間、建築物の倒壊・延焼を防止するために必用な性能である。建築物の規模や構造により30分、1時間、2時間、3時間耐火の技術基準が規定されている。

木材は炭化温度が高くなるほど易着火性、遅燃性へと移行し、1800℃以上では1～2時間の耐火性を有する、との報告例もある。

炭化物が耐火性能を増す要因として、炭素多層構造の生成と成長、細孔構造体であるため熱伝導率が小さいなどの要因が考えられる。

体積(たいせき)
Volume

立体が占める空間の大きさを体積という。炭は収縮したものであり、原木に比べ体積は減少している。樹種、黒炭、白炭など製炭条件によって、その**収縮率**は異なる。黒炭の場合、収縮によって体積は平均約44％、白炭では平均約29％となっている。長さ方向の収縮率は、黒炭が約15％、白炭は約21％である。直径方向の収縮率は、黒炭が平均28.3％、白炭では42.3％であり長さ方向の約2倍の収縮率である。

ダイヤモンド
Diamond

ダイヤモンドの成因は古くから諸説があるが、現在では地下500～700kmの深さにあったマグマ中でマグマの上昇による温度、圧力条件の変化により結晶化し、ダイヤモンドの結晶粒を含んだマグマが地表近くまで噴出したものとする考え方が広く支持されている。

ところで、漂砂鉱床(ひょうさ)からの発掘は古く、インドで紀元前4～5世紀頃から行われていたが、1867年、南アフリカ連邦で鉱床として最初に発見された。

ダイヤモンドは炭素元素からできている結晶であることを、1795年、テナント(スコットランド)が実証したとする説がある一方、デイヴィ&ファラディ(イギリス)が酸素を満たしたガラス器の中にダイヤモンドを置き、レンズで集めた太陽光線を当てたところ、ダイヤモンドが燃えて炭酸ガスとなったことから証明(年代不詳)したという説もある。このように炭素であることを証明したとする説はいくつかあり、どれが正式なのか不明なところがある。

ダイヤモンドは、比重3.51、非常に強い結合力を有する各炭素原子が、正四面体を形成する他の4つの炭素原子により取り囲まれ、その距離は1.54Å(オングストローム。1Å＝1000万分の1mm)である。この構造は網目状に広がり、結晶自体が1つの巨大な分子となる。黒鉛も炭素からできているが、炭素原子どうしの結合がまったく違う骨組みであり、性質もまったく異なる。

1955年、GE社(現在ダイヤモンド・イノベーションズ社)が、炭素と主に第8属の遷移金属ないしはその合金(黒鉛を原料として、鉄とニッケルで溶液

を約7.5万気圧、1700℃の高圧高温下にさらすことにより合成ダイヤモンド製造を実現化した。同時期に、宝飾用のダイヤモンド開発を行っていたスウェーデンのASEA社もダイヤモンド合成成功を発表した。その後、従来どおり炭素に1200～2400℃、5万5000～10万気圧をかける高温高圧法等多くの手法により合成されている。

　最近では大気圧近傍の低圧力下で、プラズマ状にしたガス（たとえば、メタンと水素混合、メタン－酸素やエチレン－酸素など）の炭化水素を原料として薄膜状のダイヤモンドを合成する技術が開発されつつある。

　原理解明から約160年後に合成ダイヤモンドが製造されたが、現在ではアメリカ、スウェーデン、南アフリカ、日本等で大量に製造され、主に工業用に使用されている。

　このようなことから、木炭には約50％の炭素を含んでいるので、これらを基本として理論上グラファイトを経由して、高圧、高温下で処理を行えば、コストを考慮に入れなければダイヤモンドは木炭から合成の可能性があると考えられる。

対流熱伝達（たいりゅうねつでんたつ）
Convectional heat transfer

　固体から流体にあるいは逆に流体から固体に熱が移動する現象を熱伝達といい、熱移動の割合を熱伝達率という。

　流動条件により自然対流熱伝達と強制対流熱伝達とに区分される。流体が凝縮あるいは沸騰をともなう場合は凝縮熱伝達、沸騰熱伝達という。

　固体表面に形成される境界層は熱移動がある場合には温度境界層と呼ばれる。熱抵抗が大きく、熱移動（熱伝達率）に大きく影響する。一般に、熱伝達率は気体、液体、液体金属の順に、また単相流よりも相変化をともなう場合のほうが大きくなる。

打音[炭の]（だおん[すみの]）
Percussion sound [of charcoal]

　長めの木炭を2指でつまみ、炭どうしを軽くたたき合わせたとき出る音のことを指す。硬い炭ほど金属音に近く、簡便な炭質判定法の一つでもある。

　土音（不良品）、土器音（普通品）、魚板音（良品）、金属音（優良品）の4段階に区分される。

　打音は硬さのほかに寸法形状、割れの有無、吸湿状態などにも影響される。

焚き火（たきび）
Bonfire

　落ち葉、枯れ枝、剪定枝などを燃やすこと。焚き物、焚き床、焚き火の用途などによっていろいろな方式があり、種々に分類される。焚き火は人間の暮らしの原点の一つともいえ、伝承文化でもある。古くは、囲炉裏のある部屋が焚き火の間とも呼ばれたこともある。

　焚き火でも材料によってはダイオキシンが発生する。塩化ビニル、プラスチック容器などを混焼させると発生割合が増幅される。

多孔質炭素(たこうしつたんそ)
Porous carbon

内部に細孔が多数存在する炭素材料。代表的なものに活性炭や木炭がある。炭素材料によって細孔の大きさや分布が異なっている。活性炭には主として孔径が5nm(ナノメートル)以下の細孔が多く存在する。

木炭類の細孔はミクロ孔とマクロ孔に大別され、2nm以下のミクロ孔は樹種によらず約0.1mℓ/gほど存在する。マクロ孔は植物の組織構造に依存するため樹種によって大きく異なり、カシ、クヌギ、ナラなどの広葉樹の細孔は数十から数千nmの範囲に分布しており、細孔容積は約0.5mℓ/g以下である。針葉樹炭には数十μm(マイクロメートル)程度の大きな細孔が多く、容積は1mℓ/g以上ある。

多孔性[木炭の](たこうせい[もくたんの])
Porous characteristics [of charcoal]

木炭は細胞壁を残して他の部分が熱分解によって消失するので多孔性である。多孔性ゆえに大きな表面積を有し、白炭では250〜350m²/g、黒炭では250〜400m²/gの表面積を有す。

多孔性ゆえに透水性がよく、また、大きな表面積を有するゆえに良好な吸着性を示し、水質浄化材、調湿材、消臭剤などに用いられる。

立ち消え(たちぎえ)
Going out

炭火が中途で消えること。カリウム成分や木材組織に影響される。カリウム成分が多いと火つきがよく立ち消えしないが、少ないと立ち消えしやすい。イタジイ(スダジイ)炭は割れやすく、立ち消え性があり、爆跳もする。土佐備長炭はガスが逃げにくい組織であり立ち消えしやすく、爆跳もする。

脱塩素処理(だつえんそしょり)
Dechlorination treatment

水中に含まれている塩素を除く処理。家庭用浄水器などでは水道水に殺菌用として添加されている塩素の除去に活性炭が用いられている。木炭でも活性炭の代用が可能である。原理は活性炭や木炭への塩素の吸着除去ではなく次式で表される分解反応である。

$$HClO + C \rightarrow CO_2 + 2H^+ + 2Cl^-$$

酸化剤である次亜塩素酸は炭素の還元作用により酸素が奪われ、逆に炭素は酸化され反応の初期は炭素表面に結合しているが、最終的には二酸化炭素として脱離する。したがって浄水器に使用されている炭素の重量は使用とともに減少する。このように脱塩素は炭素の吸着作用ではなく還元作用によっているので長期間の使用が可能である。

脱灰(だっかい)
To remove ash, Demineralization

木炭の灰分を熱水洗浄、希塩酸洗浄などで離脱させることをいう。たとえば、脱灰処理することでコークスは着火温度が若干低下するが、黒炭や白炭

ではおよそ50～80℃高くなるという報告もある。白炭の灰を洗い落とすと着火しにくくなる。一般に、脱灰により（二酸化炭素が還元され一酸化炭素になる）反応率は低下する。

脱色処理（だっしょくしょり）
Decoloring treatment

水中に溶解している着色成分を除去する処理。その一方法として吸着処理が用いられる。各種工場排水に含まれる着色成分の分子サイズは他の汚染物質と比較して大きい場合が多い。しかし木炭中のミクロ細孔の孔径は1nm（ナノメートル）以下という小さな細孔であるため、着色成分に対する吸着能力は活性炭と比べるとかなり低い。
吸着剤の**脱色力**の評価には活性炭のJIS K1474の試験項目である**メチレンブルー吸着性能**が適している。

脱着（だっちゃく）
Desorption

材料表面に吸着していた分子が表面から脱離すること。吸着の逆である。物理吸着では温度が高くなると吸着量が減少する。したがって、ガスを吸着していた木炭を加熱すればガスは脱離し再生することができる。

脱硫・脱硝（だつりゅう・だつしょう）
Desulfurization・denitrification

排ガス中の硫黄酸化物（SOx）や窒素酸化物（NOx）を除去すること。工業的には活性炭の吸着性や触媒活性が利用される。脱硫・脱硝性能を高めた活性コークスが開発されているほか、活性炭素繊維の適用例もある。木炭にも高温で一酸化窒素を窒素に還元する作用がある。

炭化物（たんかぶつ）
Carbonized matter

木材などの炭材を酸素の少ない雰囲気下で加熱処理、すなわち炭化することによって得られる、炭素が主成分の物質。炭素化物ともいう。見かけが黒色をしていても未炭化の割合が多い場合もあり、炭素分が何パーセント以上を炭化物と呼べるかの定義はない。

炭質（たんしつ）
Charcoal properties

木炭（石炭）の性質。また、その品質の総称。木炭の原材料、製造方法（消火法）や形状により、大きく3つに分類されている。
黒炭：温度400～700℃前後で炭化し、炭化が終了した時点で、空気を断絶することにより消火する。主なる原材料はナラ、クヌギ、カシなどで、炭質がやわらかく、着火は比較的容易で、早い時点で大きな熱量が得られることから、家庭用の燃料、暖房用（火鉢など）に使用されてきた。現在では、ほかにバーベキューや茶道用に使用されている。
白炭：炭化温度800℃以上の温度で焼成し、炭化終了時点で炭窯の外に掻き出し、消し粉を散布して急激に消火

させる。原材料はウバメガシ、カシ類である。炭質は硬く、着火しにくいが、一度着火すれば炭質が均一で安定した火力を長時間にわたって維持できるために、うなぎの蒲焼き、焼き鳥、小豆餡（あん）の製造などに使用されてきた。

竹炭：原料は竹材（主にモウソウチク）で、木炭に比較して水分や化学物質の吸着速度が速いことが判明してきた。このことから、最近、住宅の床下調湿資材、水処理材、土壌改良剤などとして使用されるようになった。

炭素（たんそ）
Carbon

周期律表第4属第2周期に属する原子番号6番、原子量12.011の元素でCと表される。

最外郭電子は2S、2Pに計4個あり、混成軌道の様式にはsp^3、sp^2、spの3つがあり、sp^3軌道でダイヤモンド、sp^2軌道で黒鉛、フラーレン（分子でもある）、カーボンナノチューブ、sp軌道でカルビンという単体を形成する。一般には上記の単体以外に炭素を主成分とする材料を含めて炭素と呼ぶ。

炭素固定（たんそこてい）
Carbon fixation

一般的には炭素を固定していることをいうが、樹木は生長する過程で温室効果ガスの一つである大気中の二酸化炭素を吸収し、光合成によって樹木内にセルロースやリグニンなどの成分として炭素という形で蓄積することから炭素を固定すると表現される。

木材成分の組成の約半分は炭素であることから、1m^3の木材中に蓄えられている炭素量はおおよそ250kg程度である。地球温暖化防止に向けて、二酸化炭素の吸収源である森林の役割が注目されているが、地球上における森林バイオマスの炭素固定量は7600億トン程度とみられている。

また、木炭はほぼ全部が炭素から構成されていることから、高品位で炭素固定したものといえる。

炭素材料（たんそざいりょう）
Carbon material

炭素で構成されている材料。ダイヤモンド、黒鉛、フラーレン、カーボンナノチューブ、カルビンなどの炭素原子のみで構成される単体以外に、炭素を主成分とする活性炭、木炭、カーボンブラック、グラッシーカーボン、炭素繊維、炭素繊維を含んだ炭素複合材料、黒鉛層間化合物なども含めて炭素材料という。

単一元素の材料にもかかわらず構造材料、工業材料、工業原料、燃料、触媒、環境材料、民生材料、装飾など幅広い用途がある。さらに近年の新規炭素材料の開発および応用研究には目覚ましいものがある。

炭素繊維（たんそせんい）
Carbon fiber

レーヨン、ポリアクリロニトリル（PAN）などの繊維を不活性な雰囲気

下で熱処理し炭化した繊維。

耐熱性、化学的安定性、低密度などの特徴があり、特にPAN系炭素繊維は高弾性、高強度の特性があり、樹脂などの強化材として使用される。多孔質の繊維状活性炭と区別すべきである。

炭素繊維の生体親和性を利用した用途として、水中に設置し、水処理や人工藻場などがある。

炭素繊維補強コンクリート複合材(たんそせんいほきょうこんくりーとふくごうざい)

CFRC=Carbon fiber-reinforced concrete

土木建築分野における炭素繊維(PAN [= Polyacrylonitrile] 系、ピッチ系) の利用は、炭素繊維強化コンクリート複合材（CFRC）としての利用、電磁波遮蔽や吸収など電磁気的特性を生かした利用とに大別できる。前者は、さらに短繊維CFRC、連続繊維CFRCとに区分される。

短繊維CFRCは、炭素繊維を数mm～十数mmに切断し、セメントモルタルに体積比で1～5％分散混入させるものである。従来のセメントコンクリートに比べて、引っ張り・曲げ特性に優れ、ひび割れ抵抗性が大きい、ひび割れ発生後の変形能力に優れるなどの特徴がある。カーテンウォールなどのビル外装材としても使用される。

連続繊維CFRCは、炭素繊維強化プラスチック（CFRP = Carbon fiber-reinforced plastic）に加工し、一般のコンクリート系構造物の鉄筋や緊張材などの代わりとしても使用される。シート状のもの、三次元織物状のものなどは吊床版橋や埋設型枠の補強、耐火性のカーテンウォールなどとしても使用される。軽量、高強度、耐食性に優れるなどの特徴がある。→炭素繊維、曲げ強さ

炭素同位体(たんそどういたい)
Carbon isotope

原子番号が同じで質量数が異なる核種を同位体という。同位体は中性子数が異なる核種である。

炭素同位体には炭素12（98.90％）、炭素13（1.10％）のほかに放射性同位体の炭素10、炭素11、炭素14、炭素15がある。

炭素12は原子量の基準である。炭素13は核スピンをもつので有機化合物の構造決定に、放射性炭素11はPET（陽電子断層映像法）の放射性薬剤の一つとして、放射性炭素14は年代測定に利用される。→炭素年代測定法

炭素年代測定法(たんそねんだいそくていほう)
Radiocarbon datinng, Carbon dating, Age determination

大気上層部で窒素原子に宇宙線が衝突し放射性炭素14が生成され、酸化されて二酸化炭素として大気中に拡散する。炭素14はβ線を放射しながら半減期5730年で減衰する。したがって、大気中の炭素12と炭素14との割合はほぼ平衡状態にある（一定）とみなせる。

生物は光合成、食物連鎖などにより炭素を取り込むが、炭素12と炭素14の割合は一定である。生命活動が途絶えると炭素14は取り込まれなくなり、前記の半減期で減衰する。したがって、炭素12と炭素14の割合から年代を測定することができる。大気環境が一定でないこと、海水中の二酸化炭素の影響を受けること、核実験などにより炭素12と炭素14の割合が変動するので樹木の年輪などによる校正が必用である。

　加速器質量分析法（AMS法）により放射線計測法よりもごく微量（0.2～1mgレベル）のサンプルでも年代測定が可能となった。たとえば、土器に付着していた微量の煤の放射性炭素14の同位体比分析から弥生時代の開始が400～500年さかのぼることが確認された。

炭素の三重点 (たんそのさんじゅうてん)
Triple point of carbon

　1成分系からなる物質で固相、液相、気相の三相が共存する状態を表す点を三重点という。状態図では温度と圧力とで一義的に定まる。

　炭素の融点は非常に高く実験的に検証することは難しい。黒鉛・液相・気相が共存する三重点は1kPa（Pa＝パスカル）、4000K（ケルビン。絶対温度）近傍にあるといわれている。ダイヤモンド・黒鉛・液相の三重点は12GPa（G＝ギガ。10億倍）、4100Kといわれている。

　炭素繊維、カーボンブラック、炭などは黒鉛と同じく炭素六角網面を基本構造とするが熱力学的安定相はなく、三重点はない。フラーレン、カーボンナノチューブ、カルビンは、炭素の同素体であるが熱力学的安定相とみなしうるか明らかではなく、状態図に含められる段階には至っていない。

炭素表面 (たんそひょうめん)
Carbon surface

　炭素表面の構造および性質は材料の違いによって大きく異なる。

　黒鉛の基底面は疎水性が強く不活性な平坦平面であるが、エッジ部分は比較的活性がある。

　木炭は原料の樹種の植物組織の構造を保持しているために、異方性であり、細孔の開口部は主に木口面に存在する。主成分が炭素であるために化学的性質は疎水性であるが、炭化温度によって変化する。低温炭化では酸性の官能基が多く存在するが、炭化温度の上昇とともに減少する。

炭素六角網面 (たんそろっかくあみめん、たんそろっかくもうめん)
Hexagonal carbon layer

　炭素原子6個からなる六角形を基本構成単位とし、あたかも網面（目）のような平面状のひろがりをもつので、炭素六角網面とも呼ばれる。

　主要な炭素材料である黒鉛は炭素六角網面を構造の基本単位とした三次元的な規則的積層構造からなる。

　有機物の熱分解によって得られる炭

やカーボンブラックは炭素六角網面の不規則な積層構造、すなわち乱層構造からなる微結晶炭素である。

担体機能(たんたいきのう)
Function as carrier

材料表面に化学物質などを担持(保持)することによって、新たな機能を発現したり、本来の機能を増大させたりする担体としての機能。

活性炭や木炭の表面に微生物を担持させると、排水中の有機物による汚染を微生物によって浄化することができる。活性炭や木炭の広い表面積を利用して触媒や化学薬品を担持し高分散させると、触媒や脱臭効果が増大する。

窒素吸着量(ちっそきゅうちゃくりょう)
Nitrogen adsorption capacity

物質の細孔内にどのくらい窒素ガス量を保持する能力があるかを示す値。炭の脱臭、脱色性能など吸着性能を示す簡便的な値。

その測定方法は、液体窒素で炭を冷却し窒素ガスを流通させる。炭に飽和吸着した窒素の量がそれであるが、飽和吸着している炭を液体窒素から取り出して、加熱して脱着する窒素量とも一致する。窒素の分圧を変えて、この吸着量あるいは脱着量の測定によって炭の細孔サイズや細孔の総表面積などを求めることができる。

単位重量あたりの窒素ガスの吸着量が大きな値ほど吸着性能が優れた炭化物といえる。通常の木炭の窒素吸着量による比表面積の測定値は$100 \sim 350 m^2/g$、活性炭と呼ばれるものの値はその倍以上であり、一般的には$800 \sim 1200 m^2/g$である。(BET法については→比表面積)

チャー
Char

石炭や木材や樹脂などを酸素の少ない雰囲気下で加熱分解させることによって得られる炭素が主成分の軟化溶融しない固体状物質。灰分もチャーに含まれる。

低温発火(ていおんはっか)
Ignition at low temperature

木材などが通常の引火点(およそ$240 \sim 280 ℃$)や出火危険温度$260 ℃$よりも低い温度で発火する現象をいう。

木材など有機物は繰り返し加熱されたり、あるいは低温でも長期間加熱されると徐々に酸化反応が進み、炭化する。木材や炭化物は熱伝導率が小さいので酸化熱や熱分解熱が蓄熱されやすい。このような状態のとき外部から加熱されると、木材の通常の引火温度よりも低い$100 \sim 280 ℃$程度で発火することがある。

レンジ・煙突まわりの金属板で覆われた木材壁などに火災事例がみられる。

デシベル
Decibel, dB

電話の発明者A. G. Bellにちなんだ単位ベルの10分の1(デシ)を意味す

る無次元の単位をいう。

　電圧、電流、音圧、エネルギー密度などの基準値に対する減衰あるいは利得の比の常用対数に定数Kを乗じた（整数倍した）ものである。

　定数Kは仕事率やエネルギー関係では10、電磁波や電圧、音圧関係では20が用いられる。数値が大きいほうが減衰あるいは利得の割合が大きい。

展炎(てんえん)
Flame spread

　可燃性材料の表面に形成された火炎の広がりを展炎、あるいは火炎伝播といい、このときの火炎先端の移動速度を展炎速度、火炎伝播速度という。

　木材の燃焼は代表的な分解燃焼で、着火後自らの火炎により発生した熱あるいは外部から供給された熱を未燃焼表面に伝達して熱分解を引き起こし、火炎が伝播する。

電気抵抗(でんきていこう)
Electric resistance

　電流の通りにくさを表す値。電圧を電流で割った値。単位はオーム（Ω）。電気抵抗の値は導体の長さに比例し、断面積に反比例する。

　一定温度では単位長さ、単位断面積あたりの電気抵抗値は物質によって決まっている。これを比電気抵抗、または**電気抵抗率**（electric resistivity）という。電気抵抗率の逆数が電気伝導度である。

電磁波(でんじは)
Electromagnetic wave

　電場の波と磁場の波とが必ず相伴って存在し、その振動方向は互いに垂直で、かつ伝搬（進行）方向にも垂直な振動波（横波）を電磁波という。マクスウェルが理論的に予言し、ヘルツが実験により存在および性質を明らかにした。

　波長の短いほうから、物質との相互作用が大きく電離作用をもたらすγ線、X線、皮膚ガンの一原因とされ紫外線、可視光線、熱線とも呼ばれる赤外線、通信用に使われる電波に区分される（図5-7）。波長が短い（振動数が高い）ほどエネルギーが大きい。電磁波には粒子性もあり光電効果（電離作用）、コンプトン効果などもある。

[電磁波遮蔽効果(でんじはしゃへいこうか) Shielding effect on electromagnetic wave]

　電磁波障害を抑制または防止するために使用されるのが電磁波遮蔽材、電磁波吸収材である。前者は電磁波を透過させない材料であり、後者は電磁波を熱エネルギーに変換して吸収し、透過も反射もさせない材料である。

　遮蔽材としては金属、炭素繊維などの導電性の繊維、導電性有機高分子、高温でやいた導電性の炭、ゴムに金属やカーボンの粒子や粉体を混合した導電性複合材、金属溶射・塗料などで導電性表面処理をした材料などがある。吸収材としては磁性材料、カーボン・マイクロ・コイルなどがある。

高温で炭化した炭などの炭化物は導電性があり電磁波遮蔽性能が高い。炭化温度や電磁波の周波数依存性が大きいが、たとえば炭化温度1000℃では減衰比は60dB（デシベル）（1000分の1）見当である。炭などを使用した遮蔽材はメンテナンス・フリーであるが、低周波域における磁気遮蔽は期待できない。
→デシベル

[**電磁波障害**（でんじはしょうがい）
Electromagnetic wave interferennce]

電磁波障害には精密電子機器を誤作動させるハード的な障害と、ガン、白血病、脳腫瘍、妊娠異常、電磁波過敏症など人体への健康障害に関する障害とがある。多数の報告事例がみられる。

1999年には「生体への電波防護のための基準」が法的に制度化された。ただし、一方では、電磁波は古くは面疔の、最近では肝臓ガンの物理療法としても生かされている。

添着（てんちゃく）
Impregnation

活性炭などの担体に触媒などの化学物質を添加し付着させること。通常は化学物質を含む溶液に担体を含浸した後、担体を取り出し乾燥することによって添着する。

伝熱（でんねつ）
Heat transfer, Heat transmission

熱伝導、熱対流、熱放射の1つまたは複数の組み合わせにより熱が伝えられる現象の総称である。熱対流には自然対流または強制対流による熱移動ばかりでなく沸騰、凝縮など相変化をともなう熱移動も含まれる。

透水性（とうすいせい）
Water permeability

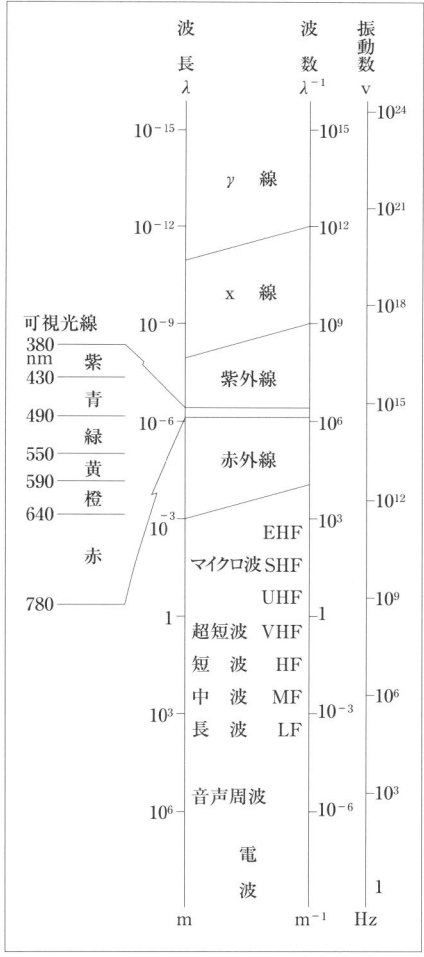

図5-7 電磁波の区分

出典：炭素材料学会『カーボン用語辞典』（アグネ承風社）から一部省略して引用

水を透過させる性質。多孔性の木炭は透水性に優れており、地力増進法の土壌改良資材として認められた。

導電性(どうでんせい)
Conduction

電流を流すことのできる性質をいう。電流密度は電圧に比例するがこの比例定数が導電率で、電気伝導率、電気伝導度などとも呼ばれる。電気抵抗率(比抵抗、固有抵抗)の逆数である。導電率が無限大のとき超伝(電)道となる。

黒鉛、高温で炭化された木炭、木・竹酢液にも導電性がある。

トラッキング現象(とらっきんぐげんしょう)
A phenomenon of tracking, Tracking phenomena

絶縁体表面に導体が付着したり、または絶縁物が導体に変質して沿面放電が発生して絶縁体表面に「炭化導電路」が形成される現象をいう。グラファイト化現象ともいう。

たとえば、差し込みプラグなどにホコリが付着したとき、回路遮断機が作動しないほどの微弱な電流が流れ炭化が進行し、ジュール熱により火災が発生することがある。

な

内部表面積(ないぶひょうめんせき)
Internal surface area

立体の内部の表面の面積。木炭の場合には木炭の細孔の表面の面積。通常、黒炭では250〜400㎡/g、白炭では250〜350㎡/g程度の内部表面積を有するが、炭化法によって違いが出てくる。

ナノチューブ
Nanotube

ナノは10億分の1の単位を表し、チューブは管を意味する。ナノチューブとは炭素が蜂の巣状の規則正しく平面状の6員環のネットワークを形成(グラフェンシート)し、二次元的に円筒状になっているチューブのことをいう。単層ナノチューブ(SWNT = Single-walled carbone nanotube)と多層ナノチューブ(MWNT = Multi-walled carbone nanotube)の2種類がある。前者は1枚のグラフェンシートで構成されたチューブ壁が1層で、後者は複数のグラフェンシートで同軸上円筒状になったチューブ壁が多層ででき上がっている。

ナノ粒子(なのりゅうし)
Nanoparticle

粒子の直径が100nm(ナノメートル)以下の粒子を超微小粒子、50nm以下の粒子をナノ粒子と呼ぶ。

ディーゼルエンジンから排出される粒子は、重量割合では50nmの粒子が大半であるが、数の割合では50nm以下の粒子が大半である。ディーゼル車の排ガスに含まれる微粒子をラットに注入する実験で、ナノ粒子を多く含む場合、高い率で肺ガンが発症すること

が報告されている。

難黒鉛化性炭素(なんこくえんかせいたんそ)
Non-graphitizing carbon
3000℃の高温で熱処理しても黒鉛化しない炭素。木炭や熱硬化性樹脂の炭化物などがこれに相当する。逆にピッチ類の炭化物は高温熱処理で黒鉛化するので易黒鉛化性炭素という。

難燃性能(なんねんせいのう)
Fire-resistant performance
通常の火災による火熱に対して加熱開始後5分間は、燃焼しない、防火上有害な変形溶融などを生じない、避難上有害な煙・ガスを発生しないという要件を満たす材料の性能を難燃性能という。

一般に、熱硬化性炭素顆粒体を高温炭化したボードや焼成炭化物などは前記難燃性能を満たす。

濡れ性(ぬれせい)
Wettability
固体表面に液体界面が形成されることを濡れといい、その程度を濡れ性という。高温で炭化した炭の表面は親水性となり濡れやすく微生物が付着しやすい。

熱応力(ねつおうりょく)
Thermal stress
物体の温度が変化した場合、熱膨張または熱収縮が何らかの原因で妨げられるときに発生する応力を熱応力という。

均質な物体でも温度分布が生じた場合や焼成など炭素材料製造過程における熱変性にともなう膨張収縮によっても熱応力が発生する。

熱応力はヤング率、熱膨張率、温度変化量に比例する。

熱再生(ねつさいせい)
Thermal regeneration
使用済み活性炭を加熱により再生すること。再生方法は製造法と同じであり、活性炭を賦活炉に投入し800℃以上に加熱して吸着物質を炭化する。次いで短時間水蒸気賦活することによって付着した炭化物をガス化して除去する。通常、元の活性炭も一部ガス化するため5％程度のロスが生じる。

熱収縮(ねつしゅうしゅく)
Thermal shrinkage
高温加熱によって材料が収縮し体積が減少すること。木炭を1000℃に加熱すると収縮し、密度や硬度が上がり、火もちがする木炭になる。逆に木炭中のミクロ細孔も収縮し、孔径が小さくなり比表面積や吸着能力が低下する。

熱衝撃(ねつしょうげき)
Thermal shock
急激な温度変化、局所的に大きな温度勾配が負荷されると熱膨張や熱収縮に起因する衝撃的な熱応力が発生する。これを熱衝撃といい、衝撃的な破壊に

5章 炭の特性、作用

つながることもある。

　精錬をかけたオキ(熾)に湿り気のある消し粉をかけても炭が割れないのは細孔構造が応力を緩和するためである。

　材料の熱衝撃に対する強さは熱衝撃損傷抵抗、熱衝撃破壊抵抗で評価される。

熱伝導(ねつでんどう)
Thermal conduction

　固体や対流がない流体層内に温度分布があるとき、物質の移動をともなうことなく、高温側から低温側に熱が伝わる(熱エネルギーが流れる)現象をいう。熱伝導の目安は**熱伝導率**で表され、熱流束(単位時間単位面積あたりの熱流)を温度勾配で除した値である。

　一般に、熱伝導率は木材や炭のような細孔構造体では金属に比して小さく、また繊維方向とこれに垂直な方向とでも大きく異なる。水の値は0.6W/m・K(ワット／メーターケルビン)で、鉄は40W/m・K程度、木材は0.07～0.2W/m・K程度、マツ炭で繊維方向に垂直な場合0.1W/m・K、同じく平行な場合0.15W/m・K見当である。

熱特性(ねつとくせい)
Thermal characteristic

　常温、高温における物質の特性を示すものである。熱安定性、熱重量変化、熱膨張や収縮、熱伝達、熱伝導度など加熱したときの物理・化学的性状を表す用語。たとえば、木材は金属に比べ熱伝導率は、純銅の約1000分の1ときわめて小さく熱が伝わりにくい物質である。また、木材は空気を遮断した状態では、約200℃付近で分解が始まり、320℃～400℃で急激な重量減少が起こる。500℃を超えるとほぼ分解が終わり、揮発する物質はごくわずかとなり、木材が炭化物の状態となる。

　炭は可燃性で固形燃料ではあるが、不活性ガスの雰囲気では高温においても熱重量変化、熱膨張、熱収縮が少なく、熱的に安定した特性がある。無機材料として優れた素材である。

熱膨張(ねつぼうちょう)
Thermal expansion

　物体温度の上昇または下降により物体の長さや体積が増加または減少する現象をいう。単位温度あたりの膨張の割合を**熱膨張率**という。線膨張率と体膨張率とがあり、後者は前者の3倍である。炭は繊維方向とこれに垂直な方向とでは膨張率が異なる。

燃焼(ねんしょう)
Combustion

　燃焼とは熱と光をともなう物質の酸化現象をいう。一般的には、リンやアンチモンが塩素ガス中で激しく反応する例も燃焼という。化学エネルギーを熱エネルギーに変える現象の総称である。

　気体燃料の燃焼形態は(部分)予混合燃焼、拡散燃焼に大別でき、前者は火炎が伝播する。液体燃料では液面燃焼、灯心燃焼、蒸発燃焼、噴霧燃焼な

どがある。固体燃料では蒸発燃焼、分解燃焼、表面燃焼、燻焼（いぶり燃焼）などがある。発炎や発煙の有無により発炎燃焼と無炎燃焼、燻焼、表面燃焼などに区分されることもある。

　燃焼形態は燃料により異なるが、総じて、炭の表面燃焼など若干の例外を除けば基本的に気相（空気）中での酸化反応とみなせる。気体燃料の燃焼が燃焼現象の基本とされる。

　特殊な例として固体ロケット用燃料や火薬の燃焼、核燃料の燃焼がある。後者は核分裂によって発生する熱を利用するもので、一般の燃焼形態とは異質のものである。

　気体の**燃焼速度**は大きく、木材など固体の燃焼速度は小さい。固体→液体→気体→燃焼、固体→気体→燃焼、固体→炭化→表面燃焼などのプロセスを経るためである。炭では広葉樹炭よりも針葉樹炭のほうが、白炭よりも黒炭のほうが燃焼速度は大きい。

　燃焼熱とは1モルまたは単位重量あたりの発熱量のことであり、炭化することで発熱量は大きくなる。

　有機物の燃焼により発生する**燃焼ガ**スには二酸化炭素、一酸化炭素、各種の炭化水素、未炭化物、煤（すす）などが含まれる。塩素や臭素を含むものを混燃させるとダイオキシンその他の有害物質が生成される。

熱と光をともなう燃焼

は

バイオソニックス
Biosonics

　光音響効果により炭素材料（黒鉛、活性炭、フラーレンなど）から発生したごく微弱な（超）音波は、近くの細菌（の細胞）に増殖を促す音波シグナルとして作用する。増殖した細菌集団からはより強力な音波シグナルが発生する。炭素から発せられる（超）音波には生物作用がある。

　この音波シグナルには化学物質とは異なる細菌（の細胞）の増殖誘導や抑制作用がある。このような音波シグナルをバイオソニックスと呼ぶ。　→光音響効果

バインダー
Binder

　粉末状の材料を粒状などの種々の形状に成形するために加える結合材。

　粒状活性炭の製造にはコールタールピッチ、石油ピッチ、樹脂、廃糖蜜などが使用される。バインダーも炭化することになるので炭素含有率の高いバインダーが有利である。

破過曲線(はかきょくせん)

5章　炭の特性、作用

Break through curve

活性炭などの吸着剤を充填したカラムや充填塔の吸着層に流体を流す。流体中の吸着質は吸着層の上流側から順次吸着され、吸着質で飽和した吸着帯は下流側に移行する。やがて吸着層全体が飽和状態（吸着能力の限界）に近づくと流出濃度が上昇しはじめ、最終的には流入濃度に等しくなる。

流入濃度の5～10％に達した時点を破過点という。破過点以降の濃度の時間経過を破過曲線という。破過曲線の形状は吸着速度が有限であること、流体の混合拡散効果などによりステップ状とはならない。

破過曲線は吸着層の寿命を示すものであり、吸着装置の設計や操作に重要な指標である。

爆跳(ばくちょう)
Sparks of fire

炭が加熱または燃焼するときパチッという音を出して炭火が跳ね飛ぶことをいう。炭の中に閉じ込められた水分やガスが急激に膨張して起こる小さな爆発である。

カシのようなガスを逃がしにくい組織構造であること、またカリウム、ソーダー、ケイ酸塩類が溶融してガラス状となり細孔をふさぐことなどが原因である。高温で精錬する高知備長炭は爆跳しやすい。

発炎燃焼(はつえんねんしょう)
Flaming combustion

熱による木材の二次分解生成物と酸素によって形成された可燃性の混合気体が着火して、炎と光を発して燃焼する現象。

発火点(はっかてん)
Ignition point

木材など可燃性物質を空気中で徐々に加熱昇温させるとき、火源がなくとも着火、または爆発する温度をいう。

活性炭ではJIS（K1412-1952）で品質項目の一つとして300℃以上に規定されている。引火温度よりも高い。発火温度ともいう。→引火点

発熱量(はつねつりょう)
Calorific value, Heating value

単位量の物質が完全燃焼するときに発生する熱量。単位はcal/g。

黒炭は7000～8200、白炭は6500～7800cal/g程度の発熱量をもっている。炭材の発熱量はおおよそ4000～5000cal/gである（表5-4）。

表5-4 木炭の発熱量 （単位：cal/g）

黒 炭		白 炭	
クヌギ	7,423	ウバメガシ	7,014
マ ツ	7,677	ナ ラ	6,974
ナ ラ	7,254	カ シ	6,819
シ イ	7,056	ブ ナ	7,287
カ シ	7,535	コナラ	6,938

（注）上記発熱量は一例であって炭化の条件によって異なってくる

反応性(はんのうせい)
Reactivity

物質が化学反応を起こす性質あるいはその反応の速さの大小。

木炭は室温ではきわめて安定で、古代の墓の中から発掘されることもある。しかし、熱がかかると反応性に優れ、無定形炭素の中では特に反応性が大きい。加熱された木炭に二酸化炭素を通すと、一酸化炭素に変換されるが、コークスの場合に比べ6〜10倍量の反応性を示す。木炭は反応性に富むので製鉄、二硫化炭素の製造に用いられる。

木炭の反応性が大きい理由としては、多孔性の木炭が大きな表面積をもち、反応点が多いこと、通気性がよいためにガスが入り込みやすく、また、反応後のガスが出やすいことなどが挙げられる。

pH(ピーエッチ、ペーハー)
pH

水溶液中の水素イオン指数であり次式で表される。

$$pH = -\log_{10}[H^+]$$

$[H^+]$は水素イオンのモル濃度(mol/dm³)である (d = 10分の1)。25℃、中性では $[H^+] = 10^{-7}$ mol/dm³ であるのでpH = 7となる。pH<7を酸性、pH>7をアルカリ性と呼ぶ。ガラス電極pHメーターで測定する。

備長炭のように高温でやいた木炭の粉末を蒸留水と振り混ぜた後木炭をろ過したときのろ液のpHはアルカリ性を示す。

非可逆反応(ひかぎゃくはんのう)
Irreversible reaction

ある物質系で反応が起こり他の物質系に移行した場合に完全に元の状態に戻ることができない(一方通行の)反応をいう。木材や炭の燃焼は、その例である。→可逆反応

光音響効果(ひかりおんきょうこうか)
Photo-acoustic effect

物質が断続的に赤外線などの電磁波の照射を受けたとき、空気が膨張収縮を繰り返し、同じ周波数の(超)音波を発生する現象をいう。A. G. Bellにより発見された。光音響分光法にも応用される。

炭素材料から発せられる(超)音波には好炭素バチルス菌、枯草菌などの増殖誘導や増殖促進効果がみられる。

ピクノメーター法(ぴくのめーたーほう)
Pycnometer method

比重瓶(ピクノメーター)を用いて試料の比重を測定する方法。

木炭の真比重を求めるには下記の質量を測定する。比重瓶の質量(mp)、比重瓶に破砕・乾燥した木炭の小粒子を入れたときの質量(mc)、比重瓶に1-ブタノール(Bu)だけを入れた質量(mb)、比重瓶に試料とBuを入れたときの質量(mbs)、比重瓶に水だけを入れた質量(mw)。測定温度での水の密度をdとすると、木炭の真比重は

$[(mc - mp)/\{(mc - mp) - (mbs - mb)\}] \times \{(mb - mp)d/(mw - mp)\}$

で与えられる。

微結晶炭素(びけっしょうたんそ)

Microcrystalline carbon

乱層構造炭素の微小な結晶を指す。微結晶炭素は、黒鉛に比べて炭素六角網面の平面方向へのひろがりはごく小さく積層も薄いが、層間距離は大きい。

木炭、活性炭、カーボンブラックなどは微結晶炭素、未組織炭素などの集合体とみなせる。超高温処理しても黒鉛化しにくい。

比重(ひじゅう)
Specific gravity

ある材料の質量と、それと同体積の標準物質の質量の比をいう。ふつう標準物質には4℃の水を用いる。→密度

非晶質炭素(ひしょうしつたんそ)
Amorphous carbon

非晶質とは結晶質の反意語である。非晶質物質は「不規則系物質で、短距離秩序(数原子〜十数個の原子オーダー)を有しても長距離秩序(数百〜数千個の原子オーダー)を有しない物質」と定義される。

非晶質炭素とは「炭素原子が不規則な空間配置をした炭素」を指す。炭などの結晶性の低い炭素は混同して無定形炭素とも呼ばれた。

非晶質炭素は真空蒸着(じょうちゃく)など物理蒸着法による炭素薄膜にみられる。

微生物作用[木炭の](びせいぶつさよう[もくたんの])
Microorganism activity [of charcoal]

木炭のカビ、細菌、菌根菌など微生物に対する作用。

木炭を土壌に施用すると微生物相が変動する。土壌中の細菌や放線菌が増え、糸状菌も増加する。また、VA菌根菌の土壌中での増殖、根への感染、さらに菌糸の成長が促進されてVA菌根菌による植物への栄養素の供給量が増大し、根粒による窒素固定も増大し、植物の生育は促進する。

引っ張り強さ(ひっぱりつよさ)
Tensile strength

物体が引っ張り力を受けて破壊するときの応力。繊維方向の強さを縦引っ張り強さ、繊維に直角方向の強さを横引っ張り強さと呼ぶ。

比熱(ひねつ)
Specific heat

物質の単位質量あたりの熱容量のことで、物質1kgを1K(ケルビン。絶対温度)上げるのに必要な熱量をいう。加熱時に圧力を一定に保つ定圧比熱と容積を一定に保つ定容比熱がある。体積変化にともなう仕事をするので、前者が大きい。熱容量に分子量を乗じたものをモル比熱という。**比熱容量**ともいう。

水の比熱は4.18kJ／kg・K、木材では2.24〜4.18kJ／kg・K、木炭では0.883〜1.05kJ／kg・K程度である。一般に、温度が高くなるほど大きな値となる。

比表面積(ひひょうめんせき)
Specific surface area

試料の単位質量あたりの表面積。単位体積あたりで表すこともある。試料に対する特定分子について測定した吸着等温線にBET（Brunauer Emmett Teller、いずれも人名）式を適用して求められる**BET比表面積**（BET surface area）を指す場合が多い。

通常窒素分子を用いる。BET比表面積の求め方は、まず液体窒素の沸点（－196℃）で窒素ガスの吸着等温線を測定する。BET式を整理した形は次式のようになる。

$x/v(1-x) = (1/v_m C) + (C-1)x/v_m C$

ここでxは窒素の相対圧（P/Po）、Pは平衡圧力、Poは飽和蒸気圧（通常は大気圧下で測定を行うので測定時の大気圧）、vは吸着量（mℓ（標準状態の気体）/g－吸着剤）、v_mは単分子層吸着（試料の全表面を窒素分子1層で覆いつくした状態）に対応する吸着量、Cは吸着エネルギーに関する定数である。

縦軸に$x/v(1-x)$を、横軸にxをプロットすると通常直線が得られる。傾きと切片からCとv_mが計算できる。v_mと窒素1分子の占有面積$0.162nm^2$（ナノ平方メートル）から比表面積が計算できる。

活性炭や木炭の細孔径は非常に小さいので相対圧の高いところではBETプロットが直線から上方に外れる。しかし相対圧0.01～0.10の範囲ではほぼ直線になる。液体窒素温度では窒素ガスの吸着速度が極端に遅くなり、孔径の小さな木炭では正確な比表面積を求めることは難しい。

なお比表面積の比の意味は表面積の測定に使用した吸着質分子の分子占有面積と比較して求めたことを示している。窒素分子よりもサイズの小さな分子で単分子層吸着量を求めると、表面の小さな凹凸まで測定することになり比表面積は大きくなる。

表面官能基（ひょうめんかんのうき）
Surface functional group

固体表面に存在して特徴的な反応を示す原因となる原子や原子団。活性炭や木炭では酸素原子を含む**表面酸化物**（Surface oxide）がこれに相当する。表面官能基には酸性表面官能基や塩基性表面官能基などが存在する。

表面官能基の定性分析、定量分析には一定量の酸や塩基の規定液と振り混ぜて吸着量を測定する滴定法と材料表面をフーリエ変換赤外分光法などの分光学的な測定法がある。

木炭には揮発分が多く含まれているために表面官能基との区別に注意が必要である。

表面張力（ひょうめんちょうりょく）
Surface tension

液体表面には表面積を最小にするような力が作用しているが、これを表面張力という。表面張力は分子間の引力によるもので表面積に関係なく、液体の種類で決まり、温度が高くなるほど小さくなる。水滴、水銀、シャボン玉などが球形になるのは表面張力による。

水銀は表面張力が大きく炭の細孔に

は侵入できない。細孔容積を求めるときは水銀を圧入する。

表面燃焼（ひょうめんねんしょう）
Surface combustion

　木炭やコークスのように熱分解によって炭化して生じた無定形炭素の固体表面で空気と接触した部分が燃える現象。空気と接触した部分が着火すると「オキ（熾）」が生じ、燃焼が継続する。表面燃焼で見られる青白い炎は不完全燃焼によって生じる一酸化炭素によるものである。

　アルミニウム箔やマグネシウムリボンなどの金属が燃焼する現象も表面燃焼という。

ファン・デル・ワールス吸着（ふぁん・でる・わーるすきゅうちゃく）
Van der Waals adsorption

　分子が相互に接近し合ったとき、瞬間的な誘起双極子を生じ、引力を及ぼし合うことによって生じる弱い分子間力をファン・デル・ワールス力といい、この力による結合をファン・デル・ワールス結合という。

　炭などの固体表面に吸着質が吸着される場合、固体表面と吸着質との間に電子の授受がなく、吸着の原因がファン・デル・ワールス結合による吸着をファン・デル・ワールス吸着または物理吸着という。化学吸着に比べて吸着エネルギーは小さいが、吸着速度は速い。→物理吸着

賦活（ふかつ）
Activation

　活性を付与することであり、活性炭の製造では原料の木炭などの比表面積を増大させるために微細孔を生成させる反応・工程をいう。

　活性炭の製法にはガス賦活法があり、その中には水蒸気賦活、二酸化炭素賦活、空気賦活などがある。

不完全燃焼（ふかんぜんねんしょう）
Imperfect combustion

　一般的に空気中、または酸素中で物質が熱と光を発して激しく酸化される現象を燃焼という。燃焼には①可燃物、②熱源、③空気あるいは酸素の存在が必要で、これを燃焼の3要素という。これらのうちの1つを欠いても燃焼は起こらない。

　不完全燃焼は酸素の供給の不十分なときに起こる現象で、有毒ガス一酸化炭素の発生をともなう。炭化炉への空気の流入量を制限して行われる炭化は、不完全燃焼の一つである。

輻射熱（ふくしゃねつ）
Radiation heat

　物体からマイクロ波、赤外線、紫外線、可視光線などの電磁波や、陽子、中性子などの粒子線が放射されることを輻射といい、そのときに生じるエネルギーを輻射熱という。

　物体はその温度に応じてエネルギーを電磁波として放出し、この現象を熱放射という。

不対電子(ふついでんし)
Unpaired electoron

　奇数個の電子をもつ分子やあるいは電子数は偶数でも電子を取り込むことができる軌道数が多く、1つの軌道に電子が1個しか入ってない場合に、これらの電子を不対電子という。

　化合物は熱分解、光分解、放射線分解などにより、原子間を結合させている電子対が解かれ、各々の原子が電離する開裂反応が起こる。このような分解反応により生ずる不対電子を少なくとも1つもち、かつ2個以上の原子または原子団から構成される化学種を遊離基という。遊離基は(フリー)ラジカルとも呼ばれ、不安定で寿命が短く、他の遊離基や分子と反応して安定化する。

　遊離基には必ず不対電子が含まれる。したがって、遊離基の挙動は不対電子の挙動でもある。木炭の炭化温度と不対電子の関係を例示する。遊離基はESR(電子スピン共鳴)法で測定し、不対電子を算出した。

　不対電子はセルロース炭、リグニン炭、木炭とも炭化温度が高くなるほど増加するが、リグニンは650℃で、ほかの炭は750℃で測定不能となるまでに急減する。不対電子の急激な消滅は「芳香族多環構造の発達にともなうσ電子どうしが結合したり、生じてくるπ電子を取り入れて対化していくため」とされる。木炭の性質が急激に変わる温度帯域であることがわかる。

フラーレン
Fullerene

　1985年に発見された新しい炭素同素体の総称。sp^2炭素による6員環網目構造が主体であるが、4、5、7、8員環も含むために、黒鉛のような平面構造をとらず、球、楕円球、チューブ、螺旋など多様な形を示す。

　C60は60個の炭素原子から20個の6員環と12個の5員環を形成しサッカーボール状の構造をもつ分子である。チューブ状の炭素はカーボンナノチューブと呼ばれており、単層や多層構造のものがある。

フロインドリッヒ式(ふろいんどりっひしき)
Freundlich equation

　活性炭や木炭への有機化合物の溶液からの吸着等温線を精度よく表すことができる吸着等温式で、次式で表される。

$$W = KC^{1/N}$$

ここでWは平衡吸着量、Cは吸着質の平衡濃度、Kと1/Nはフロインドリッヒ吸着定数である。両辺の対数をとると次式のようになる。

$$\log W = \log K + (1/N)\log C$$

横軸に$\log C$、縦軸に$\log W$をプロットすると直線になり、傾きから1/Nが、C=1のときの吸着量からKが求められる。K値はCやWの単位のとり方によって変化するので注意が必要である。

　本式は平衡濃度が無限大になると吸着量も無限大になることを示しており、

不自然な関数であるが極低濃度域や高濃度域を除くと実際の吸着等温線を精度よく再現する。

分子ふるい炭素（ぶんしふるいたんそ）
Molecular sieving carbon

分子サイズよりも小さな孔径を有する細孔には吸着できない性質を利用して、分子サイズ程度の大きさに孔径を制御した炭素材料により、サイズの異なる分子の混合物から特定の分子をあたかもふるいにかけるように分離できる機能を有する炭素。孔径が0.4nm（ナノメートル）よりも大きな細孔がない炭素材料は空気から窒素のみを分離することができる。木炭は細孔径が小さいために分子ふるい作用を有する。

平衡含水率（へいこうがんすいりつ）
Equilibrium moisture content

一定の温度、相対湿度条件の空気中で平衡状態に達したときの木材の含水率。

温度20℃、相対湿度60％で平衡状態に達したときの木材の含水率はほぼ12％で、これを標準含水率としている。通常の木炭の平衡含水率は未炭化の木材のそれに比べると、同一の温度と相対湿度の条件下では低い値をとる。

放射伝熱（ほうしゃでんねつ）
Radiant heat transfer

物体（原子）が励起され、放射される電磁波によって熱エネルギーが移動する現象である。

放射エネルギーは物体表面の絶対温度の4乗に比例する。放射割合は物質とその表面状態、温度などにより異なるが、黒体よりも必ず小さい。黒体に対する割合を**放射率**というが、炭は黒体に近い放射率を有する。精錬時の放熱は主として放射伝熱による。

放射能（ほうしゃのう）
Radioactivity

原子核が自然に放射崩壊（壊変）により放射線を放出する性質あるいは現象を放射能あるいは放射性であるという。放射線を放射することで別な核種に壊変する。

放射線を出す元素（物質）は放射性元素（放射性物質）と呼ばれる。天然の放射性元素にはウラン^{238}Uなど放射壊変に属するもの、カリウム^{40}Kのように放射壊変に属さないもの、炭素^{14}Cのように宇宙線による核反応で生成されるものに大別される。

放射線にはα線・β線などの粒子線、電磁波の一種であるγ線などがあり、いずれも電離作用がある。広義には放射性元素に由来しない中性子線、陽子線などの粒子線、宇宙線などを含めて放射線ということもある。

放射線は生物に障害を与えたり、物質に放射線損傷を与えるなど危険性もある。発ガンの引き金の一つともなるがガンの治療にも使われる。放射線重合、非破壊検査、突然変異を生かした植物の品種改良など広い分野で使われている。

原子番号が同じで質量数が異なる元素を同位体、特に放射能がある場合は放射性同位体または放射性同位元素という。炭素には安定同位体として炭素 ^{12}C、^{13}C が、ほかに放射性同位体である ^{10}C、^{11}C、^{14}C、^{15}C がある。^{11}C は放射性薬剤の一つとしてPET（陽電子トモグラフィ：ガンなどの医療診断法の一つ）のトレーサーに、^{14}C は考古学的な年代測定に利用されている。

　炭にも比較的多く含まれるカリウムKには5個の同位体がある。これとは別に地殻に含まれる ^{40}K は岩石や地質学的な年代測定に応用される。→炭素年代測定法

膨潤（ぼうじゅん）
Swelling

　木材は吸放湿にともなって膨潤、収縮を起こす。膨潤の程度を示す膨潤率には、全膨潤率や平均膨潤率、体積膨潤率などがある。繊維方向、放射方向、接線方向の膨潤率の比は、1～0.5：5：10程度である。膨張と同義であるが、木材では熱等に比べて水分による膨張が大きいため、膨潤を使用することが多い。

保水性（ほすいせい）
Water holding ability

　土壌粒子間に存在する水分を重力に逆らってその場に保持しておく能力、すなわち土壌が保持しうる含水量の大小を保水力といい、そのような性質を保水性という。土壌粒子の大小によって含水量は決まってくる。多孔性で、細孔の多い木炭は保水性に優れている。

ま

マイナスイオン
Negative ion

　近年、マイナスイオンをうたったエアコン、空気清浄器、ドライヤーなど家電製品が出回っている。ここで言われているマイナスイオンの発生方式は水破砕方式、コロナ放電方式などであって、イオンの実態は古くから医学領域で研究されてきた空気イオンまたは大気イオンと称されるべきものである。

　炭には木材などよりも濃縮された形で、放射性炭素 ^{14}C、放射性カリウム ^{40}K などが含まれる。β線が放射され空気を電離し、イオン対が生成される。当然、プラスまたはマイナスに帯電した原子や分子が生成される。この意味では炭もマイナスイオンの生成源となるといえる。→空気イオン

曲げ強さ（まげつよさ）
Bending strength

　物体が曲げ荷重を受けて破壊するときの応力。炭、鋳鉄などもろい材料では、2点支持された試験片の中央に荷重を加え曲げ破断強さを求め、曲げ強さとする。

　シロガシ、アカガシ材の曲げ強さは120MPa（メガパスカル）、炭化温度2500℃の木炭では15～90MPa程度である。カシ、ナラ、ホウ、イチョウ等の各

木炭の間では有意差は小さく、密度の1.3乗に比例するとの報告例がある。

曲げヤング係数(まげやんぐけいすう)
Modulus of elasticity in bending
　物体が曲げ荷重を受けた場合の荷重－変形曲線において、変形が小さなところで直線となる領域での勾配。弾性率とも呼ぶ。スギ無欠点材の曲げヤング係数は$80 \times 10^3 \, kgf/cm^2$（キログラムフォース／スクウエアセンチメーター）程度である。

摩擦(まさつ)
Friction
　2つの固体が接触したまま相対的に異なる方向に移動するとき、2面間にはたらくこの運動を妨げようとする抵抗。木炭の摩擦機能を利用した漆器用の研磨炭、微紛木炭を配合した石鹸やシャンプーなどの用途がある。

密度(みつど)
Density
　密度は単位体積あたりの物質の質量である。試料の体積の求め方の違いによって下記のようないくつかの密度の定義があり、用途によって使い分けする必要がある。
［**真密度**(しんみつど) True density］
　1粒の粒子内部には表面に開口している空孔と閉じた空孔が存在するが、全ての空孔を除いた固体部分のみの体積を測定して求めた密度をいう。閉じた空孔の体積を除くためには粒子を粉砕し開口状態にする方法がとられる。
　真密度を測定する方法には、**液置換法とガス置換法**がある。ガス置換法に使用するガスには、測定温度で試料にほとんど吸着しないヘリウムが用いられる。→ピクノメーター法
［**粒子密度**(りゅうしみつど) Particle density］
　真密度の計算に用いた体積（固体部分のみ）に閉じた空孔の体積を加えて計算した密度をいう。測定方法は真密度に同じである。
［**見かけ粒子密度**(みかけりゅうしみつど) Apparent particle density］
　粒子密度の計算に用いた体積に、表面に開口している細孔の体積も加えた値を用いて計算した密度をいう。粒子表面の大きな窪みや割れ目の体積は含まれる。この測定方法としては液置換法が用いられるが、液体には細孔内部まで浸透しない水銀が使用される。
［**かさ密度**(かさみつど) Bulk density］
　容積が既知の容器に試料を充填して測定される体積を用いて計算される密度をいう。見かけ粒子密度の計算に用いた体積に、粒子間隙の体積も加えた値を計算に用いている。**充填密度**(Packed density)ともいう。この値を単に見かけ密度と呼ぶこともあり、見かけ粒子密度と混同しないように注意が必要である。
　かさ密度の値は充填方法によって異なり、軽く充填して求めた値が疎かさ充填密度であり、十分に充填して求めた値が密かさ充填密度である。容器の

表5-5 木炭および灰の無機組成 (単位:%)

試料名 元素名		炭				灰		
		モウソウチク	チシマザサ	マダケ	マツ	モウソウチク炭	チシマザサ炭	マダケ炭
カリウム	K	0.58	1.39	0.76	0.16	8.65	28.60	14.10
ナトリウム	Na	0.01	0.04	0.01	0.01	0.59	0.92	0.34
カルシウム	Ca	0.05	0.02	0.04	0.36	1.38	0.24	1.38
マグネシウム	Mg	0.14	0.06	0.06	0.07	0.60	1.09	1.48
鉄	Fe	0.01	0.02	0.01	0.03	0.77	0.12	1.38
マンガン	Mn	0.05	0.02	0.01	0.05	0.12	0.14	0.60
ケイ素	Si	0.62	1.63	0.34	0.05	19.5	17.80	22.90
ゲルマニウム	Ge	<0.05	<0.05	<0.05	<0.05	<0.05	<0.05	<0.05

出典:谷田貝、山家、雲林院『簡易炭化法と炭化生産物の新しい利用』(林業科学技術振興所)

大きさや形状によっても変化するため、試料の種類によってそれぞれの業界のJISで寸法が決められている。一般に容器の壁面部での粒子間隙のでき方は内部よりも多くなり、容器サイズは粒子サイズの12倍以上の直径をもったものを使用すべきであるといわれている。

ミネラル[木炭の](みねらる[もくたんの])
Mineral [of charcoal]

無機物を指し、特に栄養素として物理的に必要な微量元素を指す。カルシウム、鉄など。木炭中にも含まれ、その量は灰分として測定される。

灰分の定量:750℃に加熱した電気炉に1時間磁製のボートを入れ乾燥。次いでボートを取り出しデシケータ中で1時間放冷後、ボートに0.5〜1.0gの試料をとる。電気炉で750℃で1時間加熱し灰化する。ボートを取り出し、デシケータに入れ1時間放冷後、秤量する。

灰分(%) = [灰量(g)／気乾試料(g)] × 100

無炎燃焼(むえんねんしょう)
Flameless combustion

可燃性固体が炎を出さないで燃焼することをいう。炭の表面燃焼、木材を燃やしたときのオキ(熾)、発煙はするが発炎はしない線香やタバコの燻焼などがこれにあたる。発炎しないで燃焼が起こることを無炎発火(着火)という。
→表面燃焼、燻焼、無煙燃焼、有炎燃焼

無機物組成[炭の](むきぶつそせい[すみの])
Inorganic composition [of charcoal]

炭に含まれるカリウム(K)、ケイ素(Si)などで炭素、水素、酸素、窒素などを除いた微量元素(表5-5)をい

う。炭の中では酸化物（セラミックス）、ケイ酸塩類の形で含まれる。炭や木材を燃やしたとき灰（ミネラル）として残る。

炭材、成分による差が大きい。少量ではあるが木材の熱分解、炭の燃焼などに影響を及ぼす。

無定形炭素(むていけいたんそ)
Amorphous carbon

一般にグラファイト構造の乱れた炭素の総称で、炭素の同素体のうち、ダイヤモンド、黒鉛以外のものをいう。樹脂炭、石炭、コークス、木炭、煤、カーボンブラックなどのように明確な結晶状態を示さないが、微視的には微小な黒鉛結晶の乱雑な集合体である。しかし、見かけ上無定形に見えるために、無定形炭素といわれる。

ふつう黒色不透明の固形物質あるいは煤状で、比重もグラファイトより小さい。表面積が大きい微粒子カーボンブラック（活性炭）などは、ガスや液体などを吸収、吸着しやすいために、吸着剤として重要で、インク、塗料、顔料などに多用されている。

メッシュ
Mesh

ふるいの目・網の目のことで、砂・粘土・粉炭などの粉体や粒体の大きさを表す単位としても用いられる。1インチあたりのふるい（網）の目の数で示され、数値が大きくなるほどふるいの目は小さくなる。目の数ではなくふるいの目開きを μm（マイクロメートル）、mmで表示することが多くなった。

毛管凝縮(もうかんぎょうしゅく)
Capillary condensation

毛細管内では通常の飽和蒸気圧よりも低い圧力で凝縮が起こる。炭、シリカゲルなどの蒸気吸着は細孔内に毛管凝縮する現象である。毛管凝縮法は吸着等温線から細孔分布を求めるもので、メソ孔（口径2～50nm（ナノメートル）の細孔）の細孔分布を決定するのに適している。

木炭ガス(もくたんがす)
Charcoal gas

木炭を酸欠状態で不完全燃焼させたときに出る一酸化炭素（CO）などを木炭ガスという。

換言すれば、炭化する際に煙を冷却しても液化しない気体を木炭ガスと呼ぶが、炭化は無酸素の状態で加熱することにより熱分解させるもので酸化反応は少ない。炭と酢酸、ガス（メタン、プロパン）、一酸化炭素（25％前後）、窒素（70％程度）、二酸化炭素（2％程度）および水素（微少）が放出される。炭化する有機物の約50～60％が炭化物となり、20％前後が酢酸に含まれる有機酸やフェノールとなる。結局、全体の2％前後が二酸化炭素（CO_2）になるだけで、90％以上の炭素が二酸化炭素以外の有機物に変換される。

木炭硬度計(もくたんこうどけい)

Charcoal hardness tester

木炭の硬度を測るための合金で作られた小さな切り出しナイフの形状をしたもの。種類の違った金属を混ぜることにより硬さの違う合金が20種類あり、この合金（硬度計）で木炭を引っ掻き、傷がつかない硬度あるいはその一つ上の硬度との中間の値が木炭の硬度である。すなわち、木炭の硬さを1から20までの20段階で区別する（表5－6）。

20度が最も硬く、1度が最もやわらかい。三浦伊八郎氏発案で、**三浦式木炭硬度計**ともいう。

木炭硬度計

表5-6 木炭の標準的な硬度の例

硬　度	木炭の種類
1度	マツ、シラカバ、ハンノキなど
3度	ブナなど
5度	カエデ、トネリコ、リョウブなど
7度	ナラ、クヌギ、カシなど
12度	ナラ類の白炭
20度	備長炭（ウバメガシ白炭）

（注）ただし、同じ炭材でも炭化法によって硬度は異なってくる

木炭精煉計、精煉計(もくたんせいれんけい、せいれんけい)
Charcoal refining meter

木炭は炭素含量が高くなるにつれ電気抵抗が小さくなることを利用して、木炭表面の電気抵抗を測定することによっておおよその炭素量、すなわち炭化度合いを判定できる。そのための機器。精煉度は0から9までの10段階に分けられている。白炭は0、黒炭は5～8程度である。

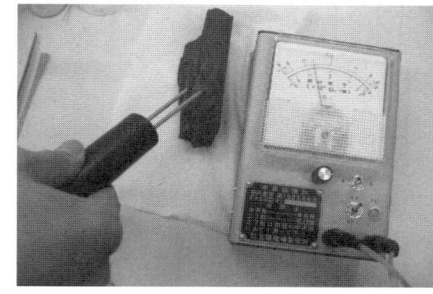

木炭精煉計

木炭銑(もくたんせん)
Charcoal pig iron

鉄鉱石から直接製造された鉄を銑鉄というが、その製造過程で木炭が還元剤として使用された鉄を木炭銑という。

銑鉄は3～4.5%の炭素のほか、少量のケイ素、マンガン、リン、イオウなどの不純物を含む。

木炭電池(もくたんでんち)
Charcoal cell

木炭を正極に、アルミフォイルを負極とした電池をいう。高温で炭化した導電率の高い木炭や竹炭に塩水や木酢液をしみこませたキチンペーパーを巻きつけ、さらにその外側にアルミフォイルを巻きつけた簡単で安全な構造で、体験学習などに使われる。

木炭を正極とした最初の木炭電池はH. Davyにより作られた。現在の乾電池のもととなったルクランシェの電池は炭素棒を陽極に、水銀を塗布した亜鉛を負極としたものである。現在、木炭・石油ピッチなどの炭素質を直接内部ガス化する炭素燃料電池も報告されている。

木炭と竹炭の比較(もくたんとちくたんのひかく)
Comparison of properties for charcoals made from woods and bamboos

炭の性質は炭材に依存し、前処理や炭化条件に大きく左右される。これら3要素の組み合わせは無限に近く、炭の性質も多様である。炭材に由来する比較例を示す。

外観：木炭は丸や割が多いが、竹炭は工芸用などを除けば多くは板状である。黒炭は樹皮があり黒く、竹炭は黒炭よりもやや灰色がかっているが表皮表面は滑らかである。白炭は消し粉が付いており、これを洗いおとすと着火温度は高くなるが、ツバキ白炭などは美しい木目模様が見られる。

巨視的組織構造：横断面（木口面）には木炭では仮道管、道管や樹種によっては年輪が、竹炭では基本組織の中に散在する維管束が観察される。

細孔半径：市販の木炭14種、同じく竹炭2種の比較では前者が60～1340nm（ナノメートル）、後者が15～27nmであり、この報告から見る限り竹炭の細孔半径は小さい。

pH：木炭は炭化温度が高くなるにしたがい弱酸性から弱アルカリ性へと変化する。竹炭は低温炭化でも弱アルカリ性を示し、かつpHの温度依存性は小さい。

―― や ――

融点(ゆうてん)
Melting point

固体が融解する温度、または固相と液相とが平衡状態にある温度で、融解点ともいう。一般に液体・気体が凝固する温度（凝固点）に等しい。圧力に依存し、不純物の影響を受ける。物質の同定、凝固点は温度定点としても使われる。

遊離残留塩素(ゆうりざんりゅうえんそ)
Free residual chlorine

水中に酸化力をもつ塩素剤を注入した後、残留した塩素が残留塩素であるが、そのうち次亜塩素酸またはそのイオンとして溶存しているものを遊離残留塩素という。

水道水には衛生上の理由で0.1mg/ℓ以上の保持が必要であるが、快適性の目標値は1mg/ℓ程度以下が設定されている。

輸送孔(ゆそうこう)
Transport pore

マクロ孔（細孔径が50nm（ナノメートル）以上）のこと。細孔口径が大きいので吸着には寄与できないが、吸

着質を炭内部に導入する機能を有するので輸送孔とも呼ばれる。別に、導入孔、拡散孔などとも呼ばれる。→細孔

ら

乱層構造(らんそうこうぞう)
Turbostratic carbon

炭素六角網面が垂直方向に対しては平行な積層構造を有するが、三次元方向には規則性がみられない構造をいう。黒鉛に類似してはいるが、網面がずれたり回転したような状態で規則性を示さず無秩序に積み重なるというイメージから乱層構造と呼ばれる。

難黒鉛化性炭素である炭は無配向した乱層構造炭素から構成される。乱層構造をとる炭素は、黒鉛に比べて炭素六角網面の平面方向へのひろがりはごく小さく積層も薄いが、層間距離は大きい。

流速計測法(りゅうそくけいそくほう)Velocity measurement methods

ベルヌーイの定理を応用した(差圧を検出する)オリフィス・ベンチュリ・ピトー管、熱伝達が流速に比例することを生かした熱線流速計、ドップラー効果を応用した超音波流速計やレーザー流速計、電磁誘導を利用した電磁流量(流速)計、容積式流量計、回転翼型流量計、質量流量計、流体中の粒子の動きから流速を求める画像解析法などがある。

一般には、温度・圧力の補正が必要であり、これらが時系列的に変化する非定常流速の計測には特別な技術を要する。必要に応じて流速から流量を、または逆に流量から流速を求める。

炭窯の流速計測例を示す。焚き口側の空気は低流速でかつダクト(計測用直管)の断面積も小さい。前述のほとんどの工業用計測機器は使用できない。検出部が小さく(流れを乱すことが少ない)、かつ低流速でも比較的に精度が確保できる熱線風速計が安価で利便でもある。

煙突からの排煙流量を精度よく計測することは容易ではない。(炭化過程により)時系列的に流体成分が変化し、かつその種類も多いこと、煤などの固形物を含む混相流であること、検出部にタールが付着すること、温度が室温から特に精煉時などは高温まで変化することなどにより精度の高い計測は難しい。

粒度(りゅうど)
Particle size

粉体粒子の大きさ。粒径は粉体粒子の直径。粒径が単一な粒子の集まりを単分散系、異なるものを多分散系という。球形粒子の場合の粒径は単一で粒子の直径であるが、球形でない粒子の場合には2つ以上の方向の長さの平均値をとって粒子の平均径(**平均粒径** mean particle diameter)とすることがよく行われる。

粒度分布(りゅうどぶんぷ)

Distribution of Particle size

　粒径の異なる粒子の混合試料が、どのような粒径の粒子をどのような量的割合で含んでいるかを示すもの。

　活性炭試験法 JIS K1474 では、JIS Z8801-1 に規定する標準ふるいを用いて、試料の粒径の範囲に応じた複数のふるいを積み重ねてふるい分け、各ふるいを通過した試料の質量百分率を求める。

　対数確率紙上の横軸に質量百分率を、縦軸にふるいの目開き（㎜）をとると直線（粒度累計線図）が得られる。有効径（E）とは横軸10％のときの直線が示す目開き（㎜）をいう。

　均等係数(U = Uniformity coefficient) は横軸60％のときの目開き（㎜）をSとするとU = S/Eで与えられる。均等係数が1に近くなるほど試料の粒度分布の幅が小さくなることを示す。

　平均粒径には種々の定義があるが、その一つに横軸50％のときの目開きがあり、メジアン径ともいう。

リン酸性リン(りんさんせいりん)
Phosphoric phosphorus

　別名、オルトリン酸態リン。リン化合物は窒素化合物と同様に、動植物の成長に欠かせない元素であるが、特に動植物が吸収しやすいのがリン酸性リンである。

　水中のリンの量が増え富栄養化が進むと、単細胞の藻類や植物性プランクトンなどが増殖し、赤潮、アオコなどの発生の原因となり水質汚染を引き起こす。木炭は、リン酸性リンの除去に効果があり、水質浄化機能を有している。

6章
炭の規格、流通、販売
（すみのきかく、りゅうつう、はんばい）Standard, Circulation, Marketting of charcoal

段ボール箱詰めされた紀州備長炭

　炭材の種類が従来に比べ多様化し、また、燃料以外の新用途の開発も進んでくるにしたがって、木炭の規格、新用途木炭の品質の目安が必要とされるようになり、(社)全国燃料協会などによってそれらが作成された。

　新用途別では、土壌改良用資材としての消費量が2005年現在、新用途全体の消費量の約3分の1を占め、最も多いが、その他の用途は多岐にわたっている。さらに、さまざまな分野での新用途の開発が進められている。

あ

一俵(いっぴょう)
One bale

　木炭の量を表す単位。現在は1俵は15kgでほぼ統一されている。『日本木炭史』（社団法人全国燃料協会刊）によれば、1934年の岩手県産木炭は1俵15kg、九州産の白炭・雑は30kg、栃木産の松炭は12kgと、戦前までは産地によってまちまちであった。

岩手県木炭協会木炭指導規格表(いわてけんもくたんきょうかいもくたんしどうきかくひょう)
Charcoal standard by Iwate Charcoal Association

　1994年、木炭の消費構造の多様化、海外からの輸入の激増などによる価格の低迷、製造物責任法の制定等に対処するため、岩手県木炭協会が設定した木炭の規格（巻末資料7　岩手県木炭協会木炭指導規格表）。製造物責任法の施行に合わせ、1995年7月1日から実施された。黒炭については「黒炭長炭」「黒炭切炭」の2種に分けられる。「黒炭長炭」については「極上」「特上」「上」「工業用」「くり」「まつ」「粉」の7種、「黒炭切炭」については「特級」「堅1級」「1級」「堅2級」「2級」の5種とされた。このほか、「白炭」「多用途木炭」「レジャー用木炭」「茶の湯木炭」の規格が定められている。
［**通しもの**(とおしもの)　Toshimono］
　岩手県木炭協会木炭指導規格表に記載されている用語で、規格で示された木炭の長さに合うもの。
［**二つ継ぎ**(ふたつつぎ)　Futatutugi］
　岩手県木炭協会木炭指導規格表に記載されている用語で、2つつないだ木炭の長さが規格に示された長さに合うもの。

ウッドセラミックス
Wood ceramics

　木材と熱硬化性樹脂との複合材料を炭化することにより得られる多孔質炭素材料。ヒバ、ブナ、オガ屑などに低縮合度のフェノール樹脂を溶媒に溶解した低粘度液を超音波処理しながら含浸させて、800℃程度で炭化することによって製造する。

　得られた炭素材料は機械強度、耐腐食性に優れ、さまざまな形状に加工し、軸受保持器やクラッチなど高速回転摺動部材への使用、発熱体、高い遠赤外線放射特性を利用した融雪材などへの利用が検討されている。

馬目小丸(うばめこまる)
Ubamekomaru

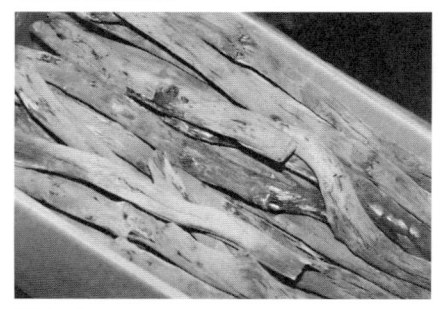

馬目小丸

太さ2～3cm（7分～1寸）、長さ20cm（6寸）以上のウバメガシを炭材とした備長炭（和歌山県木炭協同組合の木炭選別表（巻末資料6）による）。

馬目上小丸(うばめじょうこまる)
Ubamejyokomaru
　太さ3～4cm（1寸～1寸3分）、長さ20cm（6寸）以上のウバメガシを炭材とした備長炭（和歌山県木炭協会木炭選別表による）。

馬目中丸(うばめちゅうまる)
Ubamechumaru
　太さ4～6cm（1寸3分～2寸）、長さ20cm（6寸）以上のウバメガシを炭材とした備長炭（和歌山県木炭協会木炭選別表による）。

馬目半丸(うばめはんまる)
Ubamehanmaru
　太さの長辺が長辺3～6cm（1寸～2寸）の2つ割りで、長さ20cm（6寸）以上のウバメガシを炭材とした備長炭（和歌山県木炭協会木炭選別表による）。

馬目細丸(うばめほそまる)
Ubamehosomaru
　太さ1.5～2cm（5分～7分）、長さ20cm（6寸）以上のウバメガシを炭材とした備長炭（和歌山県木炭協会木炭選別表による）。

馬目割(うばめわり)
Ubamewari

太さの長辺が3～6cm（1寸～2寸）の割りもので、長さ20cm（6寸）以上のウバメガシを炭材とした備長炭（和歌山県木炭協会木炭選別表による）。

オガ炭[黒](おがたん[くろ])
Pressurized sawdust charcoal(soft)
　木材を炭化して得られた木炭で、窯内消火法により鋸屑・樹皮を原料としたオガライトを炭化したもの。品質は固定炭素70％以上、精錬度が2～8度の木炭（「木炭の規格（2003年[平成15年]3月）」（巻末資料1）による）。

オガ炭[白](おがたん[しろ])
Pressurized sawdust charcoal(hard)
　木材を炭化して得られた木炭で、窯外消火法により鋸屑・樹皮を原料としたオガライトを炭化したもの。品質は固定炭素85％以上、精錬度が0～3度の木炭（「木炭の規格」による）。

乙細丸(おつほそまる)
Otsuhosomaru
　太さ1～2cm、長さ20cm以上の備長炭。ウバメガシを炭材とした「馬目乙細丸」と、アラカシを炭材とした「備長乙細丸」がある。

か

塊炭[その他](かいたん[そのた])
Kaitan [sonota]
　木炭の形状による区分の一つで、粒径が30mm以上のもの（「木炭の規格」

による）。

塊炭[丸](かいたん[まる])
Kaitan-maru
　木炭の形状による区分の一つで、丸もの（割らない原木）を炭化したもの（「木炭の規格」による）。

塊炭[割](かいたん[わり])
Kaitan-wari
　木炭の形状による区分の一つで、割った原木を炭化したもの（「木炭の規格」による）。

樫(かし)
Oak
　馬目、カシ(樫)の粉炭を除いたもの（和歌山県木炭協会木炭選別表による）。

樫小丸(かしこまる)
Kashikomaru
　太さが2～4cm（7分～1寸3分）、長さ10cm（3寸）以上のアラカシを炭材とした備長炭（和歌山県木炭協会木炭選別表による）。

樫上(かしじょう)
Kashijyo
　1辺の太さが2cm（7分）以上、長さ6cm（2寸）以上のアラカシを炭材とした備長炭（和歌山県木炭協会木炭選別表による）。

樫細丸(かしほそまる)
Kashihosomaru
　太さが1～1.5cm（3.3分～5分）、長さ10cm（3寸）以上のアラカシを炭材とした備長炭（和歌山県木炭協会木炭選別表による）。

樫割(かしわり)
Kashiwari
　備長割に入らない太さで、長さ10cm（3寸）以上のアラカシを炭材とした備長炭（和歌山県木炭協会木炭選別表による）。

黒炭(くろずみ、こくたん)
Black charcoal, Soft charcoal
　木材を炭化して得られた木炭で、窯内消火法により炭化したもの。品質は固定炭素75％以上、精煉度が2～8度の木炭（「木炭の規格」による）。

黒炭くり(くろずみくり)
Chestnut black charcoal, Chestnut soft charcoal
　クリ、ホオ、ウルシ、ヌルデ、ハゼもしくは製炭した場合の品質がクリから製造した木炭に類する広葉樹から製造した黒炭またはこれらの黒炭に他の広葉樹から製造した黒炭を混合したもの（旧・木炭の日本農林規格による）。

黒炭粉(くろずみこな)
Powdered black charcoal, Powdered soft charcoal
　黒炭の粉または黒炭の粉に白炭の粉を混合したもの（旧・木炭の日本農林規格（巻末資料3）による）。

黒炭まつ(くろずみまつ)
Pine black charcoal, Pine soft charcoal
　針葉樹から製造した木炭（旧・木炭の日本農林規格による）。

粉[木炭の](こな[もくたんの])
Powder [of charcoal], Charcoal powder
　黒炭にあっては、3cm目の金ぶるいからもれたものおよび皮炭をいい、白炭にあっては、2.5cm目の金ぶるいからもれたものおよび皮炭をいう（旧・木炭の日本農林規格による）。

小半丸(こはんまる)
Kohanmaru
　太さ3〜4cm、長さ20cm以上の2つ割りの備長炭。ウバメガシを炭材とした「馬目小半丸」と、アラカシを炭材とした「備長小半丸」がある。

小丸(こまる)
Komaru
　太さ2〜3cm、長さ20cm以上の備長炭。ウバメガシを炭材とした「馬目小丸」と、アラカシを炭材とした「備長小丸」がある。

― さ ―

上小丸(じょうこまる)
Jyokomaru
　太さ3〜4cm、長さ20cm以上の備長炭。ウバメガシを炭材としたものを「馬目上小丸」と呼ぶ。

正味量目(しょうみりょうもく)
Net weight
　包装を除いた、内容量のみの重量あるいは容積。1997年に廃止された木炭の日本農林規格では、黒炭（黒炭くり、黒炭まつ、黒炭粉を除く）の正味量目は3kg、6kgまたは12kg、白炭（白炭くり、白炭まつ、白炭粉を除く）の正味量目は、特選では7.5kg、12kgまたは15kg、堅1級・1級では7.5kg、12kg、15kgまたは30kg、堅2級・2級では7.5kg、15kg、20kgまたは30kgと定められていた。

白炭(しろずみ)
White charcoal, Hard charcoal
　木材を炭化して得られた木炭で、窯外消火法により炭化したもの。品質は固定炭素85％以上、精錬度が0〜3度の木炭（「木炭の規格」による）。

白炭くり(しろずみくり)
Chestnut white charcoal, Chestnut hard charcoal
　クリ、ホオ、ウルシ、ヌルデ、ハゼもしくは製炭した場合の品質がクリから製造した木炭に類する広葉樹から製造した白炭またはこれらの白炭に他の広葉樹から製造した白炭を混合したもの（旧・木炭の日本農林規格による）。

白炭粉(しろずみこな)
Powdered white charcoal, Powdered hard charcoal
　白炭の粉（旧・木炭の日本農林規格

6章 炭の規格、流通、販売

による）。

白炭まつ（しろずみまつ）
Pine white charcoal, pine hard charcoal

　針葉樹から製造された白炭（旧・木炭の日本農林規格による）。

炭切り機（すみきりき）
machine for charcoal cutting

　炭化したものを製品として出荷するとき、長さ、太さなどをそろえるため木炭を切断する装置。とくに長さをそろえる場合、かつては手引き鋸や足踏み式炭切り機を使用していたが、近年は電動鋸が主流になっている。

　また、作業効率を高めたり危険を防いだりするうえから、一定規模の製炭施設では自動式の炭切断機や粉炭製造機などを導入し、炭の切断処理を行っている。

炭俵（すみだわら）
Straw bag for charcoal

　かや（ススキ）、わら、わら縄、柴などで作った炭を梱包するための俵。地域によって年代に差はあるものの、時代が下がるにつれて円筒形の丸俵から直方体の角俵へと移行した。理由は鉄道輸送による積載効率の向上、内容量の規格化などによる。

　また、一般的な丸俵や角俵となる以前の包装として、重量不定の横俵（兎俵）や八貫の大俵があった地域もある。

［**角俵**（かくだわら、かくびょう）Quadrilateral straw bag for charcoal］

炭俵。ミニチュアとはいえ、昔ながらの荷造りである（和歌山県みなべ町）

　直方体をした俵。1962年（昭和37年）6月に山梨県が定めた、日本農林規格に規定する包装における角俵の基準は以下のとおり。

【正味量目】15kg、12kg
【材料】かや
【編目】4箇所
【横幅】50〜55cmまで
【口当】葉のない枝条で太さ元口径1cm以内
【小口なわ】(1)使い方　2本なわで放射状六方掛とする。(2)太さ　標準0.75cm。
【胴なわ】(1)使い方　二重廻し3箇所掛とする。(2)太さ　0.175cm〜0.9cmまで。
【心なわ】(1)使い方　2本で中通し両口なわに結着する。(2)太さ　標準0.75cm。

［**丸俵**（まるだわら、まるびょう）Round straw bag for charcoal］

円筒形をした俵。1962年（昭和37年）6月に山梨県が定めた、日本農林規格に規定する包装における角俵の基準は以下のとおり。

【正味量目】15kg、12kg
【材料】かや
【編目】4箇所
【横幅】50〜55cmまで
【口当】葉のない枝条で太さ元口径1cm以内
【小口なわ】(1) 使い方　1本なわで各辺三箇所井げた掛けとし、中央の1箇所は縦なわの代理でもよい。(2) 太さ　標準0.75cm。
【胴なわ】(1) 使い方　二重廻し3箇所掛とする。(2) 太さ0.175cm〜0.9cmまで。
【心なわ】(1) 使い方　縦なわは1本で一重廻とし、口なわ中央に結着する。(2) 太さ　標準0.75cm。

製鉄用木炭（せいてつようもくたん）
Charcoal for iron manufacture

鉄鉱石や砂鉄から鉄を精錬するために用いられる木炭をいう。

木炭は世界各地で古くから製鉄用に用いられてきた。わが国では砂鉄から鉄を生産するタタラ製鉄で還元剤としてタタラ炭（ナラなどの黒炭）が使用されてきた。

木材を原料とするタタラ炭はイオウ、リンをほとんど含まないので銑鉄、鍛鉄に適している。

製鉄用木炭（島根県横田町）

製鉄用木炭は現在ではブラジル、マレーシア等で多く使用されており、ブラジルでは植林したユーカリで大規模に製炭し製鉄用に使用している。

製鉄用に用いられるコークスに比べ木炭は還元力が大きいので、製鉄、二硫化炭素の製造などに用いられる。木炭の場合にはコークスに比べ反応性が高いので反応温度を低く抑えることができ、燃料費を節約でき、また、炉の消耗もコークスに比べ小さい。

木炭が反応性の大きい理由としては、多孔性のために表面積が大きいので反応点が多く、また、通気性がよいためにガスの出入りが容易であること。木炭中に含まれる微量無機成分が反応の触媒的作用をすることなどが考えられる。

その他の木炭（そのたのもくたん）
Other charcoals

黒炭・白炭・備長炭・オガ炭（黒・白）以外の木炭。品質は固定炭素55％以上、精錬度は4〜9度の木炭（「木炭の規格」による）。

た

炭頭(たんとう)
Smoked wood
　半分は木炭で半分は生木という燃料用炭。180℃程度の温度で熱分解をして炭化させるため、煙を含む揮発分が多いが、その揮発分のために炎が出るので料理用燃料として好まれる。同様の炭に炭木(すみき)、焦木(こげき)がある。

段ボール箱詰め(だんぼーるばこづめ)
Materials packed in a corrugated box
　俵詰めの次に普及した木炭梱包の一つ。現在、一般的な包装様式である。紀州備長炭では、1965年頃から俵を編むカヤの不足を背景に、玉井又次氏により段ボールによる出荷が始められた。

段ボール箱詰めの炭(東京都墨田区)

竹炭規格(ちくたんきかく)
Standard for bamboo charcoal
　竹炭の規格および竹炭の新しい使い方、新用途竹炭の用途別基準は、2004年(平成16年)度の新用途木炭利用促進委託事業として林野庁から日本竹炭竹酢液生産者協議会に委託され、2005年(平成17年)3月に規格化された(巻末資料4　竹炭の規格)。
　主な内容は次のとおりである。
材料：①原料はモウソウチク、マダケの4年生以上で、伐採後に天然または人工乾燥したもの。②生産地として都道府県名を記載する。
品質：①精錬度を竹炭表面の電気抵抗値によって10区分(0〜9度)し、炭化温度が高ければ精錬度の数値は低くなり不純物含量が少ないことを示している。
包装：①破れない紙質で、用途により通気性、透水性、耐熱性、調湿性等を備えること。
表示：以下のことを明示する。①原料、②窯の種類、③精錬度、④実量(含水率10％以下での実質重量(g))、⑤生産地名、⑥生産者住所・氏名・電話番号、⑦販売者住所・氏名・電話番号。

中丸(ちゅうまる)
Chumaru
　太さ4〜6cm、長さ20cm以上の備長炭。ウバメガシを炭材としたものは「馬目中丸」と呼ばれる。

な

日本農林規格(にほんのうりんきかく)
JAS=Japanese Agricultural Standard
　木炭の規格については1910年(明治43年)、「重要物産検査手数料ニ関スル件」(5月18日　省令第6号)により、

「検査ヲ行フ重要産物」に木炭が指定されたのが、木炭規格統一化の第一歩といえる。1923年（大正12年）には全国に先駆けて岩手県が木炭の県営検査を開始、規格の統一と商品価値の向上をはかった。

1929年（昭和4年）4月には「日本標準規格第5号（木炭規格）」を制定（商工省告示第13号）し、政府として製造もしくは購入する木炭の規格統一を行った。1940年7月には農林省山林局に木炭課が設置され、翌8月には「木炭規格改定ニ関スル件」とする山林局長通牒により、炭種、銘柄、品質等による旧規格1万752種が144種に整理された。

戦後は1950年（昭和25年）8月、1940年（昭和15年）の木炭規格に準拠する形で「木炭の農林規格」が制定された（農林省告示第234号）。以後、木炭の日本農林規格（JAS）は1958年の改定（60種に統一）、1964年の改定、1971年の格付方法の改正を経て、1997年に廃止された（巻末資料3）。したがって巻末資料3に示すものは、正確には旧・木炭の日本農林規格である。

は

備長小丸(びんちょうこまる)
Binchokomaru

太さ2～4cm（7分～1寸3分）、長さ20cm（6寸）以上のアラカシを炭材とした備長炭（和歌山県木炭協会木炭選別表による）。

備長炭の規格(びんちょうたんのきかく)
Standard of Bincho charcoal

和歌山県木炭協同組合が作成した木炭選別表がある（巻末資料6　和歌山県木炭協同組合の木炭選別表）。

備長半丸(びんちょうはんまる)
Binchohanmaru

太さの長辺が3～6cm（1寸～2寸）の2つ割りで、長さ20cm（6寸）以上のアラカシを炭材とした備長炭（和歌山県木炭協会木炭選別表による）。

備長細丸(びんちょうほそまる)
Binchohosomaru

太さ1.5～2cm（5分～7分）、長さ20cm（6寸）以上のアラカシを炭材とした備長炭（和歌山県木炭協会木炭選別表による）。

備長割(びんちょうわり)
Binchowari

太さの長辺が3～6cm（1寸～2寸）の割りもので、長さ20cm（6寸）以上のアラカシを炭材とした備長炭（和歌山県木炭協会木炭選別表による）。

福瀬商社(ふくせしょうしゃ)
Fukuse firm

1883年宮崎県東郷村（現在の日向市）福瀬にて、田中清吉（1832～1902）が中心になり組織された。美々津の問屋に炭を買いたたかれ困窮していた村民を見かね、自ら大阪の阿波屋と直接取引をすることとし、商社を立ち上げた。

6章　炭の規格、流通、販売

結果として村の産品が集まり村全体が潤った。生産者直販の第一歩である。これを記念して1902年、福瀬小学校校庭に「開商の碑」が建てられた。

袋詰め（ふくろづめ）
Materials packed in a bag

俵詰めの次に普及した木炭梱包の一つ。これも一般的な包装様式だが、段ボールが15kg詰めなどが多いのに対し、袋詰めは、より軽量な包装が多い。宮城県七ヶ宿では昭和40年代からビニール袋による梱包が始まった。岩手では切り炭をクラフト紙の袋に入れて出荷している。また、自家用の木炭などの梱包には、肥料用の袋などがしばしば転用される。

ふち巻き（ふちまき）
Fuchimaki

フチ、あるいはブチと称する木の枠で押さえ、上下に稲わらを当て、荒縄でくくった炭俵の一種。茶道用の木炭である池田炭でかつて行われていた梱包方法。

粉炭（ふんたん）
Charcoal powder

粒径が5mm未満の木炭（「木炭の規格」による）。

―― ま ――

木炭の規格（もくたんのきかく）
Standard of charcoal

2002年（平成14年）度の林野庁の補助事業「木炭・木酢液品質安定化推進事業」で設立された「木炭品質安定化推進委員会」において策定された木炭の規格。2003年（平成15年）3月に公表された（巻末資料1）。

木炭の規格の推移（もくたんのきかくのすいい）
Process of standard of charcoal

1997年に廃止された旧木炭の日本農林規格（→日本農林規格・参照）以外にも、業界による自主規格も制定されている。

土壌改良資材用木炭をはじめとする燃料以外への利用、いわゆる「新用途木炭」の需要の高まりを受けて、日本木炭新用途協議会は社団法人全国燃料協会の協力を得て1992年、「新用途木炭規格委員会」を設立、1993年4月に「新用途木炭の規格（案）」を定めた

ふち巻き（兵庫県川西市）

(『木炭の規格集』(社団法人全国燃料協会、1994年6月)。なお、同書には「木質系成型燃料の規格」も収録されている)。

そして、前述の日本農林規格の廃止を受けて1998年2月、社団法人全国燃料協会が規格用途開発検討部会を開催、日本特用林産振興会とともに検討を行い、翌1999年(平成11年)3月には社団法人全国燃料協会、日本木炭新用途協議会が両会および全国木炭協会の会員向けの自主規格として、燃料用、新用途木炭に関する「木炭の基準」が定められた。

この基準はさらに、林野庁の2002年(平成14年)度木炭・木酢液品質安定化推進事業によって再検討され、社団法人全国燃料協会、日本木炭新用途協議会の自主規格としての性格を継承しつつ2003年(平成15年)3月に「木炭の規格」として現在に至っている(→木炭の規格・参照)。

また、新用途木炭については2004年(平成16年)3月に、社団法人全国燃料協会、日本木炭新用途協議会が林野庁の新用途木炭利用促進事業によって「新用途木炭の用途別基準」を定め、冊子『木炭の新しい使い方―新用途木炭の用途別基準―』にその具体的な効果、利用法をまとめている(→巻末資料2の新用途木炭の用途別基準・参照)。このほか、各県の木炭協会や地域の生産組合等によって定められた規格も存在する。

や

輸入炭(ゆにゅうたん)
Imported charcoal

わが国の輸入炭は2001年に10万トンを超え、総消費量20万トンの半数に達した(表6-1)。その後、年間木炭輸入量は徐々に増加しつつある。中国からの木炭輸入量が2003年までは最も多く、輸入量の半数を占めていたが、その後中国の木炭輸出規制があり、中国からの輸入は2004年に停止された。

わが国への輸入量は中国以外ではインドネシア、マレーシアなど東南アジアからが多い。

中国備長炭

ら

粒炭(りゅうたん)
Particles of charcoal

粒径が5mm以上から30mm未満の木炭

表6-1　わが国の主な木炭輸入国と輸入量 （単位：トン、単価：円／トン）

年度（平成）相手国	9 数量	9 単価	11 数量	11 単価	13 数量	13 単価	15 数量	15 単価	16 数量	16 単価
大韓民国	435	68,445	346	59,546	269	115,554	187	199,278	205	59,590
中国	28,741	101,865	38,512	98,942	56,953	105,171	62,825	102,888	55,655	99,779
台湾	224	231,522	306	150,124	206	199,413	162	215,105	100	207,090
ベトナム			3	74,333	34	83,059	45	202,244	105	124,714
タイ	1,426	67,081	1,173	55,790	1,209	53,342	3,634	45,633	4,088	43,264
シンガポール	3,304	40,557	3,378	36,603	1,842	33,629	1,037	32,921	1,384	33,301
マレーシア	11,883	61,437	18,199	53,589	17,763	51,542	22,942	51,472	27,194	46,432
フィリピン	213	45,774	275	33,320	358	29,349	307	17,684	789	24,760
インドネシア	18,067	62,803	17,084	52,734	21,553	52,987	22,830	46,019	22,283	43,373
インド	83	46,265	18	66,556	94	53,681	36	46,861	80	38,425
ミャンマー					268	60,795	359	57,368	723	110,869
アメリカ	1,243	180,727	298	178,970	88	131,818	88	147,091	11	235,818
ブラジル					13	57,923	54	59,685	96	64,365
スイス			97	24,351	15	60,067				
ラオス					17	102,941	168	20,167	121	29,678
その他	90		63		22		44		53	
合計	65,709	81,412	79,752	75,409	100,704	82,398	114,718	78,692	112,887	72,381

出典：外務省輸入統計

（「木炭の規格」による）。

わ

和歌山県木炭協同組合木炭選別表（わかやまけんもくたんきょうどうくみあいもくたんせんべつひょう）
Selection standard for charcoal by Charcoal Asociation of Wakayama pref.

　和歌山県木炭協会（現在の和歌山県木炭協同組合）によって1975年8月、生産者、流通業者が備長炭などを選別する際の基準として制定された白炭の規格（巻末資料6）。このうち、「楢」に関する5規格、「雑」に関する6規格、「くり」「まつ」「粉」については、価格下落等のため、1990年頃から生産されておらず、実質的には機能していない。

7章
炭の利用、用途
（すみのりよう、ようと）Use of charcoal

用途の広い微粉炭（三重県尾鷲市）

　従来の木炭は燃料としての用途が主であったが、現在では多孔性に起因する透水性、吸着能などを利用した新用途が開発され、木炭、および竹炭の用途は多様化している。

　新用途別木炭の消費量で最も多いのは、透水性に基づく土壌改良用資材で新用途木炭中で約3分の1の消費量を示している。そのほかには調湿用、水質浄化用、室内インテリア用、鮮度保持用、消臭・臭気防止用、飼料添加用など、その用途は幅広い。

あ

行火（あんか）
Japanese foot warmer

　手足や布団を直接暖める暖房器具の一種。土製か木製の容器で、火入れと呼ばれる内部は土製のものに着火した炭を入れて使用する。

インテリア用木炭（いんてりあようもくたん）
Charcoal for interia

　室内を装飾するための木炭。具体的にはミニチュアの炭俵などの置物や白炭、竹炭を使った風鈴、また、長いままの備長炭、黒炭、竹炭を室内に飾る

砕いた竹炭をグラスに入れて飾る

といった形で利用がなされている。設置する量にもよるが、室内の消臭、調湿などの炭のもつ吸着効果も期待できる。

飲料水用木炭（いんりょうすいようもくたん）
Charcoal for drinking water

　主に水道水に含まれる塩素分によるカルキ臭などを吸着することで、より飲料に適した水にすることを目的に利用される木炭。「新用途木炭の用途別基準（2004年［平成16年］3月）」（巻末資料2）では、800℃以上で炭化した木炭で樹皮が付着していないもので、精錬度0〜4の木炭。

うちわ
A round paper fan

　細い竹を骨として半円状に開き、その上に紙を張り半円状の下方に柄を付けたもの。あおいで風を起こすのに使用する。

熾（おき）
Live charcoals

　炎のない赤熱した炭。木材や炭の着火初期は炎を出して燃えるが、しだいに炎がまったく見えない赤熱状態となる。この火を熾火（おきび）といい、火力は強く煮炊きに最適である。針葉樹より硬い広葉樹のほうがオキ（熾）の状態で火もちが持続する。

　また、暖炉などで硬い木材や白炭を燃焼した後には塊状のオキが灰中に埋もれ長時間暖かいことがある。オキを灰の中から取り出し、それに薪や炭を加えると容易に着火する火種となる。

　焚き火では、その不始末が野火発生の原因となるので水や泥をかけてオキを完全に鎮火することが必要。

か

活性炭の用途(かっせいたんのようと)
Uses of activated carbon

　活性炭の用途は、表7-1に示すように、活性炭の種類により大きく異なる。またその需要量にも差がある。粉末活性炭は工業薬品、醸造用および浄水や排水に多く使用され、粒状活性炭はガス処理用や水処理用に多く使われている。

表7-1　活性炭の使用用途

粉末活性炭	製糖
	グル曹（グルタミン酸ナトリウム）精製用
	アミノ酸精製用
	デンプン糖精製用
	異性化糖精製用
	医薬用
	工業薬品用
	醸造
	油脂精製用
	排水処理
	触媒
	カイロ用
	浄水
	その他
粒状活性炭	ガス吸着
	浄水
	排水処理
	溶剤回収
	触媒
	脱臭
	製糖
	異性化糖精製用
	工業薬品用
	空気浄化
	ガソリン吸脱着
	タバコ
	金、銀の回収
	その他

還元剤(かんげんざい)
Reducing agent

　酸化の逆で、狭義では物質から酸素を減らす、あるいは水素を加える作用のある物質をいう。広義には物質に電子を与えて自らは電子が減少し酸化される物質をいう。製鉄用に用いられる木炭は鉄鉱石中の酸素を取り、還元剤として用いられる。

凝集剤(ぎょうしゅうざい)
Coagulant

　水中に分散している微粒子を水から分離する目的で、微粒子どうしを結合させ、より大きな粒子を形成させるために添加される薬剤。無機塩類（硫酸アルミニウム、塩基性塩化アルミニウム（略称PAC）など）、有機高分子化合物（ポリアクリルアミドなど）に大別される。

　凝集剤の選定は、処理水質、生成フロックの処理性、ランニングコストなどを踏まえて実験で決定される。

　活性炭や木炭は凝集剤ではないが、生成した汚泥の脱水性など、処理を容易にするなどのための薬剤として用いる場合には、凝集助剤としてのはたらきを期待することとなる。

業務用木炭(ぎょうむようもくたん)
Charcoal for business

　一般に、焼鳥店、焼肉店等、木炭を調理に使用する外食産業向けに流通・販売される木炭を指す。備長炭などが火もちがよいので好んで使われる。

金属ケイ素用木炭(きんぞくけいそようもくたん)
Charcoal for silicon smelter

　アルミ合金等の原料となる金属ケイ素の製造時に、還元剤として使用される木炭。適度なねばりと硬さがある黒炭が用いられる。

　金属ケイ素は、かつては国内生産が盛んであった。しかし現在は、ほぼ全量が海外から輸入されている。

菌体肥料(きんたいひりょう)
Fertilizer with microorganism

　農作物の生長を促すことを目的に、特定の菌類を付着させた肥料。

　木炭は多孔質で、微生物の生育に適した環境をもつことから、粉炭、あるいは粒炭に菌類、液体肥料類を混和した製品もみられる。

消し壺、火消し壺(けしつぼ、ひけしつぼ)
Extinguishable pot

　茶の湯の釜、焼き鳥、うなぎの蒲焼きなどで使った後に余り残ったオキ(熾)を入れて、安全に火を消す容器。炭壺とも呼ぶ。ふたをして密閉することで空気を遮断し、酸素の供給を絶って消火する。消し壺内の炭は再利用できる。陶器や鋳鉄製のものが一般的。

建材用木炭(けんざいようもくたん)
Charcoal for building materials

　建材等に含まれるホルムアルデヒドなどの揮発性有機化合物(VOC=Volatile organic compounds)などの吸着を目的としたボード、シート、塗料などに使われる木炭。「新用途木炭の用途別基準」では、600℃以上で炭化した木炭をいう。

研磨用木炭[研磨炭、磨炭、木炭研磨剤]
(けんまようもくたん[けんまたん、またん、もくたんけんまざい])
Charcoal for polishing

　漆器、印刷用銅板、金銀、七宝などの研磨に使用する木炭。研磨炭、磨炭、研炭(とぎずみ)、木炭研磨剤ともいう。研磨用木炭は本来、漆器の研磨用に作られていた。

　研磨用木炭には「ホオノキ炭」「駿河

夏目火消し壺

研磨炭(福井県名田庄村)

表7-2 研磨用木炭

種類	樹種	製炭法	用途
ホオノキ炭	ホオノキ	白炭	漆器研ぎ、金属研磨、印刷用銅板・ネームプレート・七宝焼きなどの研磨
駿河炭	ニホンアブラギリ	白炭	漆器研ぎ、精密機械仕上げ、印刷用亜鉛板研磨
ロイロ炭	アセビ、チシャノキ	伏せやき	ろいろ塗りの仕上げ研ぎ、研ぎ出し蒔絵
ツバキ炭	ツバキ	白炭	蒔絵の金粉研ぎ

出典:岸本定吉『炭』(創森社)

炭」「ロイロ炭」「ツバキ炭」があり（表7-2)、炭材には、ホオノキ、ニホンアブラギリ、エゴノキ、ヤマツツジ、リョウブなどが使われる。

好気性微生物(こうきせいびせいぶつ)
Aerobic microorganism

酸素の存在する環境で成育する微生物の総称。

水中の有機汚濁物質の生物酸化処理にはこの種の微生物が利用される。嫌気性微生物に比べて増殖速度が速く、処理水質がより優れているなどの特徴をもち、広く一般に利用されている。ただし増殖速度が速いことは処分すべき余剰汚泥がより多いことを意味する。

工業用木炭(こうぎょうようもくたん)
Charcoal for industry

多くの場合、木炭の性質を応用して利用されている。最近は炭素材料としても使用されている（表7-3)。木炭のもつ性質により次の4つの利用法に大別できる。

①反応性——反応がしやすいこと、還元性が著しいこと（還元剤）などを応用。

製鉄用、タタラ製鉄用、金属ケイ素製錬用、黒色火薬製造用、化学工業炭用（二硫化炭素、硫化ナトリウム、

表7-3 工業用木炭の原単位の一例

区別	用途	原単位kg/t	備考
黒炭	木炭銑	970	
	金属硅素	1,100	木炭のみ
		500	木炭のほかに木材チップなどを使う
	金属チタン	800	
	金属マグネシウム	750	
	硅素鉄	1,500	
	活性炭	4,960	水蒸気賦活
白炭	二硫化炭素	250	
	硫化ソーダ（硫化ナトリウム）	830	
	青化ソーダ（シアン化ナトリウム）	400	

出典:岸本定吉著『炭』(創森社)

カーバイド、ホスゲン製造用、木炭ガス発生用）、煉炭・豆炭着火用、浸炭剤用（鋼鉄の表面に炭素を拡散させて硬化させる現象）。
② 吸着性——多孔質に起因する吸着性と細孔の大きさを応用。
活性炭の製造原料、土壌改良や飼料などの添加剤。
③ 少不純物含量性——木炭の組成上、他の物質に比べて不純物が著しく少ないことを応用。
チタン、金属シアン製造、刃物鋼製造。
④ 特殊物性——適度な硬さや吸湿性がある。
漆工芸や金、銀、アルミニウム、銅などの金属、プリント基盤および七宝焼の研磨剤として使用。

香炉(こうろ)
Censer

香を焚くための炉。陶磁器、金属製などがあり、形もさまざまなものがある。元はインドから中国を経てわが国に伝わった仏具で、香を焚いて仏前に供するものを指す。

机の上などに置いたまま使用する居香炉(すえごうろ)や、手に持って使う釣香炉などがあり、灰の中に着火した炭を入れて種火とし、香を焚く。

黒色火薬用木炭(こくしょくかやくようもくたん)
Charcoal for black gunpowder

黒色火薬に用いられる木炭。黒色火薬は硝石約70％、イオウおよび木炭粉(もくたんふん)各15％からなる火薬で、現在は主に花火の打ち上げ用に利用されている。

固形燃料(こけいねんりょう)
Solid fuel

固形燃料には、**廃プラスチック固形燃料**（RPF=Refuse Paper & Plastic Fuel）と、**ゴミ固形燃料**（RDF=Refuse Derived Fuel）がある。

RPFは古紙とポリエチレンなどのプラスチック等の産業廃棄物から再資源化されたもので、直径6〜40mmφ（直径）のサイズに成型されたもので、これは民間企業の分別排出に基づき収集されるため異物の混入が少なく、発熱量は6000〜7000kcal/kgを得ることができる。RPFは非塩素系プラスチックにより構成されているので、燃焼によるダイオキシン発生の懸念はない。

一方、後者のRDFは塵芥ゴミ、不燃物、異物、塩ビなど自治体により分別収集によらないため原料の含水率は高く、不特定多数の混合ゴミから製造された直径15〜50mmφのサイズに成型され、発熱量4000kcal/kgを得る。しかし、前述のように家庭系一般燃焼ゴミを乾燥・固形化したものであるため、燃料としてはRPFに劣る。また、不完全な乾燥による燃料の腐敗によるガス爆発、塩素系燃料の混入などによりダイオキシンの発生するおそれがあるなどのリスクがある。

用途は、RPFはボイラー用燃料、発電用燃料、またRDFはボイラー燃料、乾燥機用燃料、RDF発電燃料として利

用される。

こたつ
Kotatsu

炭火を寝具中に持ち込み、足を暖める道具として室町時代中期頃に始まったとされる、わが国特有の暖房器具。

炉の残りの火の上にやぐらをかけたものから始まり、しだいに床上の火皿にやぐらをかけたものに、さらに底のある箱型のものになっていった。また、手焙り（小さい火鉢）の中で、土で半球形や瓜型の容器で側面に口をもつものを夜具の中に入れて、こたつと同様に使われた土ごたつ（大和こたつ）もある。

五徳(ごとく)
Trivet

火鉢や囲炉裏などに鉄瓶や鍋などをかけるための三脚または四脚の輪形の器具。鉄製や陶器製のものがある。

さ

七輪(しちりん)
Shichirin, Charcoal furnace for cooking

下部に調節可能な通気口をもつ土製のコンロ。元禄期には存在していたとされ、明治以降、木炭の一般家庭への普及とともに広く調理用具として利用された。

語源には諸説あるが、七厘でも買えるほどのわずかな炭でも調理できるためとの説が有力だが明確ではない。

朝顔型の七輪

形状は円形の朝顔型や角形などがあり、現在は珪藻土でできたものが一般的となっている。製法から切り出しコンロ、錬成コンロ、貼り合わせコンロのタイプがある。よく知られる製品として三河コンロなどがあり、近年、卓上用コンロも出まわっている。

室内調湿用木炭(しつないちょうしつようもくたん)
Charcoal for room humidity control

湿度を一定に保つことを目的に、押し入れや洋服ダンスに入れたり、天井や壁などに施工する木炭。「新用途木炭の用途別基準」では、400℃以上で炭化した木炭で、水分が15%以下の木炭をいう。

地場産業(じばさんぎょう)
Industry of local market

ある土地で生産される原材料を用いて、地元労働力、技術開発、さらに地

7章 炭の利用、用途

235

元資本によってある特定の製品を創作開発し、その場所で企業化することで産業を定着発展させ、ブランド化すること。他所から持ち込まれた原材料を用いて製品化し、ブランド化することもある。たとえば紀州備長炭、土佐備長炭、清水焼、瀬戸焼のように生産地の名前が付く場合が多い。

住宅環境資材用木炭（じゅうたくかんきょうしざいようもくたん）
Charcoal for house ecomaterials

　新用途木炭のうち、室内VOC（Volatile organic compounds：揮発性有機化合物）吸着や湿度調整などにより、住宅の環境改善を目的に用いられる木炭をいう。

　「新用途木炭の用途別基準」では、木炭・竹炭の湿度調整機能に着目した「床下調湿用木炭」「室内調湿用木炭」、アンモニアなどの悪臭の原因となる物質やホルムアルデヒド、トルエンなどのシックハウス症候群の原因となるVOCの吸着機能に着目した「建材用木炭」の3種を定めている。

　「建材用木炭」については、木炭を使ったボード、パネル、シート、塗料などの製品が市販されている。

十能（じゅうのう）
Jyuno, Lighting charcoal carrier

　火のおきた炭を持ち運ぶための器。金属製の容器に木の柄が付いており、七輪や火鉢などに火をおこした炭を移すときは、これに入れて持ち運ぶ。また、火おこしで炭火をおこしたときは、火おこしごと十能に入れて持ち運ぶ。テーブルなどに直接置いたときに熱が伝わりにくくするために、底部に台の付いたものを特に「台十能」と呼ぶこともある。

消臭・臭気防止用木炭（しょうしゅう・しゅうきぼうしようもくたん）
Charcoal for deodorization

　木炭にはその多孔性により悪臭を吸着する働きがある。トイレの悪臭や食品の腐敗で生じる低級脂肪酸、イオウ化合物などの悪臭を消臭する。冷蔵庫に木炭を入れることによって庫内の悪臭を消したり、靴底に木炭を入れて足の悪臭を消したりするのに使用されている（消臭・防臭機能　Function of deodorization）。

　木炭を使用した消臭・防臭剤は、活性炭ほど吸着能が強くないので、悪臭で飽和したら外気に放置することによって悪臭を放散させ、再使用が可能である。

　ニワトリやブタの飼料に粉炭を混ぜて与えると、糞の悪臭が低減する。

　（社）全国燃料協会作成の「新用途木炭の用途別基準」では、消臭用木炭・臭気防止用木炭は600℃以上で炭化した木炭で湿度15%以下のものと規定されている。

飼料添加材（しりょうてんかざい）
Charcoal for stockbreeding, Additives for stockbreeding

ブタの飼料に竹炭粉を添加

木炭粉をブタなどの家畜の飼料に添加して与えると、木炭の吸着作用により腸内の異常発酵を抑え、家畜の健康が保たれ、成長が促進される。木炭の消臭作用により、排出される糞のにおいも軽減される（**畜産への利用** Use for stockbreeding）。

飼料に木炭粉を用いるには家畜によって木炭粉の大きさは異なるが、0.1〜0.3mm程度の粉炭を飼料に1〜2％加え、よくかき混ぜて与えるとよい。家畜の状況によって使用回数、使用量を加減する。木酢液を粉炭に混ぜたものを使用しても同様の効果が得られる。

（社）全国燃料協会作成の「新用途木炭の用途別基準」（巻末資料2）では、**飼料添加用木炭は400℃以上で炭化した木炭**と示されている。

寝具用木炭（しんぐようもくたん）
Charcoal for bedclothes

枕、敷きマットなどに用いられる木炭。寝具の素材として炭を利用することで、睡眠時の発汗による湿気の吸着、消臭などの効果が認められている。「新用途木炭の用途別基準」では、600℃以上で炭化した木炭をいう。

新用途木炭（しんようともくたん）
Charcoal for new uses

燃料以外の用途に用いられる木炭の総称。木炭は①多孔質である、②吸着性が大きい、③アルカリ性である、④ミネラルを含む、といった特性をもっている。これらの特性を活かして、土壌改良用、水質改善用、消臭用、炊飯用、飲料水用、床下調湿用など、燃料以外の用途に用いられる木炭を指す。

新用途木炭の用途別基準（しんようともくたんのようとべつきじゅん）
Individual standard for new uses of charcoal

2004年（平成16年）3月、（社）全国燃料協会、日本木炭新用途協議会が林野庁の新用途木炭利用促進事業によって定めた新用途木炭に関する基準（巻末資料2）。

水質浄化材（すいしつじょうかざい）
Charcoal for water purification, materials for water purification

木炭は水中に浮遊する懸濁物や溶存する汚染物質などを吸着、分解し、水質改善の働きをする（**水質浄化機能** Water purification function）。

多孔性で表面積の大きい木炭は、水中の溶解性物質を吸着し、また、木炭表面に繁殖する微生物が水中の有機物を分解する。水中のアンモニア性窒素、亜硝酸性窒素、硝酸性窒素、有機リン

7章 炭の利用、用途

炭で水質浄化試験（長野県戸倉町）

の除去、BOD（生物化学的酸素要求量。水の有機物による汚染度を示す数値）の低減に効果があるので、側溝、家庭雑排水路、トイレ、小河川、湖沼などの水質浄化材として用いられ、環境保全用資材として注目されている。

　木炭の水質浄化機能にはろ過機能、吸着機能、微生物分解機能がある。ろ過機能は比較的大きなゴミ、固形物を物理的に受け止め、こし分ける働きである。吸着機能は水中に溶存した物質や小さな懸濁物を木炭の細孔が捕捉、吸着する働きであり、微生物分解機能は木炭に繁殖した微生物が有機物を分解する働きである。

　木炭は飲料水の水質改善用木炭としても用いられ、水道水のカルキ臭を取り除くのに効果がある。水質を改善するはたらきのある木炭は最近では**水産養殖への利用**もされている。

　（社）全国燃料協会および日本木炭新用途協議会で2004年（平成16年）3月に作成した「新用途木炭の用途別基準」では、**水処理用木炭**を**環境保全用木炭**（河川、湖沼、池、家庭排水、養殖場、産業排水などの水処理）と**水質改善用木炭**に二分し、前者は600℃以上で炭化した木炭で、木炭から溶出する物質が**環境基本法**第16条に基づく水質汚濁の環境基準以下であること、後者は800℃以上で炭化した木炭で、木炭から溶出する飲料水に影響を及ぼす物質が**水道法**第4条に基づく水質基準以下であることを定めている。

炊飯用木炭（すいはんようもくたん）
Charcoal for rice cooking

　炊飯の際に、炊飯器の中に入れて用いる木炭。水道水のカルキ（塩素）臭が吸着されて水の質がよくなり、また、水のクラスター（分子集団）を小さくするため、ふっくらおいしく炊き上がるとされる。

　使い方は、備長炭のような硬い木炭を使用し、炭の粉を取り除くためにまずよく水洗いし、殺菌のために10～15分程度煮沸する。分量は米3合（540mℓ）

炊飯用木炭を入れて炊く

に対して直径2〜3cm、長さ8cm程度、または50g程度を目安とする。使用回数は30回程度とし、使用のつど、水洗い、煮沸を行う。

800℃以上で炭化した木炭で樹皮が付着していないもの。精錬度は0〜4度（「新用途木炭の用途別基準」による）。

炭櫃(すびつ)
Charcoal container

火桶に同義。囲炉裏であるとの説もある。→火桶

炭工芸品(すみこうげいひん)
Charcoal handiwork

暮らしを彩るため、炭の材質、形状、機能などを生かしてつくられた炭グッズ。いくつかの製品例を列挙する。

炭花器、炭タペストリー、炭印鑑、炭ペンダント、炭マドラー、炭のれん、ミニ炭すだれ、炭楊枝立て、炭箸置き、ミニ炭俵、炭搬送の木馬ミニチュア、炭風鈴など。

炭コンクリート(すみこんくりーと)
Charcoal concrete

炭の塊、炭の粉粒体、炭の粉粒体から作った塊などを混合して作ったコンクリートブロックなどを指す。これは川底に敷設したり護岸に使用することで水浄化などが期待できる。炭を入れたコンテナなどに比して流出の恐れは少ない。

炭シート(すみしーと)
Charcoal sheet

ポリエチレンシートや紙類に木炭粉を吸着、もしくは織り込むことにより商品化したもので、畳の下敷き、天井や壁紙などの木炭の新しい利用方法として市場に出回っている。

新建材から発生するホルムアルデヒ

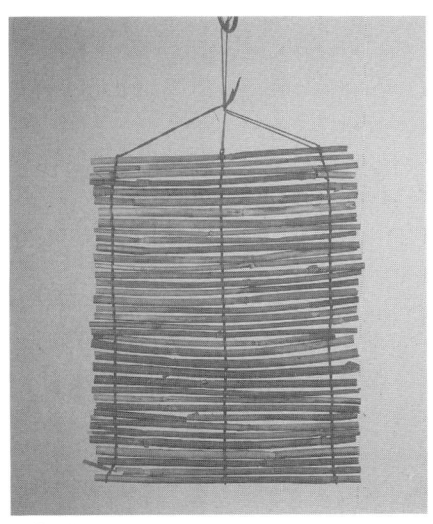

竹炭を編んだミニすだれ

細粒炭をパルプに吹き込んだシート

ドや揮発性有機化合物（VOC）等の有害物質を吸着する特性を活かし、シックハウス対策として活用されはじめている。

炭尺(すみしゃく)
Scale for charcoal

茶道に用いるクヌギ黒炭を規定の長さに切りそろえるための定規。両端を切り落としたクヌギ黒炭をこの炭尺にあて、金切鋸で断面を直角に切り落として茶の湯用とする。

炭せっけん(すみせっけん)
Charcoal soap

主な材料は5～10ミクロンの微粒子炭に苛性ソーダ、食用油、オリーブ油、ココナツ油、パーム油、精製水など。これらの材料をバケツなどで撹拌しながら混ぜ合わせ、枠に流し込んでゆっくりと固める。

炭せっけんは天然由来原料のため、環境への負荷が少なく、肌にスベスベ、しっとり感が残るということもあり、肌と環境にやさしい石けんとして愛用者をふやしている。

乾燥中の炭せっけん(三重県尾鷲市)

炭点前、炭手前(すみてまえ)
Sumitemae, Manner of tea ceremony

茶道の発展とともに考案された炭火扱いの作法・様式のこと。表千家、裏千家、武者小路千家など流派により、それぞれの炭点前があるが、以下はそのひとつ。

茶家の正月ともいわれる11月には炉開きが行われ、炭斗(すみとり)にその年に収穫したヒョウタンを切った新しい瓢(ふくべ)を用いるのが決まりとなっている。

茶会にて亭主が濃茶の湯を沸かすために風炉(ふろ)に炭を入れることを初炭点前(しょずみ)という。3個の丸毬打炭(ぎっちょずみ)を使った下火に胴炭(どうずみ)を右手で入れた後、火箸で炭を形よく寄せながら継いでいく。さらに濃い茶を終えて薄茶に移る前に炭を継ぎ足し火を直すことを後炭点前(ごずみ)という。表面の粉が火で跳ね飛ばぬよう水で洗い流した輪胴を用いる。また、炭がやけ落ちた後、菊花状のまま残った姿を「尉(じょう)がなる」と呼び風情を尊ぶ。

このほか茶室に招き入れられるのを待つ腰掛待合(こしかけまちあい)にも手焙(てあぶ)りと火鉢が用意されるなど、茶事のさまざまな場面で炭が利用されている。

炭斗[炭取り](すみとり)
Charcoal holder

炭を室内へ運び込む際の炭の入れ物。竹、藤蔓、アケビなどで編んだものがあり、籠、瓢(ふくべ)、木箱、丸盆、木桶などの種類があり、形も丸形、球形、四角形、八角形などがある。現在は主に茶道の道具として使われている。

炭斗（福島県会津若松市）

炭箱(すみばこ)
Charcoal box

炭を入れておく箱。家庭用燃料として炭が用いられていた時代は、炭をある程度の量を買い、小屋などに保管した。炭はわらやかやでできた炭俵で流通していたため、炭を茶の間や座敷などへ運ぶ際に、炭箱に分け、持ち運びした。

炭風呂(すみぶろ)
Charcoal bath

江戸時代、将軍および大奥が入浴した、炭で沸かした風呂。木炭の無煙性、無炎性、温度の持続性によって清潔かつ防火に留意したもの。現在では風呂用木炭を入れた風呂を指す。

炭ボード(すみぼーど)
Charcoal board

顆粒もしくは微細な竹炭、木炭を利用し、製板された板の総称。**炭化物成型ボード**などともいう。

竹炭、木炭が所持する調湿性能を活かして、各種の化学成分接着材を使用せずに製板する技術が開発された（2003年）。一般に微細な小片である竹炭、木炭と解繊した古紙（印刷紙、段ボール紙など種類を問わない）を一定の割合で混合し、湿式法により成型後圧縮し、乾燥させることにより成型ボードとして仕上げる。

成型ボードの利用は、従来の「石膏ボード＋各種のクロスシート」に代わる壁面資材、天井資材、その他建築資材としてだけでなく、インテリア商品としての利用も始まった。現在、国内での利用は伸び悩んでいるが、韓国への輸出が本格的となっている。

炭盆栽(すみぼんさい)
Charcoal bonsai

炭を日本の様式美をふまえながら、苔、植物、石などの自然素材と自在に組み合わせたもの。容器も盆、鉢、ガラスの器などさまざまで、鑑賞したり手入れしたりして雅趣を楽しむ。

炭盆栽

炭マット(すみまっと)
Charcoal mat

座布団状の寸法を有する不織布に木

7章 炭の利用、用途

炭、竹炭を約8〜12ℓ投入、封入し、調湿資材として、床下に敷設する資材として開発された。

この炭マットを床下に敷設することにより、特に相対湿度の80〜100%の床下気象環境が、敷設1年後付近から年間を通して、65〜80%へと改善され、床下にある根太等の木材の含水率も年間を通して約15%レベルに低下したことから、全国的に普及している。

炭マルチング(すみまるちんぐ)
Mulch by charcoal

農作物、園芸植物・鉢物などの根ぎわを炭・粉炭で直接覆うこと、または活性炭にデンプンなどの分散剤・水を加えて液状化し水田の水面を広く覆うこと。遮光効果による雑草の抑制、保湿、地温上昇などに有効とされる。

炭やき産業(すみやきさんぎょう)
Charcoal industry

炭やきは世界各国で行われ年間、約4300万トンの生産量がある(FAO2004年調べ)。世界一の生産国はブラジルで年間約1200万トン弱を生産している。わが国の年間生産量は約10万トンである。

その国により炭材は異なり、ブラジルでは製炭用のユーカリを植林し、マレーシア等東南アジアではマングローブ、ゴム、ヤシ殻などを炭材としているところが多い。わが国ではナラ、クヌギ、カシ類のほかオガ屑などの廃棄物が炭材として用いられている。

わが国の炭やきは山村で黒炭窯、白炭窯を用いて地域分散的に小規模に行われてきたが、近年になり、大型の機械炉を使用し、林産工場廃棄物などを原料とした工場型炭化が行われるようになった。用途としては燃料以外に製鉄用、活性炭製造用などの工業用のほかに、土壌改良資材用、水質浄化用、調湿材用など、多種類に及んでいる。

生活環境資材用木炭(せいかつかんきょうしざいようもくたん)
Charcoal for life ecomaterilas

日常の生活で身近な用途に用いられる木炭。炊飯用、飲料水用、消臭用、風呂用、寝具用、鮮度保持用の各用途について基準が定められている(「新用途木炭の用途別基準」(巻末資料2)による)。

製鉄用木炭(せいてつようもくたん)
Charcoal for iron manufacturing

鉄鉱石から銑鉄を製造する際に還元剤として使用する木炭。わが国には古くから砂鉄からの製鉄に木炭を使用するタタラ製鉄の技法がある。現在、海外ではユーカリ、マングローブ、ゴムなどからの木炭が製鉄に使用されている。

木炭は加熱されると還元剤としての反応性に富み、同じ反応をコークスで行うと反応温度が高くなり、燃料費がかさみ、炉の消耗も木炭よりも早いなどの点で、木炭には長所がある。

石州炭(せきしゅうたん)
Sekisyu charcoal

　島根地方伝来の八名窯で製炭したナラ黒炭や竹炭を、さらに1200℃の高温で2度焼きすることで、備長炭に匹敵する硬度と耐久性を持たせた炭。石州瓦の窯をヒントに、2006年、仁摩木炭生産組合の尾土井博氏が開発した。

鮮度保持材(せんどほじざい)
Charcoal for keeping freshness, Materials for keeping freshness

　多孔性の木炭は表面積が大きく、吸着能が高いので、湿気やガスを吸着する。野菜や果物などはエチレンガスを放出し成熟し、品質を低下させることがあるが、木炭を置くことによってエチレンガスが吸着され、青果物の鮮度が保たれる（**鮮度保持機能** Function of keeping freshness）。

　粉炭を入れたシートが**鮮度保持用木炭**として開発されている。青果物の下にこのシートを敷くことによって鮮度が保たれる。花卉類（かき）の鮮度保持にも木炭は効果がある。木炭シートの使用によってユリなどの花がダンボール箱などで輸送中にエチレンガスによって開花してしまうのを抑えることができる。「新用途木炭の用途別基準」では、花卉、野菜などの鮮度保持に用いる**鮮度保持用木炭**は、800℃以上で炭化した木炭で、水分が10％以下のものとしている。

底取(そことり)
Sokotori, Tool to take ash

　茶道の炉や風炉の灰を底からすくい取るための道具。金属製で丸形の先をもち、柄が直角に立ち上がっている。

た

脱硫用活性炭(だつりゅうようかっせいたん)
Activated carbon for sulfur removing

　公害対策の一環として、石油の燃焼ガスから亜硫酸ガスを除去するために使用される活性炭。排煙脱硫を活性炭に吸着させて行い、亜硫酸ガスは最終的に活性炭から硫酸として回収される。

煙草火入れ(たばこひいれ)
Tabako-hiire, Vessel for tobacco embers

　煙草に点火するための種火としての炭火を入れる器具。

炭化米(たんかまい)
Carbonized rice

　新たな食材として炭化米が開発された。250〜300℃の低温で1〜1.5時間炭化したもので、白米や玄米とブレンドして炊くと、しっとりと香ばしく炊き上がる。

炭琴(たんきん)
Charcoal xylophone

　備長炭を音階順に並べて、木琴のように作られた楽器。音域は3オクターブあり、湿気を吸うと音が変わるため、

半年に1回程度、炭を交換、あるいは削るなどして調律する。炭琴演奏の第一人者はマリンバ奏者の山口公子氏。

窒素固定菌（ちっそこていきん）
Nitrogen-fixing bacteria

窒素分子をアンモニアに還元する能力をもつ細菌。好気的条件下で窒素固定を行うものにアゾトバクター、根粒菌、シアノバクテリアなど、嫌気的条件下で窒素固定を行うものとして *Klebsiella pneumoniae, Bacillus polymyxa* などがある。

調湿用木炭（ちょうしつようもくたん）
Charcoal for humidity control

木炭には**調湿機能**（Function of humidity control）がある。粉炭を床下に敷設すると、湿度が高い時期には木炭が湿気を吸い取り湿度を下げ、乾燥時には木炭中の水分を放出し床下内の湿度を調整する。木炭敷設により土台中の水分も低下するので木材腐朽菌の侵入を防ぐ効果がある。

古代の貴人の墓や文化遺産などを収蔵している建築物の床下などから木炭が見出されているが、これは湿度調整のために使用されたと考えられている。

枕やふとんに木炭を入れることで湿気を吸い取り、快適な眠りが得られ、また、畳に木炭を入れ水分を吸い取ることで高湿度の中で増殖するダニの繁殖を抑える効果も得られる。

（社）全国燃料協会作成の「新用途木炭の用途別基準」では、**床下調湿用木炭・室内調湿用木炭**は400℃以上で炭化したもの、**建材用木炭**（ボード、シート、塗料など）としては600℃以上で炭化したものが推奨されている。

建材用の紀州備長炭（三重県尾鷲市）

調理効果［炭火の］（ちょうりこうか［すみびの］）
Effects [of charcol fire] on cooking

炭の燃焼は表面燃焼であり炎や煙を出さない。うちわひとつで燃焼温度を幅広く調節（400〜1000℃）できる。熱エネルギーは赤外線の放射によって伝えられ、水蒸気を含むガス火による対流伝熱ではない。炭火は強火の遠火として使用できる。

炭火の放射波長帯は近赤外線から遠赤外線にまたがる。たとえば、有機物と水からなる肉に対して前者は比較的深く浸透しやすく、後者は表面で吸収されやすい。つまり炭火には、火力を調節することで表面を焼き固め旨味成分を閉じこめ、かつ効率よくムラなく内部まで加熱することができる、という調理効果がある。

地力増進法（ちりょくぞうしんほう）

The law of fertility improvement

　地力の増進をはかるための基本的な指針を策定し、地力増進地域の制度を定め、土壌改良資材の品質に関する表示の適正化を行う法律。地力増進法の施行令の一部が改正され、木炭は土壌改良資材として政令指定され、1987年6月に施行された。

手炙、手焙り（てあぶり）
Small brazier for warming hands, Small hibachi

　火鉢から派生した個人用の小型暖房器具。炭火を入れて使用する。茶道では冬季、腰掛け待合や席中などに用いられる。

電磁波遮蔽用木炭（でんじはしゃへいようもくたん）
Wood charcoal with electromagnetic shielding capacity

　炭素の結晶構造が発達した木炭は良導電性であり、電磁波（正確には電界）遮蔽材として利用できる。この機能性木炭を作るには通常1500℃程度の高温が必要であるが、ニッケル触媒を1～2％添加した木材からは約900℃の炭化で製造されるという。→機能性木炭

銅精錬用木炭（どうせいれんようもくたん）
Charcoal for copper refinement

　黄銅鉱などの銅鉱石から銅を精錬するのに用いる木炭。わが国では明治以降、洋式の精銅法が取り入れられて木炭は使用されなくなった。

特用林産物（とくようりんさんぶつ）
Non-wood forest products

　森林原野で生産される産物のうち、一般用材を除くものの総称。キノコ類をはじめ、クリ、クルミ等の樹実類、ウルシ、ハゼの実から得られる樹脂類、ワラビ、ワサビ等の山菜類、オウレン、キハダ等の薬用植物およびキリ、タケノコ、竹、木炭・竹炭、薪等。

土壌改良資材用木炭（どじょうかいりょうしざいようもくたん）
Charcoal for soil conditioner

　木炭は、1986年（昭和61年）11月地力増進法施行令の一部が改正され、土壌改良資材として政令指定され、1987年（昭和62年）6月から施行された。
　木炭が土壌改良資材として認められた直接の理由はその透水性にあるが、そのほかにも木炭は通気性をよくする、肥料のもちをよくする、酸性土壌を緩和する、地中の有害ガスを吸着する、ミネラルを補給する、地温を高める、植物の生長に役立つVA菌根菌などの有用微生物を増殖するなどの植物の生長に有用な働きを有している（土壌改良機能 Function as soil conditioner）。
　（社）全国燃料協会作成の「新用途木炭の用途別基準」では、土壌改良資材用木炭としては400℃以上で炭化したものが推奨されている。

トレーサビリティ
Tracerbility

　特定の元素の挙動を追跡することを

7章 炭の利用、用途

トレイス（trace）、追跡する人やものをトレイサー（tracer）ということから、ある商品を「どこの誰が」、「何を使って」、「どこで」、「どのようにして」でき上がったのかというように生産過程の追跡を行うこと。また追跡ができるようにすることをいう。

な

長火鉢(ながひばち)
Rectangular brazier
　火鉢と引き出しを一体化させたもの。箱型をしている関東長火鉢と、テーブル上に上部が張り出している関西長火鉢が知られている。

二硫化炭素用木炭(にりゅうかたんそようもくたん)
Charcoal for CS$_2$ production
　二硫化炭素（CS$_2$）の製造時に使用される木炭。白炭等、揮発分の少ない木炭が主に用いられる。
　二硫化炭素は、溶媒やビスコース（レーヨン）製造用等として用いる。

粘結剤(ねんけつざい)
Adhesive
　粉炭から炭団や煉炭等に成型するときに用いる接着剤の総称。一般的にデンプンが使われるが、飯粒やふのり、パルプ廃液など粘着質の材料が広く用いられる。東南アジアではタピオカを使う場合が多い。

燃料炭(ねんりょうたん)
Charcoal for fuel
　調理、暖房用など、燃焼させて使用する炭。燃料としての炭の特長は、薪よりもエネルギー密度が高いこと、長期保存が可能なこと、炎・煙が少なく扱いやすいこと、調理に際しては燃焼時に水分が少なく遠赤外線を放出するため良好な食味となることなどが挙げられる。
　反面、燃焼時に有毒な一酸化炭素が発生するので、気密性のきわめて高い空間での使用には換気が必要であること、また、炭の品質や扱い方によっては爆跳が起こるため、使用に際しての正しい知識の普及が望まれる。
　木炭の成分は約9割が炭素であり、木材がそのまま微生物によって腐朽・分解される過程で発生する炭酸ガスを、木炭は一時的に固定化していることになる。このため、木炭の生産・利用は森林の適正な育成に寄与するとともに、地球温暖化の原因とされる二酸化炭素の排出減に貢献しているといえる。

農業用木炭(のうぎょうようもくたん)
Charcoal for agricultural use
　土壌改良資材としての木炭は、農林・緑化・園芸用木炭として用いられる。
　土壌改良資材として優れた機能（土壌改良資材用木炭参照）をもつ木炭は農地に使用される。畑地、水田では10aあたり、木炭粉（粒径約0.5〜5mm）50〜400kgを散布後、耕うんし、播種あ

るいは移植する。芝地では土壌全面に木炭粉（粒径1〜2mm）を1m²あたり200〜300gを散布する。すでに植えられている果樹などの樹木の場合には根元を円形に掘り、木炭粉と肥料を混合し入れ込む（苗木あたり100〜200g）。散布量は適宜、その事情に応じて加減する。

（社）全国燃料協会作成の「新用途木炭の用途別基準」では、**土壌改良資材用木炭としては400℃以上で炭化した**ものが推奨されている。

野焼き(のやき)
Burning off dead grass

一般的には植物の生長を促すために春先に野を焼くことを指すが、ここでは廃棄物の野外焼却をいう。

野焼きは2001年(平成13年)4月に改正法が施行された「廃棄物の処理及び清掃に関する法律（廃棄物処理法）」によって、一部の例外を除いて禁止され、罰則規定も設けられた（同法施行令第25条の第15号）。

2005年12月現在、環境省によれば、炭やきに対する同法の一般的な解釈は以下のとおりである。炭やき窯に投入されるものが、購入した木材のように有価物であれば廃棄物処理法の適用を受けないし、廃材等の廃棄物であれば廃棄物焼却施設に該当し同法の適用を受ける。なお、廃棄物かどうかについては都道府県知事等の許可権者が総合判断することになっている。

は

灰器(はいいれ)
Pot for ash

茶道で炉中に蒔灰を行うために、灰壺に貯えた灰を盛って席に出る浅鉢形の道具。灰焙烙、焙烙ともいう。

灰型(はいがた)
Type of ash setting

茶道において、風炉の中の灰の形を美しく整え、模様を描くこと。灰匙・灰押さえ・小羽根などの道具を用いて行う。

廃棄物処理法(はいきぶつしょりほう)

正式には「廃棄物の処理及び清掃に関する法律」という。清掃法（昭和29年法律第72号）として誕生し、現在は環境省が管掌している。廃棄物を環境保全の考え方から適正に処理し、不法投棄をなくすための法律。

廃棄物の排出を抑制し、および廃棄物の適正な分別、保管、収集、運搬、再生、処分等の処理をし、ならびに生活環境を清潔にすることにより、生活環境の保全および公衆衛生の向上をはかることを目的とする。

灰匙(はいさじ)
Spoon for ash

茶道で灰を扱うときに用いる道具。炉で行う炭を直す作法である炭点前の際、湿し灰を炉にまく際に用いる。先端は金属製で、柄はクワ（桑）などを用

いる。

灰壺（はいつぼ）
Pot for ash

灰を貯えるための壺。茶道では灰を炉に用いるには熟成させる必要があるため、ふたを密閉して縁の下などに保管しておく。

灰ならし（はいならし）
Levelling ash

火鉢や囲炉裏で用いられる道具の一種。灰面をならして整え、筋目をつけるためのへら状の道具で長さ20cmほど。真鍮、鉄、銅などでできたものが多い。

花火用木炭（はなびようもくたん）
Charcoal for fireworks

花火に用いられる黒色火薬は木炭粉に鉄粉、イオウ、硝石を混合して作られる。木炭にはアカマツ炭、キリ炭、クロウメモドキ炭、ハンノキ炭、針葉樹のオガ屑炭などが使用される。

黒色火薬は花火のほかに炭鉱用導火薬、猟銃用などに用いられる。

火桶（ひおけ）
Tub for lighting charcoal

平安時代の火鉢の呼称。特に円形のものを指す。清少納言の『枕草子』「二六　にくきもの」に「火桶の火、炭櫃などに、手のうらうち返しうち返しおしのべなどして、あぶりをる者。」とある。

美術工芸材料用木炭（びじゅつこうげいざいりょうようもくたん）
Charcoal for art and industrial art materials

木炭画を描くコンテや、漆器の塗面を平らに滑らかにしたり、蒔絵の金属粉を研ぎ出すために使われる研磨炭などを指す。

微生物賦活材（びせいぶつふかつざい）
Microorganism activator

微生物の機能を活発にする資材のこと。木炭は微生物賦活剤としての機能を有することが知られている。

クロマツ林に木炭を土壌施用すると食用キノコの松露が発生するなど、木炭施用による微生物相の変動が認められている。

そのほかにも木炭の施用によって共生微生物であるVA菌根菌の増殖と根への感染が促進される結果、VA菌根菌から植物への養分の供給量が増し、それにともなって根粒菌による窒素固定も盛んになり、植物の生育が促進されるなど、木炭施用の効果が知られている。

火つけ炭（ひつけすみ）
Charcoal for lighting

炭火をおこすために、最初に着火する炭。茶道では「点炭」（「添炭」とも書く）といい、まずはこれを十分着火してから炉や風炉に配置し、その後に、初炭と称して、茶窯の湯が十分に沸くだけの各種の炭を継ぎ足す作法がある。

火熨斗(ひのし)
Charcoal iron

いわば昔ながらのアイロンで衣類などのしわを伸ばすための、金属製の容器に木製の柄が付いた道具。容器の内部に炭を入れ、底の平らな部分を押し当てて使う。

火箸(ひばし)
Tongs

かまど、炉、火鉢などで炭や薪をはさむ金属製の箸。

火鉢用の火箸は長さ25cm前後。頭部に彫刻や象眼をあしらったもの、熱伝導を避けるために竹などを組み合わせたものなどがある。

火鉢(ひばち)
Brazier

炭火を利用する室内用の暖房器具。素材は木、陶器、石、金属など多岐にわたる。丸火鉢や角火鉢などの形状がある。容器の内部に灰がたっぷり入れてあり、その中央に五徳を置いて(脚を灰に差して立て)、五徳の下で炭をおこして暖をとる。五徳に鉄瓶などをかけて湯を沸かして茶を飲んだり、餅焼き網をかければ餅を焼いて食すこともできる。すなわち囲炉裏と同様の役割を和室内で果たす。

丸火鉢

不織布(ふしょくふ)
Nonwoven fabric

一般的な繊維を含め各種繊維状の材料を織らずに樹脂、熱、溶剤などでフェルト状などの布状に加工したもの。炭素材料では繊維状活性炭があり、溶剤回収用や家庭用浄水器などの炉材に使用されている。不織布に木炭粉末を複合させたものもある。

風呂用木炭(ふろようもくたん)
Charcoal for bathing

風呂の浴槽に用いるための木炭で、入浴炭とも呼ぶ。木炭からミネラルが溶け出して水が弱アルカリ性になるため肌に刺激が少なくなるとともに、浴槽の水の汚れを吸着するため、汚れが目立たなくなる効果がある。

使用するのは備長炭のような硬い炭で、まずは水洗いし、浴槽が傷つかないよう網袋や布袋等に入れて使用する。なお、金属製浴槽の場合は、木炭が接触すると金属が劣化することがあるので必ず布袋に入れること。使用する量は、一般家庭の風呂(300ℓ)で、1kgが目安。

給湯式の場合は湯を入れはじめたときから、風呂釜式の場合は水のときから浴槽に入れ使用する。繰り返し使用する際は、3～4回を目安によく水洗い

7章 炭の利用、用途

して陰干しをし、2か月を目安に交換する。「新用途木炭の用途別基準」では、800℃以上で炭化した木炭で、精錬度が0～4の木炭が該当する。

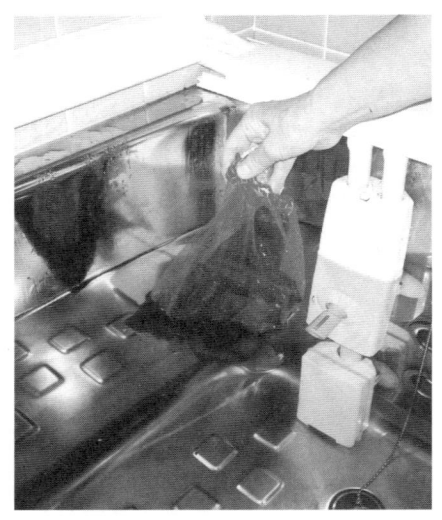

風呂に袋入りの炭を用いる

墨汁(ぼくじゅう)
India ink
　筆記用の液状の墨。水に油煙、松煙、カーボンブラックなどの黒色顔料を入れ、にかわなどの分散剤、粘性剤などを添加して製造する。

火瓮(ほべ)
Brazier made with clay
　火鉢の発生以前に、土で作られた瓮でできた、炭火を用いる暖房器具。

火舎(ほや)
Hoya, Incense burner in ash
　奈良時代に仏教とともに伝わった仏前の焼香具。灰中で炭を燃焼させて香を焚く道具で、後に香炉火鉢へと発展していった。

ま

マイクロガスタービン
Micro gas turbine
　従来のガスタービン発電の要素技術や車両用ターボチャージャー技術などの既成の技術を組み合わせ、当初は軍用として開発された超小型のガスタービン発電機。発電容量は28kW～300kWと従来のガスタービンに比して小さい。廃熱が多く、その廃熱を効率よく使わなければ、高い省エネルギー効率は望めない。
　燃料としてはガス状のものを使うが、灯油や軽油等液体燃料も使用可能で、木タールオイルも使用可能。

埋薪(まいしん)
Buried firewood
　炉に生木を敷き詰め、その上に灰を厚くかぶせておき、炭火を埋める。これによって生木が徐々に乾燥、炭化、燃焼し、長期間にわたって安定した暖房効果を得ることができる。主に冬季の養蚕で行われた。

埋炭(まいたん)
Buried charcoal (under ground)
　宅地や農地に炭を大量に埋め込むこと。埋炭をすると地中を走る微電流が炭と衝突し、炭のもつ電子が地表へ放

射されマイナスイオンが出るので地中・地上の生き物に好影響が出てくる、といわれているが、科学的証明はない。

眉墨(まゆずみ)
Eyebrow pencil

平安時代以降、化粧の一種として引き眉の習慣が起こるが、最上質の眉墨は、ムラサキグサの花弁を炭にし、油煙と金粉を少量混ぜ、熱を加えながらごま油で練ったものであったという。

木炭画(もくたんが)
Picture drawned with charcoal

キリ、アジサイなどの軟質材の、細い棒状の木炭を使って、素描する絵。ゴムやパン屑などで容易に消せるため、主にデッサンの練習として行われる。紙から木炭が剥落しやすいので、テレピン油やアマニ油を全面に吹き付けて保存する。

木炭高炉(もくたんこうろ)
Charcoal iron smelter

製鉄用高炉で、木炭を還元剤として使用する。19世紀に石炭(粘結炭、コークス)を使用するようになってから木炭高炉は少なくなった。現在でもブラジルのベラホリゾンテで稼動している。

木炭自動車(もくたんじどうしゃ)
Charcoal automobile

木炭を燃料とした自動車。木炭を燃焼させた熱を利用して、二酸化炭素を可燃性ガスである一酸化炭素に還元し、その一酸化炭素と空気を混合して燃焼させることでエンジンを回す。

戦時色が濃くなった1935年(昭和10年)頃から戦時中にかけ、木炭は石油の代用燃料としてクローズアップされる。一時期、国策に沿って実用化されるが、坂道にさしかかるとしばしば走行不能になり、乗客に降りてもらい押してもらうこともあったという。

木炭自動車(和歌山県田辺市)

木炭の新用途(もくたんのしんようと)
New uses of charcoal

木炭の燃料用、工業用以外の用途で、近年その用途が注目されているもの。①生活環境資材用として炊飯用、飲料水用、消臭用、風呂用、寝具用、インテリア用、室内空気浄化用、鮮度保持用、②農林・緑化・園芸用として土壌改良用、融雪用、③水処理用として河川・湖沼などの水浄化用、④畜産用として飼料添加用、家畜糞尿の臭気防止用、⑤住宅環境資材用として床下調湿用、室内調湿用、ボードなどに木炭を入れた建材用などがある。ほかに電磁波遮蔽用など、開発中のものもある。

新用途木炭は水質浄化用、調湿用、飲料水用、消臭用など、木炭の大きな表面積による吸着能を利用したものが多い。

新用途木炭は(社)全国燃料協会によってその用途別基準が作成され（→巻末資料2)、用途別に該当する木炭が推奨されている。

木炭発電(もくたんはつでん)
Charcoal generation

木材、木炭を燃焼させることにより発生する可燃ガスで発電を行う。地球温暖化防止のために化石エネルギー以外の資源を活用して発電に結びつけることを目的に研究が始められている。

や

焼き杭(やきぐい)
Burned post

地中に打ち込んだとき腐るのを抑えるために、杭の表面をバーナーなどで焼いた（表面炭化させた）杭のこと。

焼畑農業(やきはたのうぎょう)
Slash-and burn-farming

山林、原野を伐採して適宜に乾燥させこれを焼き払って圃場とする農法である。数年から十数年間無肥料で耕作し、地力が衰え除草に手間がかかるようになるとここを放棄し、よそに移る。休閑（耕）期に二次林が再生される。

灰・炭などを圃場に使う農業のルーツは焼畑にある、といえよう。不耕起栽培、輪作、混作、雪の下での作物の生長、二次林の生産性や表土の流出抑制効果など、安全で持続可能な農業を可能にする多くのヒントが期待されよう。

環境破壊につながる粗放で生産力が低い略奪農法とされているが誤解である。伝統的な焼畑は文化である。

薬事法(やくじほう)
The Pharmaceutical Affairs Law

薬事法では、医薬品等についての虚偽、誇大などの不適正な広告を規制している（薬事法66条、67条、68条)。特に66条1項では「何人も、医薬品、医薬部外品、化粧品又は医療機器の名称、製造方法、効能、効果又は性能に関して、明示的であると暗示的であるとを問わず、虚偽又は誇大な記事を広告し、記述し、又は流布してはならない。」とし、違反した場合は2年以下の懲役若しくは200万円以下の罰金またはそれらの併科に処される。

薬用活性炭(やくようかっせいたん)
Activated carbon for medicine

その吸着性を利用して解毒や下痢止めに薬として用いられる活性炭。過酸症や消化管内発酵による生成ガスを吸収する。毒物などの有害物質や細菌類が生成する毒素も吸着するため、解毒剤としても用いられる。一方で酵素やビタミンなどの有用成分も吸着するため消化の妨げになることもある。薬用炭の評価試験で基準を満たす必要があ

り、高純度が要求されるため通常は不純物の混入が少ない原料や製造方法が採られる。

山焼き(やまやき)
To burn woods

　草などの芽吹きを促し害虫を駆除する目的で山野の枯れ草などを焼くこと。野焼きともいう。奈良の若草山、茨城の渡瀬遊水池のヨシ焼きなど早春の風物詩でもある。→野焼き

融雪用木炭(ゆうせつようもくたん)
Charcoal for thawing snow

　炭が黒く、熱を吸収しやすい特性を利用して、雪を早く解かすために田畑などに散布する木炭。
　「新用途木炭の用途別基準」では、400℃以上で炭化した木炭が該当する。

床下調湿用木炭(ゆかしたちょうしつようもくたん)
Charcoal for humidity control under floor

　床下は日常的に湿気の多い場所なので炭を敷炭としてバラのまま、もしくは通気性のある袋に入れて床下に施して湿気対策をはかる。炭は調湿、吸着能力が求められるため、400℃以上の炭化温度で焼成されたものがよいとされている。

床下調湿用に竹炭を敷く

溶存酸素(ようぞんさんそ)
Dissolved oxygen

　水中に溶解している酸素のことで、DOともいう。有機性廃水に対して好気性生物処理を行う場合には、溶存酸素が消費されるため、曝気(ばっき)により大気から供給する必要がある。

余剰汚泥(よじょうおでい)
Excess sludge

　廃水の生物処理によって発生する不必要な汚泥。
　生物処理装置においては、水中の汚濁成分が微生物に摂取され分解されるなどして濃度が低下する原理により処理を行うが、この過程で増殖した微生物は抜き取りおよび処分が必要となる。
　浮遊性の微生物を利用する活性汚泥法などの処理に比べ、木炭その他の微生物担体を充填し付着した微生物を用いる生物膜法のほうが余剰汚泥の生成量が少なく、嫌気性処理のほうがさらに少ない。

ら

林野火災[炭やきによる](りんやかさい[すみやきによる])
Forest fire [caused by charcoal mak-

7章 炭の利用、用途

ing]

わが国では、1946〜1983年の39年間の間に焼損面積が1000ha以上の林野火災は57件発生しているが、そのうち4件が炭やきが失火原因とされる。焼損面積は4万8000ha以上で、全体のおよそ22.8％にあたる。

レジャー用木炭(れじゃーようもくたん)
Charcoal for leisure activities

キャンプやバーベキューなどのアウトドアレジャーで、調理・暖房用に用いられる木炭。ホームセンターなどでは、主に価格の低い輸入木炭が販売されている。岩手県木炭協会が生産者向けの指導規格を設けている。

わ

割り箸炭(わりばしずみ)
Charcoal made from disposal wooden chopsticks

日本独自の木の文化や食習慣から生まれた割り箸を炭化したもの。学校の理科の実験で割り箸をビーカーに入れて炭化することがあるが、炭窯でやくときはアルミホイルにくるんだりして菓子缶などに入れたほうが崩れにくい。近年、割り箸炭は土壌改良用に再利用したり、環境教育の教材として生かしたりすることが多い。

木・竹酢液

8章　木・竹酢液の採取、精製、成分
9章　木・竹酢液の特性、用途、規格

8章
木・竹酢液の採取、精製、成分
（もく・ちくさくえきのさいしゅ、せいせい、せいぶん）
Collection of wood and bamboo vinegar, Purification, Components

採取した木酢液（三重県尾鷲市）

　製炭時に排出される排煙を凝集した木酢液・竹酢液の植物生長促進作用、殺虫作用、植物病原菌生育阻害作用などの活性が見出されるにつれ、木・竹酢液の採取が積極的に行われるようになってきた。
　木・竹酢液は炭化炉の排煙口に長めの煙突を設置するだけで採取できる。排煙口から得られたばかりの木・竹酢液は精製が必要で、精製は通常、数か月静置することによって溶け込んでいるタール分を沈殿させるか、蒸留によって行われる。
　木・竹酢液には約200成分ほどが含まれているといわれているが、水分が80～90%を占め、残りが酸類、フェノール類、アルコール類、エステル類、低級脂肪酸類などである。

あ

アセチル基(あせちるき)
Acetyl group

有機化合物の部分構造の一つでCH₃CO-で表す。略号としてAc-とも記す。アセチル基を有するものには、酢酸（CH_3COOH）、酢酸エチル（$CH_3COOC_2H_5$）、4-アセチル-2-メトキシフェノールなどがある。

アセトール
Acetol

ヒドロキシアセトンともいう。構造はCH_3COCH_2OH。木酢液の少量成分の一つ。沸点145〜146℃で水、エタノールに可溶。

アセトン
Acetone

ジメチルケトン、2-プロパノンともいう。構造式はCH_3COCH_3。溶剤、化学工業原料として用いられる。

植物の熱分解によって得られ、木・竹酢液成分の一つ。酢酸カルシウムの熱分解でも得られ、戦前は木酢液を原料として製造され、木材乾留の生産物の一つであった。沸点56℃、木酢液の蒸留では初期に留出する。

アセトン製造方法(あせとんせいぞうほうほう)
Acetone production method [from wood vinegar]

木酢液に石灰を加え中和する。消石灰、生石灰、あるいは石灰岩の粉末などが中和剤として使われた。中和液から不純物を除いた液はおおむね比重が2.5倍となる。中和液を釜にて加熱し濃縮。浮遊タール分を除きつつ結晶を回収する。**酢酸石灰**の結晶は砕いて120℃以下で乾燥する。良質なものは灰白色の粉状結晶で水に溶解する。

酢酸石灰の収量は、黒炭の木酢液からは原木に対し1.2〜1.6％、白炭の場合は2.8〜3.9％程度。

下記の①は、酢酸と石灰から酢酸石灰を作る化学式。②は、酢酸石灰を乾留してアセトンにする化学式。

①酢酸と石灰から酢酸石灰を作る
　$2CH_3COOH + CaCO_3 =$
　　$Ca(CH_3COO)_2 + CO_2 + H_2O$
　$2CH_3COOH + CaO =$
　　$Ca(CH_3COO)_2 + H_2O$

②酢酸石灰の乾留でアセトンを製造
　$Ca(CH_3COO)_2 =$
　　$(CH_3)_2CO + CaCO_3$

液化(えきか)
Liquefaction

気体が液体になること。常温で気体のアンモニアやプロパンは圧縮することで液化する。

エステル類(えすてるるい)
Esters

アルコールと酸が水を失って縮合した化合物の総称。酢酸エチル（$CH_3COOCH_2CH_3$）など。

エタノール

Ethanol

エチルアルコール（CH_3CH_2OH）。酒精ともいう。酒類の主要成分。

米、小麦などの穀類、トウモロコシ、サトウキビ、イモなどの発酵によって、あるいは化学合成によって製造される。

塩基性成分（えんきせいせいぶん）
Basic component

アルカリ成分ともいう。水溶液が赤色リトマス紙を青変する物質。pHが7よりも大きい化合物。

木酢液中にはごく少量のピリジン、トリメチルアミンなどの塩基性成分が含まれる。

オイゲノール
Eugenol

4-アリル-2-メトキシフェノール。木酢液のフェノール成分の一つ。クローブ油の成分で、特有の芳香をもち、フレイバーとして用いる。抗菌性を有する。

か

ガスクロマトグラフィー
Gas-chromatography

固体に固定された高分子の液相に気化した混合物を流して移動させ、液相と気相混合物間での親密度の差により移動中に成分分離を行う手法をガスクロマトグラフィーといい、用いる装置をガスクロマトグラフという。そのときに得られる混合物のピークを表したチャートをガスクロマトグラムという。

カテコール
Catechol

1,2-ヒドロキシベンゼン。木酢液のフェノール成分の一つ。

可燃性ガス（かねんせいがす）
Combustible gas, Flammable gas

空気中、あるいは酸素中で点火したとき、物質が独自に燃焼する気体。水素、メタン、プロパン、ブタジエン、プロピレン、エタン、エチレン、硫化水素、塩化ビニルなど。

カルボニル化合物（かるぼにるかごうぶつ）
Carbonyl compound

カルボニル（C=O）基を分子中にもつ化合物で、ケトン、アルデヒド類の総称。RCHOで表される。

ホルムアルデヒド（HCHO）、アセトアルデヒド（CH_3CHO）、アセトン（CH_3COCH_3）などがある。ほかにカルボニル（C = O）を配位子とする金属錯体を金属カルボニル、またはカルボニルという。

乾留木酢液（かんりゅうもくさくえき）
Pyroligneous liquid obtained by dry distillation

木材の乾留において、生産する液状物。乾留木酢液は、少量の油分とメチルアルコール、フルフラール、アセトン、アセトアルデヒド、酢酸、フェノ

ール、クレゾール、オイゲノール、グアヤコールなど300種以上の成分を含むpHが2〜3.2の酸性溶液。

1940〜50年頃は、木材がエネルギー源の主役であった。当時は炭が盛んに造られ、暖房や炊事用燃料として使われ、副生産の乾留木酢液は種々の化学原料に利用され、木材乾留工業に関した研究も最盛期だった。

生成液の性状は、炭化・乾留操作で化学成分の組成比が異なることから、採取を目的とする成分が最大となる樹種を選び、最適な温度範囲での乾留によって収率向上をはかる。→木・竹酢液

蟻酸(ぎさん)
Formic acid

HCOOHで表される酸。アリの蒸留で得られる。木酢液の成分の一つで鼻を突くにおいがある。ホルムアルデヒド(HCHO)の酸化で得られる。

グアイアコール
Guaiacol

オルト-メトキシフェノール。木酢液、木タールの成分。防腐、殺菌作用がある。医薬品としても用いられる。クレオソート油に主要な成分の一つ。

クレオソート油(くれおそーとゆ)
Creosote oil

木タール中に含まれるフェノール類の混合物。o-クレゾール、m-クレゾール、p-クレゾール、グアヤコール、クレオゾール、キシレノールなどを含む。木タールを水蒸気蒸留して、中留分の170〜230℃で留出する黄褐色の木タール油に含まれる。これに苛性ソーダを加え静置するとアルカリ液(酸性部)は下層に、中性油は上層に分離する。アルカリ液を再び水蒸気蒸留して中性油と不純物を除いた後、アルカリ液を希硫酸で中和し油状物を水洗、再蒸留して残留タール分を除く。これらを数回繰り返して、最後に200〜210℃留分を採ると粘性ある油状のクレオソート油が得られる。

図8-1 フェノール　　図8-2 クレゾールの3つの異性体

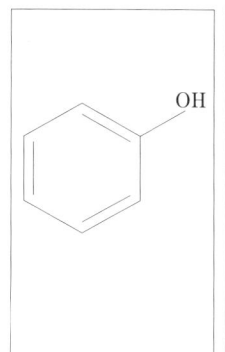

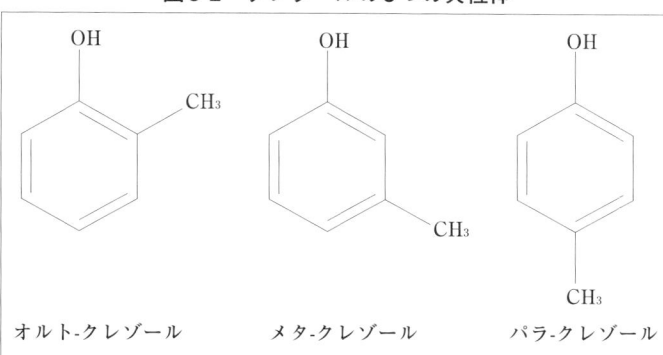

オルト-クレゾール　　メタ-クレゾール　　パラ-クレゾール

クレゾール類（くれぞーるるい）
Cresols

木材の乾留液に含まれるフェノール類の仲間。クレゾールは木タールや木酢液に含まれている。化学式C_7H_8Oで示され、フェノールのo、m、pの位置にメチル基がついた3つの異性体がある。

　オルト-クレゾール（o-クレゾール：2-ヒドロキシ-1-メチルベンゼン）

　メタ-クレゾール（m-クレゾール：3-ヒドロキシ-1-メチルベンゼン）

　パラ-クレゾール（p-クレゾール：4-ヒドロキシ-1-メチルベンゼン）

は、図8-2の化学構造式で示される。クレゾール類は木タールやコールタール中に含まれている。原材料で含まれる微量の混合物が異なることから、木タール由来物と石炭タールの由来物とでは用途が異なっている。

燻液（くんえき）
Liquid smoke

煙を水に通し水に捕捉させたもの。ハム、ソーセージ、鮮魚などの燻製の製造法には、木材を熱分解するときに発生する煙を直接、肉、鮮魚類に接触させる方法、木酢液あるいはその蒸留物を使用する方法、燻液による方法がある。木酢液や燻液に肉類などを浸したり、振りかけたりする方法は、液燻法と呼ばれる。

燻製食品製造用の原木としてはわが国ではナラ、クヌギ、ブナ、サクラなどの広葉樹が、欧米ではヒッコリー材がよく使われる。

燻煙（くんえん）
Smoke

木材チップやハーブなどの植物材料をくすぶらせたときの煙。植物成分が熱分解を受け、低分子化した成分のにおいが主となるが、芳香植物の場合には本来、その植物に含まれていた芳香成分も煙の一部として放出される。燻煙の中でも薫煙（aromatic smoke）はよい香りのする煙を指し、香煙ともいう。アロマテラピー、アロマキャンドルなどに利用される。

軽質油（けいしつゆ）
Light oil

炭化の際に排出される煙の凝縮で得られる凝縮液の最上部に浮遊する薄い油膜の層。フェノール類、揮発性の抽出成分などが含まれる。

ケトン
Ketone

$R(R')C=O$で表される化合物の総称。木酢液成分としてはアセトン、2-シクロペンテノン、ヘキサン-2,5-ジオンなどがある。

減圧蒸留（げんあつじょうりゅう）
Decompression distillation

減圧下で行う蒸留法。減圧下では、化合物の沸点が下がるので、常圧に比べてより低温で蒸留が可能。

抗菌性(こうきんせい)
Anti-microorganism

カビや細菌類を死滅、あるいは成長、繁殖を抑える作用。木酢液の抗菌性は主にフェノール類、酸類に起因する。

さ

酢酸(さくさん)
Acetic acid

食酢、木酢液の主成分でCH_3COOHの分子式を有する。酸性で、金属や皮膚を侵す。沸点は118.1℃。

酢酸鉄(さくさんてつ)
Iron acetate

酢酸と鉄の化合物。$Fe(CH_3COO)_2$、$Fe(CH_3COO)_3$、$Fe_3(OH)_2(CH_3COO)_7 \cdot H_2O$などがある。

鉄を酢酸中に長時間放置するか、水酸化鉄を酢酸に溶かして加熱蒸発させたりして作る。染色の媒染剤、皮の染色、医薬などに用いられる。

GC-MS(じーしーえむえす)
Gas chromatography-mass spectrometry

ガスクロー質量分析計、またはガスマスともいう。化合物の分子量測定、構造解析などに用いられる。ガスクロマトグラフと質量分析計がインターフェイスを介して結合した測定機器。

ガスクロマトグラフで分離された化合物が質量分析計に導入されると、低エネルギーの電子の衝撃を受け、イオンに解裂する。そのイオンの解裂様式で化合物の構造決定、同定が可能となる。

シクロテン
Cyclotene

2-ヒドロキシ-3-メチル-2-シクロペンテン-1-オン。木酢液成分の一つ。

ジベンゾアントラセン類(じべんぞあんとらせんるい)
Dibenzanthracenes

コールタール中の成分で、ピッチ留分に含まれる。ベンゼン環が縮合した構造をもち、発ガン性。ペリレン(Perylene)、ペンタセン(Pentacene)などがある。

灼熱残渣(しゃくねつざんさ)
Burning residue

木酢液中に含まれる不燃の無機物。灼熱残渣は炭化時に木酢液中に混入した金属や土砂などの異物であり、この値は低いほうが木酢液の品質はよい。通常は0.2%以下である。

木酢液を素焼きの蒸発皿にのせ、ガスバーナー直火で加熱していくと黒色のタールが得られる。これが溶解タールである。これをさらに加熱するとタールが減少し、赤褐色ないしは黒褐色の固形物が残る。これが灼熱残渣である。

松根乾留(しょうこんかんりゅう)
Dry-distillation of pine root

第二次世界大戦中、わが国が欠乏する戦闘機用燃料を得る目的で国家プロジェクトとして実施した針葉樹（普通はマツ）の根の乾留をいう。
　すなわち、乾留中に生成した液状成分の上部層（**松根油**、下部層は**松根タール＋松根ピッチ**）を石油代替の航空機エンジン用燃料として利用する計画であったが、この油分については軽質化と高オクタン価が必要であり、実用化されたという公式記録はない。

蒸留（じょうりゅう）
Distillation

　沸点の差によって混合物中の成分を分離・精製する方法。大気圧下で行う常圧蒸留と、減圧下で行う減圧蒸留がある。
　混合物の液体を加熱していくと沸点の低い化合物から気体となって蒸発していく。これを冷却して蒸発した気体を凝縮して液体として分離する。常圧蒸留は、比較的簡易な装置で容易にできるが、減圧蒸留は加温と減圧の程度の調節に熟練を要するが、より細かい分離が可能である。

蒸留木酢液（じょうりゅうもくさくえき）
Distilled wood vinegar

　炭化の際に排出される煙を凝縮した粗木酢液を、蒸留し精製した木酢液。蒸留によって**沸点**が80℃前後の低沸点部、200℃以上の高沸点部を除くことがよく行われる。
　蒸留法には大気圧下で行う常圧蒸留と減圧下で行う減圧蒸留があるが、後者の場合には分離能をよくするために**精留塔**が用いられる場合もある。精留塔にはガラス、金属などの小片が装填されたものや、精留塔の中に回転するスピニングバンドを備えたものがあり、加温された粗木酢液が気体となり精留塔を上昇する間に混合物が分離されていく。
　蒸留木酢液は、蒸留竹酢液とともに木竹酢液認証協議会が作成した「木酢液・竹酢液の規格」（巻末資料5）中の木・竹酢液の種類の一つとして定義されている。

水煙（すいえん）
Water smoke

　タバコを吸うときに用いる器具で、中国で使われる。煙を水に通して吸うもの。ほかに、水が細かに飛び散って煙のように見える水しぶき、もやのこ

減圧蒸留装置

とを水煙ともいう。また、仏教関係の塔の九輪の上部にある火焔形(かえん)の飾り物も水煙という。

精製木酢液(せいせいもくさくえき)
Purified wood vinegar

炭化炉で採取した粗木酢液から沈降

蒸留木酢液(左)と蒸留前の木酢液(島根県吉田村)

タール、浮遊物などを静置、ろ過、蒸留などの操作によって除去した木酢液。

粗木酢液(そもくさくえき)
Crude wood vinegar

炭窯、あるいは炭化炉から採取し、その後の精製を行っていない木酢液。懸濁物質や可溶性タール成分を多く含む。

た

炭化副産物(たんかふくさんぶつ)
By-products of carbonization

木質系資源を熱分解すると固体生成物として木炭、液体生成物として木酢液、気体生成物として木ガスが得られる。これらのうち、木酢液、木ガスを炭化副産物という。

木酢液は排煙が凝縮した液体で、これを静置するとさらに3層に分離する。上層が薄い油膜の層で軽質油といい、中層が木酢液、下層が沈降タールである。木ガスの成分は、二酸化炭素、一酸化炭素、水素、メタンなどで構成される。

竹酢液(ちくさくえき)
Bamboo vinegar

竹を炭化する際に排出される煙が凝縮した液体。炭化副産物。土壌消毒用、植物生長促進用、殺虫用、除草用、入浴用などに用いられる。

木酢液と同様な成分を含み、その主成分は酢酸。蟻酸(ぎさん)、プロピオン酸などの酸も含む。ほかにアルコール類、フェノール類、エステル類、アルデヒド類などの化合物を含む。抗菌性や防虫性が高い。

中性油(ちゅうせいゆ)
Neutral oil

酸性とアルカリ性の中間の中性の性質を示す油分。

貯留槽(ちょりゅうそう)
Store tank

物質を貯蔵するタンク。酸性の強い木酢液を貯蔵するには耐酸性であることと、容器あるいはタンクの内壁の塗料や成分が溶け出さない材質のものを使用することが重要。

な

二酸化炭素[CO_2](にさんかたんそ[しー

おーつー])
Carbon dioxide

炭素の完全燃焼により発生する無色の気体。動物の呼吸や、石油、石炭などの化石燃料の燃焼によって発生する気体。炭酸ガスともいう。CO_2と表記。

大気の一成分であり、それ自体は有害ではないが、地上から放出される熱を吸収する温室効果があり、その濃度が高まると地球温暖化を招く。

近年、人間活動の拡大によりCO_2の発生が増加している。産業革命以前には大気中のCO_2は280ppm程度であったが、現在は370ppm程度に増加しており、「温室効果ガス」の増加による地球温暖化が問題となっている。

このため国際的な政府間パネル(IPCC = Intergovernmental panel on climate change、訳語は「気候変動に関する政府間パネル」)が設置され、1992年には「気候変動枠組み条約」が採択された。わが国では1990年に「地球温暖化防止行動計画」が策定されている。

二糖類(にとうるい)
Disaccharides

二糖類は、単糖が2分子結合した構造を有する。ビオース (biose) ともいい、トレハロース、スクロース、マルトースなどがある。

炭化で得られる木タール中にも単糖類や二糖類がごく微量含まれるが炭化の条件によって含まれる濃度は大きく異なる。

ニュー木酢液(にゅーもくさくえき)
New pyroligneous liquid

木質材の内部加熱となるマイクロ波法で作られた木酢液の呼び名。木質材の加熱方式が炭窯などとは異なることから、従来法の木酢液と区別する意味でニュー木酢液(新しい方法による木酢液)と名付けて称された。

ニュー木酢液はカビなどの微生物に対する抗菌性が強く、炭窯の木酢液と同様の性質と成分が含まれるが、炭窯木酢液に比し、低沸点成分と高沸点成分に大きな違いがあり、また煙臭さや焦げ臭さが極端に少ないなどの特徴がある。→マイクロ波法

2,4-キシレノール(に,よん-きしれのーる)
2,4-xylenol

2,4-ジメチルフェノール。ジメチルフェノールの6個の異性体の一つ。木酢液のフェノール成分で、石炭の乾留によっても得られる。沸点211.5℃。

は

バニリン
Vanillin

4-ヒドロキシ-3-メトキシベンズアルデヒド。木酢液のフェノール成分。バニラの果実、チョウジ油に含まれる芳香化合物。アイスクリームなど食品のフレーバー、タバコ香料などとして用いられる。

ピリジン
Pyridine

木酢液中の微量塩基性成分で、コールタール中にも含まれる。不快臭を有する。沸点115～116℃で、水によく溶ける。

ピロガロール
Pyrogallol

1,2,3-トリヒドロキシベンゼン。焦性没食子酸（pyrogallic acid）ともいう。常温で固体。強い還元力を有する。木酢液のフェノール成分。写真の現像液、金、銀の還元剤として用いる。

不燃性ガス（ふねんせいがす）
Incombustibility gas

空気または酸素中で燃焼しない気体。

フルフラール
Furfural

2-フルアルデヒド（2-furaldehyde）。フランの2位にアルデヒド基を有する化合物で、沸点162℃の無色液体。

樹脂原料、溶媒、殺菌剤、除草剤などとして用いる。水に可溶で、木酢液のアルデヒド成分の一つで、刺激臭を有する。

フルフリルアルコール
Furufuryl alcohol

木酢液成分の一つ。沸点170℃の刺激臭を有する無色の液体。樹脂原料、溶剤として用いる。

芳香族炭化水素（ほうこうぞくたんかすいそ）
Aromatic hydrocarbon

ベンゼンを骨格としたベンゼン系芳香族炭化水素およびアヌレン、アズレンなどの類縁体の非ベンゼン系芳香族炭化水素をいう。芳香族炭化水素は分子の電子論の上から安定で、化学反応性の上からも骨格が安定である。

なお、ベンゼン系芳香族炭化水素にはフェノール、トルエンなどの単環性化合物とベンツピレンなどの多環性化合物がある。

ホルムアルデヒド
Formaldehyde

強い刺激臭を有する無色の可燃性気体。分子式はHCHO。

石炭・木の燃焼で発生し、自動車の排気ガス中にも存在する。木材の熱分解初期に発生し、水に易溶、発ガン性がある。合成樹脂原料として用いられ、ホルムアルデヒドの37%水溶液はホルマリンとして消毒、生物標本の保存に使用される。合板に使用されるホルムアルデヒド系接着剤から放出されるホルムアルデヒドはシックハウスの原因となるので、環境省によりその室内での濃度の指針値が0.08ppmと設定されている。

ま

無水糖（むすいとう）
Anhydrosugars

アンヒドロ糖ともいう。2分子の糖の2個の水酸基の間で脱水反応が起こり、2分子が縮合した糖。木質系バイオマスを300〜400℃の低温で炭化すると生成する。

木酢液(もくさくえき)
Wood vinegar, Pyroligneous liquor, Charcoal water

　木質系資源を炭化、あるいは乾留した際に排出する煙を凝縮して得られる焦げ臭い刺激臭のある黄色ないし茶褐色の液体。

　多成分で構成され、多いときには200種類ほどの化合物を含む。水分が80〜90%で、残りの10〜20%が低分子の有機化合物である。有機化合物には酸類、フェノール類、エステル類、アルコー

多くの成分を含む木酢液

ル類のほか、ごく少量の塩基性化合物も含まれる。これらの中でも酸類の割合が最も高く、中でも特に酢酸の含有率が高いことが多い。

　木酢液には植物生長促進・阻害作用、殺虫作用、微生物に対する作用、消臭作用などがある。

木酢液の5分画法(もくさくえきのごぶんかくほう)
Partition method into five parts of wood vinegar

　木酢液、竹酢液の精製・分離法の一つで、木・竹酢液の液性を硫酸などの酸、水酸化ナトリウムなどのアルカリで変えることによって酸性成分、中性成分、塩基性成分、フェノール成分、カルボニル成分に分ける方法。

　木・竹酢液の成分研究には有用だが、操作が複雑。

木酢液の採取法[回収法](もくさくえきのさいしゅほう[かいしゅうほう])
Collection method of wood vinegar [recovery method]

　木酢液、竹酢液の採取は、炭化炉の排煙口の上に長めのステンレス製の煙突や節を抜いた竹の煙突を付けた**木・竹酢液採取装置**にて行われる。排煙が煙突を通り抜けるときに大気で冷却され、凝縮し液体となり煙突を下降し煙

図8-3　木酢液の採取

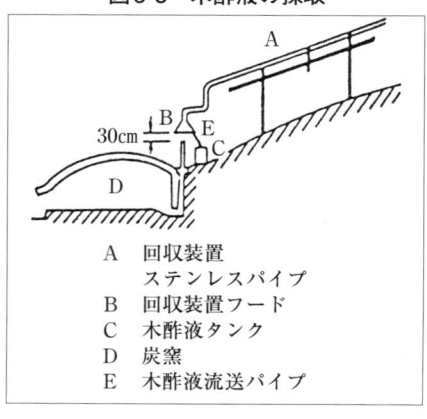

A	回収装置 ステンレスパイプ
B	回収装置フード
C	木酢液タンク
D	炭窯
E	木酢液流送パイプ

木・竹酢液採取用の集煙装置

ポリタンクで竹酢液を静置

突下方に置いた容器に木・竹酢液として採取される（図8-3）。

木・竹酢液は酸性が強いので、鉄製の円筒を使用すると鉄汚染が起こるので使用できない。ステンレス製煙突の代替として節を抜いた太目の竹がよく使用される。熱帯地域のような気温の高いところでは、ステンレスでは温まり煙の冷却が不十分になりがちだが、温まりにくい竹は木・竹酢液採取用煙突として都合がよい。

工業的には水冷の冷却装置を備えた木・竹酢液採取装置が使用される。

木酢液の精製法(もくさくえきのせいせいほう)
Purification methods of wood vinegar

木酢液、竹酢液の精製法には、**静置法、ろ過法、蒸留法、分配法**がある。

静置法は、木・竹酢液を容器に入れて静置し、沈降タールを沈殿させ、また、木酢液中の不安定成分を重合(じゅうごう)、酸化させる方法。重合、酸化した成分は沈殿、あるいは器壁に付着するので取り除く。

ろ過法は、木酢液中のタール分や懸濁物質をろ紙やフィルター、あるいは吸着剤を充填したカラムを通して除去する方法。ろ紙やフィルターは目詰まりを起こしやすいので、ろ過速度が遅くなったら取り替えを要する。

蒸留法(→蒸留、蒸留木酢液参照)は、蒸留器で化合物の蒸気圧の差を利用して混合物を分離する方法。大気圧下で行う常圧蒸留と減圧下で行う減圧蒸留がある。

分配法は木酢液の液性を酸やアルカリで変えて、酸性成分、中性成分、塩基性成分、フェノール成分に分ける方法。

木酢液の溶剤分画(もくさくえきのようざいぶんかく)
Partition of wood vinegar with solvents

有機溶媒と水の層の液層に水酸化ナトリウム、酸性炭酸ナトリウムなどのアルカリ、硫酸などの酸を加えて液層のpHを変えて分配しながら、カルボ

図8-4 溶剤分画法

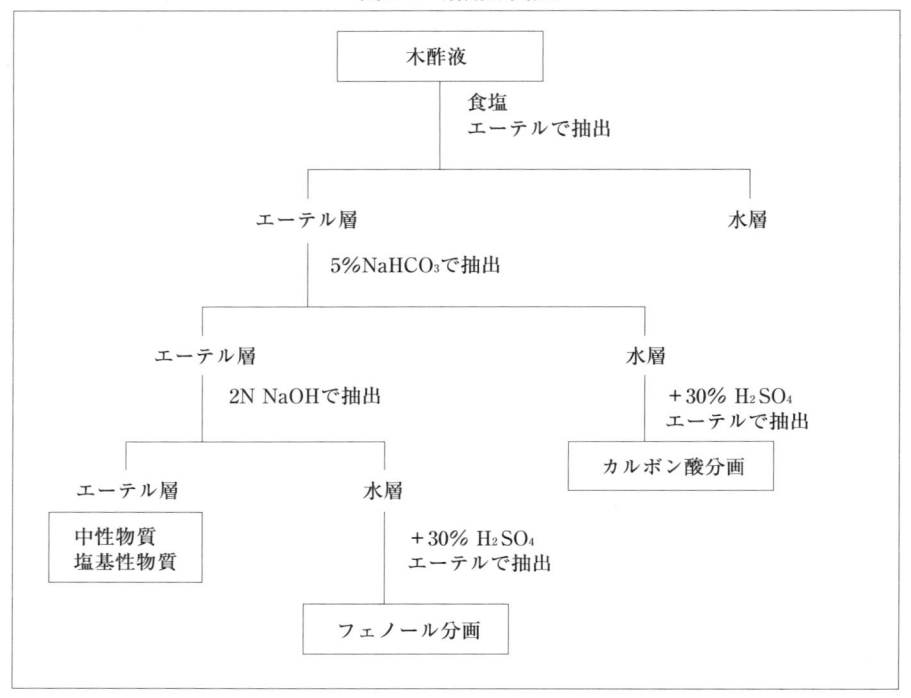

```
                          木酢液
                            │
                          食塩
                          エーテルで抽出
              ┌─────────────┴─────────────┐
          エーテル層                        水層
              │
          5%NaHCO₃で抽出
       ┌──────┴──────┐
   エーテル層           水層
       │                │
   2N NaOHで抽出      +30% H₂SO₄
       │              エーテルで抽出
       │                │
       │           ┌──────────┐
       │           │カルボン酸分画│
       │           └──────────┘
   ┌───┴───┐
エーテル層   水層
   │         │
┌──────┐   +30% H₂SO₄
│中性物質│   エーテルで抽出
│塩基性物質│      │
└──────┘   ┌──────────┐
            │フェノール分画│
            └──────────┘
```

ン酸分画、フェノール分画、中性分画、塩基性分画などに分けていく方法（図8-4）。抽出成分や木・竹酢液の分離・精製に用いられる。

木精(もくせい)
Wood spirit

メタノールのこと。CH_3OH。木材の乾留によって得られる木酢液中に見出されたことによる。溶剤、工業原料として用いられる。

摂取すると体内で有毒のホルムアルデヒドや蟻酸に酸化され、失明あるいは死亡に至る。

木・竹酢液の成分(もく・ちくさくえきのせいぶん)
Components of wood and bamboo vinegar

木・竹酢液は80～90%の水分のほかに、10～20%の有機化合物からなっている。木・竹酢液に含まれる構成成分には大きな差はなく、類似の化合物は含まれているが、それぞれの成分組成が少しずつ異なる。

竹酢液は木酢液に比べて、蟻酸、フェノール類の含有率が高い。

含まれる主な成分としては酸類、フェノール類、エステル類、アルコール類、塩基性化合物などである（表8-

表8-1 木酢液中の化学成分

種 類	化 合 物
有機酸類	酢酸、珪酸、プロピオン酸、酪酸、イソ酪酸、バレリアン酸、イソバレリアン酸、クロトン酸、イソカプロン酸、チグリン酸、レブリン酸ほか
フェノール類	フェノール、o,m,p-クレゾール、2,4-および3,5-キシレノール、4-エチルおよび4-プロピルフェノール、グアヤコール、クレゾール、4-エチルおよび4-プロピル-グアヤコール、ピロガロール、5-メチルピロガロール、5-エチルピロガロール-およびプロピルピロガロール-1、3-ジメチルエーテル、カテコール、4-メチルおよび4-プロピルカテコールほか
カルボニル化合物	ホルムアルデヒド、アセトアルデヒド、プロピオンアルデヒド、イソブチルアルデヒド、ブチルアルデヒド、バレルアルデヒド、グリオキザール、アクロレイン、クロトンアルデヒド、フルフラール、5-ヒドロキシメチルフルフラール、アセトン、メチルエチルケトン、メチルプロピルケトン、メチルブチルケトン、ほか
アルコール類	メタノール、エタノール、プロパノール、イソプロパロール、アリルアルコール、イソブチルアルコール、イソアミルアルコールほか
中性成分	レボグルコサン、アセトール、マルトール、有機酸メチルエステル、ベラトロール、4-メチル、4-エチルおよび4-プロピルペラトロールほか
塩基性成分	アンモニア、メチルアミン、ジメチルアミン、ピリジン、ジメチルピリジン、トリメチルアミンほか

出典：林業試験場『木材工業ハンドブック』（丸善）

1)。最も含有率の高いのは通常の木酢液では酸類で、中でも酢酸の含有率が最も高く3〜5%程度を占める。主な含有成分を表8−1に示す。

や

有機酸含有率（ゆうきさんがんゆうりつ）
Content of organic acids

木酢液中の酢酸、プロピオン酸などの**有機酸類**の含有率（%）。

水酸化ナトリウム水溶液で中和滴定し、酢酸に換算して求める。酸度として表される。黒炭窯の木酢液は3〜5（%）、白炭窯の木酢液は通常黒炭窯のそれよりも高めで、およそ6〜8（%）程度である。

4-エチルグアイアコール（よん-えちるぐあいあこーる）
4-ethylguaiacol

2-メトキシ、4-エチルフェノール。木酢液のフェノール成分の一つ。

ら

レブリン酸（れぶりんさん）
Levulinic acid [4-oxo-valeric acid]

4-オキソ吉草酸（きっそうさん）ともいう。木タール中に微量含まれる。

化学式；$CH_3COCH_2CH_2COOH$。融点34℃、沸点246℃、水、アルコールによく溶ける。有機酸原料として用いられる。

図8-5 木材の炭化によるレボグルコサンと加水分解によるグルコースの生成機構

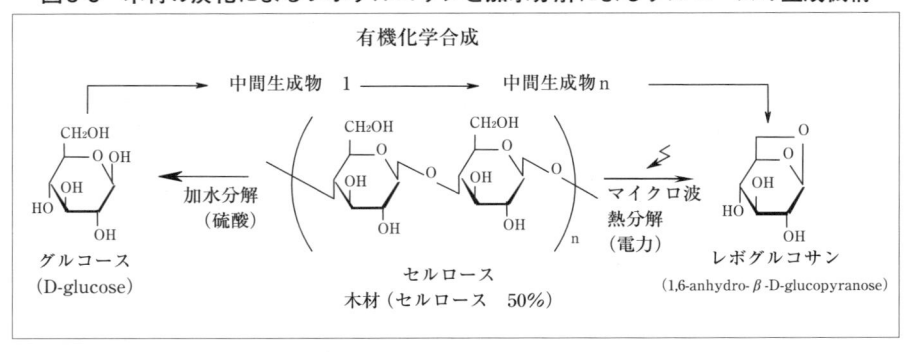

レボグルコサン

Levoglucosan[1,6-anhydro-β-glucopyranose]

セルロース（図8-5）の一次熱分解生成物といわれ、木タール中に含まれる糖成分。

セルロース含量の多い原料ほど、その濃度は高くなる。マイクロ波法で得られるカラマツの熱分解液には約3％、濃縮した木タールには5〜10％と高濃度で含まれる。

天然物由来の無水糖として知られ、グルコースからH_2O水分子が脱離し1、6の位置が閉環した化学構造式を示す（図8-5）。熱分解液を減圧蒸留すると残渣として濃縮される。エチルアルコールによる再結晶で高純度品を得ることができる。

レボグルコセノン

Levoglucosenone[1,6-anhydro-3,4-dideoxy-β-D-glycero-hex-3-enopyran-2-ose]

セルロースの熱分解を酸性条件下で行うと生成する（図8-6）。レボグルコサンが存在する木タールやセルロースの熱分解タールに含まれる。レボグルコサンからレボグルコセノンが生成するとも推定されるが不明。分子内に1,6-アンヒドロ結合と2つの不斉炭素を有する。

レボグルコサンと同様、多くの高分子合成の原料となる。

図8-6 レボグルコセノンの構造式

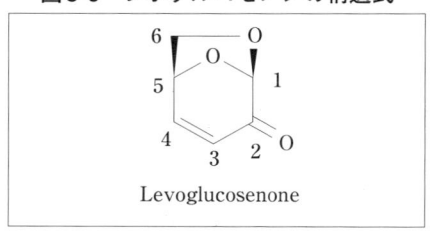

9章
木・竹酢液の特性、用途、規格
（もく・ちくさくえきのとくせい、ようと、きかく）
Characteristic, Use and Standard of wood and bamboo pyroligneous liquor

製品化された木酢液(三重県尾鷲市)

　炭材、炭化炉が多種多様になるにつれ、木酢液・竹酢液の品質にもバラツキが生じ、一定の枠内の品質を保証するために、規格が必要になり、木竹酢液認証協議会の取り組みによって木・竹酢液の規格が2005年7月に作成された。
　規格作成以前には幅広い品質の木・竹酢液が流通、販売されていたが、規格作成後、さらに規格に適合した木・竹酢液の認証制度の発足にともない、品質の安定化が行われている。

か

害虫防除作用(がいちゅうぼうじょさよう)
Activity of protection from harmful insects

　木酢液には害虫防除作用がある。野菜類を食害するオンシツコナジラミ、ハダニ、アブラムシ、コナガ、カイガラムシなどには葉面散布で防除効果がある。また、果実、イネなどを吸汁して害を与えるカメムシ類に対しては忌避効果がある。センチュウの場合には作物の根元に木酢液を灌注(かんちゅう)することによって防ぐことができる。

　播種前あるいは移植前の土壌に木酢液を灌注する場合には、播種あるいは移植の1週間ほど前に土壌灌注し、木酢液を土になじませておくのがよい。葉面散布は木酢液濃度が濃すぎると枯死(し)などの弊害が起きるので、状況によって濃度を加減する。

忌避作用(きひさよう)
Repellent activity

　昆虫などの動物を追い払うはたらき。木酢液には、ハエ、ゴキブリ、ナメクジ、ムカデ、シロアリなどの害虫を追い払うはたらきがある。

　忌避作用に効果がある木酢液中の成分は主にフェノール類、蟻酸などである。したがって、これらの成分含量の高い木酢液は忌避作用が強い。蟻酸と木酢液の混合物はそれぞれ単独で使用した場合よりも強い忌避作用があり、これらの間には相乗作用があることが知られている。

　木酢液はシロアリに対する忌避、あるいは殺蟻作用を有しているので、合成殺蟻剤の代替として使われる。

さ

消臭作用[木・竹酢液の](しょうしゅうさよう[もく・ちくさくえきの])
Deodorization[of wood and bamboo vinegar]

　木・竹酢液は強い燻臭をもち、悪臭に対して消臭作用がある。

　木・竹酢液の主成分である酢酸は、糞尿から発生するアンモニアを中和し消臭する。また、し尿のガス成分である硫化水素に対しても消臭作用がある。し尿の悪臭成分は硫化水素、アンモニアのほかにインドール、スカトール、メルカプタン、酪酸などが含まれるが、単一成分で複数の悪臭成分を消臭するのは難しく、むしろ多成分の混合物である木酢液が優れた消臭作用を発揮する。木酢液の消臭作用には化学的中和反応とマスキング作用があるが、し尿中のアンモニアが木酢液中の酸類と中和し、また、メルカプタン、スカトールなどのタンパク質の分解物イオウ化合物は木酢液中のフェノール成分のマスキング作用によって消臭される。

　木・竹酢液の消臭剤としての利用は古くから行われ、汲み取り式便所、糞尿処理場、腐敗した類の生鮮食品の消臭に使われてきた。

植物生長調節作用(しょくぶつせいちょうちょうせつさよう)
Plant growth control effect

　一定濃度の木酢液を作物など植物の周囲の土壌に灌注するか、葉面散布すると、作物の生長が促進され、増収する。

　促進させるには適切な濃度があり、濃すぎると逆に生長を阻害し、枯死させる場合もある。すなわち、木酢液が**植物生長抑制**あるいは**生長促進**に動くかは、その濃度による影響が大きい。

　木炭の土壌施用によっても作物あるいは樹木等の生長が促進される。木炭施用によって土壌の透水性が改善されるのと、土壌中に植物に有用な微生物が増殖することによる。

生理活性(せいりかっせい)
Biological activity

　他の生き物、あるいは自分の生理に影響を与えること。通常は前者をいう。殺虫物質、薬理活性物質、植物生長抑制物質などの生理的に活性な物質を生理活性物質という。

た

土壌消毒(どじょうしょうどく)
Soil disinfection

　土壌中に生息し、植物に病害を起こす微生物を死滅させるために行う消毒を土壌消毒という。

　各種合成薬剤が用いられるが、木酢液も土壌消毒に有効である。病害にはセンチュウによる根こぶ病、細菌による青枯病、菌類による立枯病、根腐れ病、萎凋病(いちょう)などがあり、木酢液がこれらの病害に有効であることが知られている。

　木酢液による土壌消毒では植物の発芽阻害、根の生育阻害を起こすおそれがあるので、少なくとも作付け1週間前に灌注後、土を混合するなどして土によくなじませるのがよい。

は

防腐剤(ぼうふざい)
Antiseptics

　微生物による腐敗、変質などの害を防ぐ薬剤。食品に対してはたとえば、パラオキシ安息香酸(あんそっこうさん)エステル、ソルビン酸およびそのカリウム塩などがある。木材には木材腐朽菌(ふきゅうきん)の繁殖を抑える防腐剤としてクレオソート、CCA（銅、クロム、ヒ素化合物の混合物）などがあるが、CCAは人体に対する有毒性から現在は新たに使用することを禁止されている。

　木タールには防腐作用があり、野外の柵などに塗布して用いられている。

ま

木酢液・竹酢液の規格(もくさくえき・ちくさくえきのきかく)
The standard of wood vinegar and bamboo vinegar

　日本木酢液協会、日本炭窯木酢液協会、日本竹炭竹酢液生産者協議会、(社)

表9-1　木酢液の品質に係わる試験項目および適合範囲

	木酢液・竹酢液	蒸留木酢液・竹酢液
pH	1.5〜3.7	
比　重	1.005以上	1.001以上
酸　度	2〜12（％）	
色調・透明度	黄色〜淡赤褐色〜赤褐色 透明（浮遊物なし）	無色〜淡黄色〜淡赤褐色 透明（浮遊物なし）

全国燃料協会、全国木炭協会、日本木炭新用途協議会の6団体で構成する木竹酢液認証協議会によって2005年7月に作成された規格（巻末資料5　木酢液・竹酢液の規格）。

規格は「1. 適用の範囲、2. 用語の定義、3. 種類、4. 原材料、5. 品質、6. 製造方法、7. 試料の採取方法、8. 試験方法、9. 容器、10. 表示、付表」で構成される。

この規格で取り扱う種類は木酢液、竹酢液、蒸留木・竹酢液とし、原材料は、広葉樹（ナラ、クヌギ、ブナ、カシ、シイなど）、針葉樹（スギ、ヒノキ、マツ、ツガなど）、竹類（タケ、ササ類）、その他（オガ粉、樹皮、オガライトおよび上記原材料の混合物）の4種類としている。

上記原材料には原材料以外の異物を含まない、たとえば、殺虫消毒された木材、防腐処理された木材などを含まないとしている。

品質はpH、比重、酸度（％）、色調・透明度の4項目としている。その適合範囲を表9−1に示す。

木酢液の種類(もくさくえきのしゅるい)
Type of wood vinegars

木酢液は炭材の違いや、炭化炉、炭化時間、炭化温度などの炭化法の違いによって成分組成、比重、酸度などの特性が異なってくる。

一般に乾留炉による木酢液は、黒炭窯、白炭窯などによる木酢液よりも比重が大きく、木酢液中に溶け込んでいる溶解タールの量も乾留炉のほうが大きい。また、白炭窯木酢液は、黒炭窯木酢液よりも酸度が高いなどの特徴をもっている。

木竹酢液認証協議会の木酢液・竹酢液の規格では、木・竹酢液を木酢液、竹酢液、蒸留木酢液、蒸留竹酢液の4種類に分類している。

木酢液の性状(もくさくえきのせいじょう)
Characteristics of wood vinegar

木酢液に含まれる成分は微量成分まで含めると200成分に及ぶ。有機物は10〜20％、水分が80〜90％で、有機物には酸類、アルコール類、フェノール類、エステル類、アルデヒド類、塩基性物質などが含まれる。

主成分は酸類で、中でも最も含有量の大きいのが酢酸（約2〜10％）である。木酢液はpH1.5〜4.0程度、酸度2〜12％程度を示す酸性物質で、比重

1.001〜1.010の淡黄色〜赤褐色の水溶液である。ただし、塩基性接着剤等を塗布した材料を炭化すると弱アルカリ性の木酢液が得られることがある。

木酢液の用途（もくさくえきのようと）
Use of wood vinegar

　木酢液の用途は表9－2に示すように幅広い。酢酸等の酸を含む木酢液は、糞尿から発生するアンモニア臭を消臭する。作物栽培の際に土壌灌注や葉面散布で作物を増収し、また、病原菌や害虫を防ぐ。濃いめの木酢液では雑草

表9-2　木酢液の用途

植物生長促進用（土壌改良など）
植物活性用（切り花の保存、発芽・発根促進など）
雑草防除用
土壌消毒用（土壌病原菌繁殖防止用）
防菌・防カビ用
消臭用
フレーバー用
燻材製造用
動物・害虫忌避用
堆肥製造促進用
染色用
塗装用

防除に役立つ。その他、堆肥製造時に木酢液を散布することによって堆肥製造を促進させる。また、木酢液と鉄との錯体は染色用媒染剤としてのはたらきもある。

木酢液配合お香（もくさくえきはいごうおこう）
Incense compounded with wood vinegar, Incense with pyroligneous liquor

　木酢液を配合した線香。木酢液に含まれる約200種の有効成分が消臭・除

図9-1「木酢液・竹酢液の規格」に基づいた木酢液・竹酢液認証の流れ

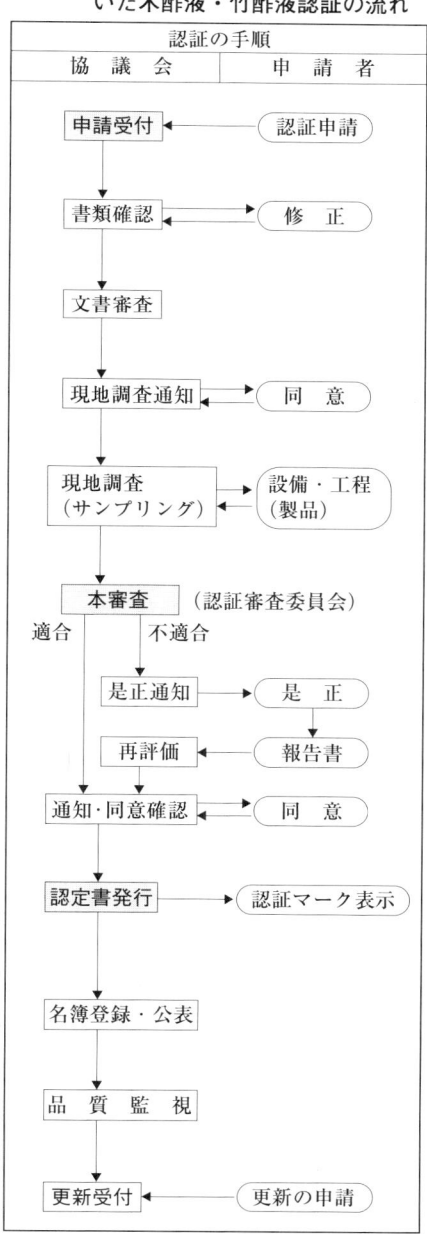

湿、抗菌効果などをもたらしたり、ポリフェノールの抗酸化作用が花粉症対策に有効だったりするということで製品化されている。

木竹酢液認証制度(もくちくさくえきにんしょうせいど)
Certification system of wood and bamboo vinegar

　木・竹酢液関連6団体で構成する木竹酢液認証協議会が作成した木酢液・竹酢液の規格（巻末資料5）に基づいて、木酢液の品質を認定する制度（図9－1）。

　木・竹酢液認証申請者が協議会に認証を申請すると、書類確認、文書審査を経て、現地調査が行われる。現地調査は、協議会で任命した現地調査員によって工場設備、製造工程などを調査し、製品のサンプリングを行う。次いで、現地調査資料調査、申請書、製品を参考に内部または外部の有識者で構成される認証審査委員会が本審査を行い、規格に適合したものが認証される。認証された製品には認定証が発行され、認証マーク（図9－2）の使用が許可される。

　協議会は、認証業者が認証の要求事項に引き続き適合していることを検証するために、年1回の間隔で品質管理を実施する。

　認証の有効期間は5年間とし、6年目以後の認証マークの使用を希望する認証業者は新規申請と同様の更新手続きをする。

図9-2　認証マーク

や

有機・減農薬栽培(ゆうき・げんのうやくさいばい)
Organic farming/cultivation reducing agrichemicals

　有機栽培は合成農薬を用いず、天然由来の資源を用いて栽培する方法。減農薬栽培は合成農薬の使用量を減らして栽培する方法で、合成農薬の代替として天然素材を用いることがよく行われている。

　天然素材である木質系材料の熱分解によって得られる木酢液は、天然素材とみなされるが、作物の増収、病害虫防除のはたらきをもつ木酢液を作物栽培に用いることは、有機栽培であり、また、農薬の使用を減少させることにもつながる。

その他

10章　環境、有害物質
11章　木タール、木灰
12章　文化、歴史
13章　人物、組織、施設

10章
環境、有害物質
（かんきょう、ゆうがいぶっしつ）Environment, Toxic substance

　私たちを取り巻く生活環境は、さまざまな化学物質による汚染が進んでおり、深刻な事態におちいっている。一度、汚染された環境は元どおりにするまで、膨大な時間と労力を要するので、早急な対策が必要である。そこで微生物による物質分解機能などさまざまな環境浄化対策などが検討されている。
　このような状況のもと、環境浄化対策の一つとして木炭・竹炭も有望視されている。木炭・竹炭にはさまざまな機能が備わっており、その一つに多孔質性があり、それらの機能として物質吸着能がある。この機能を活かすために吸着性の高い木炭・竹炭の製造法、利用法などが研究されており、今後も有望な環境浄化資材として木炭・竹炭は重用されると考えられる。
　一方、製造過程で生成する木酢液・竹酢液は独特な香りを有し、それらには植物生長制御作用、抗菌作用、抗酸化作用などが見出され、いろいろな分野で利用が検討されている有用な液体である。そのほとんどは水であるが、有機酸類、フェノール類、フラン類など有用な成分も少量ながら含まれており、多機能性の要因となっている。ただし、これらの中には単一成分で有害性が認められている物質の存在も否定できず、それらの濃度の低減化対策などが今後重要になると考えられる。本章では木炭・竹炭、木・竹酢液と関連のある環境や有害物質に関連する事項を中心に取り上げる。

あ

悪臭防止法(あくしゅうぼうしほう)
Offensive odor control Law
　本法は、規制地域内の工場等の事業活動にともなって発生する悪臭について必要な規制を行い、生活環境を保全し、国民の健康の保護に資することを目的としている。規制対象は政令で指定された22物質の特定悪臭物質で、人間の嗅覚によってにおいの程度を数値化した臭気指数によって規制される。木炭製造時に発生する煙には、条件によっては、特定悪臭物質に該当する物質が含まれる可能性があるので、注意を要する。

アセトアルデヒド
Acetaldehyde
　青ぐさい刺激臭のある無色の化学物質で、沸点は20.8℃である。悪臭の原因物質として特定悪臭物質に指定されている。自動車排出ガスやタバコの煙、木材等の炭化により発生する煙にも含まれ、木酢液成分としても検出される。

アゾトバクター
Azotobacter
　代表的な好気性の非共生的窒素固定細菌である。マメ科植物などと共生する根粒菌(こんりゅうきん)とは異なり植物とは共生せずに、単独で空中の窒素を固定することが可能である。窒素固定だけでなく植物ホルモンを生産し、植物生長促進根圏細菌群とみなされる。木炭中での繁殖が確認されていることから、木炭の土壌改良剤的な効果の一要因とされている。

1,2,5,6-ジベンツアントラセン(いち, に, ご, ろく-じべんつあんとらせん)
1,2,5,6-dibenz [a,h] anthracene
　銀色板状晶の物質で、分子量は278。コールタール、タバコのタール分等に含まれている物質で、強い発ガン性が認められている芳香族炭化水素の一つ。木材の炭化過程で生成する木タール中にも含まれる可能性が指摘されている。

煙害(えんがい)
Smoke pollution
　生活環境で発生する煙が引き起こすさまざまな問題を意味する。タバコの煙、野焼きの煙など、室内空間だけでなく、屋外の広範な大気中でも被害が出ている。都市近郊における木炭製造時の煙も近隣住民にとっては煙害になる場合があるので注意が必要である。
　工場の煙突からも排出される煙は、二酸化イオウなど有害物質を含み、酸性雨の原因ともなっている。

汚泥(おでい)
Sludge
　生活系下水道、工場排水管などから発生した泥状の廃棄物の総称。下水処理場から発生した汚泥は、これまで、乾燥、焼却、溶融、コンポストやセメントによる固化のような処理が行われてきた。最終処分の一つとして、埋め

立てに使用されてきたが、埋立地の激減にともない、炭化することが多くなり、農地還元が行われることもあるが、下水汚泥は工場排水からの重金属を含むこともあり、農地還元に使用するには注意が必要である。

このようななか、最近炭化からさらに進めて、「活性炭化（**生成炭化汚泥**）」を行い、吸着、吸臭資材、化学物質（ホルムアルデヒド等）吸着資材としての開発が行われている。これらの大部分はさらに賦活して活性炭化することで床下調湿資材、融雪資材などの利用が考えられる。近年、下水汚泥の活性炭化技術の開発が進められているが、技術の発展途上にあり、まだ完成しているとはいえない。

か

化学的酸素要求量[COD]（かがくてきさんそようきゅうりょう[しーおーでぃー]）
Chemical oxygen demand

水中に含まれる汚濁物質を化学薬品である酸化剤で分解し、その分解に要した薬品量を酸素量相当に換算して表したもの。

CODが高いことはその水中に有機物が多いことを示し、生物化学的酸素要求量（BOD = Biochemical oxygen demand）とともにCODは水質汚濁を示す重要な指標である。

化学物質過敏症（かがくぶつしつかびんしょう）
Chemical sensitivity

環境中に存在する微量の化学物質の曝露（ばくろ）により、神経系や免疫系の異常をはじめとするさまざまな健康影響がもたらされること。

発症のメカニズム等が明確になっていない部分が多いが、安全性が危惧されている建材等の材料や農薬、殺虫剤、有機溶剤などの使用量などの規制が展開されている。存在する微量物質の軽減化も対策の一つであり、吸着剤の一つとして木炭なども研究の対象となっている。

活性汚泥法（かっせいおでいほう）
Activated sludge method

畜産汚水などを浄化処理する能力をもった汚泥を使い浄化処理する方法。微生物の働きを活発にするために酸素と栄養源が必要であり、運転方式により回分式活性汚泥法と連続式活性汚泥法がある。得られた汚泥の処理法として炭化も有望視されている。

カドミウム
Cadmium

鉱物や土壌中などに天然に存在する重金属。作物にも含まれるが、摂取量が多いと腎障害を引き起こす。

鉱山開発や精錬などの活動によって環境中へ排出されるため、水田などの土壌に蓄積されている。このような土壌で作物を栽培すると作物中にカドミウムが吸収され蓄積するため、土壌中

のカドミウム濃度がきわめて重要な意味をもつ。そのため土壌中のカドミウム濃度の低減化が重要になるが、吸着力の高い木炭等もカドミウムの低減化技術の一つとして有望な素材として研究が進んでいる。

環境ホルモン(かんきょうほるもん)
Endocrine disrupters

　生体の恒常性、生殖、発生あるいは行動に関与する種々の生体内ホルモンの合成、貯蔵、分泌、体内輸送、結合、そしてホルモン作用そのものなどの諸過程を阻害する性質をもつ外来性の物質と定義されている。特に生育や発育への深刻な影響が問題になっている。

揮発性有機化合物[VOC](きはつせいゆうきかごうぶつ[ぶいーおーしー])
Volatile organic compound

　常温常圧で空気中に容易に揮発する物質の総称。英語訳の頭文字をとって、VOCと略されることもある。

　工場等から大気中に放出され、光化学反応によってオキシダントや浮遊粒子物質(SPM = Suspended Particulate Matter)の発生に関与していると考えられ、法律で放出量の規制が考慮されている。

クレゾール
Cresol

　合成樹脂や染料などの原料として、また防腐剤や消毒剤にも使用されているフェノール性の化合物。メチル基の位置によりオルト、メタ、パラ体の3種類の異性体が存在する。アメリカでは自然環境保護復旧法の中でクレゾール類も規制対象物質に含まれている。クレゾールは木酢液に含まれる代表的なフェノール類の一つ。

公害防止(こうがいぼうし)
Environmental pollution control

　排気ガス、排煙、工場廃液等など我々の安全で快適な生活環境を脅かす原因になっているさまざまな事例を防止するための対策を意味する。国や地方自治体レベルで各種法令の制定や公害防止管理者の認定などが実施されている。

光化学オキシダント(こうかがくおきしだんと)
Photochemical oxidant

　工場や自動車排出ガスに含まれている窒素酸化物や炭化水素が、一定レベル以上の濃度下で紫外線による光化学反応を繰り返すことによって生じる酸化性物質の総称。

　木炭製造時に排出される煙にも光化学オキシダント生成要因となりうる物質が含まれているので、取り扱いには注意を要する。

さ

再資源化率(さいしげんかりつ)
Recycling rate

　建設廃棄物として排出された量に対

する再資源化および縮減された量と工事期間中利用された量の合計量の割合。再資源化率は1995年度58％、2000年度85％、2002年度92％と上昇傾向にあり、最終処分量は4100トン（1995年度）、1300万トン（2000年度）、約700万トン（2002年度）と減少傾向を示している。中でも、建設汚泥、建設混合廃棄物が大幅に減少している（表10－1）。

建設工事に係る資材の再資源化等に関する法律（建設リサイクル法）が2000年（平成12年）5月31日公布され、2002年5月30日から完全施行されたことにともない、コンクリート塊、アスファルト・コンクリート塊および建設発生木材の分別解体および再資源化等の実施が義務づけられた。

なお、建設リサイクル法に基づく基本方針（2001年［平成13年］1月17日告示）においては、2010年（平成22年）度におけるコンクリート塊、アスファルト・コンクリート塊および建設発生木材の再資源化等率の目標値が95％に設定されている。

3-メチルコラントレン(さん-めちるこらんとれん)
3-methyl-cholanthrene

淡黄色柱状結晶の物質で、分子量は268。コールタール等に含まれる物質で皮膚ガン等を起こす代表的な発ガン性芳香族炭化水素の一つ。木材の炭化過程で生成する木タール等にも含まれる可能性が指摘されている。

CCA(しーしーえい)
Chromium, cupper and arsenic

クロム・銅・ヒ素化合物で構成される混合薬剤。木材などの防腐、防蟻処理剤として使用されてきたが、環境汚染が問題視され、新たな使用は禁止されている。すでに薬剤処理されている建築解体材等の処理は今後の問題である。

シックハウス症候群(しっくはうすしょうこうぐん)
Sick house syndrome

室内の内装材、塗料などから放出されるホルムアルデヒド、トルエン、キ

表10-1　建設副産物の再資源化等の達成状況

種別 \ 年度	2001年度	2003年度 実績値	2005年度 目標値	2012年度 目標値
アスファルト・コンクリート	98％	99％	98％以上	98％以上
コンクリート塊	96％	98％	96％以上	96％以上
建設汚泥	41％	69％	60％	75％
建設発生木材	38％	61％	60％	65％
建設混合廃棄物の発生量	484万トン	337万トン	25％削減	65％削減
建設廃棄物の再資源化等率	85％	92％	88％	91％

(注)　○各年度の数値は、2001年度に対する達成状況
　　　○網掛けは2012年度に対する未達成状況
出典：国土交通省通達から作成

シレンなどの揮発性有機化合物（VOC）によって引き起こされるぜんそく、めまい、頭痛などの症状。近年、住宅を高気密化することや化学物質を放つ建材や内装材を使用することによる新築や改築後の住宅などでの化学物質による室内の空気汚染があり、居住者にさまざまな体調不良が生じていることが報告されている。それらの症状は多様で、症状発生の仕組みをはじめ、未解明の部分も多く、またさまざまな複合要因が考えられている。

臭気物質(しゅうきぶっしつ)
Odor substance

生物の嗅覚器官に刺激を与える性質を有する物質。一般には"におい"と呼ばれ、臭気は悪臭を示すことが多い。硫化水素、アンモニア、トリメチルアミン等のアミン類、メチルメルカプタン、アルデヒド類などが代表的な臭気物質である。

木炭の製炭時にも不完全な燃焼がともなうとアルデヒド等の臭気物質が発生する可能性がある。

食品衛生法(しょくひんえいせいほう)
Food sanitation law

飲食によって生ずる危害の発生を防止するための法律で、食品と添加物と器具容器の規格・表示・検査などの原則を定めている。木酢液等を食品添加物として使用するためには、さまざまな分析項目が必要となるため、取り扱いには注意が必要である。

塵肺(じんぱい)
Pneumonoultramicroscopicsilico-volcanoconiosis

塵肺は、粉塵や微粒子を長期間吸引した結果、肺の細胞にそれらが蓄積することによって起きる肺疾患の総称。粉塵を吸入することにより肺に生じる線維性増殖性変化を主体とする疾病と定義されている。

語源は、pneumono（肺）＋ ultra（超）＋ micro（微細な）＋ scopic（見る）＋ silico（石英）＋ volcano（火山）＋ coni（ほこり）＋ osis（病気の状態）である。

気中に浮いているホコリのうち小さいものがその原因となり、ある一定程度以上の濃度で何度も曝露（ばくろ）すると、到達した粉塵の種類とその人の体質によって、周囲組織に炎症性反応を起こしたり、線維性増殖性変化を起こしたりする。せき・たん・動悸・息切れが現れるようになり、結核や肺ガンを合併することもある。炭粉、黒鉛、石綿、酸化鉄等が原因とされている。

森林エネルギー(しんりんえねるぎー)
Forest energy

森林生産物から作り出されるエネルギーの総称。森林は循環型社会を構築する主としたバイオマスであり、地球温暖化防止、バイオマス・エネルギーを作り出せる根幹資源である。森林から生産される木材の活用が、化石素材の代替エネルギー資源として求められるようになった。

これらは1950年頃まで、薪、木炭の原材料として活用されてきたことであり、決して新エネルギーではない。森林から発生する除伐材、間伐材だけでなく、主伐材で発生する枝、不要株などおおよそ60％を超える森林放置材をエネルギーとして活用することが提唱されている。

水質汚濁防止法（すいしつおだくぼうしほう）
Water pollution law

工場および事業場から公共用水域に排出される水の排出および地下に浸透する水の浸透を規制するとともに、生活排水対策の実施を推進すること等によって、公共用水域および地下水の水質の汚濁（水質以外の水の状態が悪化することを含む。）の防止をはかる法律。そうすることによって国民の健康を保護するとともに生活環境を保全し、さらに、工場および事業場から排出される汚水および廃液に関して人の健康に係る被害が生じた場合の事業者の損害賠償の責任についても定め、被害者の保護をはかっている。

生物化学的酸素要求量[BOD]（せいぶつかがくてきさんそようきゅうりょう[びーおーでぃー]）
Biochemical oxygen demand

水中に含まれる汚濁物質を微生物で分解させ、5日間でその分解に要した溶存酸素の量を基に、汚濁物質濃度を酸素量相当に換算して表す。

BODが高いことはその水中に生分解される有機物が多いことを意味する。ときには窒素化合物の硝化における酸素消費も加味される可能性がある。

た

ダイオキシン
Dioxin

ポリ塩化ジベンゾ-パラ-ジオキシンとポリ塩化ジベンゾフランをまとめていう総称である。無色無臭の固体で、ほとんどが水に溶けないが、脂肪などには易溶であるため、摂取後に体内への蓄積が懸念されている。

他の化学物質や酸、アルカリとは容易に反応しない安定した性質をもっているが、紫外線で少しずつ分解される。[**ダイオキシンの発生**（だいおきしんのはっせい）Production of dioxins]

ダイオキシンは、タバコの煙、塩素漂白、アルミ加工・鉄鋼製造時のほか、塩化ビニルを含むゴミの燃焼過程で発生する。生成するには塩素を含む材料が必要となるため、たとえばビニールで仕上げた合板や、保存剤で処理された木材でもダイオキシン類が発生する場合がある。発生する要因としては焼却温度、不完全燃焼などが主な原因である。

木材の場合、海水保存されることが多く、海水には塩素が含まれるため、不完全な焼却等が行われるとダイオキシン類が発生する可能性も否定されていないので、注意が必要である。

[ダイオキシンの分解(だいおきしんのぶんかい) Decomposition of dioxins]

ダイオキシン類は難分解性の物質であるため、その処理には1250℃以上の高温溶融炉を用いた処理が一般的である。溶融方式としてはプラズマ方式などの電気溶融方式、バーナ溶融方式、自己燃焼溶融方式、副資材溶融方式などがある。このほかの処理技術では超臨界水を用いる方法、微生物の分解力を用いる方法なども研究段階であるが、有望な方法と考えられている。

大気汚染防止法(たいきおせんぼうしほう)
Air pollution control law

工場および事業場における事業活動にともなって発生するばい煙の排出等を規制し、並びに自動車排出ガスに係る許容限度を定めること等により、大気の汚染に関し、国民の健康を保護するとともに生活環境を保全し、並びに大気の汚染に関して人の健康に係る被害が生じた場合における事業者の損害賠償の責任について定めることにより、被害者の保護をはかることを目的とする法律である。

多環芳香族炭化水素(たかんほうこうぞくたんかすいそ)
Polycyclic aromatic hydrocarbons

PAH's = Polycyclic aromatic hydrocarbonsの略で、天然物として原油の中に存在し、またほとんどの物質の不完全燃焼でも発生する。

海水1ℓ中に数マイクログラム存在するだけで、プランクトンの成長に十分害をもたらす。多種類の誘導体が存在するが、数種のものはきわめて発ガン性が高い。

塩化ビニル（PVC = Poly vinyl chloride）や他の塩素化合物が関与した火災において、多環芳香族炭化水素類（PAH's）は、ダイオキシンよりその量（数万倍）と毒性（数百倍）の両方において、よりはるかに重大である。難分解性であり、食物連鎖による蓄積性がある。

地球温暖化(ちきゅうおんだんか)
Global warming

地球温暖化は、大気中に二酸化炭素やメタン、フロンガスなどのいわゆる「温室効果ガス」が増加することによって地球の気温が上昇すること。中でも石炭や石油などの化石燃料を燃やした際に出る二酸化炭素の影響が大きい。

産業革命以降の工業化のエネルギーには化石燃料が使われたため、大気中の二酸化炭素の濃度は、18世紀半ばと比較して現代は約30倍に増えているといわれる。

二酸化炭素軽減化対策として木炭を製造することも効果的な方法として考えられている。

毒性等価等量[TEQ](どくせいとうかとうりょう[てぃーいーきゅー])
Toxicity equivalency quantity

毒性の強さを加味したダイオキシン

量の単位を意味する。ダイオキシンは塩素の数や位置が異なる異性体の混合物として環境中に存在する。毒性の強さは異性体によって異なるため、異性体の量を単純に合計しても毒性影響を評価できない。そのため各異性体の量に毒性の強さの係数を乗じた値の総和として表現している。2・3・7・8-四塩化ダイオキシン量に換算して表現している。

トリハロメタン
Trihalomethane

　有機ハロゲン化合物の一種で、クロロホルム、ブロモジクロロメタン、ジブロモクロロメタン、ブロモホルムの4種類の総称である。

　2種類以上の動物実験でクロロホルムに発ガン性が認められている。浄水処理するため塩素処理したり、原水そのものの水質汚濁がトリハロメタンの生成要因と考えられている。木炭による除去効果も研究されている。

トリメチルアミン
Trimethyl amine

　代表的な悪臭物質である。魚の腐ったようなにおいのある物質で畜産事業場、魚腸骨処理場、水産加工工場等において問題になっている。木炭や木酢液による消臭効果が研究されている。

トルエン
Toluene

　分子量92の有機化合物。別名メチルベンゼン。引火性液体で眼や皮膚等への刺激性のある有害性物質である。木炭等による除去効果も認められている。

な

内分泌攪乱化学物質(ないぶんぴつかくらんかがくぶっしつ)
Endocrine disrupters

　生物の内分泌機能に影響を及ぼす化学物質であり、環境中に放出された化学物質が、体の中に入り我々がもつホルモンと同じような働きをしたり、ホルモンの働きを阻害したりするものである。

　同義の用語として「環境ホルモン」(Environmental hormones)があるが、これは日本における造語である。

二酸化硫黄(にさんかいおう)
Sulfur dioxide

　腐敗した卵に似た刺激臭のある無色の気体。SO_2。石炭、石油、鉄鉱石、銅鉱石等の不純物として含まれる硫黄の酸化によって、これらの燃焼時に発生する。

　主要な大気汚染物質の一つであり、酸性雨の原因物質の一つでもある。汚染大気は呼吸器を刺激し、せき、ぜんそく、気管支炎などの障害を起こすので、注意が必要である。軽減化対策の一環としてイオウ化合物をほとんど含まない木質系材料から製造される木炭等を用いる方法が研究されている。

二酸化窒素(にさんかちっそ)
Nitrogen dioxide

窒素の酸化物で赤褐色の気体。NO_2。ボイラーや自動車などの排煙などが主な発生源である。高濃度では人の健康に影響が及び、急性呼吸器疾患などの原因とされている。軽減化対策の一環として窒素化合物が含まれない木炭等を用いる方法が研究されている。

農薬取締法(のうやくとりしまりほう)
Agricultural chemicals regulation law

農薬について登録の制度を設け、販売および使用の規制等を行うことにより、農薬の品質の適正化とその安全かつ適正な使用の確保をはかり、もって農業生産の安定と国民の健康の保護に資するとともに、国民の生活環境の保全に寄与することを目的とする法律である。最近改正が行われ、古くから経験的に用いられてきた資材をまとめて扱う特定防除資材としての分類があり、木酢液もその認定の可否について、審議が行われている。

ノニルフェノール
Nonyphenol

エチレンオキサイドと反応するとノニルフェノールエトキシレート体が得られる。それらは非イオン系界面活性剤で工業用の洗浄剤、分散剤としてゴム、プラスチック、繊維工業などで使われている。環境水中にて微生物分解され、ノニルフェノール単体が生成する。多数の異性体が存在し、微生物分解性が低く、環境ホルモンとしての疑いがもたれている。各種木炭による除去効果が認められている。

は

排煙公害(はいえんこうがい)
Flue gas pollution

工場から排出される排煙中の窒素酸化物、硫黄酸化物、浮遊粒子状物質(SPM = Suspended particulate matter)などによる大気汚染が生じること。木材等の炭化過程において発生する煙も問題を引き起こす可能性があるため、注意が必要である。

煤塵(ばいじん)
Soot and dust

ゴミの焼却により発生する残渣を意味する。ダイオキシンなどの環境汚染物質の存在が指摘されており、それらの処理法が問題になっている。現在は、溶融固化・セメント固化・薬剤固化・酸処理・エコセメントのいずれかによる処理を法令で定めている。木炭による除去効果も検討されている。

発ガン性物質(はつがんせいぶっしつ)
Carcinogen

ガンを発生させる物質で、実験的には実験動物に投与することにより、何らかの腫瘍を発生させうる化学物質をいう。その起源により化学的な合成によって得られる合成発ガン物質と、植

物や微生物などから得られる天然発ガン物質に分けられる。生体細胞に遺伝子レベルの変化を起こしていると考えられており、核酸と直接反応しうる直接型発ガン性物質と生体内で代謝を受けてはじめて反応性を有するようになる前駆型発ガン性物質とに分けられる。木炭、木タール等にも製造条件によっては含まれる可能性がある。

PRTR法(ぴーあーるてぃーあーるほう)
Pollutant release and transfer register law

　特定の化学物質の環境への排出量の把握等及び管理の改善の促進に関する法律。PRTRとは環境汚染物質排出移動登録（Pollutant release and transfer register）の略。

　対象となる化学物質は、人の健康や生態系に対して有害性が危惧される物質で、存在量に応じて「第一種指定化学物質」と「第二種指定化学物質」の2つに区分されている。

　業種、従業員数、対象化学物質の年間取扱量等の条件に合致する場合、環境中への排出量や廃棄物としての移動量についての届け出が義務づけられている。

PCB(ぴーしーびー)
Polychlorinated biphenyl

　ポリ塩化ボフェニールの略称。不燃性で、しかも加熱・冷却しても性質が不変であり、化学的に安定である。絶縁性や電気的特性に優れていることから、かつてはトランスやコンデンサーに用いられていたが、現在は製造中止である。

　化学構造的にダイオキシン等と類似しており、塩素の数や位置によって、209種類の異性体が存在する。中でもコプラナーPCBは特に毒性が強く、最近ではダイオキシン類の一部として分類されている。

ビスフェノールA(びすふぇのーるえい)
Bisphenol A

　ポリカーボネート樹脂などの原料。ポリマーの重合が不十分であったり、樹脂製品に熱をかけると溶出することが知られ、環境ホルモンの疑いが指摘されている。

　環境中では、特に河川水からの検出頻度が高い。各種木炭による汚染水からの除去効果が研究されている。

ヒ素(ひそ)
Arsenic

　ヒ素は、天然には雄黄（ゆうおう）、鶏冠石（けいかんせき）、硫砒鉄鉱（りゅうひてっこう）があり、一般には合金添加剤に用いられている。土壌にはごく一般的なミネラルで、平均的な土壌では40mg/kgくらいである。

　ヒ素は、①水、②空気、③食品（毒薬）の3つのルートから人体に吸収される。ヒ素は毒性があり、古くは毒薬として用いられていた。

　防腐処理された木材に炭化処理を施すと生成することが知られており、生成物の安全性が問題になる。

フタル酸エステル(ふたるさんえすてる)
Phthalic ester

産業的に重要な可塑剤であり、モノエステルとジエステルがある。環境ホルモンとしての疑いがもたれている。各種木炭による汚染水中からの除去効果が研究されている。

浮遊粒子状物質[SPM](ふゆうりゅうしじょうぶっしつ[えすぴーえむ])
Suspended particulate matter

大気中に浮遊している粒子状物質で、代表的な大気汚染物質の一つ。英語の頭文字からSPMと略される。

発生源は工場のばい煙、自動車排気ガスのほか、森林火災などもある。粒径により呼吸器系の各部位へ沈着し人の健康に影響を及ぼすこともある。木炭製造時にも炭化炉等の不備で発生源となりうることもあるため、注意が必要である。

ベンゾフェノール
Benzophenol

フェノールと同義。芳香族化合物の一つで、白色結晶の固体。特有のにおいをもち、有毒。高濃度の液体は皮膚を腐食する。木・竹酢液中からも微量ながら検出される。

これらの液体中にはメトキシル基やメチル基などの官能基を有するフェノール類も多種類含まれており、一連のフェノール類の主体をなしている。

ベンツピレン
Benzo[a]pyrene

代表的な発ガン性を有する芳香族化合物で、淡黄色の結晶性物質。別名は3,4-ベンツピレン。石炭からコークスを製造する際の副産物でコールタール、自動車の排気ガス、タバコの煙などに含まれている。

木タールや木酢液中にも炭化条件によっては検出されることがあるので注意を要する。

ま

メタノール
Methanol

最も単純な構造を有し、利用上重要なアルコール。木材の乾留液より見出された物質で、木精(wood spirit)とも呼ばれている。かつては乾留液より製造されていたが、現在では合成品が主である。

や

有害物質[炭の](ゆうがいぶっしつ[すみの])
Toxic substance [in charcoal]

低温で炭化処理が進行した場合などには、炭中に芳香族炭化水素類等が残留する。それらの中には変異原性など有害性が指摘される物質も含まれることがあり、注意を要する。

炭化温度400℃前後で得られる炭には変異原性物質が含まれる確率が高く、炭化温度1000℃を超えるとほとんど変

異原性物質が含まれなくなるという結果が報告されている。また、炭の原料となる樹種によっても変異原性物質の割合が異なることも知られている。

ら

ラドン
Radon

　ラジウム元素の放射性崩壊によって作られる無色無臭の放射性核種(かくしゅ)のガス。自然に存在する放射能を発する元素の一つである。外気、室内、土中、地下水などの環境中からも検出されている。

　呼吸によって身体に取り込まれ、肺から血液に溶け込み、全身の細胞に刺激を与える。ラドンにはさまざまな効能があることが経験的に知られているが、科学的な実証例は少ない。また、発ガン性について指摘されたりしている。

　木炭にはラドンを吸着する効果があることが見出されており、室内ラドン濃度低減策の一つとして注目される。

硫化水素(りゅうかすいそ)
Hydrogen sulfide

　無色で特異な悪臭をもつ液体。火山ガス、天然ガス中あるいはイオウを含むタンパク質の腐敗によって生じる成分である。濃度によっては人体に有毒となりうる。木炭による除去効果が研究されている。

11章

木タール、木灰

（もくたーる、きばい・もっかい）Wood tar, wood ash・Ash of plant

　木タールには、多種類の化学成分が含まれる。その用途としては、燃料、クレオソート・グアヤコールの原料、防腐剤、電極、レンズ研磨剤、カーボン繊維の原料など多くの分野がある。また、炭化装置や排気の導管内などに滞留して固化するなど操業トラブルの原因物質となることもある。

　かつては、アルコール、ケトン、カルボン酸、アルデヒドなどを含む木酢液とともに木材乾留工業の主要な産物として作られ、フェノール類などの化学工業原料として生産されていた。現在は化石資源の普及によりその生産量は激減したが、地球の温暖化抑制策として石炭、石油に代わるバイオマスの積極的利用が課題となっていることから、炭と木タールが再び見直され、その関連研究が活発化する傾向にある。

　最近開発された内部加熱によるマイクロ波法では、大きな丸太材を原料に短時間で炭化できるとともにタールを高収率で回収できる。この炭化法では、従来法では得ることが難しかったアンヒドロ糖が高濃度で含まれている。

　木灰は、木炭を燃焼させた灰や植物を焼いた灰の総称。木材の灰分量は樹種、部位などによって異なるが一般的に針葉樹は0.2％、広葉樹は0.4％程度である。その樹皮は約10倍、樹葉の灰分量は約12倍で木材より多い。成分はカリウム、カルシウム、シリカが主であり、リン酸や土壌に含まれるミネラル成分が含まれる。古くから山林地や農家では雑草、雑樹木、農産廃物などの焼却処分を兼ねその灰を畑や田圃の肥料にしており、樹種や炭材などを選定して作られた良質の木灰は、食品のアク抜きや焼き物の釉薬、茶道の火鉢、香炉など、その他さまざまな分野で使われている。

あ

アンヒドロ体(あんひどろたい)
Anhydrocompounds

　化学構造式において、分子内の2個の水酸基の間で脱水反応が起こり酸素を含む複素環が形成されたものの総称。糖の場合は、アンヒドロ糖（anhydrosugars）または無水糖という。マイクロ波法による炭化では、アンヒドロ糖であるレボグルコサンの結晶回収も可能。

か

懐炉灰(かいろばい)
Bodywarmer bottlefuel

　懐炉は元禄初期に使われはじめた胸、腹などを暖める小道具で、この懐炉の中に火をつけて入れる灰のことを呼称する。当初はイヌタデ、ナスなどの灰の保温性あるものが用いられていたが、現在ではふつう「桐灰」「麻殻灰」「胡麻殻灰」「わら灰」「よもぎ灰」などに助燃剤を添加して、紙に詰めたもので、糊で練り固めた固形のものもあったが、今では鉄粉、活性炭、バーミキュライト、塩および水を配合した使い捨てカイロが主となっており、懐炉は過去のものとなりつつある。

木灰(きばい、もっかい)
Woody ash, Ash occurred from wood

　植物を燃やした後に残る灰の総称。広葉樹、針葉樹などの樹木は石灰植物であり、灰の主成分は炭酸カルシウムであるが、竹類の**竹灰**の主成分はカリウムが大部分である。稲わらから作る**わら灰**との区別に使用するが、イネなどはケイ酸植物であり、灰の主成分は二酸化ケイ素である。

クレオソート
Creosote

　クレオソートには、コールタールを蒸留して得られる石炭クレオソートと木タール由来の木クレオソートの2種類がある。どちらのタールもフェノール類が多いという共通点がある。

［**石炭クレオソート**(せきたんくれおそーと)］

　コールタールの約230〜300℃の留分。主成分はナフタレン、クレゾール、高級フェノール類、ナフトール類など。石炭クレオソートは、黄色〜暗褐色で刺激臭のある油状の液体。原料の石炭に由来する発ガン性のリスクが高い多環芳香族炭化水素を含有するので注意。

　用途：木材の防腐剤、燃料、各種高級環式化合物の回収。

［**木クレオソート**(もくくれおそーと)］

　日局クレオソートとも呼ばれ、淡黄

表11-1　木クレオソートの主な成分

フェノール	14.5%
クレゾール	16.8%
グアヤコール	23.8%
メチルグアヤコール：クレオソール	19.1%
エチルグアヤコール	6.4%

出典：Ogata N and Baba T, Research Communications Chem. Path. Pharmacol. 66；411, 1989

色で、燻臭を有する油状液体。コールタールに含まれる多環芳香族炭化水素をほとんど含有しないが、木材中の多糖類などの熱分解によって生じる環状ケトンなど含酸素物質を多く含有する。戦前から食あたりや下痢、鎮痛服用薬等整腸剤として用いられている。

クレオソール
Creosol

木タール、木酢液に微量含まれる。特にブナの木タールには多く含まれる。別名は2-メトキシ-4-メチルフェノール（2-methoxy-4-metyylphenol）、4-メチルグアイアコール（4-methyl-guaiacol）。$C_8H_{10}O_2$。無色、油状の液体。融点5.5℃、沸点219〜222.5℃、水には溶けにくいがアルコール、エーテル、クロロホルムに可溶。

軽油(けいゆ)
Light oil

常圧で沸点範囲が約220〜350℃の石油留分である。木材の炭化や乾留で得られる液状物には、ノルマルヘキサン可溶分が少なく、石油留分の軽油分成分の含有量はきわめて少ない。

コールタール
Coal tar

石炭の乾留液から軽油、重油、ピッチ分を除いた残渣(ざんさ)。木タールとはまったく異なるものである。木タールの成分は含酸素有機化合物が多いが、コールタールは少ない。また、コールタールの発熱量は木タールの倍以上と大きな違いがある。防錆(ぼうせい)（サビ）や防腐用に利用できる。

さ

重油(じゅうゆ)
Heavy oil

原油から灯油、軽油を取り出した残油から生産され、主に燃料として利用。日本の工業規格で1種、2種、3種がある。木材の乾留や炭化で得られる液状物から重油相当の発熱量を有する油分への変換は困難である。

煤(すす)
Soot

炭素を含む物質の不完全燃焼で生じる黒色の炭素粒。煤は物質が燃焼するときの障害となり、また、物体をすすけさせ、汚れて黒くさせ価値を低下させるが、一方で、煤を集め、にかわで練り固めた書道で用いる墨や、インキ、塗料などにも用いられている。

素灰(すばい)
Bare ash

木灰と土を混ぜ、水で湿らせた灰。消し粉とも呼ばれる。800℃以上で炭化された木炭（ウバメガシ、カシ類）の製造の最終段階で窯から引き出した真っ赤に焼けた木炭を窯外で消火するために散布する。約1日以上かけて酸素のない状態で消火する。

この工程で製造された木炭は硬くな

り、固定炭素は85％以上、精煉度は0〜3度の範囲にあり、炭質が均一で安定した火力を長時間にわたって保持できる。

た

竹タール(ちくたーる)
Bamboo tar

モウソウチクやマダケ、ネマガリダケを炭化、乾留して得られたタール、多くの含有成分は木タールと類似する。

沈底タール、沈降タール(ちんていたーる、ちんこうたーる)
Settled tar, Sedimented tar

木材の炭化において、発生するガスを冷却して得られる凝縮液には、すぐに沈降するタール分と、経時変化してしだいにタンクの底に堆積するタール分がある。これらは沈底タールあるいは沈降タールと呼ばれている。

沈底タールは留分によって、軽油、重油、ピッチとに分けられる。軽油分は少なく重油とピッチが大部分を占める。軽油は中性油、重油の大部分は酸性油である。木炭の生産量が激減した今日では利用に供することのできる沈底タールはきわめて少ない。

炭化工業の盛んであった頃には、沈底タールはそのまま燃料に供するか、あるいは蒸留し水と200℃以下の軽油、200〜360℃の重油とピッチに分け、軽油は溶剤、重油は塗料、殺虫剤とし、ピッチはゴム、レコード、防水材料、絶縁材料の製造用に供された。

動粘度(どうねんど)
Kinematic viscosity

動粘性率ともいう。流体の粘性のことを粘度というが、粘度を同じ状態での密度で割った値。木タールなど粘性物質の粘性率の表示。「長さの2乗／時間」で示され、St（ストークス）あるいはcSt（センチストークス）で表示される。

液体の動粘度は、オストワルド粘度計により恒温槽内に設置した毛細管内の自由落下による通過時間の測定で求めることができる。木タールの高位発熱量は40℃の動粘度値が5cSt以上のものは15MJ/kg以上であり、木材と同程度である。

な

軟質タール(なんしつたーる)
Soft tar

やわらかいタール。含酸素成分を多く含む木タールは減圧濃縮してもその残渣は固化せず水によく溶ける。濃縮した木タールがやわらかいことで、このように表現されることがある。常圧で蒸留したタール残渣は分解が進みピッチ化して硬い。

粘度(ねんど)
Viscosity

別称は粘性率。

木タールなどの物性値の一つであり、

液状物の粘性の度合い。

木炭製造で得た粗木酢液を蒸留すると蒸留容器内には、高沸点で高粘性の木タールが残留する。40℃以下の減圧蒸留では、留出物が少なくなるにしたがいタールの粘度は大きくなるがピッチとはならない。しかし、常圧蒸留で木酢液を精製し、留出分を完全に抜き出すと残留木タールはピッチとなって固化し、その取り出しが困難となるので注意を要する。

また、減圧下で濃縮した木タールは、常温（20〜25℃）では流動しないこともあるが温めると粘度が下がり水飴状になる。粘度の大きな木タールは発熱量も大きくなっている。

は

灰[灰分]（はい[かいぶん]）
Ash (es)

植物を燃やすと燃焼後に残る無機物。広葉樹、針葉樹などの樹木は石灰植物で灰の主成分（灰分）は炭酸カルシウ

表11-2 木炭の灰分の一般的成分 (灰分中の%)

CO_2	SiO_2	FeO_2	Al_2O_3	MnO	CaO	MgO	K_2O	Na_2O	SO_3	P_2O_5
15〜20	1〜3	1〜4	1〜8	1〜8	25〜45	5〜15	10〜25	1〜5	1〜5	2〜10

出典：農林省林業試験場編『木材工業ハンドブック』（丸善）

表11-3 汚泥の灰分の組成分析の一例

項目		焼却主灰	焼却飛灰	焼却主灰の混合溶融飛灰溶融時	焼却飛灰の混合溶融飛灰溶融時	スラグ溶融	焼却飛灰溶融スラグ	混合溶融スラグ粉砕物	山土	検出限界値(mg/kg)
Si	(%)	16.32	8.29	0.4	0.09	17.87	16.59	15.83	36.81	23
Al	(%)	8.18	4.72	0.38	0.36	10.11	8.12	8.60	5.37	5.3
Ca	(%)	16.72	19.90	< 0.07	< 0.07	18.14	22.19	22.27	0.27	7.1
Fe	(%)	3.42	0.99	0.20	0.29	2.31	2.31	2.3	1.71	10
Mg	(%)	1.73	1.60	0.15	0.16	1.84	2.38	2.53	0.21	10
Na	(%)	3.78	3.64	22.14	11.54	2.11	1.39	1.76	0.46	10
K	(%)	1.22	4.40	17.58	28.99	0.95	0.54	0.55	2.63	10
T-S	(%)	0.47	0.92	1.14	5.59	0.25	0.41	0.39	< 0.01	50
T-Cl	(%)	0.6	16.2	46.6	38.0	< 0.1	< 0.1	< 0.1	0.048	1
Cu	(mg/kg)	2,200	440	1,800	5,200	1,600	4,100	800	16	2
Cd	(mg/kg)	0.2	46	280	1,100	< 0.1	< 0.1	< 0.2	4.5	0.1
Pb	(mg/kg)	1,900	850	9,600	16,000	140	170	65	52	1
As	(mg/kg)	1	2.3	2.7	17	1.7	1.2	0.6	4.8	0.5
Zn	(mg/kg)	1,400	4,000	22,000	12,000	1,600	830	760	50	5
T-Hg	(mg/kg)	< 0.01	1.3	0.40	0.09	< 0.01	< 0.01	< 0.01	0.10	0.01
Mn	(mg/kg)	530	540	88	66	880	790	850	220	2
Cr	(mg/kg)	400	820	24	37	520	230	4,200	44	5

ムであり、稲わらなどはケイ酸植物であり、わら灰の主成分（灰分）は二酸化ケイ素である。

木炭の灰の**無機物組成**の例を表11-2に示す。灰は燃えることなく、空気を通しても変化せず、断熱性が高い性質があるので、炭の上に散布する量を加減することにより、炭火の火もち、温度などの火加減の調節も可能である。陶器の釉薬や野菜類のアク抜きなどにも使用する。

[**汚泥の灰分**（おでいのかいぶん）]

都市ゴミ、下水汚泥等の処理対象によりその性質は非常に異なる。処理の方法により、焼却飛灰、溶融飛灰に分けられるが、前者はカーボンが多いため黒色に近く、10～70μm（マイクロメートル（ミクロン）。1μm＝100万分の1m）程度であるが、後者の溶融飛灰は黄色を呈し、さらに細かい。一例として、各種汚泥の灰分の組成を表11-3に示した。

[**灰分の融点**（かいぶんのゆうてん）]

灰分の融点は廃棄物の焼却にともなう灰が、溶融と塊状化によってクリンカーになるであろう温度として定義づけられている。

廃棄物がクリンカーになるための典型的な溶融温度は、1100～1200℃（2000～2200°F（カシ温度））の範囲である。

木炭の灰の溶融点は表11-4に示されるように、黒炭の代表であるコナラは1500℃、白炭の代表であるウバメガシは1600℃以下である。一方、数種の木炭の灰分の組成の一例を表11-5に

表11-4　木炭の灰の溶融点

炭　質	樹　種	溶融点
黒　炭	コナラ	1500℃
白　炭	ウバメガシ	1600℃以下

出典：農林省林業試験場編『木材工業ハンドブック』（丸善）

表11-5　木炭の灰分組成の例

	木炭中の灰分 組成		ウバメガシ （白炭） 1.87(%)	ナラ（黒炭） 1.77(%)	クリ（Ⅰ） （黒炭） 1.36(%)	クリ（Ⅱ） （黒炭） 1.12(%)	モウソウチク ※
木炭に対する割合（％）	珪酸	SiO_2	0.007	0.017	0.004	0.014	19.50
	鉄	FeO_2	0.007	0.023	0.021	0.006	0.77
	アルミニウム	Al_2O_3	0.104	0.004	0.054	0.040	
	チタン	TiO_2	0.001	0.004	0.001	0.001	
	マンガン	MnO	0.095	0.004	—	—	0.12
	石灰	CaO	0.630	0.811	0.742	0.468	1.38
	苦土石灰	MgO	0.497	0.089	0.043	0.110	0.60
	カリ＋ソーダ	$K_2O + Na_2O$	0.338	0.290	0.357	0.311	8.65
	リン酸	P_2O_5	0.060	0.046	0.041	0.049	
	炭酸その他		0.131	0.0482	0.097	0.121	＜0.05

出典：農林省林業試験場編『木材工業ハンドブック』（丸善）
※谷田貝光克・山家義人・運林院源治『簡易炭化法と炭化生産物の新しい利用』（林業科学技術振興所）

表11-6　各種の木灰の化学組成　　　　　　　　　　　　　　　　（単位：wt%）

化学組成	種類	天然イス灰	天然土灰	天然わら灰	合成土灰	合成わら灰
珪酸	SiO_2	33.11	14.08	50.94	18.94	80.50
鉄	FeO_2	0.36	1.94	0.52	0.13	0.09
アルミニウム	Al_2O_2	5.09	3.67	0.51	2.39	6.77
チタン	TiO_2	—	—	—	0.09	0.04
マンガン	MnO					
石灰	CaO	47.32	35.90	2.30	37.59	3.00
苦土石灰	MgO	5.11	5.44	0.29	6.23	1.34
カリ＋ソーダ	$K_2O + Na_2O$	2.21+0.03	1.49+0.55	1.99+0.61	0.22+0.04	2.99+1.47
リン酸	P_2O_5					
炭酸その他		13.18	34.32	42.80	34.09	1.80

示した。この表から明らかなように、木炭中の灰分の割合は1～2%程度であり、いずれの樹種も石灰、苦土とアルカリ成分が多い。

各種バイオマスの木灰の成分は表11－6に示した。それぞれの原料に含有する木灰の化学組成の中で、代表である天然イス灰と天然わら灰について比較すると、特にケイ酸、石灰において顕著な差がみられる。

下水汚泥を燃焼させて完全に灰までもっていかず、炭化・賦活することにより、炭化物を製造し、粒状炭化物として、土壌改良剤をはじめ、床下調湿資材、融雪資材、脱臭等としての利用の取り組みが行われている。

ピッチ
Pitch

木材の乾留や炭化で得られる有機溶液の蒸留残渣。乾留液など精製して木酢液や竹酢液を回収する際に蒸留容器に残留した高沸点物であり、水やアルコールなどでの再可溶化が困難となった有機物残渣。

風炉灰（ふろばい、ふうろばい）
Fire pot ash

裏千家の茶室にきられた風炉（炉：囲炉裏）に入れる灰。ふくさ灰ともいう。生灰を目の細かいふるいに通して、水で一度攪拌してアク抜きをし、浮いたゴミを取り除き、沈殿した粒子の細かい灰を天日干しして、絹ふるいにかけたもの。

その他、炉の中に入れる灰として、わら灰、藤灰、炉灰、湿し灰、縄灰、籾灰などがある。

ヘキソース
Hexose

炭素数が6個の単糖類の総称。$C_6(H_2O)_6$の一般式で表される。6単糖ともいわれ、木タールに微量含まれる。

カルボニル基がアルデヒド基かケトン基かによって、アルドヘキソース、

ケトヘキソースに分類される。アルドヘキソースには、アロース、グルコース、マンノース、グロース、イドース、ガラクトース、タロースがあり、ケトヘキソースには、プシコース、フルクトース、ソルボース、タガトースがある。

　天然から遊離状態で産出するものもあり、また、多糖類の構成糖として存在する。食品、医薬品、日用品などの製造原料として用いられる。

ベンゾール
Benzol

　ベンゼンと同一物。ベンゼンはC_6H_6の分子式を有する環状化合物。

ペントース
Pentose

　炭素数が5個の単糖類の総称。$C_5(H_2O)_5$の一般式で表される。5単糖ともいわれる。

　木タールに微量含まれるカルボニル基がアルデヒド基かケトン基かによって、アルドペントース、ケトペントースに分類される。アルドペントースには、リボース、アラビノース、キシロース、リキソースがある。ケトペントースには、リブロース、キシルロースがある。

　天然から遊離状態で産出することは少なく、配糖体、ヌクレオシド、小糖類、多糖類の構成糖として天然に存在している。

ペントサン
Pentosan

　ヘミセルロースのうち、加水分解によってペントースを生じる多糖類の総称。これらのうち、加水分解によってキシロースを生じるものをキシラン、アラビノースを生じるものをアラビナンなどと呼ぶ。$(C_5H_8O_4)n$の一般式で表される。

ま

無水タール(むすいたーる)
Anhydrous tar

　松根油(しょうこんゆ)を蒸留して、テレビン油と水分を分離したタール。あるいは木タールの分解が起こらぬよう低温で減圧蒸留して水分を除いたタールをいう。

　タールの機器分析では、脱水して非揮発性成分をトリメチルシリル誘導体化して、ガスクロマトグラフィーにて分析する。

木ガス(もくがす)
Wood gas

　木材の乾留や炭化、熱分解で発生するガス。炭酸ガス（CO_2）と一酸化炭素（CO）が主成分である。炭化温度が高くなると水素、メタン、エタン、エチレン、プロパン、プロピレン、ブタン、ブチレンなどの炭化水素が加わる。

　ガスの発生量は、600℃の温度で木材1gあたり約130mℓ発生する。温度が400℃では約60％がCO_2、残りがCOで占められる。高温化につれCO_2は低下

表11-7 木ガスおよび可燃性ガスの発熱量

名称		化学式	高位発熱量〔MJ/Nm³〕
木ガス（部分酸化分解によるガス）			4～8
気体	水素	H_2	12.8
	一酸化炭素	CO	12.6
	二酸化炭素	CO_2	—
	メタン	CH_4	39.9
	エタン	C_2H_6	70.2
	プロパン	C_3H_8	101.7
	ブタン	C_4H_{10}	133.3
	ペンタン	C_5H_{12}	157.5
	エチレン	C_2H_4	63.4
	プロピレン	C_3H_6	93.5
	ブテン	C_4H_8	124.6
	ペンテン	C_5H_{10}	150.7
	アセチレン	C_2H_2	58.8
	ブタジエン	C_3H_6	115.8
	天然ガス（参考）（LNG）		54.8

出典：三浦正勝（茅陽一監修『新エネルギー大辞典』工業調査会）

し、逆にCOがCO_2より高濃度となる。約500℃以上ではCO以外の可燃性ガスの発生が始まり、その濃度はしだいに高くなる。650℃ではCO_2が30％、COが60％、他は水素と炭素数5以下の炭化水素（常温で気体）である。

高温域ではエチレン、プロピレン、ブチレンなど不飽和の炭化水素が飽和炭化水素濃度を上回る傾向となる。

木材の構成成分（もくざいのこうせいせいぶん）
Chemical components of wood

木材の主成分は、セルロース、ヘミセルロース、リグニンで、その割合は針葉樹、広葉樹で多少の違いがあり、樹種によっても異なる。スギ、ヒノキ等の国産材では、それぞれおよそ45～55％、20～25％、25～30％である。そのほかに少量成分として数％の抽出成分があり、無機質、タンパク質などが微量含まれる。

木材を構成する主な糖類は、グルコース、アラビノース、マンノース、ガラクトース、キシロースなどである。広葉樹と針葉樹を比べると広葉樹はキシロースが多く、針葉樹はマンノースが多いなどの特徴がある。

木タール（もくたーる）
Wood tar

木材の炭化、乾留、熱分解で得られる液状生成物に含まれる。静置や蒸留によって木酢液と分離でき、その濃縮物は黒褐色、粘性が高い水飴状の物質である。石炭タールとは性状、化学成分、香りが異なりまったく違うものである。

沸点の高いフェノール成分が含まれる。高次の分解を抑制した条件で得た木タール中には、レボグルコサンが含まれ、セルロース含量の高いバイオマス原料ほどその濃度は高い。黒褐色の粘性あるタールは氷点下－15℃においても凍結せず燃料となる。その発熱量値は17±4MJ/kgであり、木材原料と同等以上の高い値を示す。

木タールを高温で蒸留するとピッチが残留する。蒸留濃縮する場合、蒸留窯内にピッチが付着し取り出せなくなることがあるので注意を要する。

また、蒸留した精製木酢液であって

表11-8 代表的な木タール成分

種　別	成　　　　分
有 機 酸	レブリン酸、メチルプロピル酢酸（N）、n-カプリル酸（N）、ペラルゴン酸（N）、カプリン酸（N）、n-バレリアン酸、イソバレリアン酸
フェノール	グアイアコール、2,6-キシレノール、クレオゾール、o-クレゾール、p-クレゾール、m-クレゾール、4-エチルグアイアコール、2,3-キシレノール、3,5-キシレノール、3,4-キシレノール、シリンゴール、4-メチルシリンゴール、4-エチルシリンゴール、4-プロピルシリンゴール、4-アリルシリンゴール、プロピルグアイアコール、5-エチルピロガロール-1,3-ジメチルエーテル
アルコール	イソブチルアルコール、イソアミルアルコール
アルデヒド	プロピオンアルデヒド、2-メチルフルフラール
ア ミ ン	トリメチルアミン
その他	フラン、β-メチルフラン、マルトール、ジメチルフラン、レボグルコサン、トリメチルフラン、ベンゼン

（注）表中の（N）は特に針葉樹材の留出液から得られることを示す

も、長期の経時変化で木タール成分が新たに生じて浮遊、あるいは沈殿物として分離してくることがある。これはフェノールやアルデヒド類の重縮合物であり、容器の壁や底に付着したものが市販の木酢液にも時折見かけられる。主な木タール成分を表11-8に示す。

や

油状物質（ゆじょうぶっしつ）
Oily substances

　木酢液や木タールの上層にあり、水に混じらない油分。木タールは油状物質の量はきわめて少ないのが特徴。

溶解タール（ようかいたーる）
Dissolved tar

　炭化の際に排出される煙を凝縮、静置すると3層に分離する。最上層が軽質油、中層が木酢液、最下層が木タールである。溶解タールは、木酢液中に溶解しているタール分をいう。

12章

文化、歴史
（ぶんか、れきし）Culture, History

　人類にとって火の発見は最初にして最大の革命であるといわれる。火に付加価値を与え革命を支えたのは、実は炭である。農業革命の端緒を招いた焼畑、さらには製鉄、黒色火薬など炭がなければ実現しなかった革命は少なくはない。特に、黒色火薬の発明は「人類が初めて創り出したエネルギー」という意味で以後の社会に大きな発想の転換をもたらした、とされる。

　炭は紀元前から古墳の防腐抑制材、飲料水の浄化などにも使われていた。これは技術でもあり、また文化でもある。技術や文化は伝承され淘汰され新しい分野を拓き、伝統工芸を支え文学にも足跡を残した。たとえば、わが国固有の茶道という文化の構築に炭が、茶道が製炭技術の向上に、それぞれ相乗的に果たした意義は大きい。

　多様な機能を有する炭ではあるが、それまでの経験則から脱し、科学のメスが入れられはじめたのは18世紀になってからである。炭の中にもハイテク分野で注目されているカーボンナノチューブ、フラーレン、ダイヤモンド様結晶などの生成がみられる。食の安全確保、環境修復など地球規模の問題からも炭に期待されるものは大きい。炭は身近な素材ではあるが、常に古くて新しい可能性をも秘めている。

　炭は人々の生活や社会の変革をも支えてきた。炭はその時代時代にあって発想の転換をもたらし新しい技術の端緒を開いてきた優れモノでもある。木から炭へ、すなわち有機物から無機物を作る物質変換技術（炭）の発明は、多くの人々によって「人類最高の発明」である、とされている。

　本章でふれたのは炭の長い歴史のごくごく一部である。全体的な流れは巻末資料8の「炭の年表」を参照し、補完いただきたい。

あ

秋田藩営炭（あきたはんえいたん）
Akita han-eitan, Charcoal managed by the domain of Akita

　藩が管理委託して製炭すること、またはその炭を営炭という。

　典型的な例は秋田藩であった。銅山用の用材と薪炭は「番山繰とよぶ輪伐法によって、直杣直釜、すなわち藩営伐採と藩営炭」を行っていた。炭の生産管理は御薪方があたり、藩内自給が目的で、他藩への販売は厳禁されていた。

安良須美（あらずみ）
Arazumi

　日本最古の仏教説話集である『日本霊異記』では「炭」をアラズミと読ませている。『箋注倭名類聚鈔』では『日本霊異記』の中の「炭」を「安良須美」と訓ませている。「和炭」を「邇古須美」と訓ませ明らかに区別している。和炭が金属加工用であったから安良須美は暖房用と思われる。→和炭、荒炭

淮南子（えなんじ）
Enanji

　淮南王とその食客らによって編纂された漢時代（前2世紀）の古典で、漢代諸子の自由な立場を表すものとして評価される。

　「羽と炭を懸けて燥湿の気を知る」など炭の調湿作用について記述された最古の文献とされる。

『延喜式』（えんぎしき）
Engisiki

　平安初期の宮中の年中儀式、制度などを集大成した「律令の施行細則」で、967年（康保4年）施行された。当時の「炭」を知ることのできる貴重な文献でもある。

　春秋の「炭窯の祭」のことが記されている。窯の構造は不明であるが、窯を築く製炭法は古くからあったとみられる。

　当時、社寺などでは炭やきは必ずしも焼夫と呼ばれる専門の技術者ではなく、仕丁、徭丁などを使ってやき、自給することも多かった。

　木炭を和炭、炭、これらを二度やきした熬炭の3種に区別し、和炭は金属加工用としている。楯の面金、平釘、銀器などの製作にも木炭が使われていたこと、その量などが記録されている。

太安万侶（おおのやすまろ）
Ohno Yasumaro

　奈良時代の学者・文人で『古事記』を撰進した。奈良市郊外の茶畑で木炭槨（棺の外を囲う箱）と墓誌が出土した。木炭の種類はカシ炭、リョウブ炭、コナラ炭、シデ炭、サクラ炭、ミズメ炭の6種が確認されている。現代炭に比して固定炭素が少なく揮発分が多い。精煉度は7〜9である。

おこし炭（おこしずみ）
Okoshizumi, Charcoal to make a fire, Burning Charcoal

『日本書紀』神武天皇東征の巻に「墨坂置焼炭(おしずみおきいこりすみ)」とあって、賊軍が壕を掘り2か月以上にわたり炭を赤々と燃やし進路を妨害したことが記されている。炭の大量生産、大量消費の社会的枠組みの確立を例える説話とする説もある。わが国の文献上の最古の炭とされる。

なお、一般には、火をおこすために使う炭や火におこした炭のことである。

か

『海南小記』(かいなんしょうき)
Kainan shoki

民俗学の樹立者・柳田国男(1875年[明治8年]～1962年)の紀行文集(1925年[大正14年]刊行)である。「炭焼小五郎が事」として各地に伝わる**炭焼長者伝説**が民俗学的立場から論じられている。

伝説は、貧賤な若い炭やきが高貴な押しかけ女房の福分により長者となる話である。各地の伝説には共通点が多く、伝説の起源は宇佐大神の最も古い神話とされる。

鍛冶(かじ)用の炭は伏せやき炭程度でよいが、鋳物用には良質の木炭が必用だ。小五郎伝説、真名野(まなの)長者伝説が残るところには白炭や良質な黒炭の産地が多い、という。鋳物師たちにより良質な炭をやく技術が各地にひろまった、とされる。

窯つき唄(かまつきうた)
A song at charcoal kiln making

窯づくり作業の中で天井づくりは重労働だが単調な作業でもある。炭やき仲間や農家の人などが応援に駆けつける。そんなときうたうのが窯つき唄である。土木作業のエンヤコウラと共通した労働歌である。大阪府箕面市の炭やき衆の唄を例示する。

　どなたも　サンヨ　ヨイヨイ
　揃ったか　サンヨ　ヨイヨイ
　揃ったら　サンヨ　歌いましょ
　サンヨ
　くぬぎの　サンヨ　言うには
　サンヨ（以下省略）

竈風呂(かまぶろ)
Kamaburo, Steaming bath after charcoal making

古く、炭をやいた窯のあとに塩俵や塩水を含ませたむしろを敷いて裸ですわり、俵やむしろから出る蒸気で発汗させる蒸し風呂の一つであった。炭やきとは関係のない専用の構造のものもある。釜風呂とも書く。

小塚製炭試験地(こづかせいたんしけんち)
Kozuka experimental station for charcoal making

1940年農林省山林局通達により、福島県大野村（現・大熊町）の富岡営林署野上事業区に設置され、木炭に関する研究が行われた。また、炭やきさんの育成と製炭普及に大きな役割を果たした。施設閉鎖時の試験地主任であり、「**栃沢窯**」を考案した**栃沢亀助**技手の記

12章 文化、歴史

録では、(1) 築窯製炭、瓦斯用製炭、自家用製炭、簡易製炭、松瘤乾燥などの講習150回延べ人数3701名 (2) 改良製炭の比較試験の検査、林野庁、営林局、明治神宮、全国木炭協会などの品評会審査委託19回 (3)、製炭に関する相談 (解答) 958とされ、まさに炭やき研究のメッカであったことがうかがえる。しかし、1958年、時代の変化とともに閉鎖に至った。なお、岸本定吉監修の『炭人たちへ』では、1952年に閉鎖と記されている。

なお、初代所長である**石川蔵吉**により設計された**石川窯**(**農林一号窯**)は、炭材の出し入れ口と焚き口が別という窯で、1941年に農林省山林局により全国の指導窯として認定された。なお、石川蔵吉は1943年の退官後は、陸軍司政官としてジャワ島に派遣され、製炭指導を行ったが、1946年現地で病死された。

また、**徳本健輔**は、炭材の水分量の研究のほか、さまざまな形式の炭やき窯を比較し、農林一号窯の完成に大きな役割を果たしたが、この地で早逝した。また、石川の後任は岸本定吉があたったという。

古墳の木炭(こふんのもくたん)
Charcoal used in ancient tomb

古代エジプトでは炭・石炭を棺に入れ、中国でも漢代から炭・貝殻・石灰などを粘土に混ぜ槨を作る風習があった。わが国でも古墳時代に死体の「防腐と浄化」のために炭が使用された。

宮崎・日向古墳から出土した木炭は、針葉樹が多いこと、未炭化木質、枝条炭が多いなど軟質炭が多いことから無蓋製炭法、ボイ炭やきなどが行われ、製鉄用に使われた、と推定される。西都原古墳のカシ炭は白炭であるとされている。

さ

『正倉院文書』(しょうそういんもんじょ)
Syosoin monjyo

奈良県東大寺正倉院に伝わる8世紀の古文書群で、古代史の貴重な文献である。この文書の最大の特徴は「不特定多数の人間がそれぞれの目的で筆をとったナマの記録」である、という点にある。

大仏鋳造前後の「炭」に関する情報も記録されている。たとえば、造東大寺司のような規模の大きな経営体には「焼炭所」という組織があったこと、炭の値段は739年(天平11年)には1斗(1斗 = 10升 = 約18ℓ) 2.8文であったが21年後にはおよそ2倍になったこと、これは大仏鋳造開始(744年[天平16年])の影響を受けたであろうことなどである。ちなみに、白米の値段は1斗5〜10文であった。

之呂須美(しろすみ)
Shirosumi

わが国最初の絵図入り百科事典である『和漢三才図会』(1712年[正徳2年]刊)には「白炭。之呂須美」と訓があ

る。泉州・横山では「山茶枝を二度焼きして赤熱し、灰に埋めて白色にしていた」とある。現在の白炭のことである。

『炭』(すみ)
Sumi

　林学博士・岸本定吉の著書。1976年丸の内出版より刊行された。木炭の歴史、伝説、現状、炭やき方法や全国の炭やき事情、さらに新しい炭やき・世界の炭やきを俯瞰している。木炭を総合的にあらゆる角度から照射した書籍。なお、題字を揮毫したのは、かつて小塚製炭試験地の主任であった栃沢亀助である。

　版元品切れになっていたが、1998年創森社より復刊された。その際に、木酢液・炭の燃焼特性・新用途などが新たに加えられた。

須美(すみ)
Sumi

　日本最初の分類体の漢和辞書である『箋注倭名類聚鈔』には炭は「炭樹木以、火焼、之」とあり「炭を和名須美」と訓が付されている。また、『和漢三才図会』には炭とは「木を焼きそれがまだ灰にならないもの」であるとして、炭は「和名は須美」、白炭は「之呂須美」と読ませて炭と白炭とを区別している。→之呂須美、炭

炭籠り(すみごもり)
Sumigomori

刀の鍛造の際、刀の鍛目に木炭の破片が入り黒く見えるもの。古く、少しでも炭籠もりのある腰刀は忌み嫌われた。

炭座(すみざ)
Sumi-za, charcoal guild

　中世、市に設けられた炭の専売特権をもった業者の組合で、鎌倉七座の一つである。興福寺46座の一つに火鉢座、鍛冶座に並んで鍛冶炭座もあった。

墨坂神社(すみさかじんじゃ)
Sumisaka jinjya

　奈良県宇陀郡榛原町にあり、祭神は墨坂大神である。『日本書紀』に「墨坂に熛炭を置けり。其の女坂、男坂、墨坂の號は、此に由りて起これり」と由来を説き、さらに「賊軍が燃やし続けた炭を宇田川の水で消して進軍した」などの記述が見られる。すでに大量の製炭・消費が可能であったことをうかがわせる。

炭背負い(すみせおい)
A rack for carrying charcoal on one's back

　1944年、政府は木炭増産をはかるために、木炭買上場所を最終的に「カマ前買上」に改めた。炭窯から最寄りの車道際までは勤労動員された婦人会・学生らが炭俵を背負って搬出したことを指す。

炭焚き(すみたき)

12章 文化、歴史

Charcoal burning

神前や仏前で炭火を焚くことを指す。身を清めるために神前で炭火が焚かれ、また仏前には炭火を活かした香炉が置かれることもあった。

また、『天草本伊曾保』に炭焚(すみた)きとあり「炭焼きと洗濯人のこと」とある。炭やきを指すこともある。

『炭俵』(すみだわら)
Sumidawara

芭蕉晩年の俳諧撰集で、野坡(やば)、利牛(りぎゅう)、孤屋(こおく)が編した（1694年［元禄7年］刊行）。高悟帰俗の精神に基づいた「軽み」の境地がよく現れている。以後の俳諧に大きな影響を与えた。「炭俵」は炭火を囲んで和やかに句作したことに由来する、という。

墨流し(すみながし)
Suminagashi

水面に墨、顔料、染料などを滴下させ模様をつくり、和紙や布に写し取る。平安貴族の遊びであったが、現在は布の染色、屏風絵、色紙などに使われている。物理学者寺田寅彦は界面現象の研究に墨流しを試みた。カーボンナノチューブを一定方向に並べかつ層状化して基盤上に写し取る手法に墨流しの原理を活かしたものもある。

炭の科学館(すみのかがくかん)
Science museum of charcoal

岩手炭の主産地である岩手県葛巻町に開設。管理は葛巻町役場委託の葛巻高原食品加工㈱。木炭の歴史、木炭の種類・特性、炭やき道具、製炭方法などを公開。

また、炭の製品や民芸品、木酢液などを展示しており、1956年に完成した岩手大量窯についても理解を深めることができる。

炭焼営業規則(すみやきえいぎょうきそく)
Rule for charcoal business

1878年（明治11年）、民事局地理課から公布された営業鑑札に関する規則である。営業鑑札は、「1竈(かま)に付き1枚、有効期限1年以内、鑑札料1枚2銭の徴収、炭焼用材伐価として1竈に付き毎月50銭を上納」などが定められた。1881年（明治14年）材木払下規則に吸収廃止。

炭やき数え唄(すみやきかぞえうた)
A counting rhyme of charcoal making

素人でもよい炭がやけるように、炭やきの要点を備忘録代わりに数え唄にしたもので、各地にみられる。炭やきをうまく取り入れてうたっている宮城県の例を示す。

一つとやー　ひとつに大事はかまつくり
よい土たっぷりよくしめよ
二つとやー　太い炭材よく割って
元口(もとくち)上にしよく詰めよ
三つとやー　未炭化木炭出すははじ
防湿装置を忘れるな
……………

七つとやー　なんといってもゆるやかに
低温炭化が一番よ
八つとやー　焼けたと思うも今一度
炭材下部まで精錬を
（以下省略）

炭焼衣(すみやきごろも)
Clothes of charcoal maker

　炭をやく人が着る衣服、また着なれて黒くなった着物を指す。平安中期の私家集『曾丹集(そたんしゅう)』に「冬山のすみやきごろもなれぬとて人をば人のたのむものかわ」などと歌にも詠まれている。

炭やきサミット(すみやきさみっと)
The charcoal summit

　製炭者、流通業者、自治体職員、研究者、消費者等、炭やき関係者等が一堂に会するイベント。千葉県安房郡天津小湊町の東京大学千葉演習林で開催されたのが始まりで、その後、長野県鬼無里村（1988年）、和歌山県南部川村（1993年）、岩手県久慈市（1994年）、鳥取県国府町（1997年）、静岡県川根町（2000年）、宮崎県北郷村（2001年）などで開催されている。

炭焼司(すみやきし)
Sumiyakishi

　一定の技術を有する炭やきさんに対する称号で恩炭焼師とも呼ばれ、関西地方にみられた（故・岸本定吉氏による）。現在は「製炭士」（備長炭）、「チャコールマイスター」（岩手・山形村）などの技術認定制度もある。

　なお、正倉院古文書にみられる「焼炭司」（しょうたんし、すみやきつかさ）は東大寺配下の炭やきを管理する役所を意味する。

炭焼長者伝説(すみやきちょうじゃでんせつ)
Legend of charcoal maker millionaire

　東北、青森県から沖縄の宮古島に至るまで、全国に点在する長者伝説。

　貧しい炭やきの男に、あばた顔の姫が神託を受けて嫁に来る。男は姫の持参した小判を持ち、市にゆくが、途中で水鳥を捕ろうと投げてなくしてしまう。帰宅後、あれは都ではお宝なのだと嫁に咎(とが)められる。しかし、炭やき窯の周りにいくらでもある、と男が主張。嫁が窯に行くと、確かにそこはお宝の山。そこの水で顔を洗うと嫁のあばたが消え、二人はあっという間に長者となった。

　以上がだいたいの粗筋だが、実際には全国津々浦々で、さまざまな違う話となって伝えられている。それらの話からは、金属精錬をつかさどった豪族集団・職能集団の姿をうかがい知ることができる。

　中でも、大分県の旧・三重町（現豊後高田市）・臼杵市一帯から豊後水道を挟んで瀬戸内海西部一帯に点々と伝わる炭焼長者譚(たん)は、単なる長者譚にとどまらず、炭焼長者＝炭焼小五郎（後年の真名野(まなの)長者）の娘である般若姫と用明天皇の婚姻をめぐる一大スペクタ

12章　文化、歴史

クル、大浪漫譚に発展。壮大なスケールの話となっている。この話は、空虚な作り話にとどまらず、現在でも遺跡・遺構・史跡・地名等に未だにその影響を色濃く見ることができる。一例を挙げれば、国宝である国内最大の磨崖仏「臼杵石佛」も炭焼長者が作らせた、と伝えられているのである。

なお、伝説発祥地といわれる旧・三重町内山連乗寺住職が江戸時代に記した『内山記』が長者物語の最も古いものとされており、1996年『真名野長者物語』として三重町から発行されている。津田宗保著『満野長者』(1930)は、『内山記』に加え、平生町般若寺に伝わる『満野長者旧記』等々をあれこれ参酌してまとめた労作の伝記である。また、平生町教育委員会による『般若姫物語』(1990)には『満野長者旧記』が再録されている。

さらに、東北地方では、黄金で栄えた平泉文化を影で支えたとされる、金売吉次の父親が炭焼長者＝炭焼藤太という伝説が点々と伝わり、藤太の墓所という場所もある。

また、戦後すぐの1947年刊行の児童書籍『炭焼長者』(關敬吾著、中央公論社)には、鹿児島県沖永良部島に伝わる「炭焼長者」伝説が再録され、広く読まれたが、これは東長者・西長者という登場人物が出てくる、少し変化のある伝説である。

『炭焼手引草』(すみやきてびきそう)
Sumiyaki-tebikiso

田中長嶺著（1898年［明治31年］刊行）の最初の民間製炭指導書である。同書を底本とした赤羽らの校注執筆による復刻版もある（1984年刊行）。

各地の炭窯・木炭を調べ、良質の、しかも歩留まりの高い菊炭製炭法を発表したが、本書はその要旨である。炭窯改良の端緒を開いた、とされる。製炭原木の樹種と準備、築窯技法、炭化法、炭の品質、炭の歩留まりなどに関して多数のイラストレーション入りで概説している。

炭焼き天狗(すみやきてんぐ)
Man who is confident in charcoal making
　自らの製炭技術を自慢したり誇ったりする製炭者の呼称。

炭焼党(すみやきとう)
Charcoal maker's party, Carbonari
　19世紀初めにイタリアで結成された秘密結社で、初期の党員は炭やき職人に変装していたのでこう呼ばれた。

『炭焼日記』(すみやきにつき)
Sumiyaki-nikki
　著者は柳田国男。1994年、自宅の庭に「自家用炭を焼く」ために炭窯を作った。築窯、炭やきとも知人まかせで、炭やきは3度試みたがいずれも失敗した。「私たちの炭焼事業は、何一つ作品を世に留めず、僅か半月ばかりで中止してしまった」とあり、積極的な取り組みはみられなかった。1958年発行。

炭山師(すみやまし)
Instructor for charcoal making

　製炭指導者、製炭夫の別称で九州一帯で使われた。宮崎県日向一帯の日向炭生産業者にも名子(なこ)制度があったが、製炭夫は炭山師と呼ばれ、東北ほど悲惨ではなかった。

製炭伝習(せいたんでんしゅう)
To pass down the techique for charcoal making

　田中長嶺自ら広く伝習活動を行い菊炭窯による黒炭製炭技術の普及に資し、さらには彼を継ぐ製炭技術の改良・普及者を輩出させた。門下の一人に楢崎圭三がいた。

　楢崎は全国32道府県などから招請され楢崎窯による製炭指導を行った。たとえば、岩手県における改良製炭法は楢崎の「製炭伝習」に始まるとされる。山村農民の目線に立った実技指導であり、確かな技術を伝授し普及させた功績には大きなものがある。

製炭報国手帳(せいたんほうこくてちょう)
Seitanhokoku-techo

　木炭生産量は1940年をピークに減産に転じた。最大の原因は労働力不足であった。政府は増産策として「木炭増産推進登録制度等実施要項」を策定し、都道府県に通牒(通達)した(1942年)。個人への生産量の割り当て、製炭者の登録と登録製炭者への「製炭報国手帳」の公布、手帳の活用法についてを主な内容とするものであった。報国精神の振作をはかったものである。

　木炭検査員が報国手帳を整理点検して、生産量に応じて加算金・生活必需品の特配優遇措置などがとられた。

た

大仏鋳造(だいぶつちゅうぞう)
Casting of a great statue of Budha

　奈良大仏は聖武天皇の発願による国家的な大事業で752年(天平勝宝4年)に開眼供養された。大仏鋳造は奈良時代最多の木炭消費事業でもあり、製炭技術も進歩したものと思われる。

　現在の大仏(像高14.9m、推定重量500〜600トン)は改鋳されたもので直接に比較はできないが、創建時の大仏鋳造には銅445トン、白鑞(しろめ)(鉛を含んだ錫(すず))7.6トン、金440kg、木炭800トンが使われた。

　木炭は伏せやき炭としても、木材蓄積量330石(約60kℓ)／haの森林約1000haの伐採を要したとされる。

俵焼き(たわらやき)
Tawara-yaki, Contract of employment paid by numbers of straw charcoal bags

　製炭企業側と焼子(やきこ)の出来高払いによる雇用形態の一つである。品質に関係なく炭俵1俵(1俵＝4斗＝約72ℓ)の単価を規定し、出来高(俵数)に応じて焼賃が支払われた雇用形態を指した。

12章 文化、歴史

炭化米(たんかまい)
Carbonized rice

　意図的な炭化か、火災により偶然に炭化したものかは不明であるが、炭化することで腐朽をまぬがれ遺跡から炭化米や炭化おむすびなどが出土する例が少なくはない。

　2004年11月、中国の長江流域・玉蟾岩(ぎょくせんがん)遺跡から出土した炭化米は1万2000年以上前の栽培米と推定されている。農耕や文明の起源を知るうえで貴重なものとされる。

長沙馬王堆一号漢墓(ちょうさまおうたいいちごうかんぽ)
Chosamaotaiichigokanbo

　紀元前500年頃の中国の木炭槨(かく)である。木槨のまわりを約5トンの木炭で囲みその外側を白膏泥で固め、その上に五花土を詰め込んだ構造であった。発掘されたときミイラには弾力性があり、2000年以上の保存に耐えた。

　ほかにも漆の食器類、木炭の入った陶製の香炉なども出土した。漆の研ぎ出しには白炭が必用なので、当時すでに炭やき技術は相当に発達していたものと思われる。

『天工開物』(てんこうかいぶつ)
Tenkokaibutsu

　明代末期に宋応星が著した中国在来の産業技術書である（1637年刊行）。わが国でも江戸時代に和刻本が刊行され広く読まれた。

　金銀銅鉄錫(すず)などの製錬、ほかにも鋳造、鍛造、焙焼(ばいしょう)などに石炭や木炭が使われていたことが記されている。この木炭は「煙の炎は石炭よりも激しい」などとあり、良質な炭あるいは白炭であった、とされる。

東京大学千葉演習林(とうきょうだいがくちばえんしゅうりん)
The University forest in Chiba of the University of Tokyo

　わが国初の大学演習林で清澄演習林(きよすみ)とも呼ぶ。1894年(明治27年)に創設された。房総半島の南東部の清澄山周辺にあり、標高は低いものの、演習林内には針葉樹林や常緑広葉樹林など、自然度の高い天然林もひろがっている。

　1950年代までは、演習林の収入のかなりの部分を炭材が占めていた。また戦前には演習林内で4〜5百人の人が炭やきをしていたという。また、10年おきに各種炭窯の性能試験も行われたというが、やがてその試験は小塚製炭試験地に引き継がれている。また、三浦伊八郎が開発した清澄A式・清澄B式・清澄C式といった窯をはじめ、多くの窯が、ここで生まれた。製炭技術の実験的研究や製炭窯改良の研究が盛んに行われていたようだ。

　1905年(明治38年)5月、長塚節(ながつかたかし)は房総半島に炭やき研修の旅に出たが、翌1906年(明治39年)「馬酔木(あしび)」に発表された「炭焼の娘」の舞台が清澄山であることから、この演習林で研修が行われた可能性が高い。

な

長塚節（ながつかたかし）
Nagatsuka Takashi

　長塚節（1879［明治12年］～1915［大正4年］）は、茨城県生まれの歌人であり小説家でもある。竹林の造林、佐倉炭の系統を継ぐ土窯による炭やき事業にも力を注いだ。貧農の生活を描いた小説『土』、千葉・清澄山地方に炭やき研修に出かけたときのモチーフを基にした短編小説『炭焼きの娘』、ほかに炭やきなどを詠んだ歌8首がある。

『南方録』（なんぽうろく）
Nanboroku

　千利休の高弟の南坊宗啓が筆録編纂したとされるが、異本も多く定説はない。現在の茶道界でも茶道伝書として重要視されている。
　「客炭をみる心用之事」の中で「湯相火相三炭の次第」にふれ、初炭、後炭、立炭の炭の姿の重要性なども説いている。

『和炭納帳』（にこすみのうちょう）
Nikosuminocyo

　『続々修正倉院文書』に「雑材並檜皮及和炭納帳」の件がある。製炭者名、製炭量、納入量などを記録した書付である。東大寺専属と思われる製炭夫の1日あたりの平均製炭量が4斗2升4合（約76ℓ）と記されているが、実際には2斗2升（約40ℓ）くらいとする説がある。いずれにしろ当時のおおまかな製炭量の目安を示すものであろう。

『日本書紀』（にほんしょき）
Nihonshoki

　日本最古の勅撰歴史書で舎人親王、太安万侶らが編纂にあたった（720年刊行）。「墨坂に焼炭を置けり」とあり、日本の歴史に炭が登場する最初の例である。

『日本木炭史（日本木炭史経済編）』（にほんもくたんし（にほんもくたんしけいざいへん））
Histrical book of charcoal in Japan

　1960年社団法人全国燃料会館（以下全燃と略）から発刊された、日本最初の体系的木炭史。A5判約1200ページの大著。奥付には全燃日本木炭史編纂委員会編集となっており、特に著者の記載はない。

　全燃事務長であった塚崎昇によるあとがきによると、1956年2月全燃役員会で日本木炭史刊行の提案が行われ、1956年度より継続事業となり資料蒐集が始まった。1957年秋、古代炭の撮影のため國學院大學考古学研究室の**樋口清之**教授を訪ねたことを契機に、樋口の指導を受けることとなった。後には國學院大学教授となる、樋口の弟子**加藤有次**を全燃職員としてもっぱら樋口の資料の蒐集整理に当たらせるなどした。そして、まだ資料蒐集は不完全ながらも全燃の都合により『日本木炭史経済編』として刊行されるに至った。

　なお、本書は1978年、講談社学術文

12章 文化、歴史

庫として上下巻の2分冊となり再出版（その後、さらに1冊にまとめられている）されたが、明治以降のすべてと複雑な統計一覧表類や挿入図が削除され原本の5分の2足らずのものになっている。この文庫版は著者、樋口清之と明記されている。加藤有次の文庫版下巻解説によると、樋口清之から毎朝渡される自筆原稿の量に圧倒された、とある。また、本書脱稿により右中指は永遠に直伸不能の奇形となってしまった、とも記載される。いかに大変な仕事であったかというエピソードである。

燃料革命（ねんりょうかくめい）
Revolution of fuels

　1958年からわずか5年間で、炊事用木炭の占める割合はおよそ3分の1に、暖房用も半分以下に激減し、電力・石油・ガスの消費が急増した。戦後社会の燃料消費の構成が大きく変化したが、これは燃料（エネルギー）革命とも呼ばれる。

燃料復興運動（ねんりょうふっこううんどう）
Movement for revival of fuels

　人間としての諸権利獲得を目的に「岩手県木炭生産組合」が結成された（1957年）。活動の一つが「燃料復興運動」で、都民に木炭を送ろうというものであった。結果的には政府の「生産地実態調査」に結びつき、貧困にあえぐ製炭者の実態が全国に知られることとなった。

は

売炭翁（ばいたんおう）
Baitano

　中国・唐代の詩人、白楽天（白居易）の漢詩の一つで、炭を売る老人のこと。当時の貧しい炭やき生活、苛酷な徴税風景が読みとれる。当時、炭やきが盛んに行われていたことがわかる。

白石の火舎（はくせきのかしゃ）
Hakuseki-no-kasha

　正倉院所蔵の木炭用火鉢である。直径40cmほどの白大理石製で、銅製の5本の脚がある。宮中、仏殿などで使われた高級な暖房器具であり、一般には土製の鍋状の「ほべ」も使われた。

平お香（ひらうこう、ひらおこう）
Hira incense, Hirauko, Hiraoko

　沖縄独特の黒い板状の線香で、地元では黒線香（くろせんこう）とも呼ぶ。幅が18mm、長さが15cmほどで6本の筋が入っている。黒っぽいのはマツの黒炭をパウダー状の微粉にして混入させることによる。法事やお盆、正月などの際に仏壇上で焚かれる。

品等焼き（ひんとうやき）
Contract of employment paid by quality of charcoal

　製炭企業側と焼子（やきこ）との雇用形態の一つで、やき上がった炭の品質（1等、2等の等級があった）によって値段（単価）が決められた。ちなみに、1941年

頃には丸・割・込で、白炭・黒炭は1〜3等級であった。

墨書土器（ぼくしょどき）
Bokushodoki, An earthen vessel written with India ink

墨で文字や絵画などを書いた土器をいう。三重・貝蔵遺跡から出土した土器には「田」と読める筆書きの文字が赤外線カメラで確認された。2世紀後半のものとされる。

『北海道に於る楢崎式木炭製造講話筆記』（ほっかいどうにおけるならざきしきもくたんせいぞうこうわひっき）
Lecture note of Narazaki-type charcoal making in Hokkaido

楢崎圭三は全国32道府県や樺太（現サハリン）からの招請により「楢崎窯」による製炭指導を行った。北海道庁では『北海道に於る楢崎式木炭製造講話記』と題した冊子を刊行（1916年［大正5年］）し、一層の普及をはかった。

冊子は活版印刷で、楢崎式製炭法講演筆記、炭窯の図面および寸法、楢崎式木炭やきの歌で構成されている。覚えやすさを旨として歌形式で炭のやき方が綴られている。

ま

『枕草子』（まくらのそうし）
Makuranososhi

清少納言著、完成は1000年以降とされる。「女性的な感覚の鋭さと煥発の才気」をもって描いた随筆で、源氏物語と並ぶ平安文学の傑作とされる。

「名おそろしきもの、いりずみ、又、心もとなき物、とみにいりずみおこすいと久し」とある。

火つきが悪く手こずっていること、爆跳などの記述がみられないことなどから、炭はあぶって湿気を除いた「熬炭（いり）」、灰を落とした白炭であった、と思われる。

ほかにも炭に関する記述がみられ、宮廷や貴族の間で炭が生活に密着して広く使われていたことがわかる。

真名野長者（まなのちょうじゃ）
Manano Chojya

小五郎という豊後三重の郷（大分県大野郡三重町）の炭やきが玉津姫という奈良の都の大臣の娘と結婚し幸福になるという伝説。柳田国男の『海南小記』によれば、炭焼小五郎が炭焼長者に、真名野（まな）長者が芋掘長者になるなど名前は異なるものの、この炭焼小五郎伝説は、北は青森県弘前市から南は沖縄県宮古島まで全国に10余りあるという。

木炭槨（もくたんかく）
Grave made of charcoal

棺を木炭で囲んで二重構造とした墳墓をいう。死体の防腐と浄化のために炭が使われたが、粘土槨に対して簡略化された埋葬施設とされる。6世紀頃には窯やきの堅炭が使われていた。

木炭検査員(もくたんけんさいん)
Inspector for charcoal

岩手県は不良木炭の根絶をねらい、全国にさきがけ強制力のある「岩手木炭検査規則」を定め(1921年[大正10年])、木炭検査員を県役人として採用した。

木炭検査員は県が定めた木炭検査の規格に準じて県外移出木炭の検査にあたった。木炭検査制度の導入は木炭品質の向上、販路拡大に寄与した。→製炭報国手帳

木炭紙(もくたんし)
Charcoal paper

画用木炭や鉛筆で描くのに適した簀の目入りの紙面の粗いやわらかめの画用紙で、木炭の付きがよい。高級品は木綿や麻の繊維を原料とするが、一般には化学パルプあるいは木綿系の輸入品が使われる。

木炭統制(もくたんとうせい)
Control of charcoal

1937年、木炭を「暴利取締令」の対象品目に、1939年には「価格等統制令」の対象品目に定め、木炭の販売価格を指定した。さらに同年「木炭配給統制規則」を定め、木炭割当配給制を実施した。政府は慢性的な木炭不足に対応して組織的な統制を加えた。

木炭の政府買い上げ(もくたんのせいふかいあげ)
The government's purchasing of charcoal

1940年に生産不足による木炭飢饉を契機に、全国13主要都市の家庭用木炭1億9000万貫(1貫は3.75kg)の買い上げを決め、「木炭需給調節特別会計法」を定めた。このときの産地最寄り駅の政府買上価格は15kg＝1円44銭であった。

や

焼子(やきこ)
Charcoal maker

岩手・新潟・愛知の方言で、親方・企業家に雇われて炭をやく人、製炭夫、製炭労働者をいう。名子、竈人、山子(中国地方の砂鉄山)とも呼ばれた。1人あたりの年製炭量は2000～3000俵(144～216kℓ)にも達し重要な担い手でもあった。岩手県など一部の地域にあっては過酷で貧しい生活を余儀なくされた。

焼子制度(やきこせいど)
System of charcoal maker

焼子と雇用主(焼親)との雇用形態をいう。企業規模が大きければ一般労働者並みであったが、多くは零細な個人企業との雇用契約であった。

後者は、出来高払い制で、俵焼き、品等焼きなどに鑑み焼歩を決める。炭窯、炭小屋整備などの生産費を焼歩から差し引いて、さらには日常生活物資も雇用主が調達して焼歩から差し引かれることもあった。

地域によっては焼子を山にしばりつける形態であり、地主と小作人などのような心理的隷属関係が多かった。木炭需要の衰退が焼子を山から解放したともいえよう。

焼歩(やきぶ)
Wages for charcoal making

焼子に支払われる賃金のことで、焼賃ともいう。前借りした生産費、生活費は焼歩から差し引かれて支払われる例が多かった。

『山元氏記録』(やまもとうじきろく)
Yamamotouji kiroku

鹿児島藩・山元藤助が著した紀州備長炭に関する見聞録である（1856年[安政3年]刊）。藩政時代に完成した白炭（備長炭）の製炭法を知る唯一の史料で、『正倉院文書』以来の炭に関する貴重な文献とされる。

本書は、備長炭の製法、新宮領の伝統的な白炭の製炭法（どさ窯）、熊野地方製炭に関する全般的な把握と日向国御手山炭の比較、紀国の炭以外の産物、寸法入りの4枚の絵図から構成されている。

日向御手山の経営、二次林の小径木に大きな付加価値を与え大市場江戸に進出したことなど、その改革的思考には学ぶべきことが多い。

製炭技術は比較的に容易に移転することが可能な技術であることを封建時代に実証したことは、その後の改良黒炭窯の普及の端緒を開くものとなり、その意義は大きい。

四貫五貫騒動(よんかんごかんそうどう)
Yonkangokansodo

1927年、岩手県は木炭1俵の重さを「五貫から四貫（15kg）」に規格改正した。俵代、馬車代などの支出が多くなる、ナラ炭・クヌギ炭を雑炭と同じ四貫にすれば雑炭が売れなくなるなどの理由で、関連業界側の猛反対を喫し、全国から注目される騒動となった。8年後に規格の統一をみた。この間、製炭者らの声はなく、製炭者のおかれた立場がうかがいしれる。

13章

人物、組織、施設

（じんぶつ、そしき）Person, Organization

　化石燃料が乏しく、反面、豊富な森林資源に恵まれたわが国では、製鉄・冶金などの工業用燃料、また、調理・暖房といった生活用燃料として、古くから木炭が利用されてきた。したがって木炭は重要物資であり、鎌倉時代には同業組合組織である炭座がすでに存在していた。江戸時代になると木炭が一般に生産・流通するようになり、現在もその歴史を引き継ぐ生産地も少なくない。また、販売機構についても炭問屋に特権が与えられて保護されるなどして整備が進んでいった。

　戦後、1945年に全国燃料組合連合会（社団法人全国燃料協会の前身）が、戦前の燃料配給統制組合を母体に、木炭流通の全国団体として発足、戦後の復興とともに木炭の生産量も徐々に上向いてきた。国立林業試験場、東京大学および北海道大学農学部などで木材の熱分解、炭化、木酢液に関する研究が始まったのは、1948年頃とされる。

　しかし1957年の217万トンをピークに、木炭の生産量は急激に減少に転じる。プロパン、灯油が、家庭用燃料に代わる、いわゆる燃料革命である。これ以降、平炉や連続炭化炉といった工業的な生産技術開発、オガ炭や成型木炭などの木質成型燃料の製造技術開発、炭窯の大型化による生産の合理化などの研究が主に行われた。そんな中で木炭の燃料以外での利用、木酢液の利用について研究が進められ、1986年には法令によって木炭が土壌改良資材に指定される。平成に入り、土壌改良や水質浄化など、木炭の新用途に関する団体、あるいは木酢液、竹酢液に関する団体が設立され、現在に至っている。

あ

板倉塞馬(いたくらさいば)
Itakura Saiba

1788年(天明8年)〜1867年(慶応3年)。愛知県足助町(現・豊田市足助町)の商家に生まれる。文人でもあり、塞馬は俳号である。各地に吟行の旅に赴いたが、1830年(文政13年)、現在の三重県松阪付近で黒炭の製法を習得し、足助付近に広めた。足助町内の善光寺境内に「賀茂黒炭の祖　板倉塞馬之碑」が建立されている。

岩手県木炭移出協同組合(いわてけんもくたんいしゅつきょうどうくみあい)

岩手県産木炭の産地体制の強化をはかるために、県内の木炭集荷業者によって1954年に設立された組合。岩手県産木炭の移出量の3分の1を占め、全国33都道府県に出荷している。

岩手県木炭協会(いわてけんもくたんきょうかい)

統制撤廃後の木炭検査、製炭指導を目的として1952年8月に設立された社団法人。炭窯の改良・普及、および県内産木炭の需給調整、製炭事業者共済制度の設立等、木炭産業の振興についてさまざまな事業を行っている。所在地は岩手県盛岡市。

植野蔵次(うえのくらじ)
Ueno Kuraji

1863年(文久3年)〜1928年(昭和3年)。和歌山県上南部村(現在のみなべ町)の生まれ。息子の林之助と共に、高知県に備長炭の技術を広め、現在の土佐備長炭の前身「安芸備長炭」の銘柄を確立した。四国霊場二五番札所津照寺の参道脇に高さ3メートルもの巨大な顕彰碑(記念碑)が建てられている。

大山鐘一(おおやましょういち)
Oyama Shoichi

1903年(明治36年)〜1997年。愛知県足助町(現・豊田市足助町)生まれの炭やき職人。体験型民俗資料館、「三州足助屋敷」にて1980年開設以来、炭やきを担当。確かな技とユーモアある人柄で屋敷一の人気者になり、炭・炭やきを普及した。また、炭坑節にのせて歌う「炭焼小唄」を作詞した。

戦前の白炭から始まり、松阪窯による講習を経て黒炭に転換。支那事変で満州に招集されたが、現地でも炭をやいた。戦後は再び地元で炭やきを続け、各種表彰を受ける。研究熱心で製炭指導員や木炭検査員の嘱託として任命され、その後、仲間と「改良愛知式窯」を完成させたという。

小野寺清七(おのでらせいしち)
Onodera Seishichi

1876年(明治9年)〜1933年(昭和8年)。岩手県出身の製炭技術指導者。小野寺窯を考案し、同県産業技手として県内に小野寺式製炭法を普及した。

か

岸本定吉(きしもとさだきち)
Kishimoto Sadakichi

　1908年(明治41年)〜2003年。埼玉県出身の林学者。東京帝国大学農学部林学科卒業後、農林省に入省、農林省林業試験場木炭研究室長、東京教育大学(現・筑波大学)農学部教授を歴任。炭やきの会を創設して会長を務めるとともに日本木炭新用途協議会名誉会長、日本木酢液協会名誉理事、国際炭やき協力会会長などを務め、広く木炭・木酢液の研究・普及に大きな業績を残した。

紀州備長炭記念公園(きしゅうびんちょうたんきねんこうえん)
Memorial park of Kishu-binchotan

　備長炭起源の地として炭やきの伝統と技術、さらに木炭のすべてをアピールしようとして1997年、和歌山県田辺市秋津川にオープン。管理は田辺市役所山村林業振興課。発見館(備長炭はもちろん、世界20か国の炭とその原木などを展示)、製炭施設、伝習館、バーベキュー場、物産館などの施設が広い敷地に設置されている。

紀州備長炭振興館(きしゅうびんちょうたんしんこうかん)
Kishu-binchotan promote museum

　地場産業振興の拠点として和歌山県みなべ町に開設。管理はみなべ川森林組合。備長炭の歴史や種類、製造工程がわかるようになっている。また、各種木炭、炭に関する資料、道具、製品などが展示されている。

国際炭やき協力会(こくさいすみやききょうりょくかい)
Inrernational charcoal Cooperative Association

　炭やきの会の国際部門が独立してスタート(1994年)。主な事業として東南アジアへの炭やき技術支援、インドネシアでの農村開発(現地団体と提携して推進)、世界の炭やき技術の調査、国内での炭やき研修会開催、国内外での炭の利用法の研究、普及(とくに農林業)などをすすめている。

さ

佐々木圭助(ささきけいすけ)
Sasaki Keisuke

　1897年(明治30年)〜1988年。岩手県出身の製炭技術者。岩手県木炭移出同業組合の製炭指導員、岩手県木炭検査技手を歴任するとともに、炭窯の改良に取り組み、歩留まり、炭質に優れる「岩手一号窯」を完成させた。

炭焼小五郎(すみやきこごろう)
Sumiyaki Kogoro

　真名野長者伝説の主人公。→真名野長者

炭焼三太郎(すみやきさんたろう)
Sumiyaki Santaro

江戸時代末期の炭商人。八王子でやいた炭を江戸で売り、巨万の富を得た。吉原で豪遊したり珍事件を起こしたりと、数々の逸話を残している。地元では大馬鹿三太郎と呼ばれ、親しまれる存在。

炭やき塾(すみやきじゅく)
School for chacoal making study, Charcoal making crammer

　産業としての炭やきが著しく縮小している一方で、木炭の多岐にわたる機能性が知られるようになり、さらに環境問題やエコロジーへの関心の高まりとともに、炭をやいてみたいという市民が増えはじめている。近年では、こうした一般市民を対象とした炭やき塾が全国各地で開催されるようになり、地域の伝統継承、市民交流、環境教育などさまざまな面で炭やきの効用が注目されるようになった。

炭やきの会(すみやきのかい)

　炭の製炭者、流通業者、行政、研究者、一般消費者といった幅広い会員によって構成される任意団体。1985年6月設立、創設者は岸本定吉氏。会員以外にも提供しているサービスとして、炭に関する相談窓口「炭やき110番」がある。事務局は社団法人全国燃料協会。

全国燃料協会(ぜんこくねんりょうきょうかい)
Japan Charcoal and Fuel Association

薪炭その他燃料の改良発達、燃料関係各機関の協調をはかることを目的に、1948年5月に設立された社団法人。炭やきの会、日本木炭新用途協議会、木竹酢液認証協議会など、木炭関係団体の事務局を務める。所在地は東京都中央区。

全国燃料団体連合会(ぜんこくねんりょうだんたいれんごうかい)

　会員の経済的、社会的地位の向上と燃料の価格安定並びに流通の円滑をはかることを目的に、1949年1月に設立された団体。2006年に解散、同年10月に社団法人全国燃料協会内の組織、燃料団体連合協議会として組織変更発足。社団法人全国燃料協会内に事務局を有する。

全国木炭協会(ぜんこくもくたんきょうかい)

　会員相互の連繋を密にし諸団体との連絡協調をはかって木炭施策の拡充促進を期し、斯業の振興に寄与することを目的に、1953年1月に設立された団体。社団法人全国燃料協会内に事務局を有する。

た

田中長嶺(たなかながね)
Tanaka Nagane

　1849年(嘉永2年)〜1922年(大正11年)。新潟県出身の製炭技術者、菌類栽培技術者。千葉県で生産される茶道用

木炭の佐倉炭を見聞して菊炭窯を考案、1895年（明治28年）の愛知県東加茂郡、八名郡での木炭焼成法の伝習を皮切りに全国各地で製炭技術指導を行った。八名郡での伝習では、八名窯の考案者、織田源松が受講している。楢崎窯で楢崎式製炭法を全国に普及した楢崎圭三も長嶺に学んでいることを考えると、近代製炭技術改良の祖といえる。

常磐半兵衛（ときわはんべえ）
Tokiwa Hanbei

　宝暦年間、相州吉浜村（現在の神奈川県湯河原町）鍛冶屋地区の生まれ。千葉県君津市付近の上総地域に土窯による製炭技術を伝えた。白炭を焼いたと伝承されている。その窯・技術を改良した上総炭（黒炭）は江戸で大量消費され、この地を経済的に潤した。君津市市宿の三経寺に墓と碑が建つ。碑には発起人として当時の周辺市町村の薪炭生産組合長がずらりと名を連ねる。また亀山湖近くの三石山（みいしやま）山頂の三石山観音にも、**土窯半兵衛**の碑があるが、こちらは自動車道から外れ、訪れる人もほとんどない。

な

楢崎圭三（ならさきけいぞう）
Narasaki Keizou

　1847年（弘化4年）～1920年（大正9年）。広島県出身の製炭技術者、菌類栽培技術者。1901年（明治34年）に「マッチ1本でただちに火が移る」を特徴とした楢崎窯を考案、以後全国各地で製炭技術やシイタケ栽培法についての伝習を行った。

日本炭窯木酢液協会（にほんすみがまもくさくえききょうかい）

　自然木を炭窯で炭化する際に発生する木酢液を対象とし、その使用目的により、誰でもが安心して使用できるよう品質基準を用途別に統一化し、安全な木酢液の生産およびその商品化への利用と安定供給をはかり、広く消費者への普及をはかることを目的に、2001年1月より正式に活動を開始した団体。

日本竹炭・竹酢液協会（にほんちくたん・ちくさくえききょうかい）

　竹炭、竹酢液の機能と用途を研究し、応用利用の開発と同時に生産技術の向上をはかり、会員相互の発展と広く社会に寄与することを目的として1995年に設立された団体。

日本竹炭竹酢液生産者協議会（にほんちくたんちくさくえきせいさんしゃきょうぎかい）

　特定農薬の指定問題への対応の在り方と取り組み方の中で、竹炭、竹酢液の生産者が中心となって2003年に発足した団体。竹炭、竹酢液の調査研究と社会認知を目的とする。

日本特用林産振興会（にほんとくようりんさんしんこうかい）

　各都道府県の特用林産振興関係団体

を全国的に組織化し、特用林産物の生産経営、技術情報の普及啓蒙、特用林産振興と農山村振興への寄与を目的とする。1984年10月設立。

日本木材学会(にほんもくざいがっかい)
The Japan Wood Research Soceity

木材学会誌の発行、年次大会、支部活動（北海道、中部、中国・四国、九州）、研究会活動（14研究会）、学会と産業界の交流の場である研究分科会、広報新聞「ウッディエンス」などによる広報活動などを通して、木材に関する基礎および応用研究の推進と社会への研究成果の普及を行っている学会。林産物に関する学術の発展をはかることを目的に1955年に設立された。

日本木酢液協会(にほんもくさくえきききょうかい)

木酢液の規格づくりおよび使用分野における関係法令との調整等を行い、業界の振興に寄与することを目的に、1990年4月、「木酢液研究会」として発足。1992年に日本木酢液協会に改称した。

日本木炭新用途協議会(にほんもくたんしんようときょうぎかい)

土壌改良資材用などの新用途木炭の品質の向上と、生産、流通の円滑化をはかり、新用途木炭産業の発展と会員相互の親睦をはかることを目的に、1990年5月に設立された団体。社団法人全国燃料協会内に事務局を有する。

は

林員吉(はやしかずきち)
Hayashi Kazukichi

1887年（明治20年）〜1950年。現在の高知県室戸市吉良川の炭やきの家に生まれた。弟の芳弥など数人の共同研究者とともに、高知県東部の備長炭窯を、横詰め方式に改良した。その成功をきっかけに土佐備長炭の窯は大型化していった。

樋口清之(ひぐちきよゆき)
Higuchi Kiyoyuki

1909年（明治42年）〜1997年。奈良県生まれの文学博士。考古学者・歴史作家。専門は考古学・民俗学。國學院大學名誉教授。登呂遺跡発掘などを行い日本考古学の黎明期を支えた。幅広い研究活動と、『梅干と日本刀』『逆・日本史』など数多くの一般向け著作でも知られる。庶民の立場から歴史の流れを捉えてきた研究者である。

産業文化史にも造詣が深いが、1960年に1200ページ弱の大著『日本木炭史』を出版した。初の体系的木炭産業史である。この本は、明治以降や資料編を割愛して講談社学術文庫からも二度にわたり復刊されている。また、『木炭の文化史』（1962）（東出版刊）は、『日本木炭史』が経済編であったのに対し、その文化編とでもいうべき著作である。本書も後年『木炭』（法政大学出版会）と名を改め、ものと人間の文化史というシリーズに収められている。

13章 人物、組織、施設

備中屋長左衛門（びっちゅうやちょうざえもん）
Bicchuya Chozaemon

通説では元禄年間（1688年〜1704年）に備長炭を発明した人物とされているが、1730年（享保15年）から1854年（嘉永7年）までの124年間に4人存在し、田辺藩城下町に代々居住する炭問屋で、備長炭の取扱業者であったことが明らかになっている。備長炭の名称はこの人物の名の2字に由来するとされる。

廣瀬與兵衛（ひろせよへい）
Hirose Yohei

1891年（明治24年）〜1966年。神奈川県生まれ。大正、昭和にかけて薪炭問屋の経営にあたるとともにストーブの製造販売、運輸業等を経営し、実業界で活躍した。東京薪炭問屋同業組合組合長、東京商工会議所議員、東京燃料卸商業組合理事長、東京都燃料配給統制組合理事長等を務め、戦中戦後の混乱時に燃料の安定供給に尽力。木炭業界の牽引者として活躍した。東京燃料林産株式会社社長を務め、1945年、全国燃料組合連合会を組織し会長となり、（社）全国燃料会館を創立、理事長となる。

木炭の歴史に関するわが国唯一の書籍ともいえる『日本木炭史』『木炭の文化史』を発刊。有史以前から現代に至るまでの木炭に関する歴史を広く考証し、日本の木炭文化を海外に広めるのに貢献した。参議院議員、文部政務次官等を歴任。業界、政界を通して木炭の普及に大きな功績を残した。勲三等旭日中綬賞受賞。

ま

マラヤワタ木炭会社（まらやわたもくたんがいしゃ）
Malayawata charcoal company

1966年、マレーシアのペナンに設立された木炭生産会社。マレーシアと八幡製鉄株式会社（現・新日本製鐵株式会社）との合弁会社であるマラヤワタ製鉄株式会社に、還元剤として使用する高炉用木炭を供給するために設立された。炭材はゴム園の廃材で、製炭拠点7か所、セラマ型ビーハイブ炭化炉202基、鉄板天井角形窯211基、従業員数784名を擁し、年間12万トンの木炭を供給する戦後最大の製炭会社であった。

三浦伊八郎（みうらいはちろう）
Miura Ihachiro

1885年（明治18年）〜1971年。和歌山県出身の大正・昭和期の森林化学者、農林学者。1912年（明治45年）、東京帝大農科大学林学科卒。1914年（大正3年）同大学講師、翌年教授となり、農学部長、南方自然科学研究所長等を歴任。その後日本大学教授、同大学農学部長を務めるとともに、大日本山林会会長、帝国森林会会長等を歴任した。三浦式標準窯の開発をはじめとする木炭の研究のほか、木材防腐、パルプ等の研究に関して大きな業績を残した。

木質炭化学会(もくしつたんかがっかい)
The Wood Carbonization Research Society

2003年6月に創設された学会。木質資源をはじめバイオマス資源の熱分解機構、製造法、用途開発、利用に関する諸問題等について討議し、熱分解機構の解明、熱分解生成物の有効利用とその普及をはかることを目的とする。

木竹酢液認証協議会(もくちくさくえきにんしょうきょうぎかい)

木酢液、竹酢液の品質認証を行う機関。木竹酢液の原材料の規制、製造方法や品質基準等を定め、現地調査を含む認証審査を経て認証し、認証シールをもって実需者に成分や品質の安定した木竹酢液を提供する。木竹酢液関係業界6団体の日本木酢液協会、日本炭窯木酢液協会、日本竹炭竹酢液生産者協議会、(社)全国燃料協会、全国木炭協会、日本木炭新用途協議会により2003年12月に設立された。

や

吉田頼秋(よしだらいしゅう)
Yoshida Raishu

明治末期から大正期の製炭技術者。福島県いわき市出身。『福島県木炭のあゆみ』によれば、明治末期から大正期にかけて、秋田県木炭検査所技師として吉田式白炭窯を考案するとともに、県内各地をめぐり、同県の製炭技術の向上に尽力した。

吉村豊之進(よしむらとよのしん)
Yoshimura Toyonoshin

1911年(明治44年)～1998年。山口県美祢郡眞長田村(現在は山口市)に生まれる。山口県木炭検査技師を経て山口県木炭検査所長を30年間務めた。その間、林産物検査職員全国協議会長を10年務める。ステンレス製連続炭化炉や移動の容易な甲鉄板炭化炉、迅速炭化炉などを考案開発。退職後、インドネシア・マレーシア等海外でも、甲鉄板炭化炉炭(吉村式甲鉄板炭化炉 YOSHIMURA KILN)による製炭の普及改良に努めた。

ら

林野庁(りんやちょう)
Forestry Agency

農林水産省の外局で、民有林行政と国有林野事業を行う中央行政機関。営林局や営林署を地方部局として有する。木炭、竹炭、木竹酢液等については、林政部経営課の**特用林産対策室**が所管している。

わ

若山牧水(わかやまぼくすい)
Wakayama Bokusui

1885年(明治15年)～1928年。宮崎県東郷村(現・日向市)生まれ。旅と酒を愛した歌人。牧水が生まれ育った

地は耳川水系が刻んだ美しい渓谷ぞいの山間地で、日向炭製炭の本場であった。全国を旅した牧水だが、炭やきには郷愁の思いがあったようで、炭やきについて多くの歌を残している。なお、生家付近から下流に位置する福瀬地区は「福瀬商社」で木炭史に名を刻んでいる。

巻末資料

1 木炭の規格
2 新用途木炭の用途別基準
3 旧・木炭の日本農林規格
4 竹炭の規格
5 木酢液・竹酢液の規格
6 和歌山県木炭協同組合の木炭選別表
7 岩手県木炭協会の木炭の指導規格表
8 炭の年表

〈巻末資料１〉 木炭の規格

平成15年3月
社団法人全国燃料協会
日本木炭新用途協議会

1　適用の範囲
この規格は、木炭に適用する。

2　定義
この規格は次の各号のとおりとする。
1　木炭とは木材を炭化して得られたものをいい、種類及び定義は次による。

種類	定　　義
黒　炭	窯内消火法により炭化したもの
白　炭	窯外消火法により炭化したもの
備長炭	白炭のうちウバメガシ（カシ類を含む）を炭化したもの
オガ炭（黒）	鋸屑・樹皮を原料としたオガライトを炭化したもの
オガ炭（白）	鋸屑・樹皮を原料としたオガライトを炭化したもの
その他の木炭	黒炭・白炭・備長炭・オガ炭（白・黒）以外の木炭

注（1）炭化とは、着火後木材が熱分解を始めてから精錬を経て消化までの間をいう。

2　原料による定義は次による。

	定　　義
原料	木材をいう ただし、薬剤、防腐剤、防蟻剤、接着剤、塗料などを使用していないもの

3　木炭の形状による区分及び定義は次による。

区　分	定　　義
塊炭（丸）	丸もの（割らない原木）を炭化したもの
塊炭（割）	割った原木を炭化したもの
塊炭（その他）	粒径が30mm以上のもの
粒炭	粒径が5mm以上から30mm未満のもの
粉炭	粒径が5mm未満のもの

3　品質
木材の品質は次による。

種類	品　　質
黒　炭	固定炭素は75％以上、精煉度が2～8度の木炭
白　炭	固定炭素は85％以上、精煉度が0～3度の木炭
備長炭	固定炭素は90％以上、精煉度が0～2度の木炭
オガ炭（黒）	固定炭素は70％以上、精煉度が2～8度の木炭
オガ炭（白）	固定炭素は85％以上、精煉度が0～3度の木炭
その他の木炭	固定炭素は55％以上、精煉度が4～9度の木炭

注（1）精煉度とは炭化の度合いを示すもので木炭表面の電気抵抗を測り、0～9度の10段階で表示したもので、木炭精煉計により測定する。
（2）精煉度と炭化温度の関係は、以下のとおり。
　ア．精煉度が0～1度は炭化温度900℃以上。
　イ．精煉度が1～2度は800℃以上900℃未満。
　ウ．精煉度が2～5度は700℃以上800℃未満。
　エ．精煉度が5～7度は600℃以上700℃未満。
　オ．精煉度が7～8度は500℃以上600℃未満。
　カ．精煉度が8～9度は400℃以上500℃未満。

　なお、炭化温度とは窯内（土窯及びそれに類するもの）の天井最上部から10cm下がった所の温度である。

4　包装
木炭の包装は堅固で内容物のもれないものとする。

5　表示
この規格に適合した木炭については、次の表示をするものとする。
1　種類
2　樹種名等
3　形状
4　正味量目「キログラム（kg）単位で記載し、粉炭についてはリットル（ℓ）単位の記載も可とする」
5　木炭生産地
6　製造者の住所又は電話番号・氏名（団体名・会社名）

〈巻末資料2〉新用途木炭の用途別基準

平成16年3月
社団法人全国燃料協会
日本木炭新用途協議会

区　分		該当する木炭	品質		その他
			水分	精錬度	
生活環境資材用	炊飯用木炭	800℃以上で炭化した木炭で樹皮が付着していないもの		0～4	包装は、通気性、通水性、耐熱性を維持するもの。木炭から溶出する物質のうち、飲料水に影響を及ぼすような物質が水道法（昭和32年法律第177号）第4条に基づく水質基準に関する省令の適用基準以下であること。
	飲料水用木炭	800℃以上で炭化した木炭で樹皮が付着していないもの		0～4	包装は、通気性、通水性、耐熱性を維持するもの。木炭から溶出する物質のうち、飲料水に影響を及ぼすような物質が水道法（昭和32年法律第177号）第4条に基づく水質基準に関する省令の適用基準以下であること。
	消臭用木炭	600℃以上で炭化した木炭	15％以下	―	包装は、腐食せず通気性、調湿性を損なわないもの。
	風呂用木炭	800℃以上で炭化した木炭		0～4	包装は、通気性、通水性、耐熱性を維持するもの。
	寝具用木炭	600℃以上で炭化した木炭		―	包装は、通気性、調湿性を損なわないもの。
	鮮度保持用木炭（花き、野菜などの鮮度保持）	800℃以上で炭化した木炭	10％以下	―	包装は、腐食せず、通気性を維持し調湿性を損なわないもの。
住宅環境資材用	床下調湿用木炭	400℃以上で炭化した木炭	15％以下	―	包装は、腐食せず、通気性を維持し調湿性を損なわないもの。
	室内調湿用木炭	400℃以上で炭化した木炭	15％以下	―	包装は、腐食せず通気性、調湿性を損なわないもの。
	建材用木炭（ボード、シート、塗料など）	600℃以上で炭化した木炭		―	包装は、腐食せず、通気性を維持し調湿性を損なわないもの。

区　分		該当する木炭	品　質		その他
			水分	精煉度	
農林・緑化・園芸用	土壌改良用木炭	400℃以上で炭化した木炭（植物性の殻の炭を含む）	—		地力増進法の規定に準ずる。（昭和59年法律第34号）
	融雪用木炭	400℃以上で炭化した木炭		—	
水処理用	環境保全用木炭（河川、湖沼、池、家庭排水、養殖場、産業排水などの水処理）	600℃以上で炭化した木炭	15％以下	—	木炭から溶出する物質のうち、処理水に影響を及ぼすような物質が環境基本法（平成5年法律第92号）第16条に基づく水質汚濁に係る環境基準の適用基準以下であること。
	水質改善用木炭	800℃以上で炭化した木炭で樹皮が付着していないもの		0～4	包装は、通気性、通水性、耐熱性を維持するもの。木炭から溶出する物質のうち、飲料水に影響を及ぼすような物質が水道法（昭和32年法律第177号）第4条に基づく水質基準に関する省令の適用基準以下であること。
畜産用	飼料添加用木炭	400℃以上で炭化した木炭		—	
	臭気防止用木炭	600℃以上で炭化した木炭	15％以下	—	

（注）1. 精煉度は、木炭表面の電気抵抗値を10段階に表示して炭化の度合いを示すものであり、木炭中に含まれる固定炭素の大小を知る目安になる尺度である。炭化温度が高く、精煉がよく行われていれば、炭素以外の不純物の含有率は小さく、固定炭素の割合が大きくなり、電気抵抗は小さくなる。
　　　2. 精煉度と炭化温度の関係、及び炭化温度については、「木炭の規格」（平成15年3月）の「3　品質」の注（2）に準ずる。

なお、食品衛生法に定める既存添加物名簿（平成8年4月16日厚生省告示第120号）の446番として木炭（竹材又は木材を炭化して得られたものをいう。）は記載されています。

〈巻末資料3〉旧・木炭の日本農林規格

昭和37年3月5日
農林省告示第304号
最終改正昭和39年9月10日

　農林物資規格法（昭和25年法律第175号）第8条第1項〔現行＝農林物資の規格化及び品質表示の適正化に関する法律第7条1項＝昭和45年5月法律92号により改正〕の規定に基づき、木炭の日本農林規格を次のように定め、昭和37年6月1日から施行し、木炭の日本農林規格（昭和33年10月1日農林省告示第729号）は、同日付で廃止する。

（適用の範囲）
第1条　この規格は、木炭に適用する。
（定義）
第2条　この規格において、次の表の上欄に掲げる用語の定義は、それぞれ同表の下欄に掲げるとおりとする。(編集部注・表を横組みにしたので、上欄は左欄、下欄は右欄)

用　語	定　　義
木　　炭	木材質を炭化したものをいう。
黒　　炭	白炭以外の木炭をいう。
白　　炭	築よう製炭法のよう外消火法のみにより製造した木炭をいう。
粉	黒炭にあっては、3センチメートル目の金ぶるいからもれたもの及び皮炭をいい、白炭にあっては、2.5センチメートル目の金ぶるいからもれたもの及び皮炭をいう。
黒炭くり	クリ、ホウ、ウルシ、ヌルデ、ハゼ若しくは製炭した場合の品質がクリから製造した木炭に類する広葉樹から製造した黒炭又はこれらの黒炭に他の広葉樹から製造した黒炭を混合したものをいう。
黒炭まつ	針葉樹から製造した黒炭をいう。
黒　炭　粉	黒炭の粉又は黒炭の粉に白炭の粉を混合したものをいう。
白炭くり	クリ、ホウ、ウルシ、ヌルデ、ハゼ若しくは製炭した場合の品質がクリから製造した木炭に類する広葉樹から製造した白炭又はこれらの白炭に他の広葉樹から製造した白炭を混合したものをいう。
白炭まつ	針葉樹から製造した白炭をいう。
白　炭　粉	白炭の粉をいう。

(黒炭の規格)

第3条　黒炭（黒炭くり、黒炭まつ及び黒炭粉を除く。）の規格は、次のとおりとする。

事項＼等級	特　選	堅1級	1　級	堅2級	2　級
樹　　種	クヌギから製造したもの	クヌギ、ナラ、カシ、カシワ又はアベマキから製造したもの	広葉樹（クリ、ホウ、ウルシ、ヌルデ、ハゼ及び製炭した場合の品質がクリから製造した木炭に類する広葉樹を除く。）から製造したもの	クヌギ、ナラ、カシ、カシワ又はアベマキから製造したもの	広葉樹（クリ、ホウ、ウルシ、ヌルデ、ハゼ及び製炭した場合の品質がクリから製造した木炭に類する広葉樹を除く。）から製造したもの
形　　状	丸ものであって、長さが6cmから8cmまでで一定の長さに切りそろえてあり、径が3cmから7cmまでで径のそろいが格差3cm以内のもの	長さが5cmから8cmまでで一定の長さに切りそろえてあるものであって、丸ものにあっては径が2cmから8cm（クヌギから製造した黒炭にあっては、9cm）までのもの、割りものにあっては長辺（長辺が横断面の最長部より短いときは、その最長部。以下同じ。）が3cmから9cmまでであり、厚さが長辺の3分の1以上のもので、それぞれ径又は長辺のそろいが良好なもの	同　左	最長部が9cm以下で、そろいが良好なもの	最長部が9cm以下のもの
品質　樹皮の附着	密着しており、欠けていないもの	樹皮が附着している場合には、密着しているもの	同　左		
品質　横裂又は縦裂	ないもの	木炭が破砕するおそれのないもの	同　左	同　左	同　左
品質　色沢	光沢が良好なもの	光沢があるもの	同　左		

事項 \ 等級	特選	堅1級	1級	堅2級	2級
品質 / 切口の形状	収縮が良好なもの	普通のもの			
品質 / 標準硬度	8度		4度		
品質 / 精煉の程度	適度なもので、精煉計の示度8以内のもの	適度なもので、精煉計の示度8.5以内のもの	同 左	良好なもの	同 左
品質 / その他	臭気の発生、爆跳及び立消えのおそれのないもの	同 左	同 左	臭気の発生、爆跳及び立消えのおそれの少ないもの	同 左
調 製	粉、ぬれ炭、未炭化炭及び土石その他の異物を包装内に含んでいないもの	同 左	同 左	同 左	同 左
包 装	堅固で内容物のもれるおそれのないもの	同 左	同 左	同 左	同 左
正味量目	3キログラム、6キログラム又は12キログラム	同 左	同 左	同 左	同 左

2 黒炭くり、黒炭まつ又は黒炭粉の規格は、次のとおりとする。

事項 \ 等級	合　　格
調　　製	1　黒炭くり又は黒炭まつにあっては、粉、ぬれ炭、未炭化炭及び土石その他の異物を包装内に含んでいないもの 2　黒炭粉にあっては、ぬれ炭、未炭化炭及び土石その他の異物を包装内に含んでいないもの
包　　装	堅固で内容物のもれるおそれのないもの
正 味 量 目	1　黒炭くり又は黒炭まつにあっては、12キログラム、15キログラム又は30キログラム 2　黒炭粉にあっては、12キログラム、15キログラム又は30キログラム

3　黒炭（黒炭くり、黒炭まつ及び黒炭粉を除く。）であってその長さが5cm以上のものについては、長炭として、第1項の規定にかかわらず、次の規格を適用することができる。

事項		等級	合　格
樹　　　種			広葉樹（クリ、ホウ、ウルシ、ヌルデ、ハゼ及び製炭した場合の品質がクリから製造した木炭に類する広葉樹を除く。）から製造した黒炭であってクヌギ（アベマキから製造した黒炭を含む。）、ナラ（カシワから製造した黒炭を含む。）、カシ又はその他の別に分別され、かつ、その区分中に当該区分以外の区分に属する樹種の黒炭が混合していないもの。
形　　　状			1　丸ものにあっては、径が2cmから8cm（クヌギから製造した黒炭にあっては、9cm）までのもの 2　割りものにあっては、長辺が3cmから9cmまでで厚さが長辺の3分の1以上のもの
品質	精錬の程度		良好なもの
	その他		臭気の発生、爆跳及び立消えのおそれの少ないもの
調　　　製			粉、ぬれ炭、未炭化炭及び土石その他の異物を包装内に含んでいないもの
包　　　装			堅固で内容物のもれるおそれのないもの
正　味　量　目			15キログラム又は30キログラム

4　黒炭（黒炭粉を除く。）であって主として製鉄用に供されることを目的として製造されたものについては、製鉄用炭として、前3項の規定にかかわらず、次の規格を適用することができる。

事項	等級	合　格
調　　　製		粉、ぬれ炭及び土石その他の異物を包装内に含んでいないもの
包　　　装		内容物のもれるおそれのないもの
正　味　量　目		15キログラム、20キログラム、30キログラム又は60キログラム

5　黒炭の正味量目が当該黒炭の規格にかかる標準値をこえているときに限り、当該黒炭の正味量目は、当該標準値（そのこえている標準値が2以上あるときは、その最も大きい標準値）に該当するものとみなす。

6　第1項から第4項までに規定する規格に該当しない黒炭の等級は、「不合格」とする。

（白炭の規格）

第4条　白炭（白炭くり、白炭まつ及び白炭粉を除く。）の規格は、次のとおりとする。

事項		等級	特　選	堅1級	1　級	堅2級	2　級
樹　種			カシから製造したもの	カシ、ナラ、クヌギ、アベマキ又はカシワから製造したもの	広葉樹（クリ、ホウ、ウルシ、ヌルデ、ハゼ及び製炭した場合の品質がクリから製造した木炭に類する広葉樹を除く。）から製造したもの	カシ、ナラ、クヌギ、アベマキ又はカシワから製造したもの	広葉樹（クリ、ホウ、ウルシ、ヌルデ、ハゼ及び製炭した場合の品質がクリから製造した木炭に類する広葉樹を除く。）から製造したもの
形　状			長さが20cm以上であって、丸ものにあっては径が2cm（硬度15度以上のものにあっては、1.5cm）から6cmまでのもの、割りものにあっては長辺が3cmから7cmの四ツ割以内のもので、それぞれ径又は長辺のそろいが格差3cm以内のもの	長さが5cm以上であって、丸ものにあっては径が2cm（硬度13度以上のものにあっては、1.5cm）から7cmまでのもの、割りものにあっては、長辺が3cmから8cmまでで厚さが長辺の3分の1以上のものでそれぞれ径又は長辺のそろいが良好なもの	同　左	最長部が8cm以下で、そろいが良好なもの	
品質	樹皮の附着		附着していないもの	附着していないもの又は樹皮が附着している場合には、密着しているもの	同　左		
	横裂又は縦裂		ないもの	木炭が破砕するおそれのないもの	同　左	同　左	同　左
	折口	形　状	貝がら状（曲面状）を呈するもの				
		色　沢	金属光沢のあるもの	光沢のあるもの	同　左		
		標準硬度	10度	7度	1度		

事項 \ 等級	特　選	堅1級	1　級	堅2級	2　級
品質　精煉の程度	適度なもの	同　左	同　左	同　左	同　左
品質　音　響	金属音を発するもの	土器音を発するもの	同　左		
品質　その他	臭気の発生、爆跳及び立消えのおそれの少ないもの	同　左	同　左	同　左	同　左
調　製	粉、ぬれ炭及び土石その他の異物を包装内に含んでいないもの	同　左	同　左	同　左	同　左
包　装	堅固で内容物のもれるおそれのないもの	同　左	同　左	同　左	同　左
正味量目	7.5キログラム、12キログラム又は15キログラム	7.5キログラム、12キログラム、15キログラム又は30キログラム	同　左	7.5キログラム、15キログラム、20キログラム又は30キログラム	同　左

注　1　「特選」に該当し、かつ、その硬度が15度をこえるものについては、等級の欄中「特選」とあるのは「備長特選」と読み替えることができる。
　　2　正味量目12キログラムに該当するものについての包装は、ダンボール箱に限る。

2　白炭くり、白炭まつ又は白炭粉の規格は、次のとおりとする。

事項 \ 等級	合　　　格
調　製	1　白炭くり又は白炭まつにあっては、粉、ぬれ炭及び土石その他の異物を包装内に含んでいないもの 2　白炭粉にあっては、ぬれ炭及び土石その他の異物を包装内に含んでいないもの
包　装	堅固で内容物のもれるおそれのないもの
正味量目	1　白炭くり又は白炭まつにあっては、15キログラム又は30キログラム 2　白炭粉にあっては、15キログラム、20キログラム又は30キログラム

3　前2項に規定する規格に該当しない白炭の等級は、「不合格」とする。
4　前条第5項の規定は、白炭の規格について準用する。
　　　　1項…一部改正〔昭和39年9月農林告991号〕
　　前文〔抄〕〔昭和39年9月10日農林省告示第991号〕
　昭和39年10月10日から施行する。

〈巻末資料4〉 竹炭の規格

日本竹炭竹酢液生産者協議会
平成17年3月

（適用の範囲）
第1条　この規格は竹炭に適用する。
（定　義）
第2条　この規格は次の各号のとおりとする。
　2－1．竹炭とは竹を炭化して得られたものをいう。
　2－2．材料規格
　　　　炭化する原料は日本国内産であり、薬剤、接着剤、塗料など使用していないものとする。

項　　目	内　　容	備　　考
原　　料	モウソウチク、マダケ	
竹　　齢	4年以上のもの	
材の状態	生竹、乾燥竹	
産　　地	国産（都道府県名）	肥培管理された竹林の竹は粘りのない、もろい不良竹が多いため除く。

（品　質）
第3条　竹炭の品質は次による。
　3－1．品質規格

項　　目	備　　考
精煉度（炭化温度） 0～1度（900℃以上） 1～2度（800℃以上900℃未満） 2～5度（700℃以上800℃未満） 5～7度（600℃以上700℃未満） 7～8度（500℃以上600℃未満） 8～9度（400℃以上500℃未満） その他（400℃未満）	精煉度は、竹炭表面の電気抵抗値を0～9度の10段階に表示して炭化の度合いを示すものであり、竹炭中に含まれる固定炭素割合の大小を知る目安になる尺度である。固定炭素の割合が大きければ炭素以外の不純物の含有量は少なく、電気抵抗が小さくなる特性を利用したものである。一般に炭化温度が高く精煉がよく行われていれば、炭素以外の不純物の含有率は小さく、固定炭素の割合が大きくなり、電気抵抗は小さくなる。 　炭化温度とは、土窯及びそれに類するものの場合は、天井最上部から10cm下がった所の温度である。

（注）精煉度は特許番号198666の木炭精煉計で測定したものとする。

（包　装）
第4条　竹炭の包装は破損によっって内容物のもれないものとし、用途に応じて以下の性質を有すること。
　性質：通気性、通水性、耐熱性、耐腐食性、調湿性、耐湿性

(表　示)
第5条　この規格に適合した竹炭については、次の表示をするものとする。
　5−1．原料
　5−2．窯の種類（土窯、機械窯、耐火レンガ窯、ドラム缶窯、その他）
　5−3．精煉度
　5−4．正味量目（含水率10％以下における正味量目をグラム（g）単位で記載する）
　5−5．竹炭生産地（日本国・都道府県名）
　5−6．生産者の氏名（団体名・会社名）、住所、電話番号
　5−7．販売元の氏名（団体名・会社名）、住所、電話番号

竹炭の新しい使い方

竹炭は、優れた調湿機能が利用されてきました。
そのほかにも、
　1．多孔質である
　2．吸着性が大きい
　3．アルカリ性である
　4．ミネラル分が多い
などの特徴を活かして、現在では様々な用途に利用されています。
このような竹炭は「新用途竹炭」と呼ばれています。

生活環境資材用
　・炊飯用
　・飲料水用
　・消臭用
　・風呂用
　・寝具用
　・インテリア用
　・室内空気浄化用
　・鮮度保持用
　・食品添加物用

住宅環境資材用
　・床下調湿用
　・室内調湿用
　・建材用

農林・緑化・園芸用
　・土壌改良用
　・融雪用

水処理用
　・環境保全用
　・水質改善用

畜産用
　・飼料添加用
　・臭気防止用
　　（床敷用、排気筒用）

その他
　・工業原料用
　・電磁波遮蔽用
　・美術工芸材料用

（中央：竹炭の新しい使い方）

新用途竹炭の用途別基準

平成17年3月

区　分		該当する竹炭	品質		備　考
			水分	精煉度	
生活環境資材用	炊飯用竹炭	表皮付のもの		0～6	包装は、通気性、通水性、耐熱性を維持するもの。竹炭から溶出する物質のうち、飲料水に影響を及ぼすような物質が水道法（昭和32年法律第177号）第4条に基づく水質基準に関する省令の適用基準を満たすこと。
	飲料水用竹炭	表皮付のもの		0～6	包装は、通気性、通水性、耐熱性を維持するもの。竹炭から溶出する物質のうち、飲料水に影響を及ぼすような物質が水道法（昭和32年法律第177号）第4条に基づく水質基準に関する省令の適用基準を満たすこと。
	消臭用竹炭		10％以下	0～8	包装は、腐食せず、通気性、調湿性を損なわないもの。
	風呂用竹炭			0～8	包装は、通気性、通水性、耐熱性を維持するもの。
	寝具用竹炭		10％以下	0～6	包装は、通気性、調湿性を損なわないもの。
	鮮度保持用竹炭（花木、野菜などの鮮度維持）		10％以下	0～6	包装は、腐食せず、通気性を維持し調湿性を損なわないもの。
	食品添加物用竹炭			2～5	厚生省告示第120号、既存添加物名簿、平成8年4月16日に依る。（官報号外第90号）
住宅環境資材用	床下調湿用竹炭		10％以下	0～6	包装は、腐食せず、通気性を維持し調湿性を損なわないもの。
	室内調湿用竹炭		10％以下	0～6	包装は、腐食せず、通気性、調湿性を損なわないもの。
	建材用竹炭(ボード、シート、塗料など)			0～7	包装は、腐食せず、通気性を維持し調湿性を損なわないもの。
農園芸緑化用	土壌改良資材用竹			0～9	地力増進法の規定に準ずる。
	融雪用竹炭			0～9	
水処理用	環境保全用竹炭（河川、湖沼、池、家庭排水、養殖場、産業排水などの水処理）		10％以下	0～7	竹炭から溶出する物質のうち、処理水に影響を及ぼすような物質が環境基本法（平成5年法律第92号）第16条に基づく水質汚濁に係る環境基準の適用基準を満たすこと。
	水質改善用竹炭			0～6	包装は、通気性、通水性、耐熱性を維持するもの。竹炭から溶出する物質のうち、飲料水に影響を及ぼすような物質が水道法（昭和32年法律第177号）第4条に基づく水質基準に関する省令の適用基準を満たすこと。
畜産用	飼料添加用竹炭			0～7	
	臭気防止用竹炭		10％以下	0～7	

注(1)　炭化する原料は、日本国内産であり、薬剤、接着剤、塗料などを使用していないものとする。

注(2)　含水率の測定方法は、日本工業規格「石炭・コークス類の工業分析法 JIS M 8812」に準ずる。但し、固定炭素のパーセントの表示は無水ベースとする。

〈巻末資料5〉 木酢液・竹酢液の規格

木竹酢液認証協議会
平成17年7月8日

1．適用の範囲
　この規格は農業用資材（消臭剤・忌避剤を含む）に供する木酢液・竹酢液について規定する。

2．用語の定義
　（1）　粗木酢液・竹酢液
　　　　炭化炉（土窯・レンガ窯など）あるいは乾留炉により、木材・竹材を炭化する時に生じる排煙を冷却・凝縮させた液体。
　（2）　木酢液・竹酢液
　　　　粗木酢液・竹酢液を3ヶ月以上静置し、上層の軽質油、下層の沈降タールを除いた中層の液体。
　（3）　蒸留
　　　　液体の混合物を加熱し、沸点の差を利用して分離、濃縮する操作。
　（4）　蒸留木酢液・竹酢液
　　　　粗木酢液・竹酢液又は木酢液・竹酢液を蒸留したもの。

3．種類
　木酢液・竹酢液と蒸留木酢液・竹酢液とする。

4．原材料
　原材料を下記の（1）～（4）の4種類に区分する。
　（1）　広葉樹（ナラ、クヌギ、ブナ、カシ、シイなど）
　（2）　針葉樹（スギ、ヒノキ、マツ、ツガなど）
　（3）　タケ類（タケ、ササ類）
　（4）　その他（オガ粉、樹皮、オガライト及び上記原材料の混合物）
　　　　但し、上記原材料には原材料以外の異物を含まないものとする。
　（5）　除外する原材料
　　　　①　住宅・家具などの廃材
　　　　②　殺虫消毒された木材（剪定枝、輸入木材、松くい虫の被害木など）
　　　　③　防腐処理された木材（枕木、杭木、電柱など）

5．品質
　木酢液・竹酢液及び蒸留木酢液・竹酢液は「8の試験方法」に則り下記の項目を試験し、付表1に示す内容に適合するものとする。
　（1）　pH
　（2）　比重
　（3）　酸度（％）
　（4）　色調・透明度

付表1　品質に係わる試験項目及び適合範囲

	木酢液・竹酢液	蒸留木酢液・竹酢液
pH	\multicolumn{2}{c}{1.5～3.7}	
比　重	1.005以上	1.001以上
酸　度	\multicolumn{2}{c}{2～12（％）}	
色調・透明度	黄色～淡赤褐色～赤褐色 透明（浮遊物なし）	無色～淡黄色～淡赤褐色 透明（浮遊物なし）

6．製造方法

（1）　製造装置

粗木酢液・竹酢液の製造装置は炭化炉（土窯・レンガ窯など）あるいは乾留炉とする。排煙口の温度80℃以上150℃未満で得られた排煙を冷却する（但し、蒸留木酢液・竹酢液はその限りではない。）。排煙を冷却、凝縮する採取装置、貯留、ろ過等の処理装置はステンレス（SUS304以上の耐酸性を有するもの）、ガラス、ほうろう引き等の処理を施された素材、木材など耐酸性の材料を用いたものを使用する。

（2）　精製

粗木酢液・竹酢液を90日以上静置した後、上層の軽質油を除去、さらに中層部分を下層の沈降タールから分液する。ほかに蒸留による精製、各種ろ材を用いたろ過による精製を含む。

（3）　蒸留

常圧蒸留、または減圧蒸留による。

（4）　貯蔵

耐酸性、遮光性のある容器で、冷暗所に貯蔵するのが望ましい。

7．試料の採取方法

試料の採取方法は次による。

（1）　ロット

1ロットとは、同一の製造条件で製造したものを同一場所で同時に混合して作られた、同一品質とみなすことができる製品の集まりをいう。

（2）　試料の採取及び採取量

各ロットごとに試料を採取し、これを試験に供する。採取量は1ℓとする。

8．試験方法

（1）　pH

JIS Z 8802、あるいはペーパー試験紙により測定する。

（2）　比重

標準比重計を用い、液温15℃～25℃において測定する。

（3）　酸度(％)

木酢液・竹酢液の酸性を酢酸によるものと仮定して計算する。木酢液・竹酢液1 mℓの

100倍液にフェノールフタレン液数滴を加え、2％NaOHまたは0.1規定NaOH液を徐々に加えて中和点を求める。
（4） 色調・透明度
　　　 色調、濁りを裸眼で判定する。

9．容器
耐酸性容器を用いる。

10．表示
木酢液・竹酢液の容器等には下記の事項を表示する。
（1）　木酢液・竹酢液の種類
（2）　原材料
（3）　炭化炉の種類
（4）　商品名
（5）　内容量
　　　 リットル（ℓ）、ミリリットル（mℓ）
（6）　製造年月
　　　 （（1）の木酢液・竹酢液を製造した年月とする。）
（7）　pH、比重、酸度（％）
（8）　製造者または販売者の氏名及び住所

〈巻末資料6〉和歌山県木炭協同組合の木炭選別表

昭和五十年八月

銘称	太さ	長さ	銘称	太さ	長さ
馬目中丸	4cm～6cm 一寸三分～二寸	20cm以上 六寸以上	楢小丸	2cm～4cm 七分～一寸三分	10cm以上 三寸以上
馬目上小丸	3cm～4cm 一寸～一寸三分	〃	楢細丸	1.2cm～2cm 四分～七分	〃
馬目小丸	2cm～3cm 七分～一寸	〃	楢割	長辺3cm～6cm 一寸～二寸 の割もの	〃
馬目細丸	1.5cm～2cm 五分～七分	〃	楢上	一辺 2cm以上 七分以上	6cm以上 二寸以上
馬目半丸	長辺3cm～6cm 一寸～二寸 の二つ割	〃	楢	なら、くぬぎ の粉炭を除いたもの	
馬目割	長辺3cm～6cm 一寸～二寸 の割もの	〃	雑小丸	2cm～4cm 七分～一寸三分	10cm以上 三寸以上
備長小丸	2cm～4cm 七分～一寸三分	〃	雑細丸	1.2cm～2cm 四分～七分	〃
備長細丸	1.5cm～2cm 五分～七分	〃	雑割	長辺3cm～6cm 一寸～二寸 の割もの	〃
備長半丸	長辺3cm～6cm 一寸～二寸 の二つ割	〃	雑上	一辺 2cm以上 七分以上	二寸以上
備長割	長辺3cm～6cm 一寸～二寸 の割もの	〃	雑	ざつ込、くり、まつ、に 属するもの及び粉を除く	
樫小丸	2cm～4cm 七分～一寸三分	10cm以上 三寸以上	雑込	しいの原木による製品で 粉炭を除いたもの	
樫細丸	1cm～1.5cm 三・三分～五分	〃	くり	くり、ねむ、はぜ、ひつんじょ、 ほう、いぬざくら等の爆跳性の もので粉を除く	
樫割	備長割に 入らないもの	〃	まつ	針葉樹の原木による 製品で粉を除く	
樫上	一辺 2cm以上 七分以上	2cm以上 二寸以上	粉	一寸目の金ぶるいより もれたもの及び皮	
樫	うまめ、かし の粉炭を除いたもの				

一、くり炭に属する爆跳性の原木は製炭しないこと
一、量目は不足しないよう入目すること
　　ダンボールケース入りは皆掛十六kg以上とすること
　　ヒモは二重掛ケ二カ所とすること
一、硬度は従来の規格通り厳守すること
一、木炭検査は必ず受けること

（編集部注）表の右段の炭は、規格としては存続しているものの、1990年代前半より価格下落のため生産していない

〈巻末資料7〉 岩手県木炭協会の木炭の指導規格表

岩手県木炭協会　木炭

（黒炭長炭の規格）等級		丸　　割（割は割った原木から製炭したもの）		
		極　上	特　上	上
事項	樹　　種	クヌギ・ナラ	クヌギ ナラ ザツ（クリ・ホオ・ウルシ・ヌルデ・ハゼ及び製造した場合の品質がクリから製造した木炭に類する広葉樹を除く）	
形状	長　　さ	通しものとする	通しもの又は通しもの80％以上、二つ継ぎのもの20％以内のもの	通しもの又は二つ継ぎのものは15cm以上のもの
	丸　の　径	3.5cm以上6cmまでのもの	3cm以上7cmまでのもの	2cm以上8cmまでのもの（クヌギから製造したものは9cmまで）
	割の長辺	4cm以上7cmまでのもので厚さは長辺の1/3以上	4cm以上8cmまでのもので厚さは長辺の1/3以上	
品質	樹皮の附着	クヌギ丸もの極めて良好なもの ナラ丸もの附着良好なもの		クヌギ丸もの附着良好なもの ナラ丸もの左につぐもの
	横裂又は縦裂	ないもの		木炭が粉砕する恐れがないもの
	色　　沢	光沢良好なもの		左につぐもの
	切口の形状	収縮良好なもので格差3cm以内にそろえる		左につぐもの
	標準硬度	クヌギ　8度 ナ　ラ　6度	クヌギ　8度 ナ　ラ　6度 ザ　ツ　2度	クヌギ　6度 ナ　ラ　4度
	精煉の程度	クヌギにあっては、適度にて精煉計示度8度以内 ナラにあっては、適度にて精煉計示度8.5度以内		
	そ の 他	臭気の発生、爆跳及び立消えのおそれのないもの		
調　　製		粉・ぬれ炭・未炭化炭又は土石・その他の異物を包装内に含んでいないもの		
包　　装		協会指定のものであって、堅固で内容物のもれるおそれのないもの		
正味量目		12kg　15kg		
不 合 格		規定する規格に該当しない黒炭長炭の等級は「不合格」とする		

指導規格表（黒炭長炭）

平成7年7月

工業用炭	く　り	ま　つ	粉
	クリ・ホオ・ウルシ・ヌルデ・ハゼ若しくは製造した場合の品質が、クリから製造した木炭に類する広葉樹から製造した黒炭又はこれらの黒炭に他の広葉樹から製造した黒炭を混交したもの	まつから製造した黒炭	
形状と品質は左につぐもの			3cmの金ぶるいからもれたもの及び皮炭をいう
	黒炭くり又は黒炭まつにあっては、粉・ぬれ炭・未炭化炭又は土石、その他の異物を包装内に含んでいないもの		粉炭にあっては、ぬれ炭・未炭化炭又は土石、その他の異物を包装内に含んでいないもの
7.5kg　12kg　15kg	12kg又は15kg		12kg　15kg

岩手県木炭協会　木炭

（黒炭切炭の規格）等級		特　級	堅１級
事項	樹　　種	クヌギ・ナラ	クヌギ・ナラ・カシワ
形状	長　　さ	6cmに切りそろえる	
	丸ものの径	3.5cmから6cmまでのもの	2.5cmから8cmまでのもの（クヌギから製造した黒炭は9cmまでのもの）
	割ものの長辺	4cmから7cmまでのもの	4cmから8.5cmまでのもの（長辺が横断面の最長部より短いときはその最長部、厚さが長辺の1/3以上のもの）
	形状のそろい	径のそろいが格差3cm以内	径又は長辺のそろいが良好なもの
品質	樹皮の附着	密着しており欠けていないもの	樹皮が附着している場合には、密着しているもの
	横裂又は縦裂	ないもの	木炭が破砕する恐れがないもの
	色　　沢	光沢良好なもの	光沢があるもの
	切口の形状	収縮良好なもの	左につぐもの
	標準硬度	7度	4度
	精煉の程度	適度にて精煉計示度8度以内	適度にて精煉計示度8.5度以内
	その他	臭気の発生、爆跳及び立ち消えのおそれのないもの	
調　　製		粉・ぬれ炭・未炭化炭又は土石、その他の異物を包装内に含んでいないもの	
包　　装		協会指定のものであって、堅固で内容物のもれるおそれのないもの	
正味量目		3kg　6kg	
その他		規定する規格に該当しない黒炭切炭の等級は「不合格」とする	

指導規格表（黒炭切炭）　　　　　　　　　　　　　　　　　　　　　平成7年7月

1　級	堅　2　級	2　級
タモ類・サクラ・ツキ・イタヤ等広葉樹（クリ・ホオ・ウルシ・ヌルデ・ハゼ及び製造した場合の品質がクリから製造した木炭に類する広葉樹を除く）硬質木のもの	クヌギ・ナラ・カシワ	広葉樹（クリ・ホオ・ウルシ・ヌルデ・ハゼ及び製造した場合の品質がクリから製造した木炭に類する広葉樹を除く）
左につぐもの	堅1級からもれたもの（2cmのものから8cmまでのもの）	
	左につぐもの	
	左につぐもの	
0度以上のもの	4度	0度以上のもの
	左につぐもの	

岩手県木炭協会　木炭

（白炭の規格）等　　級		堅　特　級	堅　１　級	１　　級
事項	樹　　　種	ナラ・クヌギ	ナラ・クヌギ又はカシワ	広葉樹（クリ・ホオ・ウルシ・ヌルデ・ハゼ及び製炭した場合の品質がクリから製造した木炭に類する広葉樹を除く）
形状	長　　　さ	通しもの又は通しもの80％以上で二つ継ぎのものは15cm以上のもので20％以内とする	15cm以上のもの	
	丸も の径	2.5cmから5cmまでのもの	2cmから7cm（硬度13度以上のものにあっては1.5cmまでのもの）	
	割もの長辺	3cmから6cmまでのもので厚さが長辺の1/3以上のもの	3cmから8cmまでのもので厚さが長辺の1/3以上のもの	
	形状のそろい	そろい良好のもので6つ割にあっては形、質ともに良好なものは1包装に20％までとする	径又は長辺のそろいが良好なもの	
品質	樹皮の附着	附着していないもの又は樹皮が附着している場合には密着しているもの（クヌギ）		
	横裂又は縦裂	木炭が破砕するおそれのないもの		
	折口　色沢	光沢のあるもの		
	折口　標準硬度	11度	9度	2度
	精錬の程度	適度なもの		
	そ の 他	臭気の発生、爆跳又は立ち消えのおそれのないもの		
調　　製		粉・ぬれ炭又は土石、その他の異物を包装内に含んでいないもの		
包　　装		協会指定のもので、堅固で内容物のもれるおそれのないもの		
正味量目		7.5kg　12kg　15kg		
不合格		規定する規格に該当しない白炭の等級は「不合格」とする		

指導規格表（白炭）　　　　　　　　　　　　　　　　　　　　　　　　平成7年7月

堅 2 級	2 級	合　格		
		く　り	ま　つ	粉
ナラ・クヌギ又はカシワ	広葉樹（クリ・ホオ・ウルシ・ヌルデ・ハゼ及び製炭した場合の品質がクリから製造した木炭に類する広葉樹を除く）			
最長部が8cm以下でそろいが良好なもの				3cm目の金ぶるいからもれたもの及び皮炭をいう
堅1級につぐもの	1級につぐもの			
		白炭くり又は白炭まつにあっては粉・ぬれ炭又は土石、その他異物を包装内に含んでいないもの		粉炭にあってはぬれ炭又は土石、その他の異物を包装内に含んでいないもの
		7.5kg　12kg　15kg		7.5kg　12kg　15kg

347

岩手県木炭協会　多用途木炭指導規格表（黒炭特殊炭）　平成7年7月

（黒炭特殊炭規格） 種　　別	調　湿　用　炭	浄　化　用　炭
樹　　種	広葉樹、針葉樹、樹木全般	広葉樹、針葉樹
基本原則	本規格の木炭は工業用炭、特用炭、粉炭、粉砕炭等の価値を高めることにある	
形　　状	塊炭にあっては10cm以下〜3cm以上のものをそろえる 粉炭にあっては皮炭は砕いてそろえる 又、粉砕炭にあっては粉炭又は粒状炭でそろえる	長炭又は塊炭でそろえる
内　　容	広葉樹炭、針葉樹炭、粉砕炭等各炭種の特性を生かした内容にそろえる	広葉樹炭、針葉樹炭又は粒状炭でそろえる
品質、硬度	なら4度以上、ざつ、その他0度以上であって、精錬計示度8度以内のものでタールの付着していないもの	
調　　製	未炭化又は土石、その他異物が包装内に混入していないもの	
包　　装	容器は各用途別に適合する破損の恐れのないもので粉末の漏れにくいものとする	破損の恐れのないもので網目の容器とする
正味量目	3.5kg、5kg、10kgとし簡単に利用できる量目とする	5kg、10kg、12kg

岩手県木炭協会 「レジャー用木炭」指導規格表 (黒炭特殊炭)　平成7年7月

黒炭・特殊炭の規格 等級			合　格		
樹　種			クヌギ・ナラ・その他ザツ		
基本原則			本規格の木炭は、鋸を用い切断した木炭に限るものとする		
形状	長　さ		3cm〜5cm（1〜1.7寸）		
	丸ものの径		1cm〜6cm（0.5〜2寸）		
	割ものの径		2cm〜6cm（0.7〜2寸）		
調製	樹皮の付着割合		樹皮の密着したもの　30％以上とする		
	丸割の混合割合		丸もの　30％以上とする		
	形状混合の割合	呼称	丸　も　の　の　径	割　も　の　の　径	割　合
		大	4.5cm〜6cm（1.5〜2寸）	4.5cm〜6cm（1.5〜2寸）	30％
		中	3cm〜4.4cm（1〜1.4寸）	3cm〜4.4cm（1〜1.4寸）	50％
		小	1cm〜2.9cm（0.3〜0.9寸）	1cm〜2.9cm（0.5〜0.9寸）	20％
品質	精煉の程度		良好なもの		
	標準硬度		2度以上とする		
	色　沢		良好なもの		
	その他		未炭化炭・ぬれ炭・臭気の発生・爆跳・立消えのおそれのないもので異物の混入しないもの		
正味量目			1kg入ビニール袋詰めのものを12袋入れとする 2kg入ダンボール箱詰めのものを6箱入れとする		
包装	1kg入れ		1kg入→着色草色ビニール袋0.1mm×25cm〜40cmのもので、協会が別にデザインをした容器を使用するものとする		
	2kg入れ		2kg入→透明ビニール中袋を使用し、協会が別に指定した携帯用ダンボール箱を使用するものとする		
	12kg入れ { 1kg→12袋 2kg→6袋		協会のダンボール箱使用要領で示すダンボール箱の材質規格のものを用い、協会が別にデザインした容器を使用するものとする		
不合格			規定する規格に該当しないレジャー用木炭は不合格とする		

(注)「呼称」のところの形を変えました

岩手県木炭協会　「茶の湯木炭」

（黒炭特殊炭の規格）等　級		特　選			
樹　　種		クヌギ・ナラ			
形状内容	基本原則	本規格の木炭は、樹皮の附着が完全で、径は真円、または真円に近く、素状は真直ぐにして無節のもので、特に切炭にあっては節があってはならない。			
	区　　分	長　　炭	切　　炭		
			名　称	炉　用	
				丸の径	
	長　　さ	31cmから32cm（1尺3分～1尺6分）までの通しもの	胴　　炭	6～7.5cm（2～2.5寸）	
			輪　　胴	6～7.5cm（2～2.5寸）	
	丸の径と長炭1箱の内容	0.9～2.7cm（0.3～0.9寸）までのもの　1/3	管炭（割）	3～4.5cm（1～1.5寸）	
		3～4.5cm（1～1.5寸）までのもの　1/3	管炭（丸）	3～4.5cm（1～1.5寸）	
		4.8～6cm（1.6～2寸）までのもの　1/3	丸ギッチョ	4.8～6cm（1.6～2寸）	
		6～7.5cm（2～2.5寸）までのもの 炉用時期には1～2本入れる	割ギッチョ	4.8～6cm（1.6～2寸）	
			点　　炭	0.9～2.7cm（0.3～0.9寸）	
	割の長辺と厚さ		割管炭、割ギッチョは、何れも2つに割ったものを組合わせ調整する。		
	形状のそろい	長さ、径とも厳格を要し、胴、輪胴の太さによって管炭及びギッチョの太さが均衡がとれるよう調整する。			
	1箱の内容割合	長炭の内容割合は径区分の1/3ずつとし、冬期の場合は太いもの1～2本入れるものとする。切炭の詰合割合は、1回の使用割合を基準として、量目を組合わせ調整するものとする。輪炭は、組合わせ量目によって本数を減らすものとする。			
品質	樹皮の付着	丸及び割ったものについても密着し、欠けていないもの。			
	横裂又は縦裂	ないもの。			
	色　　沢	良好なもの。			
	切口の形状	収縮良好にして亀裂均等なもの。			
	標準硬度	7度			
	精煉の程度	適度にて、精煉計示度8.5度以内のもの。			
	そ の 他	臭気の発生、タールの付着、爆跳及び立消えの恐れのないもの。			
調　　製		粉、ぬれ炭、未炭化炭または土石、その他異物を包装内に含んでないもの。			
包　　装		協会が指定する容器を使用するもの。			
正味量目		10kg、12kgまたは15kg	3kgまたは6kg		
不合格		規定する規格に該当しない黒炭特殊炭長炭、切炭の等級は「不合格」とする。			

指導規格表（黒炭特殊炭）

平成7年7月

	（1組の本数）		風　炉　用	（1組の本数）
長　さ	本　数	丸の径	長　さ	本　数
15cm（5寸）	1	4.8〜6cm（1.6〜2寸）	12cm（4寸）	1
6cm（2寸）	1	4.8〜6cm（1.6〜2寸）	4.5cm（1.5寸）	1
15cm（5寸）	2	2.1〜3cm（0.7〜1寸）	12cm（4寸）	2
15cm（5寸）	2	2.1〜3cm（0.7〜1寸）	12cm（4寸）	2
7.5cm（2.5寸）	4〜6	3〜4.8cm（1〜1.6寸）	6cm（2寸）	4〜6
7.5cm（2.5寸）	4〜6	3〜4.8cm（1〜1.6寸）	6cm（2寸）	4〜6
7.5cm（2.5寸）	2	0.9〜2.4cm（0.3〜0.8寸）	6cm（2寸）	2

岩手県木炭協会　木炭調製

※	等　　　級	極　　　上
長炭	長　　　　　さ	通しものとする
	丸　の　径	3.5cm以上6cmまでのもの
	割　り　の　長　辺	4cm以上7cmまでのもので厚さは長辺の1/3以上
	樹　皮　の　附　着	クヌギ丸もの　極めて良好なもの ナラ丸もの　附着良好なもの
	横裂又は縦裂	ないもの
	色　　　沢	良好なもの
	切口の形状	収縮良好なもの、格差3cm以内にそろえる

※	等　　　級	特　　　級
切炭	樹　　　種	クヌギ、ナラ
	長　　　　　さ	6cmにそろえる
	丸　も　の　径	3.5から6cmまでのもの
	割りもの長辺	4cmから7cmまでのもの　厚さ　長辺の1/3以上
	形状のそろい	径、長辺のそろいが、格差3cm以内のもの
	樹　皮　の　附　着	密着しており欠けていないもの
	横裂又は縦裂	ないもの
	色　　　沢	光沢の良好なもの
	切口の形状	収縮良好なもの

※	等　　　級	堅　特　級
白炭	長　　　　　さ	通しもの80％　二つ継ぎのもの20％以内
	丸　も　の　径	2.5cm～5cmまでのもの
	割りもの長辺	3cm～6cmまでのもの　厚さ　長辺の1/3以上
	形　　　状	そろい良好なもので、6つ割りにあっては形、質共に良好なもの20％以内

指導の要点

平成7年7月

特　　　上
通しもの80％以上　二つ継ぎのもの20％以内
3cm～7cmまでのもの
4cm～8cmまでのもので厚さは長辺の1/3以上

堅　1　級
クヌギ、ナラ、カシワ
2.5cm～8cmまでのもの、クヌギは9cmまでのもの
4cm～8.5cmまでのもの　　厚さ　長辺の1/3以上
そろい良好なもの
附着しているものは密着しているもの
破砕するおそれのないもの
光沢があるもの
左につぐもの

堅　1　級
15cm以上のもの
2cm～7cmまでのもの（硬度13度以上は1.5cmまで）
3cm～8cmまでのもの　　厚さが長辺の1/3以上
そろい良好なもの

〈巻末資料8〉炭の年表

＊：その付近にある幅をもった年代を表す

年代年次	木炭史年表（●印＝日本史年表　※印＝関連事項）
137億年前	※ビッグバン
46億年前	※太陽系誕生
35億年前	※「生物由来の炭素」を確認（最古の微生物）
21億年前	※固体地球内部依存の微生物（活動）系から太陽光エネルギー依存の生態系へ移行か（海洋堆積物の有機炭素同位体組成分析による仮説）
8億〜6億年前	※全地球凍結（物証：炭素12、炭素13の同位体比分析ほか）
6千5百万年前	※恐竜、アンモナイトなど絶滅（隕石による大規模火災由来・宇宙由来のC_{60}内包ガスからも検証）、恐竜絶滅後に霊長類が出現
600〜700万年前頃	●人類の祖先誕生
140万年前頃	○猿人の火の利用始まる
30〜70万年前頃	○火の制御（炭の発明、炭の積極的利用始まる）
30万年前頃	○日本最古の木炭か（愛媛・肱川村の30万年前生成の洞窟から出土）
1万7千年前頃	○焼畑（農業）の始まり（熱帯降雨林地方）
1万2千年前頃	○最古の栽培炭化米か（中国・玉蟾岩遺跡から出土）
7千万年〜	○黒漆製造に煤を混入、木炭粉を混和した漆下地技術の出現（日本）
BC30世紀前後頃	○王墓、貯蔵室に木炭使用（古代エジプト）
BC28世紀頃	※第五の古代文明か（南米シクラス遺跡など、木炭片・シクラの放射線計測による年代特定）
BC25世紀頃	○煤を着色原料に、顔料としての炭素の利用始まる（古代エジプト）
BC20世紀	○鍛鉄の始まり（小アジア・ヒッタイト帝国）
BC16世紀頃	○炭素を医薬用に使用（古代エジプト）
BC15世紀〜	○鉄の焼入れ、焼戻し、侵炭の発見（中国・ギリシャ）
BC13世紀頃	○送風炉で木炭使用による鋳鉄の生産始まる（古代ローマ）
BC6〜7世紀	○鋳鉄鉄器の使用始まる（中国）
BC5〜6世紀	○木簡、竹簡で黒色インク文字が書かれる（中国）
BC5世紀頃	○木炭槨（中国・長沙馬王堆1号漢墓、木炭約5トン）
BC3〜4世紀頃	○硬く火持ちのする木炭はトキワガシ、オークのような木目のつんだ木材からやく（古代ギリシャ）
BC2世紀頃	○木炭による飲料水の浄化（水は銅の容器に入れ太陽にかざし炭でろ過）
AD2〜3世紀	○墨（煤をにかわで固めて成形）の使用始まる（中国）
	○炭火でヒョウタン表面に超自然的ネコ科動物を描画（南米・ナスカ）
AD2世紀後半	○最古の墨書土器（「田」の字？、三重・嬉野町）
〜AD5世紀	○鑪（たたら、送風）製鉄、錬鉄技術広まる（出雲、近江地方から各地に）
610年	○墨の原料すす（煤）の製法伝来
645年	●大化改新
701年	○木炭を税の一種として徴課（大宝律令の制定）
〜奈良時代〜	○木炭を研磨剤として利用（正倉院文書）
720年	○『日本書紀』撰上（戦に炭が使われる）
（723年）	○太安万侶の墓（木炭槨）から墓誌とともに木炭6種が出土（(年号)は太安万

年代年次	木炭史年表（●印＝日本史年表　※印＝関連事項）
	侶の没年）
749年	○奈良の大仏建立（木炭（和炭＝にこずみ）約800トン使用）
760年	＊炭（あらすみ、主に炊事、木工用）と和炭（にこずみ、金属加工用）の使い分け
〜平安時代初期〜	○木炭（広葉樹の堅炭の大形塊）で井戸水浄化（奈良県橿原神宮）
823年頃	○『日本霊異記』成立（日本の仏教説話文学の始祖、炭＝アラズミと訓あり）
967年	●「延喜式」施行
	○律令の施行細則などに炭の貴重な情報あり
	＊金属、皮革、漆など各種工業熱源用の木炭の需要増加
1000年以降	○『枕草子』（平安中期の随筆、「いり炭」文学に登場）
	＊床上暖房用、室内炊事用木炭の需要が増す
（1180〜1235年）	○『明月記』（藤原定家の漢文体日記）に「獣炭」登場、超新星（SN1006）の出現の記録あり　（（年号）は見聞期間）
1183〜85年	●鎌倉幕府開府
12〜13世紀	○木炭不足による深刻な製鉄危機、加熱源は木炭から石炭へ（英）
1192年	○「炭座」登場（鎌倉7座の1）
	＊武器鍛造、野鍛冶、野たたらの盛行でも木炭の需要増加
13世紀初頭	※水力利用の送風炉（高炉）で鋳鉄を量産（独）
1253年	○鎌倉幕府が燃料価格を統制、炭1駄を100文とする
	＊禅文化が木炭の新用途を伝える（こたつ、たどん、あんか）
1338年	●室町幕府開府
〜室町時代〜	○木炭の脱臭・脱色・吸湿効果の応用
1407年	○興福寺南市30座の中の炭座所見、封建領主が木炭を徴課する
1457年	○炭竈氏、南都大乗院の被官となる
	＊茶道用木炭の需要が増し、製炭法・品質の改良
	＊黒炭（荒炭、加工用）と白炭（暖房、茶道、香道用）とが用いられる
16世紀中期	※乾式筆記用に黒鉛の使用始まる（独）
1574年	○池田炭が声価を上げる（摂津国能勢郡・中川勘兵衛がクヌギ炭を改良）
1582年	○前田利家が炭焼夫に山林伐採・炭焼きを許可、代わりに役炭を供出させる
1603年	●江戸幕府開府
1620年	※石炭製銑に成功（D. Dudley（英））
1637年	○『天工開物』刊行（中国の産業技術書）
1688〜89年頃	○備長炭の開発（紀伊・田辺市）
1711年	＊この頃大坂の諸国炭問屋17軒
1712年	○『和漢三才図会』成立（炭＝須美、白炭＝之呂須美と訓あり）
1713年	※コークス製鉄（製銑）（A. Derby（父）（英））
1726年	○江戸の炭問屋を含む問屋台帳の届出を令ず
1760年〜	●産業革命（英国）
1772年	○燃焼の説明、ダイヤモンドと炭の同質性を証明（A. L. Lavoisier（仏））
1773年	○木炭の気体や空気の大量吸着現象を発見（C. W. Scheele（スウェーデン））
	○大坂の炭問屋13軒組と24軒組に問屋株を許可、江戸の薪炭仲買15組
1785年	○木炭の液相での吸着現象確認（Lowitz, A.）
1792年	○木炭が金属の代用として導電材となることを確認（A.Volta（伊））
1793年	＊佐倉炭が声価を上げる（下総国小金井・川上右仲がクヌギ炭を改良）
	＊藩営炭が各藩におこる

年代年次	木炭史年表（●印＝日本史年表　※印＝関連事項）
	＊製炭技術の伝搬が盛んとなる
	＊書院造家屋の普及で畳上の暖房用に木炭の需要増加
1794年	※電位列に炭素を挙げる（A.Volta（伊））
1800年	○木炭電池・木炭電極によるアーク発生（H. Davy（英））
1814年	○木炭ほか多孔体の吸着論を発表（De Sausser）
1822年	○灰汁とともに血液を焼いて骨炭の20～50倍の脱色力をもつ炭素を製造（Bussy, A.）
1840年	○大坂の炭問屋が出売り、せり売りの禁止、値立入札の毎月再確認
1841年	○問屋の解散を命ぜられ、問屋は炭商、炭屋と称す
	○大坂の木炭入津高181万8千俵に達す
1842年	○物価引下令により木炭価格引き下げられる
1846年	○問屋株の復活認められ、問屋再興
1855年	※最初のカーボン工場設立（Conradity社（独））
1858年	※炭素の4原子価説の発表（S. Kekule（独））
1861年	○江戸の木炭平均入津高238万2680俵に達する
1865年	○ヤシ殻活性炭の有機蒸気の吸着実験（J. Hunter）
1867年	※発電機の発明（カーボンブラシ使用）（W. Siemens（独））
1868年	●明治元年
1872年	○空気浄化用活性炭の研究（J. Stenhouse、J. Hunter）
1874年	※不斉炭素原子説の提唱（J. H. Van't Hoff（蘭）ら）
1878年	○炭焼営業規則公布（営業鑑札で1竈につき1枚、2銭など）
	※炭素電極使用の電気炉を発明、鋼を溶解（W. Siemens（独））
1879年	○エジソン電球（木綿糸、京都の竹を発熱体として使用）(T. A. Edison（米）)
1884年	※万国森林博覧会（英）
1895年	○田中長嶺が菊炭窯を考案
1896年	○砂糖炭のアーク加熱で黒鉛を生成（F. F. H. Moissan（仏））
1898年	○田中長嶺『炭やき手引き草』刊行
	○楢崎圭三「楢崎小路」を考案（点火性改善）
1899年	※人造黒鉛の工業生産開始（E. G. Acheson（米））
1900年	○墨汁の発明、製造に成功、実用化（田口精爾）
	○活性炭の賦活炭化に塩化亜鉛プロセスを開発（Ostrejko）
1906年	※炭素製品の専門工場創設（東京カーボン工所）
1907年	＊この頃より八名式炭窯、楢崎式改良窯の伝習、普及
1912年（大正元年）	○静岡県茶業組合が大正窯を考案
	＊家庭暖房用に木炭の需要が急増
1916年	※吸着等温式の導出（I. Langmuir（米））
1921年	○岩手県、全国初の「木炭県営検査制度」を施行（木炭規格を制定、検査所の設置など）
1925年	※銅への水素化学吸着の発見（Benton & White）
1926年	●昭和元年
	○山林局、第1回製炭技術講習を実施（製炭史、製炭法、品質鑑別など）
1927年	○米国・シカゴ市水道水汚染対策に活性炭使用
1929年	○ペニシリンの創製発展の初期は活性炭法が重宝された
	○「木炭標準規格」を告示（白炭・黒炭の区分など政府が製造購入する燃

年代年次	木炭史年表（●印＝日本史年表　※印＝関連事項）
	料炭に適用）
1931年	●満州事変勃発
1932年	○腹の張り、消化不良、慢性腸炎に対して炭素処理がよいことを示唆（Bauer & Rauscher）
	○時局匡救製炭事業（築窯費の4分の1の助成、実績：白炭窯4万8千余り、黒炭窯19万3千余り）
1934年	○「ガス発生炉設置奨励金公布規則」を公布
	＊ガソリン代用としてガス用木炭の新用途が発生、木炭需要210万トンに急増
1935年	○炭素吸着"ツベルクリン注射液誘導体"は抗体生成を刺激することを確認（Seibert）
1937年	○暴利取締令全改公布（木炭も対象）
1938年	○木炭、煉炭、亜炭が公定価格制となる（木炭不足により3〜5割価格騰貴）
1939年	○木炭ノ販売価格指定（告示、黒炭の東京市各駅着貨渡で1俵3円47銭）
	○「青年団学校学徒ノ木炭増産勤労報国運動実施」を農林、文部両次官から各知事宛通告
	○「木炭配給統制規則」公布
1940年	○国産木炭生産量約270万トン（国産ピーク値）
	○「木炭需給調節特別会計法」公布（政府が行う木炭の買入れ、売渡し、貯蔵の歳入歳出は特別会計で処理）
	○山林局、「木炭規格改訂ニ関スル件」通牒。雑多な規格を統一し普通炭（白炭、黒炭）、特殊炭（瓦斯用）、品等は1、2級など
	○木炭年度の設定（4.1〜翌年3.31）
	○「煉炭配給統制規則」公布
	○木炭割当配給制実施（市町村発行の購入票がなければ販売、購入不可）
1941年	○「瓦斯用木炭統制規則」公布
	○炭団最高販売価格指定（炭団品質を規定し、1級品55銭、2級品35銭）
	●太平洋戦争勃発
1942年	○「木炭増産推進登録制度等実施要項」策定
	○「製炭報国手帳」を交付
	○農林、文部両次官「青少年学徒等ノ木炭増産勤労報国運動実施ノ件」を通牒
	※森林伐採面積76万8千町歩で最高となる
	※最初の原子炉CP-1臨界（黒鉛減速材型）（E. Fermi（米））
1943年	○「薪炭配給統制規則」公布（県外移出禁止など）
1944年	○木炭の代わりに草炭配給決定（東京都）
	○木炭買上場所を「カマ前買上」とする
1945年	●太平洋戦争終結
	○木炭の従前の規格全廃、単一規格とする（粉炭、備長炭は存置）
1946年	●日本国憲法の制定（1946年11月3日公布、翌47年5月3日から実施）
1947年	○「薪炭列車」運転（東北から木炭60万俵、薪200万束を都内に輸送計画）
1948年	○（社）全国燃料会館創立
	○「加工炭需給調整規則」公布（発熱量3000kcal／kg以上など）
1949年	○木炭の卸・小売登録制実施

年代年次	木炭史年表 （●印＝日本史年表　※印＝関連事項）
	※炭素材料研究会発足（1974年に炭素材料学会に改称）
1950年	○木炭の統制解除（価格統制廃止、薪炭需要調節特別会計法の廃止など）
1951年	※炭素^{14}C年代決定法の発明（W. F. Libbyら）
	※雑誌「炭素」創刊（炭素材料研究会）
1952年	○第1回全国木炭品評会を開催（全国木炭協会主催）
1955年	※人工ダイヤモンド結晶の創製（米国・G.E社）
	※日本木材学会創設
1957年	※コールダーホール（CO_2冷却黒鉛減速）型原発操業開始（茨城・東海村）
	○木炭生産量約200万トン
1960年	※PAN系炭素繊維製法の開発（大阪工業技術試験所）
1963年	※PVCピッチからの炭素繊維を開発（大谷杉郎）
1964年	●東京オリンピック開催
1971年	○この年になっても未だ木炭火鉢で暖をとる（英国下院）
1981年	※燃料電池発電技術の研究を発足（旧通産省工業技術院）
1985年	※フラーレン炭素C_{60}の発見（H. W. Kroto et al）
1986年	○「炭やきの会」発足
	○木材炭化成分多用途利用技術研究組合設立（林野庁助成のもとに4年間の新用途開発研究を実施）
	※ニューカーボン研究会設立（国内炭素業界各社）
1989年	●平成元年
	○木酢液研究会設立
1990年	○国産木炭生産量約2.0万トン（戦後最低値）
	○日本木炭新用途協議会設立
1991年	※カーボン・ナノチューブの発見（飯島澄男）
1992年	○日本木酢液協会設立
1995年	○炭素の光音響効果―微生物の増殖誘導促進シグナルに関する論文を発表（松橋通生）
1996年	○(社)全国燃料会館を(社)全国燃料協会に名称変更
1998年	※HTTR臨界（炭素被覆の核燃料、黒鉛構造体）（旧・日本原子力研究所）
	○住環境向上樹木成分利用技術研究組合設立（林野庁助成のもと快適居住空間創出のための木炭の利用研究に着手）
1999年	○日本炭窯木酢液協会設立
2003年	○土器に付着した煤の分析から弥生時代の始まりが400～500年さかのぼることを確認（千葉・国立歴史民族博物館）
	○木質炭化学会創設
	○日本竹炭竹酢液生産者協議会設立
	○木竹酢液認証協議会設立

索引 (五十音順)

＊太字のページ数は用語として取り上げ、細字のページ数は用語の説明文の中でゴシック体で掲載したものをあらわしています。複数の読み方がある用語については、それぞれの読み方のところに収録しています。また、最後の「わ」の次にローマ字略称用語をABC順に収録しています。

あ

アイソレータ　127
青煙　139
アカガシ　23
吾妻炭　17
アカマツ　56
アカマツ炭　56
赤身　77
赤目炭　23
安芸炭　17
秋田藩営炭　302
秋田備長炭　17
秋備　17
悪臭防止法　279
上木　112
あさぎ煙　139
芦北炭　26
亜硝酸性窒素　158
足助炭　17
アセチル基　257
アセトアルデヒド　279
アセトール　257
アセトン　257
アセトン製造方法　257
アゾトバクター　279
圧縮強さ　158
圧力損失　127
あて材　62
穴やき　99
アブラギリ炭　18
アブラギリ　18
油ヤシ　51
油ヤシガラ炭　51
アフリカの炭　37
アベマキ　18
アベマキ炭　18
天城炭　18
天見炭　45
アメリカ式鉄板窯　99
アメリカの炭　42
洗い炭　18
アラ炭、荒炭　18
安良須美　302
荒物　19
亜臨界　127
亜臨界法　127
アルカリ性　158
行火　230
案下炭　52
安全性試験　62
アンヒドロ体　292
アンモニア性窒素　158
アンモニア脱臭　158
アンモニウム性窒素　158

い

維管束　62
池田窯　99
池田炭　19・28・46
石窯　99
石神式窯　106
石川窯　99・304
石川蔵吉　304
イスノキ　19
イス炭　19
出雲炭　19
板倉塞馬　317
板目　62
イタヤカエデ　22
イタリアの炭　42
一次加工廃材　93
1,2,5,6-ジベンツアントラセン　279
一石　62
一酸化炭素　158
一酸化炭素中毒　159
一酸化炭素の濃度分布　159
一俵　218
移動式鉄板窯　99
異方性　62
伊予窯　100
伊予切炭　20・46・100
伊予炭　19
イランの炭　42
イリ炭（煎り炭、炒炭）　20
岩手一号窯　100
岩手県木炭移出協同組合　317
岩手県木炭協会　317
岩手県木炭協会木炭指導規格表　218
岩手炭　20
岩手大量窯　100
岩手木炭　20
引火温度　159
引火点　159
インクボトル型　178
インテリア用木炭　230
インドネシアの炭　39
インドの炭　39
飲料水用木炭　230

う

VOC　281
烏光開青　22
烏光修子　22
ヴェガ炭化炉　100
植野蔵次　317
埋み火　159
宇陀炭　21
うちわ　230
ウッドセラミックス　218

宇納間備長　53
ウバメガシ　62
馬目小丸　218
馬目上小丸　219
馬目中丸　219
馬目半丸　219
馬目細丸　219
馬目割　219
ウルトラミクロ孔　178
運材　63
温州木炭　22

え

液化　257
液相吸着　160・169
液置換法　210
エジソン電球　160
ESCA　160
エステル類　257
SPM　289
エゾマツ　56
枝打ち　63
枝炭　45
エタノール　257
淮南子　302
エネルギー［木炭の］　160
エブリ（柄振）　127
エマルジョン化　63
塩化亜鉛賦活法　161
煙害　279
『延喜式』　302
塩基性成分　258
塩基性表面官能基　161
円形移動型炭化炉　100
円形窯　100
エンジュ　63
遠赤外線　187
遠赤外線放射エネルギー　187
煙道　112
煙道口　112

お

オイゲノール　258
オイル缶窯　101
大窯　101
大竹窯　101
太安万侶　302
大原炭　21
大山鐘一　317
オガ屑　63
オガ屑乾燥　101
オガ屑乾燥炭化炉　101
オガ屑炭　21
オガ炭　21
オガ炭［黒］　219
オガ炭［白］　219
オガ炭炉　101
オガライト　64
オガライト炭　21
熾　230
熾火　161
おこし炭　302
押し出し成型　128
乙細丸　219
汚泥　279
汚泥活性炭　26
汚泥の灰分　296
小野炭　21
小野寺窯　102
小野寺清七　317
御花炭　22
オルト-クレゾール　260
温州木炭　22
温度計測法　161

か

加圧熱分解　128
カーボン紙　162
カーボンナノチューブ　162
カーボンニュートラル　162
カーボンブラック　163
海藻　64

解体材　64
塊炭　55
塊炭［その他］　219
塊炭［丸］　220
塊炭［割］　220
害虫防除作用　272
『海南小記』　303
外熱式炭化炉　128
皆伐　64
灰分　295
灰分の融点　296
界面　163
改良愛知式窯　102
懐炉灰　292
カエデ炭　22
カエデ　22
化学吸着　164・170
化学的酸素要求量　280
化学物質過敏症　280
夏下冬上　65
可逆反応　163
角型鉄板平炉　102
拡散　163
角俵　222
掛石　112
加減蓋　102
かさ密度　210
飾り炭　22
カシ　23
樫　220
鍛冶工炭　23
樫小丸　220
樫上　220
鍛冶炭　23
カシ炭　23
樫細丸　220
鍛冶屋炭　23
樫割　220
ガス化発電　128
ガス吸着　170
ガスクロー質量分析計　261
ガスクロマトグラフィー　258
ガスマス　261

カスケード利用　65
瓦斯（ガス）炭　23
ガス置換法　210
ガス賦活法　163
ガス賦活炉　164
型木　112
硬さ［炭の］　164
堅炭　23
型枠　112
活性汚泥法　280
活性炭　23
活性炭吸着　164
活性炭原料　65
活性炭試験法　165
活性炭素繊維　165
活性炭の細孔構造　24
活性炭の再生　24
活性炭の再生法　134
活性炭の種類　25
活性炭の製法　129
活性炭の用途　231
合併浄化槽　166
割裂性　166
カテコール　258
加藤有次　311
仮道管　65
カドミウム　280
金屋炭　26
蟹目　112
可燃性ガス　258
カバ　65
可搬式炭化炉　102
窯石　113
窯型　113
窯壁　113
窯口　113
窯腰　113
窯つき唄　303
窯土　113
窯庭　113
竈人　314
竈風呂　303
紙パルプ系廃棄物　65

画用木炭　26・55
カラマツ　56
カラマツ炭　27
カルビン　166
カルボキシル基　166
カルボニル化合物　258
簡易炭化炉　103
環境安全性　62
環境基本法　238
環境保全機能　166
環境保全用木炭　238
環境ホルモン　281
還元　167
還元剤　231
環孔材　66
官行製炭　129
観賞炭　27
観賞用木炭　27
含水率　167
乾燥　66
乾燥減量　167
官能基　167
カンバ　65
間伐　66
間伐材　66
γ線照射［炭材の］　168
乾留　142・145
乾留炭　28
乾留木酢液　258
乾留炉　104

き

気乾　168
気乾材　67
菊炭　28
菊割れ　28
気孔　168
気孔径分布　168
気候変動枠組条約　67
気孔容積　168
気孔率　168
蟻酸　259

岸本定吉　318
紀州備長炭　28
紀州備長炭記念公園　318
紀州備長炭振興館　318
キシレン　168
毬打　45
機能性木炭　29
木灰　292
揮発性有機化合物　281
揮発分　168
忌避作用　272
木目　95
吸収　169
急速熱分解　129
急炭化　84・131
吸着　169
吸着材　67
吸着質　169
吸着速度　169
吸着定数　170
吸着等圧線　169
吸着等温式　169・170
吸着等温線　165・169
吸着等量線　169
吸着熱　170
吸着平衡　169
吸着平衡定数　170
吸着保持量　170
吸熱反応　151
吸放湿特性　171
境界層　171
境界層内拡散　171
凝集剤　231
凝集沈殿　171
強度　172
強熱残分　172
境膜　172
業務用木炭　231
清澄演習林　310
キリ　29
切子　113
切子盛り　113
キリ炭、桐炭　29

切炭　30
キルン　104
きわだ煙　139
近赤外線　187
金属ケイ素用木炭　232
菌体肥料　232
均等係数　216

く

グアイアコール　259
空気イオン　172
空気浄化　173
空気賦活　173
空隙容積　173
空隙率　173
管炭　45
口焚き　113・131
くど　114
クヌギ　30
クヌギ炭　30
熊谷方式　104
熊野炭　30
組立式鉄板窯　104
クラスター　173
クリ　30
クリーン開発メカニズム　67
栗駒窯　105
クリ炭　30
グルコース　68
久留里炭　30
クレオソート　292
クレオソート油　259
クレオソール　293
クレゾール　260・281
クレゾール類　260
クロウメモドキ炭　31
クロウメモドキ　31
黒炭　31・220
黒炭窯　105
黒炭切炭　218
黒炭くり　220
黒炭粉　220

黒炭長炭　218
黒炭まつ　221
黒線香　312
クロマツ　56
グロメラ　64
燻液　260
燻煙　260
燻煙処理　86
燻煙熱処理　86
燻材　31
燻焼　173
燻薪　31
燻炭、薫炭　31

け

軽質油　260
ケイ素　174
軽油　293
消し粉　131
消し炭　132
消し壺　232
消し灰　132
結合水　68
結晶化度　174
結晶子　174
血炭　174
ケトン　260
ケナフ炭　32
ケナフ　32
煙切れ　139
ケヤキ炭　32
ケヤキ　32
減圧蒸留　260
減圧熱分解　132
嫌気性処理　174
嫌気性微生物　174
建材用木炭　232・244
建設リサイクル法　68
元素組成　175
元素分析　175
建築廃棄物　68
減農薬栽培　276

原木　69
研磨炭　175・232
研磨用木炭　232

こ

高圧液化　132
高温炭化　141
公害防止　281
光化学オキシダント　281
好気性微生物　233
高吸着性木炭　175
工業分析　175
工業分析値　175
工業用木炭　233
抗菌性　261
香合台　45
硬材　69
工場残材　69
工場廃材　69
更新　70
構造材　70
光滝炭　45
好炭素菌　175
甲鉄板窯　105
硬度　176
合板　70
弘法穴　114
広葉樹　70
香炉　234
コークス　176
コージェネ　70
コージェネレーション　70
コールタール　293
小窯　105
黒鉛　176
黒鉛化　177
国際炭やき協力会　318
黒色火薬用木炭　234
黒体　177
黒体放射　177
黒炭　31・220
木口　71

363

木口置法　105
固形燃料　234
焦木　224
焦げ臭　177
古紙　70
後炭点前　240
こたつ　235
小塚製炭試験地　303
固定炭素　177
五徳　235
猴頭裡　22
粉［木炭の］　221
コナラ　50
コネチカットキルン　105
小半丸　221
古墳の木炭　304
小丸　221
ゴミ固形燃料　234
ゴム炭　32
小屋掛け　113
コリヤナギ　32
コリヤナギ炭　32
コルク炭　32
コルク　32
コルクガシ　32
コンクリートブロック窯　106
混合吸着　170
コンデンサー　106
コンロ　235

さ

サーマルリサイクル　71
細菌　177
細孔　177
細孔径分布　178
細孔構造　178
細孔内拡散　178
細孔容積　173・178
再資源化率　281
再資源炭の肥料成分　178
再生［炭の］　178
再生可能な資源　71

材積　71
材中温度　134
細胞壁　72
逆目　72
酢酸　261
酢酸石灰　257
酢酸鉄　261
削片板　72
サクラ　33
佐倉窯　106
佐倉炭　28・32・46
サクラ炭　33
佐々木圭助　318
挿し木　73
殺蟻作用　272
雑炭　33
雑木　80
サトウキビ　73
茶道用木炭　45
里山林　73
佐野炭　33
サヤシ　150
酸化　134
散孔材　73
酸性　179
酸性表面官能基　179
3-メチルコラントレン　282
残留塩素　179

し

シイ炭　33
CO_2　263
COD　280
CCA　282
GC-MS　261
敷石　113
敷木　113
敷炭　253
シクロテン　261
枝条　73
枝条炭　33
静岡窯　106

静岡炭　18・37
自然木炭　34
自然乾燥　86
持続可能資源　73
七輪　235
シックハウス症候群　282
湿式酸化法［活性炭の再生法］　134
湿度　180
室内調湿用木炭　235・244
シナノキ　34
シナノキ炭　34
自燃　135
シノダケ　82
地場産業　235
ジベンゾアントラセン類　261
島根八名窯　106
灼熱残渣　261
JAS　225
車両炉　106
臭気物質　283
臭気防止用木炭　236
重金属［炭の］　180
集合製炭　146
収縮率　180・188
自由水　74
集成材　74
住宅環境資材用木炭　236
収炭率　135
収着　180
充填密度　210
十能　236
重油　293
重粒子線照射　180
出炭　135
主伐　74
樹皮　74
樹皮炭　34
瞬間加熱　135
瞬間加熱炉　107
循環産業スキーム　74
瞬間炭化法　107
順目　74

常圧熱分解　135
硝化　181
昇華　181
尉がなる　240
上小丸　221
松根乾留　261
松根タール　262
松根ピッチ　262
松根油　262
枝葉材　74
蒸煮　135
消臭　181
消臭作用[木・竹酢液の]272
消臭機能　236
消臭剤　236
消臭用木炭　236
丈炭　34
焼成　136
『正倉院文書』304
梢端材　75
蒸発熱　181
障壁　113
常法熱分解　136
正味量目　221
蒸留　262
蒸留法　262・267
蒸留木酢液　262
植栽密度　75
触媒機能　182
触媒製炭法　136
触媒担体　137
食品衛生法　283
食品系廃棄物　75
食品添加用活性炭　34
食品添加用木炭　34
食品リサイクル法　75
植物生長促進　273
植物生長調節作用　273
植物生長抑制　273
除湿　182
初炭点前　240
助燃性　182
徐伐　76

除伐材　76
シラカシ　23
白太　92
飼料化　76
飼料添加材　236
飼料添加用木炭　237
白青煙　139
白煙　139
之呂須美　304
白炭　35・221
白炭窯　107
白炭くり　221
白炭粉　221
白炭まつ　222
じん炎　182
寝具用木炭　237
人工乾燥　76
人工更新　70
人工林　76
心材　77
人造黒鉛　176
浸炭[鋼の]　182
薪炭材　77
薪炭材の含水率　84
薪炭林　77
塵肺　283
真密度　210
針葉樹　77
針葉樹炭　35
新用途木炭　237
新用途木炭の用途別基準　237
森林エネルギー　283

す

水煙　262
水銀圧入法　182
水銀ポロシメータ　182
水酸基　183
水産養殖への利用　238
水質汚濁防止法　284
水質改善用木炭　238
水質浄化機能　237

水質浄化材　237
水蒸気賦活　183
水生植物　77
水道法　238
炊飯用木炭　238
水分[木炭の]　183
スウェーデンの炭　42
スギ→針葉樹　35・77
スクラッバー　107
スクリュー送り出し法　107
スクリュー式連続炭化炉　107
スクリュー炉　107
煤　293
煤ヶ谷炭　35
ステンレス窯　108
素灰　293
SIFIC型炭化炉　108
炭櫃　239
炭　35
墨　36
須美　305
『炭』305
炭掻き　137
炭窯　108
炭窯の温度分布　137
炭窯の煙　138
炭窯の種類　109
炭木　224
炭切り機　222
炭工芸品　239
炭籠り　305
炭小屋　109
炭コンクリート　239
炭座　305
墨坂神社　305
炭シート　239
炭叱　52
炭尺　240
炭背負い　305
炭せっけん　240
炭焚き　305
炭俵　222
『炭俵』306

365

炭壺　232
炭点前（炭手前）　240
炭斗［炭取り］　240
墨流し　306
炭の主な種類　36
炭の科学館　306
炭の構造　183
炭の電子顕微鏡写真　184
炭箱　241
炭火　184
炭風呂　241
炭ボード　241
炭盆栽　241
炭マット　241
炭マルチング　242
炭焼営業規則　306
炭やき数え唄　306
炭焼小五郎　318
炭焼衣　307
炭やきサミット　307
炭やき産業　242
炭焼三太郎　318
炭やき塾　319
炭焼司　307
炭焼長者伝説　303・307
『炭焼手引草』　308
炭焼き天狗　308
炭焼党　308
『炭焼日記』　308
炭やきの会　319
炭やき道具　139
炭山師　309
スリランカの炭　39
駿河炭　18・36

せ

生活環境資材用木炭　242
成型木炭　37
製材　78
生成炭化汚泥　280
精製木酢液　263
製炭　142・145

製炭伝習　309
製炭報国手帳　309
製炭方法の合理性　140
製炭用熱電高温計　185
静置法　267
生長促進　273
生長量　78
生長輪　78
製鉄用木炭　223・242
生物化学的酸素要求量　284
生物活性炭　26・185
生物系廃棄物　78
生物処理　185
生物木炭　185
生理活性　273
精留塔　262
精錬　150
精錬計　213
精錬度　185
セーマン炉　109
世界の炭　37
赤外吸収スペクトル　186
赤外線　186
石州炭　243
積層構造　187
石炭クレオソート　292
絶乾　187
接触電気抵抗　187
接着剤　78
世羅方式　109
セラマ型炭化炉　109
セルロース　78
ゼロエミッション　79
繊維系廃棄物　79
繊維状活性炭　24・26
繊維板　79
繊維飽和点　79
全国燃料協会　319
全国燃料団体連合会　319
全国木炭協会　319
せん断強さ　187
セントポール炉　109
鮮度保持機能　243

鮮度保持材　243
鮮度保持用木炭　243
潜熱　140

そ

雑木　80
早材　80
造作材　80
装飾炭　23
走査電子顕微鏡　184
ソウシジュ　44
相思樹炭　44
早生樹　80
相対湿度　180
雑木　80
草本類　80
底取　243
疎水性　187
その他の木炭　223
粗木酢液　263

た

ダイオキシン　284
ダイオキシンの分解　285
ダイオキシンの発生　284
耐火性能　188
大気汚染防止法　285
大師穴　114
大正窯　109
大正式窯　109
体積　188
堆積製炭法　109
堆肥化　80
大仏鋳造　309
ダイヤモンド　188
対流熱伝達　189
台湾の炭　38
台湾の炭窯　109
打音［炭の］　189
多環芳香族炭化水素　285
焚き口　113

焚き火　189
竹　81
竹炭　44
竹炭規格　224
竹炭材生産林　83
竹炭の性質　44
竹炭の品質　45
竹炭用原材料の調整　86
竹切断機　86
タケノコ生産林　82
竹の生産林　82
竹灰　292
竹破壊機　86
竹割り機　86
多孔質炭素　190
多孔性［木炭の］　190
多産業間連系　83
タタラ製鉄　140
立ち消え　190
脱塩素処理　190
脱灰　190
脱臭　181
脱硝　191
脱色処理　191
脱色力　191
脱着　191
脱着量　164
脱硫　191
脱硫用活性炭　243
縦置きドラム缶窯　110
縦型連続式炭化炉　125
炭団　44
棚置法　110
田中長嶺　319
煙草火入れ　243
俵焼き　309
炭化　141
炭化温度　141
炭化室　114
炭化収率　141
炭化水素　141
炭化操作　142
炭化副産物　263

炭化物　191
炭化物成型ボード　241
炭化法　142
炭化米　243・310
炭化炉　108
炭琴　243
炭材　83
炭材の乾燥　84
炭材の種類　83
炭材の調整　84
炭材伐採の道具　84
炭材搬出の道具　84
炭酸ガス　145
炭質　191
炭素　192
炭素固定　192
炭素材料　192
炭素繊維　192
炭素繊維補強コンクリート
　複合材　193
炭素同位体　193
炭素年代測定法　193
炭素の三重点　194
炭素表面　194
炭素六角網面　194
担体機能　195
炭頭　224
単糖類　85
段ボール箱詰め　224

ち

チェーンソー　85
地球温暖化　285
竹材処理機　85
竹材生産林　83
竹材の伐採時期　83
竹酢液　263
竹酢液採取装置　266
竹酢液の規格　273
竹酢液の成分　268
畜産への利用　237
蓄積　86

蓄積量　86
筑前炭　44
竹タール　294
竹炭　44
竹炭規格　224
竹炭材生産林　83
竹炭の性質　44
竹炭の品質　45
竹炭用原材料の調整　86
竹灰　292
築窯　110
築窯製炭法　115
築窯の材料　115
築窯の道具　115
地産地消　86
チシマザサ　82
秩父炭　45
窒素吸着量　195
窒素固定菌　244
チッパー　87
チップハーベスター　87
チャー　195
着火　145
茶の湯炭　45
中温炭化　141
中国の炭　38
中国の炭窯　115
抽出成分　87
中性油　263
中丸　224
長沙馬王堆一号漢墓　310
調湿機能　244
調湿用木炭　244
朝鮮の炭窯　115
調理効果［炭火の］　244
超臨界法　145
貯留槽　263
地力増進法　244
沈降タール　294
沈底タール　294

つ

ツーバイフォー工法　87
通風口　114
作炭　22
津久井炭　48
ツツジ　49
ツツジ炭　49
ツバキ　49
ツバキ炭　49
ツブラジイ　33

て

手炙（手焙り）245
TEQ　285
低温炭化　141
低温発火　195
デシベル　195
テルペン　87
テレビン油　87
展炎　196
点火　116
点火室　114
電気抵抗　196
電気抵抗率　196
『天工開物』310
電磁波　196
電磁波遮蔽効果　196
電磁波遮蔽用木炭　345
電磁波障害　197
電子分光法　160
天井構築　114
天井鉄板窯　105
点炭　45
添着　197
伝熱　197
天然乾燥　88
天然更新　70
天然黒鉛　176
天然林　88

と

透過電子顕微鏡　184

道管（導管）88
東京大学千葉演習林　310
道具炭　45
透水性　197
胴炭　45
銅精錬用木炭　245
導電性　198
動粘度　294
導波管　146
胴掘り　114
トウモロコシ芯材　88
胴焼き　114
通しもの　218
土窯　116
土窯半兵衛　320
常磐半兵衛　320
ドクエ炭　18・37
毒性等価等量　285
徳本健輔　304
特用林産対策室　323
特用林産物　245
床掘り　114
土佐窯　116
土佐黒炭　49
土佐炭　49
土佐備長窯　116・151
土佐備長炭　49
土壌改良資材　246
土壌改良資材用木炭　245・247
土壌消毒　273
栃沢窯　116・303
栃沢亀助　303
トドマツ　56
トネリコ炭　49
トネリコ　49
留炭　50
トラッキング現象　198
ドラム缶窯　116
トリハロメタン　286
トリメチルアミン　286
トルエン　286
トレーサビリティ　245

トンネル炉　117

な

内藤式白炭大窯　117
内熱式炭化法　117
内部加熱法　153
内部表面積　198
内分泌攪乱化学物質　286
長崎炭　56
長塚 節　311
長野式製炭法　146
長火鉢　246
名子　314
ナノチューブ　198
ナノ粒子　198
生材　88
ナラ炭　50
ナラ　50
楢崎窯　118
楢崎圭三　320
難黒鉛化性炭素　199
軟材　77・88
軟質タール　294
難燃剤　88
難燃性能　199
『南方録』311
南洋備長　50

に

ニコ炭、和炭　50
『和炭納帳』311
二酸化硫黄　286
二酸化炭素　263
二酸化窒素　287
二次加工廃材　94
二糖類　264
ニホンアブラギリ　18
『日本書紀』311
日本炭窯木酢液協会　320
日本竹炭・竹酢液協会　320
日本竹炭竹酢液生産者協議

会　320
日本特用林産振興会　320
日本農林規格　224
日本木材学会　321
日本木酢液協会　321
『日本木炭史（日本木炭史経済編）』311
日本木炭新用途協議会　321
ニューハンプシャー窯　118
ニュー木酢液　264
入浴炭　249
2,4-キシレノール　264
二硫化炭素用木炭　246
庭先製炭　146

ぬ

濡れ性　199

ね

熱応力　199
熱拡散　146
熱再生　199
熱収縮　199
熱熟成　146
熱衝撃　199
熱伝導　200
熱伝導率　200
熱特性　200
熱軟化　147
熱媒体　147
熱・物質移動モデル　148
熱分解　149
熱分解ガス化　149
熱分解生成物　149
熱分解比較モデル　149
熱膨張　200
熱膨張率　200
熱容量　150
熱流動　150
ネマガリザサ　82
ネマガリダケ　82

ネラシ　150
燃焼　141・200
燃焼ガス　201
燃焼速度　201
燃焼熱　201
粘結剤　246
粘土　118
粘度　294
燃料革命　312
燃料炭　246
燃料復興運動　312
年輪　89

の

農業系廃棄物　89
農業用木炭　246
農薬取締法　287
農林・緑化・園芸用木炭 246
農林一号窯　118・304
鋸屑　63・89
能登炭　50
ノニルフェノール　287
野焼き　247

は

バーク炭　51
パーティクルボード　89
パーム炭　51
灰　295
灰器　247
排煙口　114
排煙公害　287
排煙処理　118
バイオ煙　89
バイオソニックス　201
バイオマス　89
バイオマス廃棄物　90
灰型　247
廃棄物処理法　247
灰匙　247
排湿構造　151

煤塵　287
売炭翁　312
灰壺　248
灰ならし　248
灰の無機物組成　296
廃プラスチック固形燃料　234
ばい焼き　151
バインダー　201
破過曲線　201
バガス　90
ハガもの　51
白石の火舎　312
白炭　35・221
爆跳　202
爆発限界濃度　151
端材　90
破砕炭　51
はしり炭　52
長谷炭　51
鉢　119
八王子炭　51
ハチク　81
発炎燃焼　202
発火　151
発火点　151・202
発ガン性物質　287
伐出残材　90
バッチ式　119
発熱反応　151
発熱量　202
花火用木炭　248
バニリン　264
はね炭　52
林員吉　321
パラ-クレゾール　260
パラゴムノキ　32
パルプ　90
春目　90
晩材　91
半焼炭　52
半白炭　52
反応水　152

反応性　202
ハンノキ　52
ハンノキ炭　52

ひ

PRTR法　288
BET式　205
BET比表面積　205
BOD　284
pH　203
PCB　288
ビーハイブ型炭化炉　119
火桶　248
非可逆反応　203
日窯　119
光音響効果　203
樋口清之　311・321
ピクノメーター法　203
火消し壺　232
微結晶炭素　203
比重　204
美術工芸材料用木炭　248
非晶質炭素　204
ビスフェノールA　288
微生物作用［木炭の］　204
微生物賦活剤　248
ヒ素　288
火つけ炭　248
ヒッコリー炭　52
ピッチ　297
備中屋長左衛門　322
引っ張り強さ　204
一棚　91
人吉炭　52
旧炭　46
比熱　204
比熱容量　204
ヒノキ　35・77
火熨斗　249
ヒバ炭　53
ヒバ　53
火箸　249

火鉢　249
比表面積　204
日向窯　119
日向炭　53
日向備長炭　53
兵庫窯　119
表面官能基　205
表面酸化物　205
表面張力　205
表面燃焼　206
平お香　312
平炉　119
平炉法　119
ピリジン　265
ピロガロール　265
廣瀬與兵衛　322
備後炭　17
備長窯　120
備長小丸　225
備長炭　53
備長炭の規格　225
備長半丸　225
備長細丸　225
備長割　225
品等焼き　312

ふ

ファン・デル・ワールス吸着　206
VOC　281
フィリピンの炭　38
風炉灰　297
賦活　206
不完全燃焼　206
ブキットメルタジャム型炭化炉　121
輻射熱　206
福瀬商社　225
複層林　91
袋詰め　226
節　91
フジ蔓　91

不織布　249
伏せやき　152
二つ継ぎ　218
フタル酸エステル　289
ブチ造り　121
ふち巻き　226
不対電子　207
沸点　262
物理吸着　164・170
物流廃材　91
ブドウ炭　54
不動穴　114
ブナ　54
ブナ炭　54
不燃性ガス　265
浮遊粒子状物質　289
冬目　91
フラーレン　207
ブラジルの炭　42
フランスの炭　42
フリーボード　152
ブリケット　54
フルフラール　265
フルフリルアルコール　265
プレーナー屑　64
プレスツウロッグ　64
フロインドリッヒ式　207
風炉炭　297
風呂用木炭　249
雰囲気温度　152
分解速度　152
豊後炭　55
豊後備長炭　55
分散板　153
分子ふるい炭素　208
粉炭　55・226
分配法　267
粉末活性炭　25

へ

平均細孔径　178
平均細孔直径　178

平均粒径　215・216
平衡圧　169
平衡含水率　208
平衡吸着量　169
平衡濃度　169
pH　203
壁孔　91
ヘキソース　297
ヘミセルロース　92
ヘレショフ炉　121
辺材　92
ベンゾール　298
ベンゾフェノール　289
ベンツピレン　289
ペントース　298
ペントサン　298

ほ

保育残材　92
ボイ炭やき　153
萌芽　92
萌芽更新　92
芳香族炭化水素　265
防湿構造　151
防湿装置　121
放射組織　92
放射伝熱　208
放射能　208
放射率　208
防臭機能　236
防臭剤　236
膨潤　209
棒炭　55
防長二号窯　121
防腐剤　273
蓬莱飾り　23
飽和吸着量　170
ホオノキ　55
ホオノキ炭　55
墨汁　250
墨書土器　313
ホコタもの　55

保水性　208
『北海道に於る楢崎式木炭製造講話筆記』313
仏石　114
ポプラ　56
ポプラ炭　56
火瓮　250
火舎　250
ボヤ炭やき　153
ポリ塩化ボフェニール　288
ホルムアルデヒド　265
ホロセルロース　92
本きわだ　139

ま

マイクロガスタービン　250
マイクロ波熱分解法　153
マイクロ波法　153
埋薪　250
埋炭　250
マイナスイオン　209
マイラー製炭法　154
薪　77
枕炭　45
『枕草子』313
マクロ孔　178
曲げ強さ　209
曲げヤング係数　210
摩擦　210
柾目　92
マダケ　81
磨炭　232
マツ　35・56・77
松阪菊炭　28
マツ炭　56
マテバシイ　33・56
マテバシイ炭　56
真名野長者　313
豆炭　56
眉墨　251
マラヤワタ木炭会社　322
丸　57

マルイマ式製炭法　154
丸竹　86
丸俵　223
マレーシアの炭　39
マングローブ　57
マングローブ炭　57
マンノース　93

み

三浦伊八郎　322
三浦式標準窯　121
三浦式木炭硬度計　213
見かけ粒子密度　210
ミクロ孔　178
ミクロフィブリル　93
実生　93
水煙　139
水処理用木炭　238
ミズナラ　50
密度　210
ミネラル［木炭の］　211

む

無炎燃焼　211
無機物組成［炭の］　211
麦わら　93
無孔材　77
無水タール　298
無水糖　265
無定形炭素　212

め

メープル炭　22
メスキート炭　42
メソ孔　178
メタ-クレゾール　260
メダケ　82
メタノール　289
メタンガス発酵　93
メタンガス発酵残渣　93

メチレンブルー吸着性能　191
メチレンブルーの吸着　169
メチレンブルーの脱色力　170
メッシュ　212

も

毛管凝縮　212
モウソウチク　81
木ガス　139・298
木クレオソート　292
木材加工廃材　93
木材乾留　154
木材チップ　94
木材の構成成分　299
木酢液　266
木酢液の規格　273
木酢液の回収法　266
木酢液の5分画法　266
木酢液の採取法　266
木酢液の種類　274
木酢液の精製法　267
木酢液の性状　274
木酢液採取装置　266
木酢液の成分　268
木酢液の溶剤分画　267
木酢液の用途　275
木酢液配合お香　275
木質系廃棄物　94
木質材料　94
木質炭化学会　323
木精　268
木タール　299
木炭　57
木炭画　251
木炭梛　313
木炭ガス　212
木炭検査員　314
木炭研磨剤　232
木炭硬度計　212
木炭高炉　251
木炭紙　314
木炭自動車　251

木炭精煉計　213
木炭銑　213
木炭電池　213
木炭統制　314
木炭と竹炭の比較　214
木炭の規格　226
木炭の規格の推移　226
木炭の新用途　251
木炭の政府買い上げ　314
木炭発電　252
木竹酢液認証協議会　323
木竹酢液認証制度　276
木部　95
木部繊維　95
木本植物　95
木目　95
木理　95
木灰　292
籾殻　95
籾殻燻炭　32
籾殻炭　95
籾殻炭化法　155

や

焼き杭　252
焼子　314
焼子制度　314
焼畑農業　252
焼歩　315
薬事法　252
屋久島の木炭　58
薬品賦活法　161
薬用活性炭　252
ヤシ　58
ヤシ殻活性炭　58
ヤシ殻炭　58
野州木炭　58
八名窯　122
ヤナギ　58
ヤナギ炭　58
山を買う　95
山子　314

『山元氏記録』315
山焼き　253
軟炭　59
洋炭　22・59

ゆ

有害物質［炭の］289
ユーカリ　59
ユーカリ炭　59
有機系廃棄物　96
有機栽培　276
有機酸含有率　269
有機酸類　269
有効表面積　170
融雪用木炭　253
融点　214
熊野炭　30
遊離残留塩素　214
油化　155
床下調湿用木炭　244・253
油状物質　300
輸送孔　214
輸入炭　227

よ

窯外消火法　155
溶解タール　300
容器包装リサイクル法　96
ヨウ素吸着性能　170
溶存酸素　253
窯底　113
揺動式炭化炉　122
窯内消火法　155
窯壁　113
溶融塩　122
溶融炉　122
横置きドラム缶窯　123
横型連続式炭化炉　125
横詰備長窯　120
横山炭　59
吉田頼秋　323

吉田窯　123
吉村窯　105
吉村豊之進　323
余剰汚泥　253
4-エチルグアイアコール　269
四貫五貫騒動　315

ら

ラドン　290
乱層構造　215
ランビオット型炭化炉　123

り

リーク炉　124
リグニン　96
リサイクル材　96
硫化水素　290
粒子密度　210
粒状活性炭　26
流速計測法　215
粒炭　55・227
粒度　215
流動化開始速度　155
流動式炭化炉　124
流動層　156
流動炭化炭　59
流動法　124
粒度分布　215
リン酸性リン　216
林試式移動炭化炉　100・124
林地残材　96
林地廃材　96
林野火災[炭やきによる]　253
林野庁　323

る

ルルギ炉　125

る

レジャー用木炭　254
レトルト　125
レブリン酸　269
レボグルコサン　270
レボグルコセノン　270
連続式炭化炉　125
煉炭　59

ろ

ロータリーキルン炉　125
ロータリーキルン炭化法　125
ろ過法　267
ロジスティックス　97
ロジン　97
ロストル　114
露天やき　156

わ

和歌山県木炭協同組合木炭選別表　228
若山牧水　323
わら灰　45・292
割　60
割栗石　114
割炭　60
割竹　86
割り箸炭　254

ABC順

BET式　205
BET比表面積　205
BOD　284
CCA　282
COD　280
CO_2　263
ESCA　160
GC-MS　261
JAS　225
PCB　288
pH　203
PRTR法　288
SIFIC型炭化炉　108
SPM　289
TEQ　285
VOC　281
γ線照射[炭材の]　168

参考・引用文献集覧(順不同)

●書籍、雑誌、論文など
『炭』岸本定吉著、創森社
『炭がま百態』三浦伊八郎著、三浦書店
『活性炭の応用技術』立本英機・安部郁夫監修、テクノシステム
『新版木材工業ハンドブック』農林省林業試験所編、丸善
『炭・木酢液の利用事典』岸本定吉監修、創森社
『竹炭・竹酢液の利用事典』内村悦三・谷田貝光克・細川健次監修、創森社
『竹炭・竹酢液〜つくり方 生かし方〜』日本竹炭竹酢液生産者協議会編、杉浦銀治・鳥羽曙・谷田貝光克監修、創森社
『森林の不思議』谷田貝光克著、現代書林
『空気マイナスイオン応用事典』日本住宅環境医学界監修、人間と歴史社
『カーボン用語辞典』炭素材料学会・カーボン用語辞典編集委員会編、アグネ承風社
『新・炭素材料入門』炭素材料学会編、リアライス社
『理工学辞典』東京理科大学・理工学辞典編集委員会編、日刊工業新聞社
『日本木炭史』日本木炭史編纂委員会編、全国燃料協会
『日本木炭史』樋口清之著、講談社
『木炭』樋口清之著、法政大学出版局
『木炭の文化史』全国燃料協会編、東出版
『有名木炭とその製法』内田憲著、日本林業技術協会
『エコロジー炭やき指南』岸本定吉・杉浦銀治・鶴見武道監修、創森社
『炭やき教本〜簡単窯から本格窯まで〜』杉浦銀治・広若剛・高橋泰子監修恩方一村逸品研究所編、創森社
『すぐにできるドラム缶炭やき術』杉浦銀治・広若剛士監修、創森社
『すぐにできるオイル缶炭やき術』溝口秀士著、創森社
『竹炭工芸への招待』吉田敏八著、創森社
『日曜炭やき師入門』岸本定吉・杉浦銀治共著、総合科学出版
『炭焼きの二十世紀』畠山剛著、彩流社
『木酢液・炭と有機農業』三枝敏郎著、創森社
『エコロジー炭暮らし術』炭文化研究所編、創森社
『竹炭をやく 生かす 伸ばす』身延竹炭企業組合編・片田義光著、創森社
『炭に生き炭に生かされて』金丸正江著、創森社
『三太郎のゆうゆう炭焼塾』炭焼三太郎著、創森社
『炭焼紀行』三宅岳著、創森社
『竹の魅力と活用』竹資源活用フォーラム・内村悦三編、創森社
『日本近代林政年表』香田徹也編著、日本林業調査会
『日本書紀 上』日本古典文学大系67、岩波書店
『定本 柳田國男集』第1巻、筑摩書房
『紀州熊野炭焼法一条山産物類見聞之成行奉申上候書附』日本農業全集53、農山村文化協会
『木材化学（改訂増補版）』三浦伊八郎・西田屹二共著、丸善
『林学講座 木材炭化』芝本武雄・栗山旭共著、朝倉書店
『理論・技術 木炭と加工炭』内田憲著、朝倉書店
『バイオマスハンドブック』日本エネルギー学会編、三浦正勝執筆、オーム社
『新エネルギー大辞典』茅陽一監修、三浦正勝執筆、工業調査会
『化学大辞典』大木道則・田中元治・大沢利昭・千原秀昭共著、東京化学同人

『おもしろい活性炭のはなし』立本英機著、日刊工業新聞社
『活性炭読本』柳井弘編著・石崎信男著、日刊工業新聞社
『木炭の博物誌』岸本定吉著、総合科学出版
『つくって楽しむ炭アート』道祖土靖子著、創森社
『新編 埼玉県史』全38巻、埼玉県発行（1980～1991年）
『日向木炭史』宮崎県発行（1965年）
『第6講 熔融処理技術の課題と対応』廃棄物の熔融処理技術とスラグの有効利用、安部清一著、エヌ・ティー・エス（1996年）
『廃棄物処理総論』田中勝編、エヌ・ティー・エス
『火災便覧（第3版）』日本火災学会編、共立出版
『新版 活性炭 基礎と応用』真田雄三・藤元薫・鈴木基之著、講談社
『燃焼工学（第3版）』水谷幸夫著、森北出版
『火の百科事典』樺山紘一ほか編、丸善
『吸着および吸着剤』柳井弘・加納久雄訳、技報堂
『活性炭』織田孝・江口良友訳、共立出版
『火と人間』磯田浩著、法政大学出版局
『吸着』慶伊富長著、共立出版
『日本国語大辞典』初版全20巻、小学館
『世界大百科事典』初版全24巻、平凡社
『茶道辞典』桑田忠親編、東京堂
『海南小記』柳田国男著、創元社
『大改訂増補 薪炭家必携』三浦伊八郎編、日本農林社
『土佐備長炭』宮川俊彦著、高知新聞社
『信州鬼無里の炭焼きものがたり』鬼無里村木炭生産組合・鬼無里村森林組合・鬼無里村役場・銀河書房企画、銀河書房
『三州足助 炭焼物語』愛知県東加茂郡足助町足助町森林組合
『炭焼に賭けた一生 我が人生即闘争』吉村豊之進著
『もくりんちくりんの静岡県木炭史』和田雄剛著、静岡県郷土史研究会
『矢作川水源の森と暮らしを守る 炭焼き賛歌』愛知県農林統計協会
『満野長者』津田宗保著
『三重町蔵本『内山記』真名野長者物語』芦刈政治・麻生英雄編著、大分県三重町発行
『真名野長者・般若姫物語』淵敏博著、地域文化出版
『炭焼長者』關敬吾著、中央公論社
『伐木運材図説』關谷文彦著、賢文館
『ダム湖に沈んだ山村の智恵 山中七ヶ宿・原集落風土記』佐藤石太郎著、河北新報出版センター
『般若姫物語』平生町教育委員会
『木炭自動車取扱法』菊池洋四郎著、国防科学知識普及会
『柳田国男と海の道『海南小記の原景』』松本三喜夫著、吉川弘文館
『奥三河、南信州に生きた越前炭焼とその息子』中村一幸著、信毎書籍出版センター
『森林エネルギーを考える』岸本定吉著、創文
『触媒製炭』岸本定吉著、林野共済会
『よい煙わるい煙を科学する』谷田貝光克著、中経出版
『炭 これは便利だ！102の使い方』谷田貝光克監修、青春出版社
『森と一緒に生きてみる！』谷田貝光克著、中経出版
『香りの百科事典』丸善
『古代の技術史 中』R. J. Forbes原著、平田・道家ら翻訳、朝倉書店（2004年）

『農耕の起源と栽培植物』中尾佐助、北海道大学図書刊行会（2004年）
『紀州備長炭の技と心』玉井又次著、聞き書き＝広若剛、創森社
「第62回日本木材学会大会講演集」木材炭化現象に関する研究（第Ⅱ報）炭化温度の経過について、栗山旭執筆（1953年）
「畜産の研究」第57巻 第1号、炭化技術、凌祥之執筆（2003年）
「生物と化学」Vol.34、No.11、Sonic Signalによる細胞増殖の制御、松橋通生執筆（1996年）
「炭素」No.184、炭素の生物作用－炭素の波動から細胞音波へ、松橋通生執筆（1998年）
「材料」Vol.48、No.5、機能性炭素材料としての木炭、石原茂久執筆（1999年）
「DENKI　KAGAKU」83.No.2、安定化ジルコニア電解質を用いた炭素燃料電池、木炭と電解質をじかに接触させた場合、中川、石田執筆（1995年）
「炭の力」［炭・木酢液の総合誌］vol.1～vol.26、創森社（2001年～2004年）
「朝日新聞」朝刊（2005年5月24日付）
「簡易炭化法と炭化生産物の新しい利用」谷田貝光克、山家義人、雲林院源治執筆、林業科学技術振興所（1991年5月）
『化学工学協会年会』三浦正勝、西崎寛樹、遠藤一夫執筆、化学工学協会（1979年）
「第81回講演会資料」活性炭の熱再生、山崎真彦執筆、活性炭技術研究会（1990年11月）
「特産情報」1990年6月号～8月号、日本特用林産振興会
「チャコールタイムス」第71号
「紀州備長炭の世界」紀州備長炭熊野会議実行委員会編（1999年）
「津久井の木炭」ふるさと津久井第2号、津久井町史編集委員会編（2001年）
「石川の農林産物とむら」石川県教育委員会発行（1985年）
「月間建産連」2004年3月号
「第7回韓・日遠赤外線シンポジウム」常温遠赤外線のガン抑制効果と歯科領域への応用、寺岡文雄執筆（2001年6月）
「林産試験所報」第8巻2号、木炭の遠赤外線の利用、梅原勝雄執筆（1994年）
「サイエンス」vol.14 No.4、焼き畑農業の生態学、久馬一剛執筆（1984年4月）
「自然と人間」76、アジアの焼畑（2004年9月）
「炭素」No.156、多孔性炭素材料の吸着性能評価法（第2報）、人見・計良・立本・幾田・川舟・安部執筆（1993年）
「材料」vol.43 No.485、竹炭からの機能性炭素複合材料の開発とその応用、井出、石原、樋口、西川執筆（1994年）
季刊「考古学」95号、特集 縄文・弥生時代の漆（2006年）
「化学」vol.59 No.6、世界最小のナノ温度計、板東義雄執筆（2004年）
「炭素」No.195、クラスターイオンビーム法により調整した酸化チタン／活性炭素繊維系光触媒を利用する水浄化、山下・原田・谷井・三坂・安保執筆（2000年）
「炭素」No.191、木炭の高温加熱処理に伴う曲げ強度と微細構造の変化、川村・天利・有賀・小澤執筆（2000年）
奈良県史跡名勝天然記念物調査報告 第43冊「太安萬侶墓」奈良県教育委員会、杉浦・岸本・浜口執筆（1981年）
「木材学会誌」第15巻5号、木炭の内部表面官能基と遊離基、岸本定吉・橘田紘洋執筆（1969年）
「岩石鉱物科学」Vol.33、27億年～21億年にかけて見いだされ異常な有機炭素同位体組成と初期生命進化、掛川武（2004年）
「化学」Vol.58　No.2、フラーレンで地球史を解読する、篠原久典（2003年）
「日経サイエンス」2000年6月号、C_{60}が語る巨大隕石衝突と大量絶滅、（翻訳）海保

R.E.Franklin,Crystallite growth in graphitizing and non-graphitizing carbons,Proc.Roy.Soc.A209,196 (1951)
Ogata N and Baba T, Research Communications Chem. Path. Pharmacol. 66 ; 411, 1989
T. Suzuki et al., Electromagnetic shielding capacity of wood char loaded with nickel, Materials Sci. Res. International, 7, 206 (2001)
Ullmann's ENCYCLOPEDIA OF INDUSTRIAL CHEMISTRY V.A12
Ullmann's ENCYCLOPEDIA OF INDUSTRIAL CHEMISTRY V.A6

●ホームページ
日本コージェネレーションセンター　http://www.cgc-japan.com/japanese/j_top.html
日本特用林産振興会　http://www.nittokusin.jp/index.html
ミツウロコ　http://www.mitsuuroko.co.jp/
アメリカ環境保護局　http://www.epa.gov/ttn/chief/ap42/ch10/final/c10s07.pdf
グリーンスピリッツ協議会　http://wwwsoc.nii.ac.jp/gsa2/

◆執筆者・編集委員一覧(五十音順)

● 本書編集委員会の編集委員には、名前の前に＊印をつけてあります。
　また、谷田貝編集委員長は監修者を兼務しています。
● 所属先、主な役職名は2007年4月現在。敬称略。

＊安部郁夫（あべ いくお）
　大阪市立工業研究所 環境技術課課長

　岩﨑 訓（いわさき さとし）
　大阪市立工業研究所 環境技術課研究主任

＊今村祐嗣（いまむら ゆうじ）
　京都大学 生存圏研究所教授

　内村悦三（うちむら えつぞう）
　竹資源活用フォーラム会長、富山県中央植物園園長

＊大平辰朗（おおひら たつろう）
　独立行政法人 森林総合研究所、樹木抽出成分研究室室長

　川名 猛（かわな たけし）
　炭やきの会監事

　斎藤幸恵（さいとう ゆきえ）
　東京大学大学院農学生命科学研究科助教

＊柴田 晃（しばた あきら）
　RISCARBO㈱代表取締役

＊杉本正二（すぎもと しょうじ）
　社団法人 全国燃料協会専務理事

＊杉浦銀治（すぎうら ぎんじ）
　炭やきの会副会長、国際炭やき協力会会長

＊鈴木 勉（すずき つとむ）
　北見工業大学 工学部化学システム工学科教授

＊関 則明（せき のりあき）
　久慈文化燃料社長

　立本英機（たつもと ひでき）
　千葉大学 総合安全衛生管理機構教授

　広若 剛（ひろわか つよし）
　国際炭やき協力会事務局長、ディアンタマを支える会代表

　福原知子（ふくはら ともこ）
　大阪市立工業研究所 環境技術課研究主任

＊藤田晋輔（ふじた しんすけ）
　産学官連携推進機構客員教授、鹿児島大学名誉教授、㈱鹿児島TLO取締役

＊三浦正勝（みうら まさかつ）
　独立行政法人 産業技術総合研究所 ゲノムファクトリー研究部門

＊谷田貝光克（やたがい みつよし）
　秋田県立大学木材高度加工研究所所長・教授、東京大学名誉教授

＊山井宗秀（やまのい そうしゅう）
　いばらき炭の会会長

上記執筆者以外に、創森社編集部スタッフ、および岩谷宗彦、さらに編集部委嘱ライターの福留秀人、樫山信也、フォトグラファーの三宅 岳が執筆しています。

茶の湯炭（クヌギの黒炭）

デザイン	ベイシックデザイン(中島真子)
	寺田有恒　ビレッジ・ハウス
写真協力	三宅 岳　三戸森弘康　深澤 光　名高勇一　中川重年
	樫山信也　大谷広樹　山本達雄　ほか
資料協力	(社)全国燃料協会　炭やきの会　森林総合研究所
	日本木炭新用途協議会　(財)日本特用林炭振興会
	日本木酢液協会　日本炭窯木酢液協会
	日本竹炭竹酢液生産者協議会　木竹酢液認証協議会
	岩手県木炭協会　和歌山県木炭協同組合
	国際炭やき協力会　(有)備長炭研究所　ほか
校正	霞 四郎　ほか

監修者プロフィール

●谷田貝 光克（やたがい みつよし）

1943年栃木県宇都宮市生まれ。1971年東北大学大学院理学研究科博士課程修了（理学博士）。農水省森林総合研究所炭化研究室長、生物活性物質研究室長、同森林化学科長、東京大学大学院農学生命科学研究科教授などを経る。秋田県立大学木材高度加工研究所所長・教授。東京大学名誉教授。木質炭化学会会長、炭やきの会会長などを務める。

編者プロフィール

●木質炭化学会（もくしつたんかがっかい）
The Wood Carbonization Research Society

木質資源をはじめとして竹、林産廃棄物、農業廃棄物等幅広いバイオマス資源の炭化・熱分解機構、製造法、用途開発、利用等に関する学会。研究発表のための年次大会、学会誌発行を行っている。熱分解関連研究者のほか、製造者、流通業者、学生、団体等幅広い層が会員を構成している。
ホームページ　http://wwwsoc.nii.ac.jp/wcrs/

炭・木竹酢液の用語事典

2007年5月22日　第1刷発行

監 修 者	谷田貝光克
編　　者	木質炭化学会
発 行 者	相場博也
発 行 所	株式会社 創森社

〒162-0805 東京都新宿区矢来町96-4
TEL 03-5228-2270　FAX 03-5228-2410
http://www.soshinsha-pub.com
振替 00160-7-770406

組　　版──有限会社 天龍社
印刷製本──図書印刷株式会社

落丁・乱丁本はおとりかえします。定価は表紙カバーに表示してあります。
本書の一部あるいは全部を無断で複写、複製することは、法律で定められた場合を除き、著作権および出版社の権利の侵害となります。
Ⓒ The Wood Carbonization Research Society 2007　Printed in Japan　ISBN978-4-88340-207-6 C0061

"食・農・環境・社会"の本

よく効くエゴマ料理	日本エゴマの会編	1500円
リサイクル料理BOOK	福井幸男著	1500円
病と闘う食事	境野米子著	1800円
百樹の森で	柿崎ヤス子著	1500円
園芸福祉のすすめ	日本園芸福祉普及協会編	1600円
ブルーベリー百科Q&A	日本ブルーベリー協会編	2000円
産地直想	山下惣一著	1680円
焚き火大全	吉長成恭・関根秀樹・中川重年編	2940円
納豆主義の生き方	斎藤茂太著	1365円
玄米食完全マニュアル	境野米子著	1400円
手づくり石窯BOOK	中川重年編	1575円
農のモノサシ	山下惣一著	1680円
東京下町	小泉信一著	1575円
ワイン博士のブドウ・ワイン学入門	山川祥秀著	1680円
豆腐屋さんの豆腐料理	山本久仁佳・山本成子著	1365円
スプラウトレシピ 発芽を食べる育てる	片岡芙佐子著	1365円
豆屋さんの豆料理	長谷部美野子著	1365円
雑穀つぶつぶスイート	未来食アトリエ風編 木幡恵著	1470円
不耕起でよみがえる	岩澤信夫著	2310円
薪のある暮らし方	深澤光著	2310円
菜の花エコ革命	藤井絢子・菜の花プロジェクトネットワーク編著	1680円
市民農園のすすめ	千葉県市民農園協会編著	1680円
竹の魅力と活用	内村悦三編	2100円
農家のためのインターネット活用術	まちむら交流きこう編 竹森まりえ著	1400円
実践事例 園芸福祉をはじめる	日本園芸福祉普及協会編	2000円
体にやさしい麻の実料理	赤星栄志・水間礼子著	1470円
雪印100株運動 起業の原点・企業の責任	やまざききょうこ・榊田みどり・大石和男・岸康彦著	1575円

創森社　〒162-0805　東京都新宿区矢来町96-4
TEL 03-5228-2270　FAX 03-5228-2410
＊定価(本体価格＋税)は変わる場合があります
http://www.soshinsha-pub.com

"食・農・環境・社会"の本

農的小日本主義の勧め	篠原孝 著	1835円
土は生命の源	岩田進午 著	1631円
癒しのガーデニング	近藤まなみ 著	1575円
ブルーベリー 栽培から利用加工まで	日本ブルーベリー協会 編	2000円
園芸療法のすすめ	吉長元孝・塩谷哲夫・近藤龍良 編	2800円
ミミズと土と有機農業	中村好男 著	1680円
身土不二の探究	山下惣一 著	2100円
雑穀 つくり方・生かし方	ライフシード・ネットワーク 編	2100円
愛しの羊ケ丘から	三浦容子 著	1500円
安全を食べたい 非遺伝子組み換え食品製造・取扱元ガイド	遺伝子組み換え食品いらない！キャンペーン事務局 編	1500円
有機農業の力	星寛治 著	2100円
広島発 ケナフ事典	ケナフの会 監修／木崎秀樹 編	1575円
エゴマ つくり方・生かし方	日本エゴマの会 編	1680円
自給自立の食と農	佐藤喜作 著	1890円
家庭果樹ブルーベリー 育て方・楽しみ方	日本ブルーベリー協会 編	1500円
ブルーベリーの実る丘から	岩田康子 著	1680円
農村から	丹野清志 著	3000円
雑穀が未来をつくる	大谷ゆみこ・嘉田良平 監修／国際雑穀食フォーラム 編	2100円
農的循環社会への道	篠原孝 著	2100円
台所と農業をつなぐ	大野和興 編／山形県長井市・レインボープラン推進協議会 著	2000円
一汁二菜	境野米子 著	1500円
薪割り礼讃	深澤光 著	2500円
熊と向き合う	栗栖浩司 著	2000円
立ち飲み酒	立ち飲み研究会 編	1890円
土の文学への招待	南雲道雄 著	1890円
ワインとミルクで地域おこし 岩手県葛巻町の挑戦	鈴木重男 著	2000円
大衆食堂	野沢一馬 著	1575円

創森社　〒162-0805　東京都新宿区矢来町96-4
TEL 03-5228-2270　FAX 03-5228-2410
＊定価(本体価格＋税)は変わる場合があります
http://www.soshinsha-pub.com

〝食・農・環境・社会〟の本

虫見板で豊かな田んぼへ	宇根豊著	1470円
虫を食べる文化誌	梅谷献二著	2520円
森の贈りもの	柿崎ヤス子著	1500円
竹垣デザイン実例集	吉河功著	3990円
毎日おいしい無発酵の雑穀パン 未来食アトリエ風編	木幡恵著	1470円
タケ・ササ図鑑 種類・特徴・用途	内村悦三著	2520円
星かげ凍るとも 農協運動あすへの証言	島内義行編著	2310円
里山保全の法制度・政策 循環型の社会システムをめざして	関東弁護士会連合会編著	5880円
自然農への道	川口由一編著	2000円
素肌にやさしい手づくり化粧品	境野米子著	1470円
土の生きものと農業	中村好男著	1680円
ブルーベリー全書 品種・栽培・利用加工	日本ブルーベリー協会編	3000円
おいしいにんにく料理	佐野房著	1365円
手づくりジャム・ジュース・デザート	井上節子著	1365円
カレー放浪記	小野員裕著	1470円
竹・笹のある庭 観賞と植栽	柴田昌三著	3990円
自然産業の世紀	アミタ持続可能経済研究所著	1890円
木と森にかかわる仕事	大成浩市著	1470円
薪割り紀行	深澤光著	2310円
協同組合入門 その仕組み・取り組み	河野直践編著	1470円
園芸福祉 実践の現場から	日本園芸福祉普及協会編	2730円
自然栽培ひとすじに	木村秋則著	1680円
一人ひとりのマスコミ	小中陽太郎著	1890円
育てて楽しむブルーベリー12か月	玉田孝人・福田俊著	1365円
園芸福祉入門	日本園芸福祉普及協会編	1600円
炭・木竹酢液の用語事典	谷田貝光克監修 木質炭化学会編	4200円

創森社　〒162-0805　東京都新宿区矢来町96-4
TEL 03-5228-2270　FAX 03-5228-2410
＊定価（本体価格＋税）は変わる場合があります
http://www.soshinsha-pub.com